PRINCÍPIOS BÁSICOS DO
SANEAMENTO DO MEIO

Dados Internacionais de Catalogação na Publicação (CIP)
(Câmara Brasileira do Livro, SP, Brasil)

Oliveira, Mariá Vendramini Castrignano de
Princípios básicos de saneamento do meio / Mariá Vendramini Castrignano de Oliveira, Anésio Rodrigues de Carvalho. – 10ª ed. rev. e ampl. – São Paulo : Editora Senac São Paulo, 2010.

Bibliografia
ISBN 978-85-7359-962-6

1. Homem – Influência ambiental 2. Saneamento 3. Saúde ambiental 4. Saúde pública I. Carvalho, Anésio Rodrigues de. II. Título. III. Série.

97-3442 CDD-363.72

Índice para catálogo sistemático:

1. Saneamento do meio : Saúde pública 363.72

PRINCÍPIOS BÁSICOS DO

SANEAMENTO DO MEIO

Anésio Rodrigues de Carvalho
Mariá Vendramini Castrignano de Oliveira

10ª edição
revista e ampliada

Editora Senac São Paulo – São Paulo – 2010

Gerente/Publisher: Jeane Passos de Souza (jpassos@sp.senac.br)
Coordenação Editorial/Prospecção: Luís Américo Tousi Botelho (luis.tbotelho@sp.senac.br)
Dolores Crisci Manzano (dolores.cmanzano@sp.senac.br)
Administrativo: grupoedsadministrativo@sp.senac.br
Comercial: comercial@editorasenacsp.com.br

Preparação de Texto: Izilda de O. Pereira
Revisão de Texto: Daniel Viana, Denise de Almeida, Edna Viana, Ivone P. B. Groenitz
Elaboração de Textos Institucionais: Luiz Carlos Cardoso
Projeto Gráfico e Capa: Lato Senso Design
Impressão e Acabamento: Loyola

FSC
www.fsc.org
MISTO
Papel produzido a partir de fontes responsáveis
FSC® C008008

Editora Senac São Paulo
Rua 24 de Maio, 208 – 3º andar – Centro – CEP 01041-000
Caixa Postal 1120 – CEP 01032-970 – São Paulo – SP
Tel. (11) 2187-4450 – Fax (11) 2187-4486
E-mail: editora@sp.senac.br
Home page: http://www.livrariasenac.com.br

Sumário

Nota do editor

Sanear é "tornar são, habitável, respirável, agradável". Para sobreviver, o homem necessita tornar o meio em que vive próprio para sua subsistência.

Ao longo da história, ele vem transformando a natureza para satisfazer necessidades básicas de alimentação e habitação. A manutenção de sua saúde e de seu bem-estar solicita-lhe, cada vez mais, maior consciência de que conservar a natureza é condição primordial para sua sobrevivência.

Medidas de alcance coletivo que garantam o equilíbrio da natureza e da própria sobrevivência do ser humano e de todos os recursos e elementos indispensáveis à vida humana são a maneira mais eficaz para que o homem continue existindo e viva em harmonia com sua principal aliada: a natureza.

As experiências de Anésio Rodrigues de Carvalho e Mariá Vendramini C. de Oliveira se comprovam neste livro, que apresenta os conceitos e componentes fundamentais do saneamento ambiental, organizados de forma clara, e proporciona vasto material àqueles que se ocupam das questões ambientais.

O Senac São Paulo contribui com mais este livro, cujo tema é atual e de interesse geral.

Introdução

Como todos os seres vivos, para sobreviver o homem precisa satisfazer necessidades básicas de alimentação e abrigo e, para tanto, depende de fontes de energia, isto é, de luz e calor do sol, ar, água e alimentos.

Porém, diferentemente dos outros seres vivos, o homem é capaz de transformar o meio natural para benefício próprio, criando um ambiente mais propício à vida individual e coletiva. Ao longo de toda a sua história, ele vem transformando a natureza para fins de moradia, alimentação, vestuário, etc. Todo o progresso humano baseia-se no uso de diferentes recursos naturais – tanto da água, do solo e dos gases da atmosfera quanto dos minerais e minérios existentes no subsolo.

Apesar de todo o desenvolvimento científico e tecnológico, ainda hoje grande parte do que consumimos tem origem na natureza. E, por maior que seja esse desenvolvimento, não é possível controlar inteiramente os fenômenos naturais. Estes têm uma dinâmica própria, independentemente de nossa vontade. Portanto, se não observarmos leis e ciclos naturais e se não agirmos conscientemente em relação a eles, poderemos comprometer o equilíbrio do ambiente e a vida das gerações futuras. Conservar a natureza é condição essencial para a existência das sociedades humanas.

Ecologia e meio ambiente

Ambiente é o espaço em que ocorrem as interações dos seres vivos entre si e com o meio em que vivem. Há pouco tempo, tendia-se a considerar o ambiente apenas como a vizinhança, os arredores. No entanto, os profundos desequilíbrios e a crescente degradação ambiental provocados pela intervenção humana nas últimas décadas levaram o homem a compreender que o mundo é um só e que o desequilíbrio e a devastação ocorridos em determinados pontos do planeta podem comprometer o ambiente como um todo. Sabe-se também que problemas globais, como as mudanças climáticas e a destruição da camada de ozônio, acabam por atingir direta ou indiretamente vários pontos da Terra. Por isso, as questões ecológicas passaram a fazer parte de todos os projetos e programas de desenvolvimento global, nacional, regional ou local.

Ecologia é a ciência que estuda o ambiente, procurando compreender as múltiplas e complexas interações que as diversas espécies de seres vivos estabelecem entre si e com o meio em que vivem.

Como os processos que ocorrem no ambiente estão inter-relacionados, cuidar do equilíbrio da natureza pressupõe conhecer e respeitar o *ecossistema*, isto é, todas as relações entre seres vivos e ambiente físico.

Educação ambiental

A *educação ambiental* tem como objetivo melhorar a qualidade de vida e ambiental da população, com o fim maior de garantir o desenvolvimento sustentável, formando cidadãos aptos para exercer a cidadania social, ou seja, para que desenvolvam ações transformadoras contínuas, com o intuito de reverter o processo de degradação socioambiental existente.

A Política Nacional de Educação Ambiental Brasileira, Lei nº 9.795/99, aprovada em 1999 e regulamentada em 2002, aponta com destaque para o desenvolvimento de ações e práticas educativas voltadas à sensibilização da população, à organização da sociedade em prol das questões ambientais e à defesa da qualidade de vida e do meio. Diz a lei que governos (federais, estaduais e municipais) em conjunto com empresas públicas e privadas, instituições educacionais, organizações não governamentais e outras trabalhem na elaboração, estruturação e execução de atividades ligadas à educação ambiental com a finalidade de buscar a efetiva participação da sociedade nas ações transformadoras de forma crítica, consciente e inovadora.

A educação ambiental deve caminhar buscando o desenvolvimento sustentável por meio da harmonização das necessidades básicas do homem, da conservação da vida e da diversidade do planeta para garantir um ambiente saudável e das necessidades de desenvolvimento socioeconômico e tecnológico.

Deve, ainda, levar o homem a refletir e conscientizar-se sobre os prejuízos causados pelo consumismo desenfreado, pelo gasto excessivo de recursos naturais e pela consequente espoliação do meio ambiente; além de promover mudanças de ideias e valores culturais, fazer vigorar o bem da coletividade sobre o bem individual, fazer o homem exigir o cumprimento de seus direitos e fazê-lo cumprir seus deveres. Para tanto é necessário, entre outras ações, um trabalho de equipe eficiente e coeso, parcerias comprometidas e cooperação pessoal e institucional.

O Tratado de Educação Ambiental para Sociedades Sustentáveis e Responsabilidade Global, documento gerado a partir de um processo mundial de consulta e assumido como referencial pela Unesco em 2000, traz no seu texto as seguintes propostas para a educação ambiental:

- A educação ambiental deve ter como base o pensamento crítico e inovador, em qualquer tempo ou lugar, em seus modos formais, não formais e informais, promovendo a transformação e a construção da sociedade.
- A educação ambiental é individual e coletiva. Tem o propósito de formar cidadãos com consciência local e planetária, que respeitem a autodeterminação dos povos e a soberania das nações.
- A educação ambiental não é neutra, mas ideológica. É um ato político.
- A educação ambiental deve envolver uma perspectiva holística, enfocando a relação entre o ser humano, a natureza e o universo de forma interdisciplinar.
- A educação ambiental deve estimular a solidariedade, a igualdade e o respeito aos direitos humanos, valendo-se de estratégias democráticas e interação entre as culturas.
- A educação ambiental deve tratar as questões globais críticas, suas causas e inter-relações de uma perspectiva sistêmica, em seu contexto social e histórico. Aspectos primordiais relacionados ao desenvolvimento e ao meio ambiente, tais como população, saúde, paz, direitos humanos, democracia,

fome, degradação da flora e da fauna, devem ser abordados dessa maneira.

- A educação ambiental deve facilitar a cooperação mútua e equitativa nos processos de decisão, em todos os níveis e etapas.
- A educação ambiental deve recuperar, reconhecer, respeitar, refletir e utilizar a história indígena e culturas locais, assim como promover a diversidade cultural, linguística e ecológica. Isso implica uma revisão da história dos povos nativos para modificar os enfoques etnocêntricos, além de estimular a educação bilíngue.
- A educação ambiental deve estimular e potencializar o poder das diversas populações e promover oportunidades para as mudanças democráticas de base que estimulem os setores populares da sociedade. Isso significa que as comunidades devem retomar a condução de seus próprios destinos.
- A educação ambiental valoriza as diferentes formas de conhecimento. Este é diversificado, acumulado e produzido socialmente, não devendo ser patenteado ou monopolizado.
- A educação ambiental deve ser planejada para capacitar as pessoas a trabalhar conflitos de maneira justa e humana.
- A educação ambiental deve promover a cooperação e o diálogo entre indivíduos e instituições, com a finalidade de criar novos modos de vida, baseados em atender às necessidades básicas de todos, sem distinção étnica, física, de gênero, idade, religião, classe ou mental.
- A educação ambiental requer a democratização dos meios de comunicação de massa e seu comprometimento com os interesses de todos os setores da sociedade. A comunicação é um direito inalienável, e os meios de comunicação de

massa devem ser transformados em um canal privilegiado de educação, não somente disseminando informações em bases igualitárias, mas também promovendo intercâmbio de experiências, métodos e valores.

- A educação ambiental deve integrar conhecimentos, aptidões, valores, atitudes e ações. Deve converter cada oportunidade em experiências educativas de sociedades sustentáveis.
- A educação ambiental deve ajudar a desenvolver uma consciência ética sobre todas as formas de vida com as quais compartilhamos neste planeta, a respeitar seus ciclos vitais e a impor limites à exploração dessas formas de vida pelos seres humanos.

Problemas ambientais

Por cerca de bilhões de anos o nosso ecossistema esteve protegido, e, através dos séculos, a humanidade tem repetidamente demonstrado incapacidade para reconhecer, nos fatos contemporâneos, os prenúncios de crises graves capazes de levar a mudanças radicais os rumos da história. Presenciamos, hoje, uma dessas situações críticas, sem que o povo e seus governantes se mostrem capazes de compreender a gravidade dos fatos. A nosso ver, os maiores agravantes ambientais são o crescimento, de forma rápida e desorganizada, das cidades e o aumento das populações humana e animal. Pode-se dizer que com o surgimento do homem o processo de degradação do meio ambiente teve início, e agora segue proporcional à evolução humana.

Existem inúmeros fatores que comprometem o meio ambiente. No Brasil, os principais problemas ambientais são:

- a perda da diversidade biológica em virtude da rápida destruição, extensa e definitiva, de ecossistemas naturais, das espécies que os integram e de sua própria diversificação gênica;
- a comercialização das espécies selvagens, especialmente de animais – a carência de uma fiscalização eficaz e permanente contribui para que a flora e a fauna venham sofrendo pesados danos;
- a escassez de água para consumo humano causada pelo mau uso, pela contaminação e pelo mau gerenciamento das bacias hidrográficas;
- a contaminação de corpos hídricos por esgotos sanitários, efluentes industriais e por outros resíduos;
- as alterações na topografia, com mudanças no relevo, para construção de obras (pontes, viadutos, rodovias, indústrias e outros);
- a impermeabilização do solo, principalmente nos grandes centros, dando preferência a transportes individuais e residências;
- a degradação da faixa litorânea pela ocupação desordenada da população;
- a poluição do ar nos grandes centros urbanos por causa do excesso de veículos automotores;
- a produção dos resíduos sólidos e esgoto, chuvas ácidas, efeito estufa, entre outros.

Pela geração e má adequação do resíduo sólido pelas pessoas nos grandes centros, a principal preocupação é com a utilização de materiais inorgânicos, como plásticos, metais, papéis e vidros. Eles demoram muito para se decompor, ao contrário do material orgânico, que se agrega de forma positiva ao ambiente por se tratar de elementos vivos e não vivos que contêm compostos de carbono.

A poluição gerada nas cidades também pode ser liberada por meio de resíduo depositado em locais impróprios, radiações, ruídos (poluição auditiva), substâncias químicas, descargas de veículos automotores, agentes contaminantes e outros que podem gerar as chamadas *chuvas ácidas* e o *efeito estufa*. As chuvas ácidas ocorrem como consequência da liberação de gases na atmosfera, como os carbonatos e o ácido sulfúrico, que vêm ao longo dos anos abaixando o pH (potencial de hidrogenização) para uma escala perigosa, provocando inúmeros problemas ao meio ambiente.

As enchentes que devastam as cidades, apesar de serem consequência de um fenômeno natural, são vistas como causas provocadas pelo homem para a degradação ambiental, pois elas têm como principal determinante a falta de permeabilidade do solo (excesso de asfalto e concreto), bem como o depósito indevido de resíduos nas ruas.

As causas das agressões ao meio ambiente podem ser classificadas como de ordem política, econômica e cultural. A sociedade ainda não absorveu a importância do meio ambiente para sua sobrevivência. O homem "moderno" tem usado os recursos naturais inescrupulosamente, priorizando o lucro em detrimento das questões ambientais. Entretanto, essa ganância tem um alto custo visível: a poluição do ar e a da água, que ainda podem gerar doenças.

Nesse contexto, está nítida a necessidade de mudança no comportamento do homem em relação à natureza e ao meio em que vive, no sentido de tentar promover um modelo de desenvolvimento sustentável.

Desenvolvimento sustentável

A agressão permanente e em larga escala ao meio ambiente, ameaça à sobrevida das próximas gerações, tem gerado diversas teorias e exigido dos órgãos governamentais competentes, bem como de instituições governamentais e não governamentais, o estudo de medidas no sentido de proteger os ecossistemas em termos globais. No entanto, como resolver o problema do meio ambiente sem arrancar do homem seus meios de sobrevivência?

A teoria do *desenvolvimento sustentável* é uma das propostas mais abrangentes voltadas à solução dessa questão. Surgida em 1987, com o Relatório da Comissão Mundial sobre o Meio Ambiente e o Desenvolvimento (CMMAD), ela só passou a ser amplamente conhecida a partir de junho de 1992 com a realização da Rio-92, reunião com a participação dos países membros da Organização das Nações Unidas (ONU), na qual foi produzida a Agenda 21, que pode ser considerada sua cartilha básica.

Segundo o citado relatório, "desenvolvimento sustentável é aquele que atende às necessidades do presente sem comprometer a possibilidade de as gerações futuras satisfazerem suas próprias necessidades". Para a CMMAD, o desafio é trazer as considerações ambientais para o centro das tomadas de decisão econômicas e do planejamento futuro nos níveis local, regional e global.

Seguem tópicos importantes do relatório para uma noção mais abrangente da proposta:

- as necessidades dos pobres são prioritárias;
- por desenvolvimento entende-se o progresso humano, em todas as suas facetas – cultural, econômica, social e política –, que deve ser possível a todos os países, desenvolvidos ou em desenvolvimento;
- essa sustentabilidade não é rígida, devendo, antes, admitir a possibilidade de mudanças, às quais se reage com adaptações;
- está implícita a preocupação com a igualdade social entre as pessoas de uma mesma geração e entre as de uma geração e de outra: uma não deve destruir os recursos, impedindo outra de usá-los;
- os problemas ambientais não podem mais ser pensados apenas em pequena escala, mas em escala planetária;
- o desenvolvimento socioeconômico está intimamente ligado à qualidade do meio ambiente; muitos dos problemas ambientais enfrentados hoje derivam de decisões políticas tomadas sem considerar seus impactos no meio ambiente.

Algumas abordagens importantes da Agenda 21:

- estímulo à cooperação, seja internacional, seja dentro dos países;
- ênfase na gestão ambiental descentralizada e participativa;
- valorização e incremento do poder local;
- multiplicação e incremento do poder local;
- multiplicação de parcerias para o desenvolvimento sustentável;
- mudanças de padrões de consumo e nos processos produtivos.

Quando trata dos meios de implementação, a Agenda 21 ressalta a promoção da consciência ambiental e o fortalecimento das instituições para o desenvolvimento sustentável, evidenciando instrumentos e mecanismos legais internacionais, e apela fortemente para a consciência dos poderes públicos e da sociedade, no sentido de criarem ou desenvolverem e aperfeiçoarem o ordenamento jurídico necessário à gestão ambiental num cenário de desenvolvimento sustentável. A erradicação da pobreza, a proteção da saúde humana, a promoção de assentamentos humanos sustentáveis surgem como objetivos sociais de suma importância.

Poluição e contaminação do ambiente

Ao utilizar as fontes de energia da natureza, o homem produz uma série de resíduos orgânicos e inorgânicos: fezes, restos de alimentos, águas usadas, efluentes químicos, gases e partículas tóxicas, etc. Constantemente despejados no ambiente sem tratamento adequado, esses resíduos são causadores de poluição e contaminação, sendo muitas vezes responsáveis pela destruição irreversível das fontes de energia necessárias à vida humana.

O acúmulo de resíduos líquidos e sólidos no meio pode levar à contaminação da água, do ar, do solo e dos alimentos, que consequentemente se tornam veículos de moléstias.

Poluição ambiental

Chama-se "poluição ambiental" toda degradação ou estrago provocado no meio por agentes poluentes.

São considerados agentes poluentes:

- os gases nocivos lançados na atmosfera por veículos automotivos, pelas queimadas ou por chaminés de indústrias;
- os resíduos químicos lançados nas águas de córregos, rios, lagos e mares, provenientes de esgotos ou cargas de navios;

- os resíduos líquidos contaminados, provenientes de lixões, aterros sanitários, hospitais, que destroem as reservas de águas subterrâneas;
- os resíduos sólidos que se espalham pelas ruas, margens de rios e praias;
- o barulho excessivo nas cidades, etc.

Contaminação ambiental

Chama-se "contaminação ambiental" toda disseminação de microrganismos patogênicos, ou seja, que provocam doenças infecciosas nos seres humanos (fungos, vírus e bactérias).

Esses agentes podem entrar no organismo humano tanto por meio de água contaminada por fezes e urina (pelo lançamento de esgotos sem tratamento em córregos, rios e represas ou pela deposição de resíduo orgânico nas margens de cursos d'água) como por meio de alimentos contaminados ou de vetores (roedores e artrópodes).

Saneamento do meio

O saneamento do meio é uma das formas de contribuir para a manutenção do equilíbrio da natureza e, portanto, para a própria sobrevivência do *ser humano* e de todos os recursos e elementos indispensáveis à vida humana.

Segundo a Organização Mundial da Saúde (OMS), "é a ciência e a arte de promover, proteger e recuperar a saúde por meio de medidas de alcance coletivo e de motivação da população". Representa o controle de todos os fatores do meio ambiente humano que exercem ou podem exercer efeito nocivo sobre o bem-estar físico, mental e social do homem, devendo constituir a primeira ação da Saúde Pública.

Saneamento básico

O saneamento básico é a parte do saneamento do meio voltada especificamente para os serviços de:

- abastecimento de água;
- disposição de esgotos sanitários;
- acondicionamento, coleta, transporte e destinação do lixo.

Trata-se de serviços de fundamental importância para a comunidade, tendo em vista os seguintes dados:

- cada pessoa produz, em média, 1 kg de lixo doméstico por dia;
- diariamente cada pessoa utiliza, em média, 150 a 200 litros de água em alimentação e higiene (esses valores referem-se a cerca de 50% da população que tem acesso aos serviços de abastecimento de água);
- cada pessoa produz em termos de esgotos (dejetos, águas servidas, com detergentes e outros poluentes) o equivalente a seu consumo diário de água.

A Lei Federal nº 11.445, de 5 de janeiro de 2007, estabelece diretrizes nacionais para o saneamento básico no Brasil. O artigo 3º estabelece o que é saneamento básico para efeitos da lei:

> Conjunto de serviços, infraestruturas e instalações operacionais de:
>
> a) abastecimento de água potável: constituído pelas atividades, infraestruturas e instalações necessárias ao abastecimento público de água potável, desde a captação até as ligações prediais e respectivos instrumentos de medição;

b) esgotamento sanitário: constituído pelas atividades, infraestruturas e instalações operacionais de coleta, transporte, tratamento e disposição final adequados dos esgotos sanitários, desde as ligações prediais até o seu lançamento final no meio ambiente;

c) limpeza urbana e manejo de resíduos sólidos: conjunto de atividades, infraestruturas e instalações operacionais de coleta, transporte, transbordo, tratamento e destino final do lixo doméstico e do lixo originário da varrição e limpeza de logradouros e vias públicas;

d) drenagem e manejo das águas pluviais urbanas: conjunto de atividades, infraestruturas e instalações operacionais de drenagem urbana de águas pluviais, de transporte, detenção ou retenção para o amortecimento de vazões de cheias, tratamento e disposição final das águas pluviais drenadas nas áreas urbanas.

O artigo 52 da Lei nº 11.445/2007 atribui ao governo federal, sob a coordenação do Ministério das Cidades, a responsabilidade pela elaboração do Plano Nacional de Saneamento Básico (Plansab). Os entes federados e as suas cidades têm prazos para a criação de seus planos, conforme a Resolução Recomendada nº 33, de 1º de março de 2007.

Objetivo

O objetivo do saneamento básico é controlar os fatores que afetam o ambiente físico, trazem prejuízos à saúde e reduzem a marcha de desenvolvimento da comunidade. Para tanto, deve:

- garantir o abastecimento de água potável suficiente e adequada ao consumo;
- prover a drenagem e a disposição de águas residuais:
  - esgotos sanitários;
  - resíduos líquidos industriais;
  - águas pluviais;
- promover acondicionamento, coleta, transporte, tratamento e/ou destino do lixo e limpeza urbana;

- combater a poluição das águas, do ar e do solo;
- controlar a qualidade dos alimentos;
- garantir o saneamento de locais de trabalho, escolas, hospitais, habitações, clubes, restaurantes, etc.;
- sanear os meios de transporte;
- cuidar do saneamento e do planejamento territoriais;
- garantir saneamento nas situações de emergência: enchentes, terremotos, etc.;
- controlar vetores (roedores e artrópodes) causadores de zoonoses;
- controlar a poluição sonora.

Os capítulos deste livro abordam, além dos assuntos que envolvem o saneamento básico, os problemas que estão presentes na difícil integração homem e meio ambiente. O aumento desenfreado da densidade populacional e o descaso no uso dos recursos naturais trouxeram consequências desastrosas ao próprio homem e ao seu hábitat. As informações trazidas nestas páginas têm a preocupação não só de informar sobre os problemas ambientais, mas possibilitar a reflexão sobre os temas abordados, a conscientização dos graves prejuízos já ocorridos e daqueles que virão, para que possamos mudar de atitude com relação à natureza e agir de forma efetiva para a preservação do espaço onde vivemos.

Normas da série ISO 14000

O processo que consiste no estabelecimento e aplicação de normas com o objetivo de abordar, ordenadamente, uma atividade específica, estabelecendo soluções para problemas de caráter repetitivo – existentes ou potenciais –, levando em consideração as condições funcionais e as exigências de segurança e promovendo a otimização da economia e do desenvolvimento social, é essencialmente um ato de simplificação, e, como consequência do esforço consciente da sociedade, é o resultado de uma normatização.

O Sistema de Gestão Ambiental, de acordo com as normas NBR ISO 14000, prevê a adoção de ações preventivas e corretivas para a minimização dos impactos ambientais adversos. O objetivo principal é assegurar a melhoria contínua do seu desempenho ambiental, buscando respostas para três questões fundamentais: Onde estamos? Aonde queremos chegar? E como chegar?

A série ISO 14000 é o resultado de um processo evolutivo que ocorreu nas sociedades industrializadas em graus diferenciados nas últimas três décadas.

Esse processo foi comandado por diversos fatores, entre os quais o reconhecimento de que o crescimento econômico conseguido nas décadas de 1950 a 1990 cobrava um alto preço em termos de destruição da vida no planeta, dilapidando não apenas o capital biológico terrestre, mas também causando prejuízos à economia. Associado a esses fatos está o problema do aumento populacional, com o crescimento vegetativo atingindo valores alarmantes.

A série de normas ISO 14000 é uma resposta a todas essas questões. Mas ainda se acredita que ela representa uma ameaça à competitividade dos países em via de desenvolvimento, não por si mesma, mas porque premia aquelas economias de mercado, em especial dos países industrializados, que já priorizam a questão ambiental como fator de competitividade.

Para que a indústria desses países busque atingir o desenvolvimento industrial ecologicamente sustentável e consiga manter-se competitiva nos mercados globais, é necessário, contudo, muito mais do que simplesmente conseguir um certificado de conformidade com a ISO 14000. É muito mais urgente e necessário que os padrões de produção e os próprios produtos sejam revistos visando uma "produção mais limpa" e eficiente e produtos "mais verdes", de melhor qualidade e mais baratos.

Esse compromisso passa, também, pela adoção de novas estratégias por parte da sociedade civil, em especial por parte de seus representantes eleitos, que devem revisar e aprimorar a legislação ambiental atual.

A certificação ISO 14000 tem como característica não preconizar exigências absolutas no sentido do desempenho ambiental. Ela busca antes de tudo um compromisso, consolidado na política ambiental da empresa, de cumprir e estabelecer legislação e regulamentos para atender ao seu contexto, realizando um programa de melhorias contínuas.

Faz-se necessário especificar os requisitos para estabelecer uma política ambiental. Devem-se determinar os aspectos e impactos ambientais dos processos (produção, serviços, distribuição, etc.), a implementação de ações para cumprir as metas e os objetivos estabelecidos, preconizar avaliações e ações corretivas, e, quando necessário, a sua revisão.

A ISO 14001 tem os seguintes termos e definições básicas:

- **Organização**

"Empresa, corporação, operação, firma, empreendimento, instituição e partes ou combinações destas, mesmo que não pertençam à mesma razão social, públicas ou privadas, que tenham sua própria função e administração."

- **Melhoria contínua**

"Processo recorrente de se avançar o sistema de gestão ambiental com o propósito de atingir o aprimoramento do desempenho ambiental coerente com a política ambiental da organização."

- **Meio ambiente**

É definido como "os arredores no qual uma organização opera, incluindo ar, água, terra, recursos naturais, flora, fauna, seres humanos e suas inter-relações". Entende-se como todo ambiente interno da organização, regional e até mesmo global, onde a empresa possa exercer suas influências, decorrentes de sua natureza.

- **Aspecto ambiental**

É definido como um "elemento das atividades, produtos e/ou serviços de uma organização que possa interagir com o meio ambiente". Aspecto ambiental significativo é aquele que pode causar um impacto expressivo à natureza. A própria organização deve identificar os aspectos ambientais de seus produtos, processos e serviços ao estabelecer um Sistema de Gestão Ambiental.

- **Impacto ambiental**

"Qualquer mudança no ambiente, seja adversa ou benéfica, resultante total ou parcialmente das atividades, produtos e/ou serviços de uma organização."

O quadro a seguir mostra alguns exemplos de aspectos e impactos ambientais de acordo com as atividades. Somente após a determinação desses dois fatores é possível para uma organização propor medidas de melhoria, solucionando/minimizando possíveis problemas.

Quadro 1 – Aspectos e impactos ambientais conforme a atividade

Atividades	Aspectos	Impactos
Britagem de rocha	• Geração de poeira e ruído • Riscos de acidentes	• Poluição do ar/sonora, riscos de doenças pulmonares • Perdas de vidas e materiais
Lavagem de veículos	• Geração de efluentes • Geração de resíduos e embalagens descartáveis • Consumo de água • Consumo de energia	• Poluição ambiental • Poluição ambiental • Utilização de recursos naturais • Utilização de recursos naturais
Abastecimento de veículos	• Risco de explosão	• Danos às instalações civis • Perdas/danos à integridade física • Intoxicação em geral • Poluição do ar e do solo
Escritório e refeitório	• Consumo de água • Consumo de energia elétrica • Geração de efluentes e esgoto sanitário • Geração de resíduos e produtos descartáveis e perecíveis	• Utilização de recursos naturais • Utilização de recursos naturais • Contaminação das águas • Poluição ambiental

- **Sistema de Gestão Ambiental**

Trata-se do sistema de gestão de uma atividade potencialmente poluidora que inclui atividades de planejamento, procedimentos operacionais e recursos técnicos e financeiros para a viabilização de sua política ambiental.

As normas da série ISO 14000 – Diretrizes para Solução e Uso, assim como a ISO 9000, fornecem as diretrizes básicas para a empresa escolher quais normas são adequadas ao seu sistema de produção.

Podem ser classificadas, principalmente, de acordo com o seu foco. São divididas em duas categorias, avaliação da organização e avaliação do produto, conforme mostra o esquema abaixo:

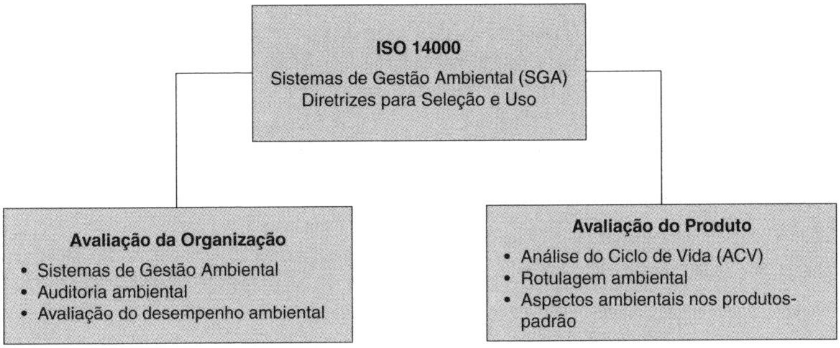

Figura 1

Basicamente essa é a família ISO 14000. Algumas normas estão com a denominação provisória, pois se encontram em fase de elaboração, avaliação ou aguardando os ajustes finais.

No Brasil, o acompanhamento desses trabalhos é feito pela Associação Brasileira de Normas Técnicas (ABNT), credenciada pelo Instituto Nacional de Metrologia, Normalização e Qualidade Industrial (Inmetro), sob coordenação do Grupo de Apoio à Normalização Ambiental (Gana), para a geração das normas técnicas nacionais. No âmbito internacional a ISO (International Organization for Standardization) é a geradora das normas técnicas, formada por representantes de mais de 120 países, entre os quais o Brasil.

É interessante lembrar que no Brasil a ABNT apresentou oficialmente em 1996 as primeiras cinco normas da ISO série 14000, duas referentes ao Sistema de Gestão Ambiental e três sobre Auditoria Ambiental.

O quadro a seguir mostra a família da ISO série 14000 que, basicamente, aborda o Sistema de Gestão Ambiental, as diretrizes para Auditoria Ambiental, os rótulos e declarações ambientais, as avaliações do desempenho ambiental e a análise do ciclo de vida (implicações ambientais que podem ser causadas pelo produto desde seu "nascimento" até sua "morte").

Quadro 2 – ISO série 14000 – Sistemas de Gestão Ambiental

Norma	Nome
14000	Diretrizes para Seleção e Uso
14001	Sistemas de Gestão Ambiental – Especificações e Diretrizes para Uso
14004	Sistemas de Gestão Ambiental – Diretrizes Gerais sobre Princípios, Sistemas e Técnicas de Apoio
14010	Diretrizes para Auditoria Ambiental – Princípios Gerais
14011	Diretrizes para Auditoria Ambiental – Procedimentos de Auditoria – Auditoria de Sistemas de Gestão Ambiental
14011-2	Diretrizes para Auditoria Ambiental – Procedimentos de Auditoria – Auditoria de Conformidade Legal
14012	Diretrizes para Auditoria Ambiental – Critérios de Qualificação para Auditores Ambientais
14013	Diretrizes para Auditoria Ambiental – Gestão de Programas de Auditoria de Sistema de Gestão Ambiental
14014	Diretrizes para Auditoria Ambiental – Diretrizes para Revisões Ambientais Iniciais
14015	Diretrizes para Auditoria Ambiental – Diretrizes para Avaliações Ambientais de Sítios
14020	Rótulos e Declarações Ambientais – Princípios Básicos
14021	Rótulos e Declarações Ambientais – Autodeclarações Ambientais, Termos, Definições
14022	Rótulos e Declarações Ambientais – Autodeclarações Ambientais, Símbolos
14023	Rótulos e Declarações Ambientais – Autodeclarações Ambientais, Metodologias de Teste e Verificação
14024	Rótulos e Declarações Ambientais – Rotulagem Ambiental Tipo I – Princípios e Diretrizes
14025	Rótulos e Declarações Ambientais – Rotulagem Ambiental Tipo III – Princípios e Diretrizes

(cont.)

Norma	Nome
14031	Gestão Ambiental - Avaliação do Desempenho Ambiental – Diretrizes
14032	Gestão Ambiental – Exemplos de Avaliação do Desempenho Ambiental
14040	Gestão Ambiental – Análise do Ciclo de Vida – Princípios e Diretrizes
14041	Gestão Ambiental – Análise do Ciclo de Vida – Análise do Inventário
14042	Gestão Ambiental – Análise do Ciclo de Vida – Avaliação do Impacto
14043	Gestão Ambiental – Análise do Ciclo de Vida – Interpretação
14047	Gestão Ambiental – Exemplos de como Aplicar as Diretrizes da ISO 14042
14048	Gestão Ambiental – Formato da Apresentação de Dados
14049	Gestão Ambiental – Exemplos de como Aplicar as Diretrizes da ISO 14041
14050	Gestão Ambiental – Termos e Definições – Vocabulário
14061	Implementação da ISO 14001 e da ISO 14004 em Organizações de Gestão Florestal e na Indústria de Produtos Florestais
14062	Gestão Ambiental – Integração dos Aspectos Ambientais no Projeto e Desenvolvimento do Produto
14063	Gestão Ambiental – Diretrizes da Comunicação Ambiental e dos Aspectos Ambientais da Organização
Guia 64	Aspectos Ambientais em Normas de Produtos, Diretrizes para a Consideração de Aspectos Ambientais em Normas e Produtos
Guia 66	Requisitos Gerais para Grupos que Estejam Conduzindo Avaliações Certificações e Registro de SGA.

O quadro a seguir apresenta as aplicações das normas da Série ISO 14000.

Quadro 3 – Normas da série ISO 14000

Aplicação no nível organizacional						
Implementação de Sistemas de Gestão Ambiental (SGA)	**ISO 14001:1996** **ISO 14004:1996** Ajuda a organização a estabelecer um SGA novo ou melhorar um SGA existente	**ISO 14001:1996** Especifica os requisitos para que o SGA possa ser objetivamente auditado para fins de certificação de primeira, segunda ou terceira parte	**ISO 14004:1996** Fornece diretrizes para ajudar a organização a estabelecer e implementar um SGA, incluindo orientações que vão além dos requisitos da ISO 14001	**ISO/TR 14061:1998** Contém informações que auxiliam na implementação da ISO 14001 e da ISO 14004 em organizações de gestão florestal e na indústria de produtos florestais	-	-
Realização de Auditorias Ambientais e de Outras Investigações Relacionadas	**ISO 14010:1996** Fornece diretrizes sobre os princípios gerais comuns à realização de qualquer auditoria ambiental **(norma cancelada)**	**ISO 14011:1996** Fornece diretrizes sobre os procedimentos para a realização de auditorias de SGA, incluindo os critérios para seleção e formação de equipes de auditoria **(norma cancelada)**	**ISO 14012:1996** Fornece diretrizes sobre as qualificações de auditores e auditores líderes ambientais internos e externos **(norma cancelada)**	**ISO 14015:2001** Ajuda a organização a identificar e avaliar os aspectos ambientais e suas consequências para a empresa, a fim de dar suporte à transferência de propriedades, responsabilidades e obrigações de uma parte para outra	**ISO 19011:2002** (substitui as normas ISO 14010, 14011 e 14012) Fornece diretrizes sobre os princípios de auditoria; a gestão de programas de auditoria; a realização de auditorias de sistemas de gestão; e a competência de auditores	-

(cont.)

Aplicação no nível organizacional						
Avaliação do Desempenho Ambiental	**ISO 14031:1999** Fornece diretrizes sobre a seleção e o uso de indicadores para avaliar o desempenho ambiental da organização	**ISO/TR 14032:1999** Fornece exemplos de organizações reais para ilustrar o uso das orientações da ISO 14031	Comunicação de resultados	**ISO/WD 14063** Fornecerá diretrizes sobre a comunicação referente ao desempenho ambiental e aos aspectos ambientais da organização	Compreensão de termos e definições	**ISO 14050: 2002** Ajuda a organização a compreender os termos usados nas normas da série ISO 14000
Aplicação em produtos e serviços						
Uso de Rótulos e Declarações Ambientais	**ISO 14020:2000** Fornece princípios gerais que servem como base para o desenvolvimento de diretrizes e normas ISO sobre rótulos e declarações ambientais	**ISO 14021:1999** Fornece diretrizes sobre a terminologia, os símbolos e as metodologias de ensaio e verificação que a organização deve usar para autodeclarar os aspectos ambientais de seus produtos e serviços (Rotulagem Ambiental Tipo II)	**ISO 14024:1999** Fornece os princípios e procedimentos guias para programas de certificação de terceira parte (Rotulagem Ambiental Tipo I)	**ISO/TR 14025:2000** Identifica e descreve elementos e questões para serem considerados ao se fazerem declarações de informações quantificadas sobre o produto, baseadas em dados do Inventário do Ciclo de Vida (Declarações Ambientais Tipo III)	-	-

(cont.)

Aplicação em produtos e serviços						
Realização de Avaliações do Ciclo de Vida (ACV)	**ISO 14040:1999** Fornece os princípios gerais, a estrutura e os requisitos metodológicos para a ACV de produtos e serviços	**ISO 14041:1998** Fornece diretrizes para se determinarem o objetivo e o escopo de um estudo ACV e realizar um inventário do ciclo de vida	**ISO 14042:2000** Fornece diretrizes para se realizar a fase de avaliação do impacto no ciclo de vida de um estudo ACV	**ISO/TR 14043:2000** Fornece diretrizes para a interpretação dos resultados de um estudo ACV	**ISO/TS 14048:2002** Fornece informações com relação à formatação de dados para dar suporte à avaliação do ciclo de vida	**ISO/TR 14049/14047** Fornece exemplos que ilustram como aplicar as diretrizes da ISO 14041 e da ISO 14042
Inclusão de Aspectos Ambientais em Produtos e em Normas de Produtos	**Guia ISO 64:1997** Ajuda os escritores de normas de produtos a incluir os aspectos ambientais nessas normas	**ISO/TR 14062:2002** Fornece conceitos e práticas atuais relacionadas com a integração de aspectos ambientais no projeto e desenvolvimento de produtos	-	Compreensão de termos e definições	**ISO 14050:2002** Ajuda a organização a compreender os termos usados nas normas da série ISO 14000	-

Quais empresas devem aplicar a ISO 14000?

As normas foram elaboradas para que as empresas organizem seus Sistemas de Gestão Ambiental (SGA). Destinam-se a todos os tipos e tamanhos de organização, prevendo as diversas condições geográficas, culturais e aspectos socioeconômicos envolvidos.

Claro que as que estão tomando as primeiras iniciativas são aquelas empresas que fazem parte do "grupo de risco", ou seja, as que podem agredir o meio ambiente. Por exemplo, as indústrias químicas, petroquímicas e de celulose.

Mas as normas estão previstas para todos os setores, tanto de serviços como de manufatura.

Os hotéis – grandes impactantes do meio ambiente pelo alto consumo de recursos naturais (água, energia), grandes produtores de resíduos sólidos (vidros, latas, restos alimentícios) e de efluentes (esgoto sanitário e água resultante da lavagem de roupas) gerados no atendimento à clientela – estão preocupados, e muitos buscam adotar medidas que minimizem os prejuízos causados à natureza. O interesse desse seguimento cresce dia a dia, visto que o meio ambiente conservado dá continuidade aos serviços hoteleiros no que concerne, principalmente, à exploração do turismo. Caso o meio ambiente entre em processo de degradação, o turista poderá desaparecer, optando por outros locais, inclusive fora do país. No Brasil já existe rede hoteleira com a certificação ambiental.

Enfim, todo tipo de organização deverá gerenciar as questões ambientais. Para isso dispõe da ISO 14001 – Sistemas de Gestão Ambiental – Especificações e Diretrizes para Uso e de uma família de normas ISO 14000 que complementam e disciplinam as questões ambientais.

São focadas no presente texto as normas relacionadas aos Sistemas de Gestão Ambiental. Para a ISO 14001 o Sistema de Gerenciamento Ambiental compreende "a parte do sistema de gestão global que inclui estrutura organizacional, atividades de planejamento, responsabilidades, práticas, procedimentos, processos e recursos para desenvolver, implementar, atingir, analisar criticamente e manter a política ambiental".

Com o objetivo de estabelecer e manter um Sistema de Gestão Ambiental, a norma ISO 14004 propõe cinco etapas para o processo. Recomenda-se para a análise das cinco etapas a ferramenta de qualidade conhecida como ciclo PDCA (do inglês *Plan* – planejar; *Do* – fazer/executar; *Check* – checar/verificar; *Action* – agir corretivamente):

- **Compromisso e política ambiental** – momento em que a organização define a política ambiental e assume o compromisso de fazê-la vigorar.
- **Planejamento ambiental (P)** – fase muito importante em que ocorre a estruturação do(s) programa(s) de gestão ambiental por meio da identificação dos aspectos e impactos ambientais da atividade da organização, estabelecendo os mais significativos; a busca das legislações e de outros documentos que orientem os aspectos ambientais das atividades; a colocação das metas e dos objetivos a serem alcançados; e, finalmente, o estabelecimento e a manutenção do programa, determinando as responsabilidades, os meios e os prazos para serem atingidos.
- **Implementação (D)** – o plano é colocado em operação. A organização fornece estrutura colocando à disposição os recursos, oferecendo treinamento, conscientização, controle operacional, documentações, etc.

- **Mediação e avaliação** (C) – assegura adequada implementação do plano, monitora, detecta e corrige possíveis falhas, provocando ações corretivas e/ou preventivas apropriadas para que as metas e objetivos sejam atingidos.
- **Análise crítica e melhoria contínua** (A) – determina a pertinência, a adequação e a eficácia do SGA para dar continuidade ou aprimorá-lo, a fim de atingir melhoras significativas no desempenho ambiental global, de acordo com o estabelecido na política ambiental da organização.

O PDCA é uma ferramenta de gestão que pode ser usada na avaliação de todos os processos que acontecem nas organizações, evitando assim a velha ideia do fazer sem planejamento prévio; no levantamento de dados e informações; no estabelecimento de metas e objetivos, avaliação, correções necessárias ou preventivas.

De acordo com a NBR ISO 14001, a melhoria do SGA é de responsabilidade da alta administração da empresa, e ele será sempre avaliado nas auditorias externas que ocorrerem, principalmente durante o processo de certificação.

A utilização da norma pelas empresas é um instrumento valioso para atingir o desenvolvimento sustentável, e o SGA exige uma administração moderna por parte das organizações. Um gerenciamento ultrapassado não combina com as exigências para a implantação do processo. Deve ocorrer mudança de comportamento geral, envolvimento de todos os setores, trabalho comprometido das pessoas, disponibilidade de recursos humanos, financeiros e físicos. O SGA deve ser revisado periodicamente e ser dinâmico.

Benefícios que podem ser atingidos pelas organizações com a implantação e certificação ISO 14001:

- diminuição de gastos e desperdício de materiais;
- prevenção de acidentes ambientais;
- aumento da produtividade;
- aproveitamento adequado dos recursos naturais;
- reconhecimento pelo mercado da consciência ambiental da organização;
- probabilidade de melhores taxas de juros em financiamentos;
- acesso ao mercado internacional;
- economia com a diminuição de ações judiciais, multas e outras;
- uniformização do gerenciamento ambiental, caso a organização tenha várias unidades;
- possibilidade de ganhar mercado pelo aumento da competitividade, e outros.

Avaliação de impactos ambientais

A avaliação de impactos ambientais consiste numa técnica de identificação de riscos a fim de prevenir os possíveis danos ambientais. O Brasil, em 1981, quando definiu a Política Nacional do Meio Ambiente (PNMA), Lei nº 6.938, criou a Avaliação de Impactos Ambientais e o Licenciamento de Atividade Efetiva ou Potencialmente Poluidora, dois instrumentos para garantir o objetivo da política: "... preservação, melhoria e recuperação de qualidade ambiental propícia à vida, visando assegurar, no país, condições de desenvolvimento socioeconômico, aos interesses da segurança nacional e à proteção da dignidade da vida humana...".

A avaliação de impactos consiste, ainda, na verificação e análise criteriosa da viabilidade ambiental, identificando o potencial de risco de determinado empreendimento antes de sua aprovação.

A Resolução Conama nº 1,[1] de 23 de janeiro de 1986, no artigo 1º, define:

> Considera-se impacto ambiental qualquer alteração das propriedades físicas, químicas e biológicas do meio ambiente, causada por qualquer forma de matéria ou energia resultante das atividades humanas que, direta ou indiretamente, afetam: I. a saúde, a segurança e o bem-estar da população; II. as atividades sociais e econômicas; III. a biota; IV. as condições estéticas e sanitárias do meio ambiente e a qualidade dos recursos ambientais.

Somente após a publicação da resolução foram estabelecidos os procedimentos para elaboração do estudo de impacto ambiental, cinco anos após ter sido criado pela PNMA. Em 1988, a Constituição Federal (art. 225, § 1º, inciso V) reforçou a Resolução nº 1/86 exigindo a realização do estudo prévio de impacto ambiental para obras ou atividade potencialmente causadoras de significativa degradação do meio ambiente. Em 1997, alterando a Resolução nº 1/86, a Resolução Conama nº 237 revisou os procedimentos e critérios usados no licenciamento ambiental a fim de usar o sistema de licenciamento como instrumento de gestão ambiental, criado em 1981.

A Constituição Federal de 1988 (art. 225, § 1º, inciso IV) exige a realização do estudo prévio de impacto ambiental para obras ou atividade potencialmente causadoras de significativa degradação do meio ambiente.

---

1 Alterada pelas Resoluções nº 11/86, nº 09/87, nº 11/87 e nº 237/97.

Estudo de Impacto Ambiental (EIA) e Relatório de Impacto Ambiental (Rima)

Atividades, que utilizem recursos ambientais, consideradas de significativo potencial de degradação ou poluição dependerão do Estudo de Impacto Ambiental (EIA) e respectivo Relatório de Impacto Ambiental (Rima) para obter o licenciamento ambiental.

Antes de iniciar os estudos, é prudente analisar criteriosamente o projeto para certificar-se de que o seu desenvolvimento poderá induzir a impactos relevantes no meio ambiente que justifiquem um estudo do porte do EIA.

Os estudos serão realizados por profissionais legalmente habilitados. O empreendedor assume os custos do estudo e, em conjunto com os profissionais será responsável pelas informações apresentadas, respondendo às sanções administrativas, civis e penais. Devem atender a legislação e os princípios e objetivos da Política Nacional do Meio Ambiente, obedecendo às diretrizes gerais do art. 5º, da Resolução Conama nº 1, de 23 de janeiro de 1986.

> I - Contemplar todas as alternativas tecnológicas e de localização de projeto, confrontando-as com a hipótese de não execução do projeto;
>
> II - Identificar e avaliar sistematicamente os impactos ambientais gerados nas fases de implantação e operação da atividade;
>
> III - Definir os limites da área geográfica a ser direta ou indiretamente afetada pelos impactos, denominada área de influência do projeto, considerando, em todos os casos, a bacia hidrográfica na qual se localiza;
>
> IV - Considerar os planos e programas governamentais, propostos e em implantação na área de influência do projeto, e sua compatibilidade.
>
> Parágrafo único - Ao determinar a execução do estudo de impacto ambiental, o órgão estadual competente, ou o Ibama, ou, quando couber, o Município, fixará as diretrizes adicionais que, pelas peculiaridades do

projeto e características ambientais da área, forem julgadas necessárias, inclusive os prazos para conclusão e análise dos estudos.

Conteúdo mínimo que o EIA:

- informações gerais do empreendedor;
- descrição do empreendimento (objetivo, porte, etapas de implantação, etc.);
- diagnóstico ambiental da área de influência do projeto;
- análise dos impactos ambientais do projeto e de suas alternativas – positivos e negativos; diretos ou indiretos; custos e benefícios; reversibilidade, permanente ou não;
- proposição de medidas mitigadoras (corretivas ou redutoras) dos impactos negativos;
- definição do programa de acompanhamento e monitoramento dos impostos;
- área de influência do empreendimento.

O Relatório de Impacto Ambiental (Rima) é o documento que relata os resultados dos estudos técnicos e científicos realizados na avaliação dos impactos ambientes de determinado empreendimento.

O artigo 9º da Resolução nº 1/86 do Conama estabelece o conteúdo mínimo do relatório:

I - Objetivos e justificativas do projeto, sua relação e compatibilidade com as políticas setoriais, planos e programas governamentais;

II - Descrição do projeto e suas alternativas tecnológicas e locacionais existentes (área de influência, matéria-prima, mão de obra, fontes de energia, processos e técnicas operacionais, efluentes, emissões, resíduos de energia, empregos diretos e indiretos a serem gerados, relação custo-benefício e outros);

III - Síntese dos resultados dos estudos de diagnóstico ambiental da área de influência do projeto;

IV - Descrição dos prováveis impactos ambientais da implantação e operação da atividade;

V - Caracterização da qualidade ambiental futura da área de influência;

VI - Descrição do efeito esperado das medidas mitigadoras previstas em relação aos impactos negativos;

VII - Programa de acompanhamento e monitoramento dos impactos;

VIII - Conclusão e recomendação quanto à alternativa mais favorável.

O Rima é um documento para a comunidade e deve ser objetivo, claro e adequado à sua compreensão. As informações devem estar escritas em linguagem acessível, ilustradas por mapas, cartas, quadros, gráficos e demais técnicas de comunicação visual, para que se possam entender as vantagens e desvantagens do projeto, bem como todas as consequências ambientais de sua implementação.[2]

Conforme o artigo 2º da Resolução, dependerá de elaboração de Estudo de Impacto Ambiental (EIA) e respectivo Relatório de Impacto Ambiental (Rima), a serem submetidos à aprovação do órgão estadual competente, e do Ibama em caráter supletivo, o licenciamento de atividades modificadoras do meio ambiente, tais como:

I - Estradas de rodagem com duas ou mais faixas de rolamento;

II - Ferrovias;

III - Portos e terminais de minério, petróleo e produtos químicos;

IV - Aeroportos, conforme definidos pelo inciso I do artigo 48 do Decreto-lei nº 32, de 18 de novembro de 1966;

V - Oleodutos, gasodutos, minerodutos, troncos coletores e emissários de esgotos sanitários;

---

2 Resolução Conama nº 1/86.

VI - Linhas de transmissão de energia elétrica, acima de 230 kw;

VII - Obras hidráulicas para exploração de recursos hídricos, tais como: barragem para fins hidrelétricos, acima de 10 mw, obras de saneamento ou de irrigação, abertura de canais para navegação, drenagem e irrigação, retificação de cursos d'água, abertura de barras e embocaduras, transposição de bacias, diques;

VIII - Extração de combustível fóssil (petróleo, carvão mineral e gás natural);

IX - Extração de minério, inclusive os da classe II, definidos no Código de Mineração;

X - Aterros sanitários, processamento e destino final de resíduos tóxicos ou perigosos;

XI - Usinas de geração de eletricidade, qualquer que seja a fonte de energia primária, acima de 10 mw;

XII - Complexo e unidades industriais e agroindustriais (petroquímicos, siderúrgicos, cloroquímicos, destilarias de álcool, hulha, extração e cultivo de recursos hídricos);

XIII - Distritos industriais e zonas estritamente industriais – ZEI;

XIV - Exploração econômica de madeira ou de lenha, em áreas acima de 100 ha ou menores, quando atingir áreas significativas em termos percentuais ou de importância do ponto de vista ambiental;

XV - Projetos urbanísticos, acima de 100 ha ou em áreas consideradas de relevante interesse ambiental a critério do órgão federal e dos órgãos municipais e estaduais competentes;

XVI - Qualquer atividade que utilizar carvão vegetal, derivados ou produtos similares, em quantidade superior a dez toneladas por dia;[3]

XVII - Projetos agropecuários que contemplem áreas acima de 1000 ha ou menores, neste caso quando se tratar de áreas significativas em termos percentuais ou de importância do ponto de vista ambiental, inclusive nas áreas de proteção ambiental;[4]

---

[3] Resolução nº 11/86 – alterou a Resolução Conama nº 1/86.

[4] *Ibidem*.

XVIII - Empreendimentos potencialmente lesivos ao patrimônio Espeleológico Nacional.[5]

A legislação estabelece a obrigatoriedade do EIA/Rima nos casos relacionados anteriormente, mas é impossível estabelecer em lei todos os empreendimentos que possam necessitar do estudo. Os órgãos federais e estaduais poderão exigir o EIA/Rima para atividades que possam causar impacto ambiental, embora não estejam na lei.

A Resolução nº 237/97, anexo I, traz uma lista de empreendimentos ou atividades sujeitos ao licenciamento ambiental.

[5] Resolução nº 5/87 – alterou a Resolução Conama nº 1/86.

Água

A água forma os rios, lagos, oceanos, geleiras, lençóis subterrâneos e o vapor que faz parte do ar atmosférico da Terra.

Toda a água existente no planeta está em constante movimentação devido a um fenômeno natural chamado "ciclo hidrológico":

- o calor solar provoca evaporação da água dos lagos, rios, oceanos e da superfície dos solos;
- o vapor d'água, mais leve que o ar, sobe pela atmosfera e forma as nuvens;
- nas nuvens a água volta a se condensar e se precipita sob forma de chuva, granizo ou neve;
- ao atingir o solo, parte dessa precipitação corre pela superfície em direção aos lagos, rios e oceanos;
- outra parte penetra nas diversas camadas do solo, formando lençóis de água subterrâneos;
- nas camadas mais profundas ocorre o fenômeno chamado "percolação" (circulação da água entre as camadas do solo que têm maior permeabilidade);

- há ainda uma parte que volta a evaporar e sobe novamente pela atmosfera, recomeçando o ciclo (ver figura 2).

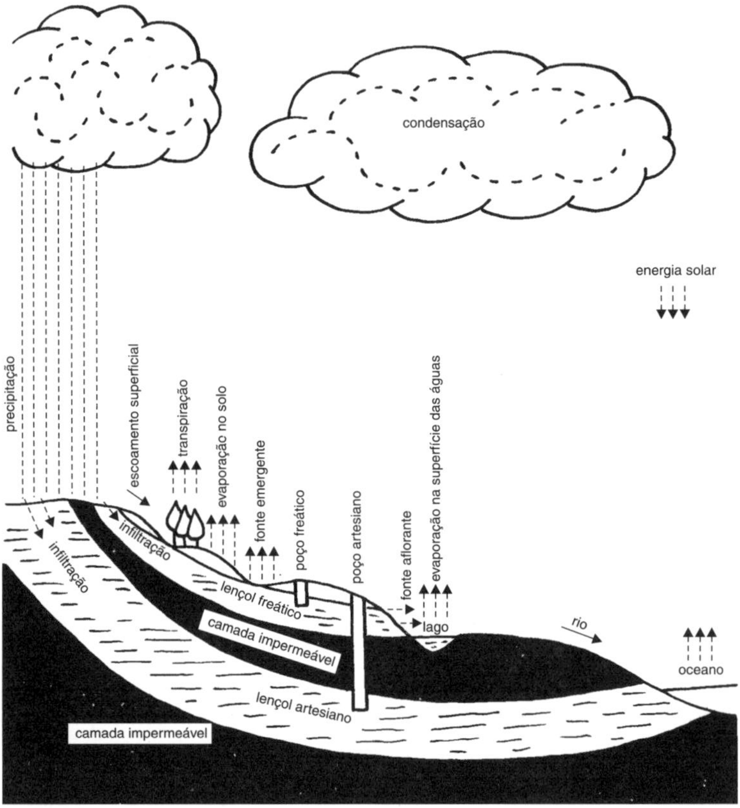

Figura 2 – O ciclo hidrológico

A água no planeta

O quadro a seguir mostra a distribuição percentual da água na Terra.

Quadro 4 – Distribuição global da água (%)

Água doce superficial	0,0101
Água doce subterrânea (a menos de 800 m de profundidade)	0,3050
Água doce profunda (a mais de 800 m)	0,3000
Água doce solidificada (geleiras)	2,3000
Água salgada	97,0849

Obs.: A água em forma de vapor no ar atmosférico representa apenas 0,001%.

A água doce constitui apenas cerca de 3% do líquido disponível no planeta. Boa parte disso concentra-se nas geleiras e, secundariamente, em grandes profundidades, tornando sua captação economicamente dispendiosa. Daí a urgente necessidade de uso racional e de medidas de proteção desse recurso natural.

O quadro 5 mostra os percentuais relativos à água doce disponível no planeta.

Quadro 5 – Distribuição da água doce disponível (%)

Água doce superficial	em cursos d'água	0,03
	em lagos e lagoas	3,00
Água doce subterrânea a menos de 800 m de profundidade		96,97

É essa a água disponível para os seres vivos em geral, inclusive o homem.

O Brasil dispõe de 8% do total de água doce superficial do planeta. Porém, a sua maior parte – cerca de 80% – está localizada na região amazônica. Os 20% restantes se distribuem desigualmente pelo país, atendendo 95% da população.[6]

6 Somando a água do subterrâneo até a profundidade de 800 m, poderemos atingir até 13% do total, ou até ultrapassar esse valor, uma vez que essas bacias hidrográficas subterrâneas

Com relação ao planeta, desde 1900 houve uma quadruplicação da população mundial, mas o consumo de água quase decuplicou no mesmo período. Segundo estimativas da ONU, no começo do século XXI cerca de um terço dos países do globo sofrem com escassez permanente de água.

Como se percebe, a água – líquido já chamado de "sangue da vida" e tão precioso quanto aquele – é, na verdade, um recurso finito e vulnerável. No entanto, o homem parece ainda não ter se dado conta disso, pois a degradação ambiental provocada pela poluição dos recursos hídricos acaba por contribuir para o agravamento do problema da escassez da água, representado pelas dificuldades de abastecimento das grandes cidades e áreas industriais, e do fornecimento da água para irrigação, óbice esse que vez ou outra pode associar-se a períodos de estiagem.

Um ponto crucial está associado à contaminação da água por solventes de todo tipo utilizados pelo homem. Nas últimas décadas, o nível de poluição tem aumentado em ritmo exponencial, e já não se encontra água suficiente para o abastecimento dos grandes centros urbanos. Dessa forma, as empresas de abastecimento estão sendo obrigadas a trazer água de grandes distâncias, e começam a pairar os fantasmas da falta de água e do alto custo, o que constitui séria e real ameaça à população.

Relatórios da ONU apontam duas sugestões básicas para diminuir a escassez da água: aumentar sua disponibilidade e utilizá-la mais eficientemente. No que concerne ao aumento da

---

ainda não foram mensuradas com precisão. Temos grandes aquíferos subterrâneos, como o Guarani (Brasil, Argentina, Paraguai e Uruguai - a área total chega a 1.400.000 km^2, dos quais cerca de 1 milhão está em território brasileiro), o Botucatu e outros que representam um grande percentual de água doce, porém não disponível para consumo humano devido ao alto custo para captação e, também, pela grande incidência de sais, como sais de ferro, manganês, fluoreto, silício e outros.

disponibilidade da água, são sugeridos o aproveitamento de geleiras, a dessalinização da água do mar e a intensificação do uso dos estoques subterrâneos (lençóis e aquíferos). As duas primeiras alternativas são altamente custosas, sendo a terceira bastante viável.

No Brasil, um elemento que dificulta a efetivação dessa "terceira via" é o fato de as próprias empresas de distribuição não possuírem uma política de controle e de estímulo a linhas de financiamento que favoreçam uma estratégia natural, que poderia ser a de os próprios consumidores de médio e grande porte perfurarem seus poços tubulares (os chamados "poços artesianos"), liberando assim grande parte da água potável à distribuição pública.

Cabe aqui destacar alguns fatores que favorecem de forma inequívoca a exploração das águas subterrâneas. Elas possuem alto grau de qualidade (no que tange aos aspectos bacteriológicos), pois o próprio solo se incumbe de purificá-las, tornando os mananciais subterrâneos fontes ideais de suprimento de água doce. Essa qualidade é determinada principalmente pelas características dos materiais rochosos por onde a água percola-se. A maioria das águas subterrâneas contém minerais dissolvidos que muito raramente são prejudiciais à saúde, mas que lhes conferem gosto agradável ou desagradável. Na verdade, os processos químicos, biológicos e físicos que ocorrem no solo podem remover a maior parte das impurezas da água. Até mesmo os trechos contaminados de aquíferos podem ser recuperados, obviamente desde que eliminadas as fontes poluidoras. A habilidade natural do solo acaba por devolver a qualidade da água, desde que não haja contaminação química ou infiltração de agrotóxicos e metais pesados, por exemplo.

Enquanto as águas superficiais – rios, lagos e reservatórios – não têm essa defesa natural e estão muito mais sujeitas à poluição ambiental, as subterrâneas, estando protegidas e isoladas abaixo da terra, estão relativamente menos propensas à poluição.

Os reservatórios subterrâneos naturais apresentam outras vantagens. Eles são sistemas livremente disponíveis para armazenamento de água, sem que seja preciso gastar um centavo com sua construção. Possuem, em geral, grande capacidade volumétrica e não ficam associados ou saturados de argila e algas, como os lagos. A perfuração do poço é relativamente barata. Não há praticamente nenhuma perda de água por evaporação, sendo o seu aproveitamento rápido. Num curto espaço de tempo, em alguns dias, é possível utilizar diretamente a água do poço para o abastecimento público ou industrial. Por outro lado, para que a água de superfície possa ser utilizada é necessário completar toda uma série de eventos, desde o projeto até a construção de barragem, tomadas d'água, estação de tratamento, casa de bombas, adutoras e linhas de distribuição. E, nesse caso, o retorno do capital investido só pode acontecer após a conclusão de todas as obras, o que pode levar alguns anos, enquanto utilizando-se a água subterrânea a amortização do capital investido é muito mais rápida. A questão de tempo é também fundamental quando se pensa no custo social da obra. A saúde e o bem-estar das populações devem ser sempre as prioridades para as administrações sensíveis, não adiando soluções.

A prática de utilização das águas subterrâneas tem possibilitado soluções emergenciais, com resultados imediatos. Mesmo em épocas de seca, quando a recarga natural do aquífero através do solo é reduzida, enquanto as águas de superfície minguam ou desaparecem, os poços continuam suprindo as populações. O uso planejado e racional da água subterrânea torna esse tipo de manancial inesgotável.

Existem poços construídos em locais propícios à captação das águas subterrâneas que podem fornecer cerca de 1 milhão de litros de água por hora, como, por exemplo, os poços de Jales, em São Paulo e do Vale da Gurgeia, no Piauí.[7]

Várias cidades de grande adensamento populacional conseguem suprir a necessidade de água por meio de poços. Nos Estados Unidos podem ser citadas Nova York, Indianápolis, Houston e Miami; no Brasil destacam-se, entre outras, Natal, Maceió, Campo Grande, Bauru, São José dos Campos, Recife e Ribeirão Preto.[8]

Por essa série de motivos, malgrado a falta de planejamento já antes mencionada, observa-se que um grande número de empresas está investindo na construção de poços tubulares profundos.

Usos da água

O homem utiliza a água intensamente para diversas finalidades. Seu uso depende da quantidade e da qualidade adequadas. Podem ser citados os seguintes usos:

- **Doméstico** – para beber, preparar alimentos, manter a higiene pessoal e do ambiente domiciliar.
- **Público** – para abastecer escolas, hospitais e outros edifícios públicos, lavar ruas, irrigar jardins e combater incêndios.

---

[7] Carlos Eduardo Quagia Giampá, *Manual de manutenção preventiva de poços profundos* (São Paulo: Haupt São Paulo, 1978), p. 5.

[8] *Ibid.*, p. 6.

- **Comercial** – para abastecer lojas, bares, restaurantes, escritórios.
- **Recreacional** – em piscinas, esportes náuticos e pesca esportiva.
- **Agropastoril** – para a criação de animais, irrigação de plantações como hortaliças ou grandes lavouras (uso que representa 70% do consumo de água doce no mundo), nas hidroculturas, e na preservação da fauna e da flora, por meio da conservação das concentrações mínimas de O_2 necessárias à manutenção da vida.
- **Industrial** – como matéria-prima de processos de transformação, para resfriamento, lavagem de matérias-primas e equipamentos, para produção de vapor em caldeiras e aquecedores, nas reações químicas, etc.
- **Transporte de efluentes** – infelizmente bastante empregado; os corpos de água recebem e transportam grande quantidade de efluentes de origem doméstica e industrial, e, dependendo de como são tratados e de como são colocados na natureza, os efluentes acabam por inviabilizar o uso das águas receptoras para outras finalidades.
- **Navegação** – o transporte de pessoas e cargas via transporte fluvial, lacustre e marítimo é muito importante do ponto vista econômico.
- **Produção de energia elétrica** – por meio da geração de vapor nas usinas termelétricas ou pelo uso da energia cinética das águas nas usinas hidrelétricas.

Para todas essas finalidades, a água deve preencher requisitos mínimos de qualidade (Padrões de Qualidade), do ponto de vista físico, químico, biológico e bacteriológico.

No Brasil, é a Resolução nº 357,[9] de 17 de março de 2005, do Conselho Nacional do Meio Ambiente (Conama), nos artigos 4º, 5º e 6º que estabelecem a classificação das águas de acordo com o seu uso (quadro 6). A Portaria nº 518/2004, do Ministério da Saúde, estabelece as referências para o padrão de potabilidade do art. 11. A Resolução Conama nº 357/2005 e outras legislações estaduais são referências para os padrões de qualidade dos corpos d'água e para os padrões de lançamento de efluentes nos corpos d'água. A água é um direito constitucional do cidadão brasileiro, um bem de domínio público, e seu suprimento deve ser suficiente para atender o consumo da população.

A Lei federal nº 9.433, 8 de janeiro de 1997, instituiu a Política Nacional de Recursos Hídricos, criou o Sistema Nacional de Gerenciamento de Recursos Hídricos e regulamentou o inciso XIX do artigo 21 da Constituição Federal – compete à União: " [...] instituir sistema nacional de gerenciamento de recursos hídricos e definir critérios de outorga de direitos de seu uso".

Principais instrumentos da Política Nacional de Recursos Hídricos:

- Planos de Recursos Hídricos, elaborados por bacia hidrográfica e por Estado;
- enquadramento dos corpos d'água em classes, de acordo com os usos preponderantes da água;
- outorga do direito de uso;
- cobrança pelo uso dos recursos hídricos.

Como a implementação desses instrumentos é da ordem do Poder Executivo, foi criada, pela Lei nº 9.984,[10] de 17 de julho de

---

9 Resolução Conama nº 357/05, alterada pelas Resoluções nº 370/08 e nº 410/10.

10 A Lei nº 9.984/00 – sofreu alterações dadas por inúmeras medidas provisórias ao longo dos anos.

2000, a Agência Nacional de Águas (ANA), o órgão gestor dos recursos hídricos de domínio da União. É a agência gestora de um recurso natural e não reguladora da prestação de serviços públicos.

A Constituição Federal de 1988 acabou com a propriedade privada dos recursos hídricos quando estabeleceu:

> Artigo 20 – São bens da União:
>
> III – os lagos, rios e quaisquer correntes de água em terreno de seu domínio, ou que banhem mais de um Estado, sirvam de limites com outros países, ou se estendam a território estrangeiro ou dele provenham, bem como os terrenos marginais e as praias fluviais;
>
> Artigo 22 – Compete privativamente à União legislar sobre:
>
> IV – águas, energia [...].

Quadro 6 – Classificação das águas de acordo com seu uso

Classe	Principais destinos
	Águas doces
Classe especial	• Consumo humano, com desinfecção • Preservação do equilíbrio natural das comunidades aquáticas • Preservação dos ambientes aquáticos em unidades de conservação de proteção integral
Classe 1	• Abastecimento para consumo humano, após tratamento simplificado • Proteção das comunidades aquáticas • Recreação de contato primário como: natação, esqui aquático e mergulho • Irrigação de hortaliças que são consumidas cruas e frutas que se desenvolvam rentes ao solo e que sejam ingeridas cruas sem remoção de película • Proteção das comunidades aquáticas em terras indígenas
Classe 2	• Abastecimento para consumo humano, após tratamento convencional • Proteção das comunidades aquáticas

(cont.)

Classe	Principais destinos
Classe 2	• Recreação de contato primário como: natação, esqui aquático e mergulho • Irrigação de hortaliças, plantas frutíferas, de parques, jardins, campos de esporte e lazer, com os quais o público possa vir a ter contato direto • Aquicultura e a atividade de pesca
Águas doces	
Classe 3	• Consumo humano, após tratamento convencional ou avançado • Irrigação de culturas arbóreas, cerealíferas e forrageiras • Pesca amadora • Recreação de contato secundário • Dessedentação de animais
Classe 4	• Navegação • Harmonia paisagística
Águas salinas	
Classe especial	• Preservação dos ambientes aquáticos em unidades de conservação de proteção integral • Preservação do equilíbrio natural das comunidades aquáticas
Classe 1	• Recreação de contato primário • Proteção das comunidades aquáticas • Aquicultura e a atividade de pesca
Classe 2	• Pesca amadora • Recreação de contato secundário
Classe 3	• Navegação • Harmonia paisagística
Águas salobras	
Classe especial	• Preservação dos ambientes aquáticos em unidades de conservação de proteção integral • Preservação do equilíbrio natural das comunidades aquáticas

(cont.)

Classe 1	• Recreação de contato primário, conforme resolução Conama nº 274, de 2000 • Proteção das comunidades aquáticas • Aquicultura e a atividade de pesca • Abastecimento para consumo humano após tratamento convencional ou avançado • Irrigação de hortaliças que são consumidas cruas, de frutas que se desenvolvam rentes ao solo e que sejam ingeridas cruas sem remoção de película • Irrigação de parques, jardins, campos de campos de esporte e lazer, onde o público possa ter contato direto • Esporte e lazer, onde o público possa ter contato direto
Classe 2	• Pesca amadora • Recreação de contato secundário
Classe 3	• Navegação • Harmonia paisagística

Água por habitante

Cada pessoa consome entre 150 e 200 litros de água por dia. No Brasil, entretanto, apenas 50% da população tem essa média de consumo.

Quase 20% da população do planeta (mais de 1 bilhão de pessoas) não tem acesso à água potável.

Classificação das águas

De acordo com sua origem, as águas podem ser genericamente classificadas como:

- **meteóricas** – chuva, neve, granizo;
- **superficiais** – rios, lagos, mares, oceanos, geleiras;
- **subterrâneas** – lençóis freáticos, semiartesianos e artesianos.

Distribuição das águas subterrâneas

As águas subterrâneas estão distribuídas em:

- **lençóis freáticos ou livres** – situam-se entre camadas do solo mais próximas da superfície e sofrem a ação direta da pressão atmosférica, podendo, assim, ser mais facilmente contaminados;
- **lençóis semiartesianos** – situados em pequenas ou grandes profundidades, entre camadas permeáveis do solo, são sujeitos aos movimentos normais das águas (percolação) e exigem bombeamento para extração;
- **lençóis artesianos** – situados em maior profundidade, entre camadas impermeáveis do solo, sujeitos a uma pressão maior que a da atmosfera; geralmente não sofrem contaminação, mas podem conter um excesso de substâncias minerais dissolvidas (como sal-gema, cálcio, ferro, etc.), tornando a água imprópria para o consumo humano.

As águas subterrâneas, semiconfinadas (freáticas e semiartesianas) ou confinadas (artesianas), sempre estão em movimento.

Qualidade da água

Ao correr pela superfície do solo, a água faz uma espécie de lavagem, carregando substâncias orgânicas, terra, fezes, microrganismos e outros materiais que encontra no caminho.

Já a água que penetra na terra vai sendo filtrada pelas diversas camadas do solo. Por isso, em princípio, as águas subterrâneas são consideradas de melhor qualidade para o consumo. Mas, como foi dito anteriormente, elas podem sofrer contaminação (no caso dos lençóis freáticos) ou conter uma concentração excessiva de substâncias minerais (no caso dos lençóis artesianos).

Água completamente pura só existe em fórmulas.

Como a qualidade da água é muito variável, ela deve ser avaliada por meio de análises físicas, químicas e bacteriológicas, que determinam seu índice de qualidade e sua potabilidade.

Essas análises classificam a água em:

- **potável** – adequada para o consumo humano (dentro dos padrões de potabilidade estabelecidos pela Portaria nº 518/2004);
- **contaminada** – contém microrganismos patogênicos e, para tornar-se potável, precisa sofrer desinfecção ou ser submetida à fervura;
- **poluída** – apresenta qualquer espécie de poluição e pode estar também contaminada. Mesmo isenta de microrganismos patogênicos, a água poluída é imprópria para o consumo, pois pode conter tanto substâncias tóxicas (chumbo, cromo hexavalente, arsênico, índice de flúor acima de 1,5 ppm, etc.) como grande concentração de substâncias químicas (magnésio, cálcio, metais em forma de bicarbonatos, sulfatos, cloretos e outros), o que a torna *dura* ou corrosiva. A água dura dificulta a lavagem de roupas e utensílios e causa danos industriais incrustando-se em tubulações, radiadores de automóveis, etc.

Análises da água

Para determinar a qualidade, a potabilidade e as possibilidades de uso das águas das diversas fontes, realizam-se análises físicas, químicas, hidrobiológicas e bacteriológicas.

A análise consiste na avaliação das características físicas (aspecto, cheiro, temperatura, cor, turbidez, pH), químicas (presença e concentração de substâncias, como chumbo, flúor, arsênico, selênio e cromo hexavalente, que podem interferir na potabilidade da água, ou de carbonatos, bicarbonatos, hidróxidos, nitratos, que interferem na dureza, corrosividade, alcalinidade e acidez) e bacteriológicas (presença e concentração de bactérias e coliformes totais e fecais) da água.

Os limites máximos (padrões de potabilidade) foram estabelecidos por entidades internacionais (OMS). No Brasil, estabelece os parâmetros para potabilidade das águas a Portaria nº 518, de 25 de março de 2004.

Para evitar gastos desnecessários com o processo de tratamento da água para o consumo, é importante que se avaliem as características químicas. Os parâmetros principais estão descritos a seguir.

Dureza

A dureza da água é comumente demonstrada pela quantidade de sabão necessária para que se produza espuma. Poderia ser definida como a propriedade de dissipar sabão, uma vez que em uma água dura a espuma não se produzirá enquanto os sais minerais causadores da dureza não tiverem sido removidos pela sua combinação com o sabão. A matéria removida torna-se evidente pela espuma insolúvel que se forma durante os processos de lavagem.

Quase toda a dureza da água provém do cálcio e do magnésio. Os cátions cálcio e magnésio originam-se de um dos seguintes sais minerais:

- bicarbonatos de cálcio e de magnésio;
- sulfatos de cálcio e de magnésio;
- cloretos de cálcio e de magnésio;
- nitratos de cálcio e de magnésio.

Ambos os cátions cálcio e magnésio e os correspondentes ânions, bicarbonato, sulfato, cloreto e nitrato são encontrados na solução.

Parte do cálcio e do magnésio das águas duras contribui para a incrustação que se produz quando a água passa por mudanças de temperatura e de pressão. Tais incrustações surgem quando o equilíbrio da solução é perturbado, resultando daí carbonatos e, por vezes, sulfatos desse metal, que são produzidos da seguinte forma: os íons bicarbonato existem na água subterrânea como resultado da dissolução do dióxido de carbono, que favorece a dissolução do calcário ou da dolomita com os quais a água entra em contato. Essas rochas, que são carbonatos de cálcio e de magnésio, dissolvendo-se, liberam os íons cálcio e magnésio causadores da dureza. Combinando-se com o dióxido de carbono dissolvido, os carbonatos transformam-se em bicarbonatos, sendo necessárias 44 ppm de dióxido para a formação de 122 ppm do íon bicarbonato.

Parte desse dióxido de carbono que passou a integrar o íon bicarbonato pode ser exalada sob a forma de gás carbônico. Quando isso acontece, o bicarbonato se transforma em carbonato. Os íons carbonato tendem a reagir com os íons cálcio e magnésio para formarem grumos ou películas insolúveis de carbonatos de cálcio e de magnésio.

O carbonato de cálcio deposita-se antes por ser mais insolúvel que o de magnésio. Na ausência do dióxido de carbono, a água pode conter só cerca de 14 ppm de carbonato de cálcio em solução. Nas mesmas condições, a solubilidade do carbonato de magnésio é de mais de cinco vezes: aproximadamente 80 ppm.

A dureza total da água consta de duas partes: a dureza de carbonato e a dureza de não carbonato. A dureza de carbonato é a da porção do cálcio e magnésio suscetível de se combinar com o bicarbonato e a pequena quantidade de carbonato presentes. Costuma ser chamada "dureza temporária", porque pode ser virtualmente removida pela fervura da água, que faz os carbonatos de cálcio e de magnésio se precipitarem. A dureza de não carbonato, antes chamada "dureza permanente", é a diferença entre a dureza total e a dureza de carbonato. É causada pelo cálcio e magnésio que se combinaram com os íons sulfato, cloreto e nitrato presentes, mais o pequeno efeito de dureza de outros constituintes menores. É dureza que não pode ser removida pela ebulição.

Com uma dureza abaixo de 50 ppm, a água é considerada mole. Uma dureza de 50 ppm a 150 ppm não é objetável para a maioria dos usos da água, não obstante a quantidade do sabão gasto, que cresce com a dureza. Lavanderias e indústrias que usam grande quantidade de sabão consideram proveitoso baixar a dureza até mais ou menos 50 ppm. Dureza de 100 ppm a 150 ppm origina incrustações consideráveis nas caldeiras a vapor.

Dureza acima de 150 ppm é decididamente perceptível. Com 100 ppm a 300 ppm, ou mais, é prática comum amolecer-se a água de uso doméstico. Onde os abastecimentos urbanos de água corrigem a dureza, esta é baixada a mais ou menos 85 ppm. Abaixo disso, o amolecimento de toda a água do abastecimento não é considerado econômico.[11]

Uma pessoa que more na Nova Inglaterra, Estados Unidos, onde as águas normalmente têm pequeno teor de sais dissolvidos, pode considerar muito dura uma água com 100 ppm de

---

[11] Carlos A. Richter & José M. de Azevedo Netto, *Tratamento de água: tecnologia atualizada* (São Paulo: Edgard Blücher, 1991), p. 32.

dureza, ao passo que a mesma água é considerada mole pelos habitantes de Iowa, Minnesota ou Nebraska, Estados Unidos.[12]

Condutividade elétrica

Condutância elétrica é a capacidade de uma substância de conduzir a corrente elétrica. É o inverso de resistência elétrica. A condutância, assim como a resistência, varia de um material para outro. Para o confronto da condutância de diferentes materiais há uma variável chamada "condutância elétrica específica" ou "condutividade elétrica", que é a condutância de um cubo da substância com 1 cm de aresta.

A água quimicamente pura tem uma condutância elétrica muito baixa. É, pois, um bom isolante. Basta, porém, uma pequeníssima quantidade de mineral dissolvido para torná-la condutora, se esse mineral se dissocia em cátions e ânions. Quanto mais íons presentes, maior a condutância.

A unidade de medida da condutância é o *mho*, inverso de ohm, unidade de resistência elétrica. Os valores da condutância específica para as águas subterrâneas são referidos ao milionésimo do mho, ou micromho.

Concentração do íon hidrogênio (pH)

A concentração relativa de íons hidrogênio na água indica se ela atua como um ácido fraco ou como uma solução alcalina. Quando a quantidade de íons hidrogênio é excessiva em relação aos outros íons, resulta uma reação ácida. Tais águas tendem a atacar os metais.

A concentração de íons hidrogênio é expressa pelo seu pH. Um pH igual a 7 indica uma solução neutra, nem ácida nem

[12] Cf. periódico da Universal Oil Products Co. Division Johnson, "Ground Water and Wells", 1972, p. 83.

alcalina. Se menor que 7, indica uma condição ácida; se maior que 7, corresponde a uma solução alcalina.

Uma molécula de água (H_2O) tem uma leve tendência de se romper em dois íons do mesmo modo que alguns dos minerais dissolvidos. A fórmula H_2O pode tomar a forma H^+ OH^- quando se ioniza; divide-se em duas partes, o cátion H^+ e o ânion OH^-, este chamado "íon hidroxila" ou "oxidrila".

Na água pura, uma pequena proporção de moléculas ioniza-se. O número de íons hidrogênio em tal concentração é expresso pelo pH 7.[13]

Sólidos dissolvidos totais

A concentração total dos minerais dissolvidos na água serve como índice geral da prestabilidade da água para muitos usos. As expressões *sólidos totais*, *sólidos dissolvidos totais* e *sólidos dissolvidos* são sinônimas.

Os sólidos totais podem ser determinados pelo peso do resíduo seco da evaporação da amostra da água. Podem, também, ser calculados somando-se as concentrações de todos os íons contidos na água separadamente determinados.

Os sólidos dissolvidos calculados são comumente um pouco inferiores ao resíduo por evaporação. A diferença pode atingir 10 ppm a 20 ppm para águas com 100 ppm a 150 ppm de sólidos dissolvidos, e ser algo maior para águas acentuadamente mineralizadas.

A água com demasiado teor de minerais dissolvidos não é conveniente para certos usos. Quando contém menos de 500 ppm de sólidos dissolvidos, é, em geral, satisfatória para

---

[13] Carlos A. Richter & José M. de Azevedo Netto, *Tratamento de água: tecnologia atualizada*, cit., p. 28.

o uso doméstico e para muitos fins industriais. Com mais de 1.000 ppm, porém, a água contém minerais que lhe conferem um sabor desagradável e a tornam inadequada para diversas finalidades.

Em face disso, águas com um elevado teor de sólidos dissolvidos devem ser encaradas como potencialmente corrosivas para os filtros e outras partes da estrutura dos poços, mesmo abstraindo-se outras características da água.[14]

Ferro

O ferro tem uma importância industrial que ultrapassa a de qualquer outro elemento. Ocupando o quarto lugar em abundância na crosta terrestre (depois do oxigênio, do silício e do alumínio), é muito comum, sendo um constituinte essencial de várias centenas de minerais; é fácil de obter, bastando aquecer alguns de seus minerais com carbono, e possui várias propriedades convenientes, especialmente quando impuro. Por todas essas razões, o ferro transformou-se em um dos marcos característicos da civilização, assinalando uma de suas eras, em cronologia arqueológica.

Cerca de 5% da crosta terrestre é constituída de ferro. Pequena parte dele ocorre no estado livre, sendo de origem meteorítica, mas geralmente ele aparece combinado com oxigênio, silício ou enxofre. Os principais minérios são *hematita* (Fe_2O_3), *limonita* ($FeO(OH) \cdot nH_2O$), *magnetita* (Fe_3O_4) e *siderita* ($FeCO_3$), geralmente contaminados com silicatos complexos de ferro, a partir dos quais esses minerais são produzidos por alterações climáticas. Sulfetos de ferro, como a *pirita* (FeS_2) ou *ouro dos trouxas*, são também abundantes, mas não podem ser usados

[14] Cf. periódico da Universal Oil Products Co., cit., p. 107.

como fontes de obtenção de ferro porque o enxofre é uma impureza indesejável no produto final.

Manganês

O manganês não é um elemento muito comum (0,08% em abundância), mas na crosta terrestre é tão abundante quanto o carbono e mais do que o enxofre. Seus minerais mais importantes são os óxidos: *pirolusita* (MnO_2) e *braunita* (Mn_2O_3), usualmente contaminadas com óxidos de ferro, e *hausmanita* (Mn_3O_4). Provavelmente, o melhor método para preparar o metal é por redução com alumínio em pó. Contudo, como a maior parte do manganês se destina à produção de aço, podem ser usadas ligas de manganês em lugar do metal. Duas delas são *ferromanganês* (cerca de 80% de Mn no Fe) e *spiegeleisen* (cerca de 20% a 30% de Mn e cerca de 5% de C em Fe); essas ligas são obtidas pela redução de óxidos mistos de ferro e manganês em altos-fornos, usando carbono ou monóxido de carbono como agente redutor. Quando adicionado ao aço, o manganês tem duas funções: em pequenas quantidades age como um removedor de oxigênio e enxofre do ferro fundido, pois se combina com esses elementos, formando substâncias facilmente removíveis; em grandes quantidades (acima de 14%) confere ao aço dureza e tenacidade especiais, necessárias para a resistência à abrasão devida a choques prolongados.

Silício

Dos elementos que participam da formação da crosta terrestre, o silício é o segundo mais abundante, só perdendo para o oxigênio.

Combinado com o oxigênio, forma o óxido chamado "sílica" (SiO_2). O quartzo é sílica quase pura na forma cristalina, mas a sílica ocorre em outras rochas sob a forma não cristalina.

A água só pode dissolver uma diminuta quantidade de quartzo; não obstante, a água subterrânea chega a conter algumas vezes 100 ppm de sílica, sendo comuns teores de 20 ppm.

Acredita-se que a sílica da água subterrânea provém da decomposição de silicatos, presentes em grandes quantidades em muitas rochas. A desintegração das rochas em matéria argilosa propicia o desprendimento de um pouco de sílica. A temperatura, a quantidade e o movimento da água através das rochas afetam o desgaste e favorecem a dissolução da sílica.

A sílica não contribui para a dureza da água, mas tem participação importante nas incrustações ou películas formadas. Quando depositada, constitui uma crosta de silicato de cálcio ou de magnésio, em geral que resiste ao ataque de ácidos e de outros produtos químicos usados no tratamento de poços.[15]

Sódio

O sódio é um metal alcalino, bastante análogo quimicamente ao potássio, outro destacado metal alcalino. Dos dois, é o único encontrado em quantidade significativa nas águas naturais.

O sódio é notoriamente o mais abundante íon metálico na água do mar, com uma concentração média de 10.000 ppm. A água subterrânea das formações calcárias tem apenas umas poucas partes por milhão no rol das muitas centenas de ppm do total dos sólidos dissolvidos.

Quase todos os compostos do sódio são solúveis; em consequência, o sódio lixiviado das rochas ou do solo permanece em solução. Portanto, os compostos do sódio não precipitam para formar escuma ou materiais incrustantes que podem causar obstruções nos poços e não concorrem para a dureza da

---

[15] *Ibid.*, p. 112.

água. Todavia, a água subterrânea de elevado teor de carbonato ou bicarbonato de sódio é alcalina, podendo ter pH 9 ou maior.

Alcalinidade

Alcalinidade da água é sua capacidade de neutralização de um ácido. Há alguma confusão com o termo *alcalinidade* porquanto ele não significa necessariamente que o pH do meio deve ser superior a 7. A água subterrânea com pH abaixo de 7 pode conter alguns sais que neutralizam ácidos e, portanto, ter alguma alcalinidade mensurável.

Os íons carbonato e bicarbonato contribuem para a alcalinidade da água; os íons cloreto, sulfato e nitrato não. Se presentes, os íons hidróxido (OH^-) afetam a alcalinidade. Pouquíssimas águas, porém, contêm hidróxido suficiente para ser mencionado.

Hidróxidos podem ser encontrados em águas tratadas ou que tenham entrado em contato com o concreto.

A alcalinidade é determinada juntando-se uma solução ácida padrão à água e notando-se a quantidade exigida para a mudança de cor de dois indicadores químicos diversos, geralmente a fenolftaleína e o metilorange (ou alaranjado de metila).[16]

Acidez

Acidez é propriedade oposta à alcalinidade: é a capacidade de neutralização de uma base ou álcali.

A presença de ácidos minerais na água subterrânea não é comum, podendo-se mencionar as águas de minas, particularmente nas regiões de mineração do carvão de pedra. O ácido é quase sempre o sulfúrico, resultante da transformação química

---

[16] Carlos A. Richter & José M. de Azevedo Netto, *Tratamento de água: tecnologia atualizada*, cit., p. 30.

da pirita de ferro e de outros sulfetos metálicos, com a participação da água e do oxigênio.

Embora se considere ácida qualquer água com pH abaixo de 7, a acidez mineral livre só se verifica com pH inferior a 4,5. A acidez total é comumente expressa pela quantidade equivalente de ácido sulfúrico.[17]

Cloretos

Os cloretos são abundantes na água do mar, onde os ânions predominam, com um teor de cerca de 19.000 ppm. As rochas ígneas são pobres em cloretos. A grande quantidade de cloretos da água do mar tem proporcionado muita conjectura aos geoquímicos. Sua origem é difícil de ser explicada. Não obstante, conclui-se ter havido uma fonte maior de cloretos, porquanto a quantidade que há nas águas do mar não pode ser justificada tomando-se como base o que foi liberado através dos tempos em decorrência do desgaste das rochas ígneas. Muitos autores acham que o excesso poderia ter vindo sob a forma de ácido clorídrico ou como cloretos voláteis das erupções vulcânicas, fluxo dos gêiseres ou fontes quentes, ou das primeiras águas magmáticas.

A água da chuva contém menos de 1 ppm de cloretos, em média, nos Estados Unidos. Contudo, teores até 6 ppm têm sido registrados na Nova Inglaterra, podendo ser resultado da contaminação por cloretos do ar oriundo do oceano.

O teor de cloretos da água subterrânea das regiões úmidas é baixo, comumente inferior a 5 ppm, a menos que o aquífero tenha sido contaminado pela água do mar. Onde os poços próximos da costa ou ao longo de rios salobres são bombeados

---

[17] *Ibid.*, p. 32.

intensamente, alguma água marinha pode penetrar no aquífero de água doce. O registro contínuo do teor de cloretos das amostras de água dos poços fornece informação da ocorrência ou não da contaminação do aquífero.

A água que contém menos de 150 ppm de cloretos é satisfatória para muitos fins. Um teor de mais de 250 ppm torna-a em geral objetável para um serviço de abastecimento público. Contendo mais de 350 ppm é contraindicada para a maior parte das irrigações e usos industriais. Com 500 ppm, o sabor da água torna-se desagradável. Entretanto, os animais podem beber água com teores de cloretos superiores a esses, e alguns entendidos admitem ser satisfatória para o gado uma água com 3.000 ppm a 4.000 ppm de cloretos.[18]

Fluoretos

Os fluoretos geralmente são encontrados na água subterrânea em pequenas concentrações. Podem derivar da fluorita, principal fluoreto das rochas ígneas, ou de algum dos muitos complexos minerais de que os fluoretos participam. Gases vulcânicos ou fumarólicos podem conter fluoretos, capazes de ser carregados para a água.

Importa conhecer a quantidade de fluoretos contida na água destinada a crianças. Fluoretos em demasia estão relacionados com o defeito consistente em manchas escuras no esmalte dos dentes. Isso pode suceder nos dentes das crianças que ingerem água com muito fluoreto durante o período em que os dentes permanentes estão se formando.

Em contraste, muitos estudos recentes revelam que concentrações de fluoretos inferiores à que pode causar o mosquea-

---

[18] *Ibid.*, p. 33.

mento dentário são benéficas e preventivas da cárie. O teor desejável é em torno de 1 ppm.

Em amplo relato sobre os padrões da qualidade da água, a Junta do Controle da Poluição da Água do Estado da Califórnia, nos Estados Unidos, estabelece que a água com menos de 0,9 ppm a 1,0 ppm de fluoretos raramente causa o mosqueamento dentário nas crianças. Para adultos, concentrações inferiores a 3 ppm ou 4 ppm provavelmente não provocam a fluorose cumulativa endêmica nem efeitos sobre o esqueleto.

Os padrões de qualidade da água do Serviço de Saúde Pública dos Estados Unidos (USPHS) de 1962 estabelecem um limite superior da concentração permissível de fluoretos de 2,4 ppm para regiões onde a média anual do máximo da temperatura diária do ar é de 10 °C a 12 °C. Os teores para climas mais quentes são mais baixos, até um limite inferior a 0,8 ppm, com um máximo tolerado de 1,4 ppm onde a temperatura máxima média diária oscila entre 26 °C e 32 °C. Os mais baixos limites para temperaturas mais elevadas são para compensar a maior quantidade de água ingerida pelas crianças quando a temperatura do ar é maior; destinam-se a manter a quantidade de fluoretos dentro dos limites tolerados.[19]

Nitratos

A variação do teor de nitratos nos diversos tipos de água é grande, e em muitas águas subterrâneas parece não ter relação com as formações geológicas.

Os nitratos do solo têm muitas origens. Algumas plantas, como a alfafa, retiram o nitrogênio do ar para fixá-lo no solo sob a forma de nitrato. O nitrogênio dos detritos vegetais, dos

[19] Cf. periódico da Universal Oil Products Co., cit., p. 110.

resíduos animais e dos fertilizantes nitrogenados se junta ao do solo. Quantidades adicionais provêm do despejo das águas de esgoto.

Altas concentrações de nitratos na água de poço podem resultar da penetração direta da água de superfície ou da infiltração de água poluída no aquífero através das camadas sobrejacentes do solo.

O estrume contém grande quantidade de nitrogênio orgânico.

Uma vez que latrinas, fossas e pátios de currais são fontes de nitrogênio orgânico, grande quantidade de nitratos na água de um poço pode indicar poluição por essas origens. Elevado teor de nitratos pode ser considerado um índice e uma advertência de que a água deve ser analisada para se verificar se contém bactérias patogênicas suscetíveis de serem levadas dessas fontes para o lençol aquífero.

O nitrato é um ânion resultante da combinação de um átomo de nitrogênio com três átomos de oxigênio (NO_3). Nas análises de água pode-se referir ao íon nitrato ou ao nitrogênio. Uma parte de nitrogênio equivale a 4,4 partes de nitrato.

Nitratos em concentrações superiores a 45 ppm são indesejáveis na água de uso doméstico, devido a um possível efeito tóxico sobre crianças pequenas. Esse efeito é a cianose, que torna a criança apática e sonolenta e faz com que sua pele adquira uma coloração azulada. Isso pode resultar de água contendo nitratos em excesso utilizada no preparo do alimento do bebê. Os nitratos da água potável não causam cianose em crianças maiores e em adultos.

Muitos departamentos de saúde pública têm tentado estabelecer o limite de segurança para os nitratos em 45 ppm, o que equivale a 10 ppm de nitrogênio. Com um teor de 90 ppm de nitratos ou 20 ppm de nitrogênio, a água é considerada perigosa para crianças pequenas.

Os nitratos não são removíveis da água pela fervura; só podem ser removidos pela destilação ou pela desmineralização.

Como os nitratos podem derivar de água de esgoto, sua presença na água é indício de contaminação. Porém, tal poluição na água subterrânea só pode ocorrer se concomitantemente houver cloretos presentes.[20]

Sulfatos

Os sulfatos da água subterrânea derivam principalmente da gipsita ou anidrita (sulfatos de cálcio). O sulfato de magnésio (sal de Epson) e o sulfato de sódio (sal de Glauber), se presentes em quantidade suficiente, conferem sabor amargo à água, que pode atuar como laxativo em pessoas não habituadas a ingeri-la.

Gases dissolvidos

Os gases dissolvidos não são normalmente investigados nas análises de rotina da água. Sua presença em teores apreciáveis tem importante significado para a água que se destina a determinados fins. Os gases dissolvidos mais comuns são o oxigênio, o gás sulfídrico, o dióxido de carbono, o nitrogênio e o gás sulfuroso. Desses, os três primeiros são os de maior interesse, tratando-se da água subterrânea e do seu desenvolvimento.

Como a solubilidade dos gases varia no sentido inverso da temperatura e aumenta com a pressão, os gases dissolvidos influem nos problemas de corrosão do revestimento e dos filtros dos poços, bem como na deposição de materiais incrustantes.

---

[20] *Ibid.*, p. 117.

- **Oxigênio dissolvido** – O teor de oxigênio dissolvido da água subterrânea de profundidades apreciáveis é geralmente bastante baixo.

  Presume-se que a maior parte do ar dissolvido na água que se infiltra no solo é consumida na oxidação da matéria orgânica durante a descida através da zona de aeração. Contudo, um pouco de oxigênio dissolvido poderá ser encontrado a 30 m ou mais de profundidade.

  A solubilidade do ar na água, a 0 °C e sob pressão normal, é de mais ou menos 29 ppm, das quais cerca de 10 ppm cabem ao oxigênio. A solubilidade decresce com a elevação de temperatura, tornando-se nula quando a água entra em ebulição. A água sob pressão pode conter muito mais ar dissolvido que o indicado acima.

  O oxigênio dissolvido corrói o ferro comum, o aço, o ferro galvanizado e o latão. Se a temperatura aumenta, o ataque corrosivo tende a acelerar, porém a quantidade de oxigênio dissolvido diminui com a elevação da temperatura, podendo assim contrariar o outro efeito, a menos que a água seja aquecida sob pressão.

  A água contendo oxigênio dissolvido corrói os metais mais rapidamente quando o pH é baixo. Com pH elevado o ataque retarda. Todavia, uma água com condutância elétrica relativamente alta contendo oxigênio dissolvido será agressiva mesmo com pH 8 ou maior.

  O oxigênio dissolvido pode fazer com que a água ataque o ferro galvanizado e algumas espécies de latão quase tão rapidamente quanto ataca o ferro. O zinco da galvanização é oxidado, desgastado e destruído mais depressa que se a água estivesse isenta de oxigênio. O oxigênio dissolvido remove também o zinco das ligas de latão, deixando o metal poroso e enfraquecido. O latão vermelho resiste melhor ao ataque que o latão amarelo.

- **Gás sulfídrico ou hidrogênio sulfurado** – A água subterrânea que contém gás sulfídrico é reconhecida logo pelo seu cheiro de "ovo podre". Basta um teor de 0,5 ppm de gás na água fria para o odor ser percebido; com 1 ppm o odor é manifestamente ofensivo. Ele é menos percebido se a água sulfurosa tiver um pH elevado, caso em que um sulfeto alcalino, como o sulfeto de sódio, pode estar presente em vez do gás sulfídrico.

  O gás sulfídrico na água forma um ácido fraco, tornando a água corrosiva. Um apreciável teor de gás sulfídrico a faz atacar as ligas de cobre dos filtros dos poços.

  Bactérias redutoras de sulfatos são encontradas em algumas águas subterrâneas. Seu desenvolvimento é favorecido pela ausência de oxigênio, havendo regularmente alto teor de sulfatos. As bactérias transformam sulfatos em ácido sulfídrico. Um tubo de ferro será, então, atacado, formando-se sulfeto de ferro. Sendo esse sulfeto insolúvel, depositar-se-á no tubo, sob a forma de crosta.

  Crostas de óxido férrico podem, também, se formar na face interna de um tubo de ferro quando as bactérias do ferro transformam o ferro dissolvido em óxido insolúvel. O ferro dissolvido pode resultar do ataque corrosivo da água sobre o próprio tubo. A superfície corroída pode, então, ser recoberta pela crosta do óxido.

  Embora esses dois efeitos possam ser encarados como de incrustação, a formação da crosta é realmente o resultado de um processo corrosivo inicial. O ferro é primeiro dissolvido por corrosão, e os produtos da corrosão são depositados depois, sob a forma de crosta. A crosta ocupa um volume maior que o do metal original e gradualmente vai preenchendo o tubo e reduzindo sua capacidade de conduzir água. Um estudo mostra que os condutos de água perdem a capacidade de transporte na proporção de 1% a 2% por ano durante um período de vinte a trinta anos.

- **Gás carbônico ou dióxido de carbono** – O gás carbônico pode ser colhido pela chuva e trazido à superfície do solo, porém uma proporção muito maior é dissolvida pelas águas que correm sobre o solo e através dele, onde as plantas estão crescendo. As raízes das plantas e o apodrecimento dos vegetais contribuem para elevar o teor de gás carbônico no ar telúrico acima da superfície do lençol. Segundo Thorne e Paterson,[21] pode ser produzido cerca de 0,8 a 1,5 litro por quilômetro quadrado de solo em condições normais.

  A presença do gás carbônico na água subterrânea é especialmente significativa quando há cálcio e bicarbonato em solução. A solução é estável se as condições de pressão são suficientes para prevenirem o desprendimento do gás. Todavia, a pressão em um aquífero na proximidade de um poço pode diminuir em face do bombeamento; o gás, então, pode exalar sob a forma de bolhas. Quando o equilíbrio da água é assim perturbado, o carbonato de cálcio pode precipitar-se até se estabelecer novamente o equilíbrio com o gás carbônico que se mantém dissolvido pela pressão atmosférica. Esse processo está constantemente em ação no bombeamento de poços que fornecem água contendo carbonato de cálcio e dióxido de carbono.

---

21 *Ibidem*.

Para retardar a deposição do carbonato de cálcio quando o poço é bombeado, a perda de carga deve ser mínima, de modo que a redução de pressão seja tão baixa quanto o permitam as condições de operação. Baixa velocidade de entrada nas aberturas do filtro do poço ajuda grandemente. Velocidades mínimas são possíveis usando-se filtros com a máxima área de passagem.

A correlação entre pH, bicarbonato e dióxido de carbono, que assinalamos ao discutir o pH da água, proporciona um meio para o cálculo do teor de dióxido de carbono com base na alcalinidade de carbono e no pH. O quadro 7 fornece os valores do dióxido contido na água, em ppm, para alguns dados combinados das duas outras propriedades.

Os números constantes estão sujeitos a leves correções em razão da temperatura e do teor do total de sólidos dissolvidos. Oferecem, todavia, precisão bastante para a maioria dos usos.[22]

Quadro 7 – Alcalinidade de bicarbonato, dióxido de carbono livre (ppm)

Em ppm de $CaCO_3$	pH 7,0	pH 7,5	pH 8,0
100	22	6	2
200	43	12	4
300	63	17	5
400	82	22	7

[22] *Ibid.*, p. 122.

Constituintes menores

As águas naturais podem conter outros minerais, além dos já comentados, comumente em teores reduzidos, em geral inferiores a 1 ppm. A não ser que a presença de um desses constituintes secundários seja indicada por alguma circunstância especial – como a do meio geológico da água subterrânea, por uma notória mudança na qualidade da água, por um despejo acidental de um refugo indesejável que tenha se infiltrado até o aquífero ou por causa de um efeito perceptível nas colheitas –, a determinação dos constituintes menores ordinariamente não é feita, exceto nas análises mais completas. Não obstante, em certos casos, um ou mais deles podem estar presentes em quantidade considerável e, mesmo, ser os maiores constituintes dessa água especial.

Entre os constituintes menores há o boro, que muitas vezes é encontrado nas análises de água de regiões áridas ou semiáridas, onde é usado para a irrigação. Embora seja essencial para a vida da planta quando há apenas traços, o boro torna-se pernicioso a muitas plantas irrigadas caso seu teor ultrapasse 1 ppm.[23]

Água e doenças

A água pode constituir veículo de disseminação de doenças entre os seres vivos quando está contaminada por microrganismos patogênicos ou poluída por agentes químicos e radioativos. Pode também ser excelente criadouro para larvas de mosquitos

---

[23] *Ibid.*, p. 124.

transmissores de moléstias infecciosas. A água contaminada é uma forma de poluição.

Doenças causadas por agentes microbianos

Agentes microbianos presentes na água podem penetrar no organismo humano tanto por via oral como através da pele (via cutânea), causando diversas moléstias.

Moléstias de contaminação predominantemente por via oral

A água é o principal veículo de transmissão de *cólera*, *febre tifoide* e *febre paratifoide*. Embora não exclusivamente, transmite por via oral *disenteria bacilar* e *disenteria amebiana*. Por essa mesma via ela também constitui veículo secundário na disseminação de *hepatite infecciosa*, *poliomielite* e *helmintíase*.

Moléstias de contaminação por via cutânea

A água contaminada em contato com a pele pode transmitir *esquistossomose* e *leptospirose*.

Doenças e acidentes causados por agentes químicos

Entre as substâncias químicas que causam moléstias quando presentes na água em quantidade maior ou menor do que o limite tolerado pelo organismo, destacam-se:

- o chumbo, que tem efeito cumulativo, causando *saturnismo* e *envenenamento*;
- o flúor, que em quantidade aumentada pode atacar o esmalte dos dentes, causando *fluorose*, e em quantidade diminuída pode aumentar a incidência da *cárie dental*;
- o arsênico, que provoca envenenamento.

Mananciais

A água para consumo é captada em nascentes ou fontes, ou seja, os mananciais, que podem ser:

- **superficiais** – córregos, rios, lagos, represas, etc. – aqueles cujo espelho-d'água se encontra na superfície terrestre;
- **subterrâneos** – aqueles cuja água se situa no subsolo, podendo aflorar à superfície (em fontes, bicas d'água, etc.) ou ser elevada artificialmente por meio de escavação de poços rasos ou profundos com a ajuda de conjuntos motor-bomba. O aproveitamento da água subterrânea exige a realização de estudos prospectivos para avaliar as reservas existentes.

Todo manancial deve ter água em quantidade suficiente para suprir a comunidade usuária por um período considerado razoável do ponto de vista técnico-econômico. Além disso, é preciso que a qualidade da água seja satisfatória do ponto de vista químico, físico, biológico e bacteriológico, afastando riscos para a saúde individual e coletiva. Por isso a água é um dos componentes fundamentais do saneamento básico.

Captação de água subterrânea

Em fontes ou bicas

Fontes ou bicas geralmente fornecem água com pouca vazão. Para captação dessas águas aflorantes é necessário construir basicamente uma caixa receptora e acumuladora. A água captada deverá ser levada à estação de tratamento para, depois de tratada, ser distribuída.

As obras de captação e tomada de água devem ser suficientemente protegidas contra enxurradas e/ou qualquer outro agente poluidor, recomendando-se cuidados especiais na proteção contra o acesso de animais ao local.

Em lençóis freáticos

Normalmente a coleta da água desses lençóis subsuperficiais é feita em fundos de vale ou em suas proximidades. Sua vazão é relativamente baixa.

A captação pode ser feita *horizontalmente*, por meio de um sistema de drenos coletores, ou *verticalmente*, pela perfuração de poços rasos – o que depende exclusivamente da espessura da camada aquífera.

No caso de perfuração, é recomendável que a coleta ocorra a uma profundidade mínima de 3 m para impedir a entrada de água insuficientemente filtrada.

Os poços rasos devem ser revestidos: a água aflui através de orifícios no revestimento protetor e pelo fundo.

O diâmetro da perfuração varia em função da capacidade de fornecimento do lençol e do processo de abertura e de construção do poço. Pode-se adotar como parâmetro o diâmetro de 1 m. Em lençóis de vazão muito baixa, que fornecem água muito lentamente, o diâmetro poderá ser de até 8 m. Quanto maior o diâmetro, maior a capacidade de armazenamento do poço. Essa capacidade pode tornar-se maior aumentando-se a penetração da escavação no lençol, isto é, a profundidade da lâmina líquida no poço.

Recomenda-se que o poço tenha pelo menos de 40 m a 50 m de profundidade e que penetre no máximo 7 m no lençol freático – o que vai depender da formação geológica do terreno e da posição do lençol a ser aproveitado.

Normalmente, usa-se uma bomba para retirar a água do poço e conduzi-la para tratamento e posterior distribuição.

Embora esses poços sejam bastante comuns, nas grandes metrópoles e em áreas agrícolas a água deles extraída corre grande risco de estar contaminada ou poluída.

Para evitar a contaminação do poço raso ou freático é preciso:

- perfurá-lo a, no mínimo, 50 m da habitação;
- mantê-lo cercado, impedindo a contaminação da terra que o circunda e da água que armazena;
- construir uma parede de tijolos ao redor de sua abertura, formando uma barreira contra a penetração de águas externas e outras sujidades;
- mantê-lo sempre coberto, evitando enxurradas e o acesso de animais;
- de preferência retirar água do poço com a ajuda de bomba manual ou motorizada, nunca com o uso de corda, pois esta pode abrigar microrganismos patogênicos.

No caso de captação horizontal, as obras são constituídas por um sistema de drenos coletores composto de tubos perfurados e interligados. Esses drenos são envolvidos externamente com camadas sucessivas de areia e pedra britada (ou pedregulho), para evitar o entupimento (colmatação) dos furos e a queda no rendimento do sistema coletor. Os tubos devem levar toda a água coletada para um único ponto, de onde ela é enviada para tratamento e posterior distribuição. Toda a área onde esse sistema é implantado deve ser cuidadosamente protegida, a fim de evitar a contaminação do lençol por agentes externos.

Na zona urbana, como a área dos terrenos é exígua, nem sempre é possível construir o poço a uma distância segura da moradia. Por isso, deve-se sempre fazer o tratamento da água antes de usá-la.

Em lençóis artesianos

Abaixo dos lençóis freáticos geralmente há camadas de terreno impermeável, quase sempre argilosas. Entre elas existem camadas aquíferas, os lençóis profundos ou artesianos, protegidos de contaminação pelas paredes impermeáveis que os circunscrevem (ver figura 3).

Para extrair água de um lençol artesiano é preciso perfurar poços tubulares profundos, cujas características variam em função do tipo de terreno, da formação aquífera e do método construtivo. De modo geral, os poços artesianos são inteiramente revestidos de tubos de aço (por isso são chamados "tubulares") para evitar infiltração de água indesejável e impedir que camadas instáveis de terreno atravessadas pela perfuração desmoronem, poluindo a água.

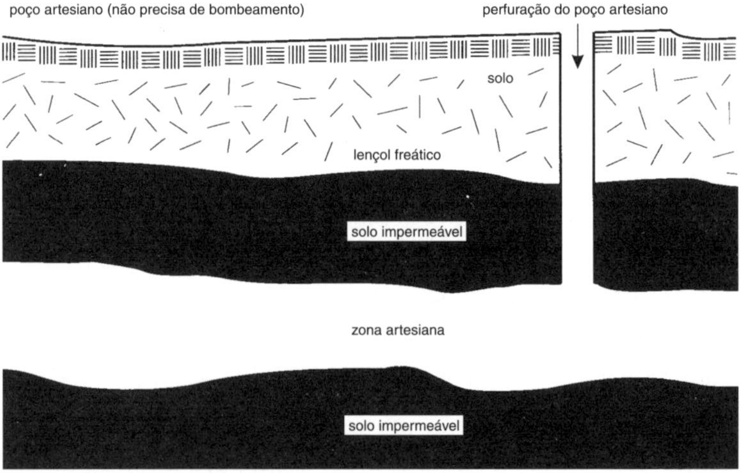

Figura 3 – Lençol artesiano

O diâmetro do poço é estabelecido em função das necessidades de abastecimento (ou vazão de aproveitamento do poço), variando normalmente entre 150 mm e 300 mm. Já a profundidade depende da distância entre o lençol e a superfície do solo, podendo variar de 100 m até 1.500 m.

Em geral a água do lençol semiartesiano precisará ser puxada para a superfície por meio de bombas motorizadas. As necessidades de abastecimento é que vão determinar as características do equipamento adequado ao lençol. De qualquer forma, devem-se fazer alguns ensaios de bombeamento em poços piloto, procurando estabelecer a correlação entre a vazão de extração e a dinâmica da água em seu interior. Em alguns poços profundos, o líquido pode jorrar sozinho, pressionado pela água situada nas partes mais elevadas do lençol, embora esse seja um fenômeno mais raro (ver figura 4).

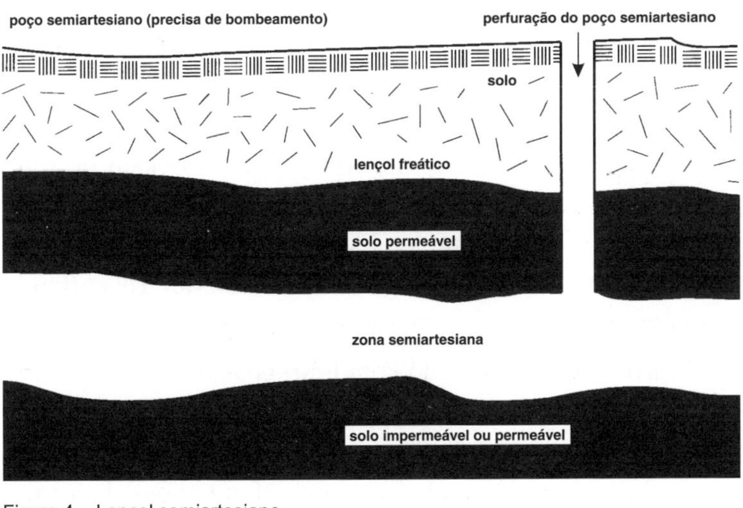

Figura 4 – Lençol semiartesiano

Quando o terreno sob o lençol artesiano é constituído de material granular, colocam-se filtros, telas ou crivos no extremo inferior do revestimento do poço. Essas peças metálicas com orifícios, grelhas ou fendas permitem a passagem da água a ser captada, mas evitam o arrastamento de grânulos para o interior da bomba.

Antes de perfurar um poço artesiano, deve-se comprovar que o potencial do lençol aquífero no local da perfuração ou em suas imediações é suficiente para atender à demanda prevista, porque o custo de construção desse tipo de poço é bastante elevado.

Embora a água fornecida pelos poços artesianos seja de boa qualidade, pois a captação se dá em lençóis profundos que sofreram filtração natural, é bom lembrar que às vezes ela contém excesso de sais minerais e/ou substâncias indesejáveis.

A construção de poços

Poços são construídos com máquinas especiais, chamadas "perfuratrizes", que furam o subsolo em busca de formações aquíferas produtivas. Algumas máquinas trabalham levantando e deixando cair uma ferramenta longa e biselada no furo, cortando as rochas e demais materiais. Há também um tipo de perfuratriz que opera girando uma ferramenta fixa a um tubo de aço, com uma broca na extremidade inferior, que vai cortando os materiais encontrados conforme o poço se aprofunda.

O furo aberto é revestido com tubo de aço ou PVC geomecânico para evitar a erosão das paredes do poço e impedir também que águas de qualidade inadequada entrem em contato com a água propícia ao abastecimento. Em regiões de formações rochosas duras o revestimento precisa ser feito apenas nas paredes do subsolo que podem erodir.

Quando é requerida a aplicação de filtros conectados aos tubos de revestimento, há a necessidade de colocar cascalho selecionado entre as paredes do poço e o filtro. Esse anel envoltório, chamado "pré-filtro", tem as funções de reter a areia fina e estabilizar e melhorar as condições hidráulicas do poço.[24]

O sucesso na execução de um poço profundo depende fundamentalmente da metodologia adotada na perfuração e do equipamento usado na sua construção. A decisão sobre a metodologia e o equipamento está sempre condicionada à situação geológica da área. Por isso é preciso levantar a estrutura geológica da região, os tipos de formações geológicas existentes, a característica litológica e a espessura dos pacotes de rochas da área, os tipos de aquíferos presentes, enfim, todos os dados para uma avaliação precisa da situação.

Os equipamentos de perfuração podem ser classificados em dois grandes grupos:

- **sistema a percussão** – empregado normalmente na construção de poços de pequena e média profundidades (até 300 m), principalmente em rochas duras como migmatitos, gnaisses, quartzitos e calcários;
- **sistema rotativo** – utilizado na perfuração de rochas moles sedimentares, com grandes diâmetros.

O equipamento mais difundido no Brasil é o que faz percussão de baixa frequência, também chamada "percussão a cabo". Esse tipo de sonda assemelha-se a um bate-estaca. Caracteriza-se pela elevação e queda livre de um conjunto de ferramentas

---

[24] Cf. *Manual técnico do departamento do Exército e da Força Aérea Norte-Americana (Defana)* (Rio de Janeiro: Aliança para o Progresso, 1967), p. 160.

que possui na extremidade um componente com face cortante, biselada (broca ou trépano). Esse equipamento, embora lento, é de fácil operação. Permite um avanço médio de 40 cm a 120 cm por hora, em diâmetro de 6 polegadas, perfurando rochas duras. O número de batidas varia de 35 a cinquenta por minuto. Em muitos casos possibilita soluções simples e de boa qualidade, daí sua grande difusão, representando cerca de 90% dos equipamentos em operação no país.[25]

Já o sistema de percussão de alta frequência (rotopneumático) permite executar um poço de até 200 m em cinco ou sete dias. Nesse caso, a sonda é do tipo rotativo. O ar comprimido aciona uma peça – o martelo – que tem um efeito de pancada e permite um avanço de até 10 m por hora em rochas duras. A eficiência do sistema é enorme, graças à robustez do equipamento e à velocidade da operação – de 1.300 a 1.500 batidas por minuto.[26]

O sistema rotativo de perfuração é utilizado em poços que variam desde algumas dezenas de metros até milhares de metros de profundidade. Há grande variação de dimensões, recursos e capacidade das sondas disponíveis. Nesse sistema, o efeito de perfurar é dado pelo arraste e pressão de uma coluna giratória sobre a superfície a ser penetrada. O sistema pode ser de circulação direta ou reversa do fluido de perfuração. A função desse fluido é arrastar na subida os materiais que sobram da perfuração, além de equalizar as pressões internas ao longo do poço.

No Brasil, o método mais utilizado é o da circulação direta. Nele o fluido de perfuração é injetado com o emprego de bom-

---

[25] Carlos Eduardo Quagia Giampá, *Manual de manutenção preventiva de poços profundos*, cit., p. 15.

[26] Cf. *Manual técnico do Defana*, cit., p. 103.

bas, através da coluna de perfuração, até a borda e depois escoa de baixo para cima, arrastando os detritos. Para a obtenção de um bom resultado, é fundamental o controle permanente da lama ou fluido de perfuração. O desconhecimento desse tipo de tecnologia avançada pode ocasionar o entupimento do poço ou a laterização da qualidade hidroquímica do aquífero. Nesse tipo de trabalho, deve-se empregar um pequeno laboratório de campo, onde são executados controles de peso, viscosidade, pH e teor de sólidos, entre outros. Concluídos os trabalhos de perfuração, o poço deve ainda passar pelas fases de desenvolvimento e teste para se tornar seguro e produtivo durante vinte anos pelo menos.[27]

O desenvolvimento do poço visa à eliminação das arestas restantes da etapa de perfuração, além dos resíduos com areias, siltes e argilas. Para isso pode ser empregado o processo por surgimento a ar comprimido, utilizando-se compressores e pistoneamentos com o uso do pistão com válvulas. Esse trabalho aumenta o potencial de aquíferos e propicia água límpida e cristalina.

Na fase de teste avaliam-se a vazão máxima explorável do poço, o nível dinâmico e a profundidade para instalação do conjunto moto-bomba, e determina-se o regime diário de operação. O teste deve ser realizado preferencialmente com bomba submersível, num período mínimo de 24 horas e, se possível, com duas e três etapas escalonadas, para que seja feita a medição da recuperação do poço num período mínimo de quatro horas.

Todos os dados devem ser anexados ao relatório final do poço, do qual deve constar também a análise físico-química da água coletada durante o teste de 24 horas de bombeamento.[28]

---

[27] *Ibid.*, p. 46.
[28] *Ibid.*, p. 158.

Ao contatar qualquer serviço relativo ao projeto, perfuração, manutenção ou recuperação de poços profundos, devem-se observar algumas normas.

A perfuração de um poço não é trabalho para amadores. Trata-se de tarefa que requer alta tecnologia e pessoal especializado. Diferentes tipos de poços exigem diferentes técnicas de perfuração. No Brasil, atualmente são construídos aproximadamente 15 mil poços por ano. Existem cerca de duzentas empresas operando na área, que empregam 1.500 perfuratrizes para a realização dos trabalhos. Como saber em quem confiar?

Procedimentos para auxiliar na decisão da construção:

1. Verificar a quantidade de água necessária e avaliar o custo da água fornecida pela empresa pública local. Analisar também a disponibilidade do sistema, o possível aumento de demanda e o risco de interrupção do fornecimento.
2. Não havendo rede de água local, levantar os projetos existentes e o tempo previsto para a instalação.
3. Buscar, sempre que possível, o auxílio de um hidrogeólogo para fazer uma avaliação técnica, o projeto e as especificações, tendo em vista a captação de água subterrânea na área. Esse profissional deve ainda elaborar um modelo de planilha que permita uma equalização de quantitativos e espécies na solicitação da proposta.
4. Procurar sempre convidar para a concorrência, no mínimo, 75% das empresas do setor que atuam na região.
5. Verificar se as empresas estão regularmente habilitadas, se possuem toda a documentação legal, registro no Conselho Regional de Engenharia, Arquitetura e Agronomia (Crea), profissional responsável em sua categoria. Como se trata de uma obra de engenharia civil, a empresa estar com certidão

atualizada anual do Crea, bem como apresentar a guia de recolhimento da anotação de responsabilidade técnica (ART) por ocasião do início dos trabalhos.

Em qualquer hipótese, deve-se atentar para os seguintes pontos:

- Como, a partir dos dados básicos da área, se processará a locação do poço. Discutir a forma de proceder e quais os métodos indiretos de investigação para avaliação e locação do poço.
- Quais as características geológicas da área e qual o método de perfuração mais adequado para a preservação e melhor aproveitamento do aquífero.
- Quais as características do equipamento de perfuração.
- Procurar informações sobre os resultados das análises físico-químicas de outros poços na região. Discutir como adequar a estrutura do poço às normas de proteção sanitária recomendadas para a área.
- Verificar qual o possível comportamento dos materiais a serem empregados no poço diante dos aspectos físico-químicos da água da região; no caso de poços profundos é importante discutir as condições hidrodinâmicas dos aquíferos a serem explorados. Suas características prováveis determinarão os diâmetros dos tubos (principalmente na seção ao longo da qual será necessária a instalação de bombas) e as características dos filtros.[29]

Por último, deve-se lembrar que a construção de um poço tubular profundo não se encerra com a simples abertura do

[29] Carlos Eduardo Quagia Giampá, *Manual de manutenção preventiva de poços profundos*, cit., pp. 16-24.

furo e com um teste de vazão adequado, realizado com bomba submersível. É importante ainda verificar e discutir:

- o processo de desinfecção;
- a análise físico-química da água;
- a documentação técnica legal da obra, que consistirá de um dossiê contendo todas as informações de ordem técnica, geológica e construtiva do poço;
- a especificação do equipamento a ser utilizado na exploração do poço e, principalmente, como este deve funcionar (número de horas e taxa de bombeamento);
- quais os principais aspectos envolvidos na operação do poço, as observações que devem ser feitas, e com que periodicidade e critérios se efetuará uma manutenção preventiva.

Finalmente, é importante debater de que maneira a construção do poço poderá interferir em projetos locais ou regionais de exploração de água subterrânea e quais os aspectos legais que devem ser considerados no uso e proteção do manancial subterrâneo,[30] além de requerer ao órgão competente – Departamento de Água e Energia Elétrica (Daee) – a outorga de direito de uso desse recurso hídrico.

Tratamento da água no sistema convencional

A água pode ser veículo direto ou indireto para a transmissão de doenças contagiosas, pois participa do ciclo biológico de muitos vetores animados. Além disso, pode conter substâncias

---

[30] *Ibid.*, p. 26.

que provocam moléstias. Portanto, deve sofrer tratamento para livrar-se de microrganismos e partículas.

Depois da construção ou da realização de reparos em qualquer de suas instalações, e sempre que houver suspeita de contaminação, todo poço deve sofrer um processo de desinfecção. Para tanto utilizam-se produtos à base de cloro, cuja concentração varia de acordo com a marca.

O poder de desinfecção do cloro é temporário: ele age durante um curto período, necessitando ser reaplicado à medida que sua concentração diminui.

O tratamento da água tem suas especificidades, dependendo da fonte: domicílio (poços freáticos ou bicas), reservatório doméstico e rede pública.

Tratamento das impurezas nas águas

As impurezas em águas podem ser divididas em impurezas químicas (substâncias inorgânicas e orgânicas) e biológicas (microrganismos). Impurezas biológicas só são detectáveis superficialmente, apesar de constituir a maior fonte. Felizmente são facilmente eliminadas por oxidantes. Com esse propósito são utilizados principalmente o cloro livre e seus óxidos, bromo e ozônio.

O cloro gasoso hidrolisa em água formando os ácidos hipocloroso e clorídrico:

$Cl_2 + H_2O \rightarrow HOCl + H^+ + Cl^-$

Como somente o ácido hipocloroso possui efeito oxidante, quando o gás cloro é injetado na água, apenas metade, após sua hidrólise, é aproveitada.

O ácido hipocloroso formado é fraco e de baixa dissociação em pH abaixo de 6:

$HOCl \rightarrow H^+ + OCl^-$

Essa reação é reversível, sendo o grau de dissociação dependente do pH e da temperatura.

Se tomarmos como exemplo determinada água com valor de pH de 7,5 e temperatura de 20 °C, teremos 42% de ácido hipocloroso (HOCl) e 58% do íon hipoclorito (OCl^-), como pode ser visto na figura 5.

O conjunto formado pelo ácido hipocloroso e pelo íon hipoclorito, denominados "cloro residual livre", é de importância vital na inibição do crescimento bacteriano. O HOCl possui uma atuação bactericida bem mais forte que o íon OCl^-. Isso se deve à maior permeabilidade da membrana celular ao HOCl covalente do que ao OCl^- iônico. A toxidez em relação aos microrganismos deve-se, entre outros, à cloração dos grupos NH e SH de suas proteínas. Para garantir uma oferta adequada de ácido hipocloroso, é necessário levar em consideração o seu equilíbrio de dissociação e a dependência desse equilíbrio com relação ao pH. Por isso é também importante a determinação do pH.

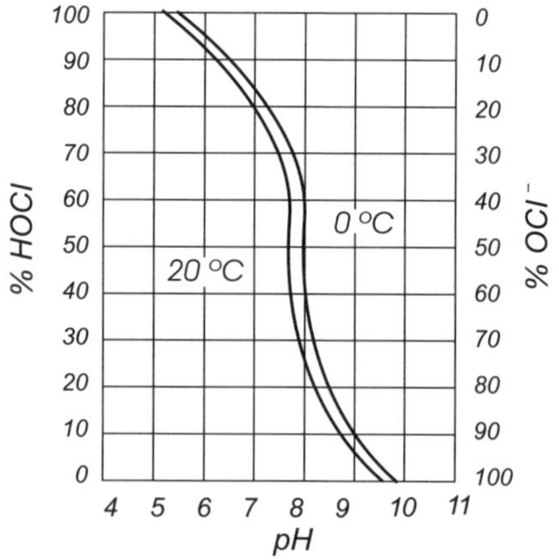

Figura 5 – Gráfico da solução de pH a 7,5 em função da temperatura de 20 °C

Utilização

Em águas, o cloro é consumido pela reação com microrganismos, pela incidência da luz solar, calor e evaporação. A cloração é realizada até um excesso denominado "cloro residual", situado acima do limite de toxidez dos microrganismos, de modo que impeça uma pós-germinação. Experimentalmente esse valor se situa em torno de 0,1 ppm, mas na prática situa-se entre 0,3 ppm e 0,6 ppm. Além disso, dependendo do comprimento das adutoras e dos reservatórios, esses valores devem ser maiores, para garantir valores eficientes para os últimos usuários.

A decomposição da matéria orgânica resulta na formação de aminoácidos, que acabam por se transformar em amônia. Águas com a presença de amônia resultam em consumo maior de cloro pela reação:

$NH_3 + HOCl \rightarrow NH_2Cl + H_2O$ (monocloramina)

$NH_2Cl + HOCl \rightarrow NHCl_2 + H_2O$ (dicloramina)

Uma contínua adição de cloro provoca a destruição da recém-formada e relativamente estável cloramina:

$2\ NH_2Cl + HOCl \rightarrow 3\ HCl + H_2O + N_2\uparrow$

No domicílio

A água proveniente de poços freáticos ou bicas deve sofrer tratamento antes do consumo. Os tratamentos domésticos mais comuns são a fervura, a aplicação de cloro e a filtração com vela porcelanizada.

- **Fervura** – Para desinfetar a água, livrando-a de microrganismos patogênicos, deve-se fervê-la durante quinze minutos a partir do início da ebulição. A fervura provoca a perda de gases, especialmente o oxigênio, modificando seu sabor. Por isso é necessário fazer a aeração.

- **Aeração** – Depois de ferver a água, é necessário agitá-la (com liquidificador ou colher) para que readquira as características anteriores. A aeração deve ser feita por um período três a quatro vezes superior ao tempo de fervura da água.
- **Aplicação de cloro** – Como a fervura, a aplicação de cloro é usada para a desinfecção. Habitualmente, aplica-se o hipoclorito de sódio (cloro) a 2,5% na proporção de duas gotas para cada litro de água a ser desinfetada. Deve-se deixar o hipoclorito agir por trinta minutos antes de consumir a água.
- **Filtração com vela porcelanizada** – A filtração remove partículas sólidas suspensas, mas não promove a desinfecção. A vela deve ser lavada com frequência para evitar que nela se formem culturas de microrganismos (bactérias), mas desaconselha-se o uso de açúcar ou outro produto, o que contribui para a deterioração da porcelana. No mercado existem filtros de barro revestidos internamente, na parte inferior, com sais de prata de ação bactericida. No entanto, essa ação desaparece com o uso e a lavagem constantes.

No reservatório doméstico

Para manter as caixas-d'água em condições higiênicas adequadas, deve-se fazer sua limpeza completa duas vezes por ano. Para essa limpeza, deve-se obedecer aos seguintes requisitos:

- abrir todas as torneiras, deixando que a água do reservatório escoe por todos os canos existentes;
- à medida que a água for escoando, escovar o fundo e as paredes da caixa com uma escova reservada exclusivamente para essa finalidade;

- encher novamente o reservatório e adicionar 1 litro de hipoclorito de sódio a 2,5% para cada 1.000 litros de água;
- tampar o reservatório e deixar essa solução agir durante uma hora;
- esvaziar o reservatório, deixando a solução de cloro escoar por todos os canos e torneiras;
- encher novamente o reservatório com água limpa e voltar a esvaziá-lo, para retirar os resíduos de cloro;
- encher o reservatório para uso normal.

Na rede pública

Todos os governantes devem dar prioridade aos sistemas de abastecimento de água e de coleta e tratamento de esgotos, visando à promoção da saúde e do desenvolvimento da comunidade, assim como à manutenção e ao aumento da capacidade de trabalho dos cidadãos.

Sistema público de abastecimento é o conjunto de obras, equipamentos e serviços destinados ao abastecimento de uma comunidade com água potável para uso doméstico, público, industrial, comercial e outros. Esse sistema é composto basicamente de unidades de captação, adução, tratamento, reservação e distribuição.

Nas unidades de captação, a água é coletada em uma fonte (rio, represa ou outra) e bombeada continuamente, através de grandes adutoras, até uma estação de tratamento de água (ETA). Depois de tratada, ela é enviada a reservatórios, de onde é distribuída à população pela rede de distribuição (ver figura 6).

Nas ETAs, a água bruta transforma-se em água potável passando pelo seguinte processo (ver figura 7):

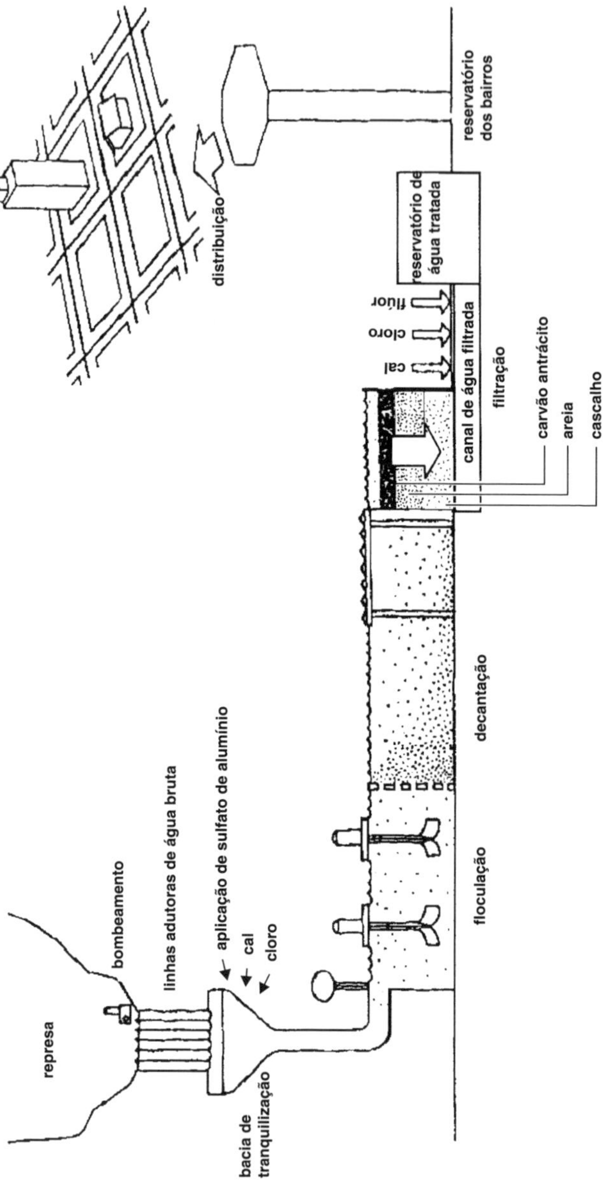

Figura 6 – Esquema de captação, tratamento e distribuição da água na rede pública

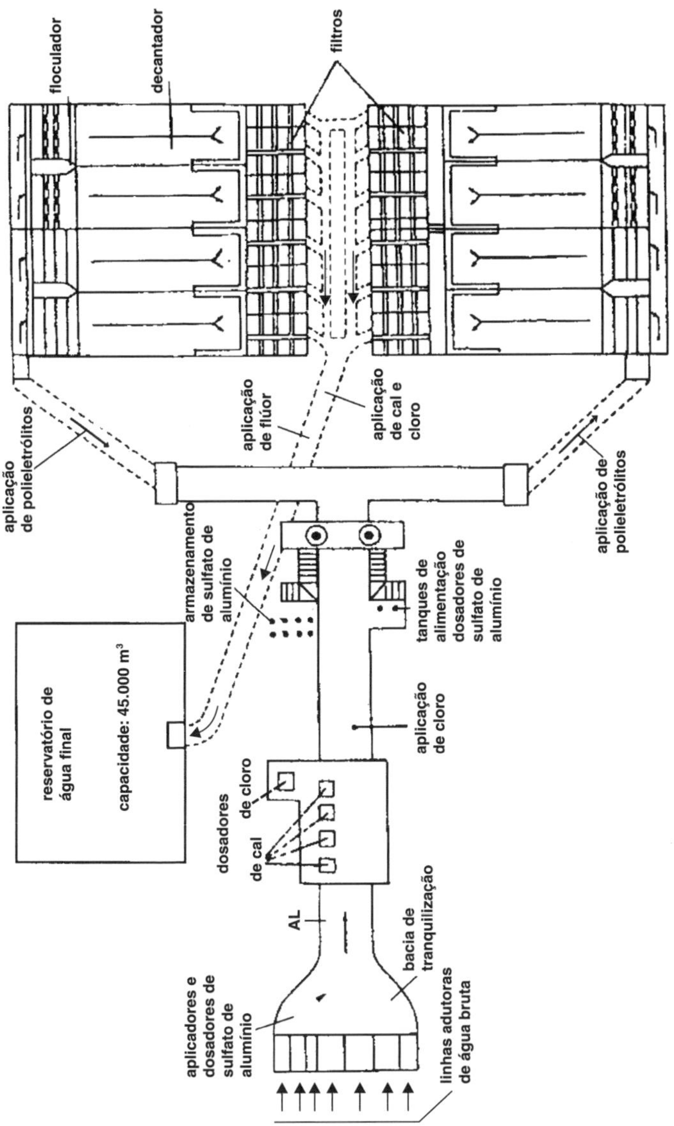

Figura 7 – Esquema de uma estação de tratamento de água (ETA)

1. Ao chegar à ETA, a água bruta é enviada a uma *bacia de tranquilização*, para diminuir a velocidade de entrada do líquido trazido pelas adutoras. Essa bacia pode ser uma represa ou mesmo uma lagoa de oxidação já na entrada das instalações da ETA.
2. Em seguida, a água começa a ser tratada, recebendo sulfato de alumínio, cal e cloro, substâncias que são dosadas e adicionadas pela *casa de química*. O sulfato de alumínio faz com que as partículas dispersas na água se agrupem, formando flocos que vão se depositar no fundo dos decantadores. A cal atua com o sulfato de alumínio na formação desses flocos. O cloro, que é usado ao longo de todo o processo de tratamento, é adicionado nessa fase para matar os microrganismos presentes no líquido.
3. Os elementos químicos adicionados misturam-se completamente à água bruta por meio de misturadores.
4. O líquido segue para um floculador, onde, com a diminuição de sua agitação, se dá o agrupamento das partículas suspensas e a formação dos flocos.
5. Em velocidade mais lenta ainda, o líquido flui pelo decantador por tempo suficiente para que os flocos se depositem no fundo, removendo cerca de 70% da sujeira. Esses flocos formam uma camada de lodo no fundo do decantador, que deve ser removida por meio de lavagens frequentes.
6. A água passa então por um conjunto de filtros formados por uma camada de carvão mineral e outra de areia, pedregulhos e cascalho de tamanho variável, onde os 30% restantes das partículas são retidos. A cada trinta horas, em média, devem sofrer uma limpeza, feita com a inversão do fluxo da água.

7. Filtrada, a água passa por um canal onde recebe flúor, produto que contribui para a saúde dos dentes, com redução de 65% da incidência de cáries.
8. Depois da fluoretação, a água recebe novamente cloro (para garantir sua desinfecção até as torneiras das casas) e cal (para corrigir seu pH, isto é, eliminar a acidez e proteger as tubulações contra a corrosão).
9. Tratada, a água é levada para grandes reservatórios, de onde é enviada para reservatórios menores, de bairros, e finalmente distribuída aos consumidores.

Durante todo o processo de tratamento, a água passa por contínuas e rigorosas análises laboratoriais, nas quais se observam sua cor, acidez ou alcalinidade, turbidez, dosagens de cloro e flúor.

Tratamento da água por abrandamento

O tratamento da água por *abrandamento* consiste basicamente na diminuição da sua dureza. Água dura é aquela que contém grande concentração de íons Ca^{2+} e Mg^{2+}. Os íons são originados de depósitos subterrâneos de calcário ou dolomita e agregam-se à água na forma de bicarbonatos, nitratos, cloretos e sulfatos.

O termo água dura originou-se da dificuldade do seu uso na lavagem de roupas, pois os íons de Ca^{2+} e Mg^{2+} reagiam com os sabões, formando precipitados e não permitindo a formação de espumas.

Dependo da concentração desses íons, a água pode ser classificada em:

- água branda – concentração entre 0 a 40 mg/L;
- água moderada – concentração entre 40 a 100 mg/L;
- água dura – concentração entre 100 a 300 mg/L;
- água muito dura – concentração entre 300 a 500 mg/L;
- água extremamente dura – concentração acima de 500 mg/L.

A água dura é imprópria para o abastecimento de equipamentos geradores de vapor. As caldeiras e os aquecedores necessitam de água com baixa dureza para seu funcionamento, uma vez que o cálcio e o magnésio impregnam as paredes das tubulações e, em altas temperaturas, cristalizam e causam incrustações, danificando os equipamentos, levando à queda na eficiência da geração do vapor, aumento da temperatura da película do metal e possibilidade de rompimento dos tubos e explosões.

O tratamento por abrandamento pode ser realizado de duas formas: por precipitação química ou por troca catiônica.

- **Precipitação química** – ocorre por meio do processo de adição da cal (CaO) e do carbonato de sódio (Na_2CO_3). A cal eleva o pH da água tornando-a alcalina na medida necessária. O carbonato de sódio também fornece a alcalinidade para a reação, além de fornecer os íons de carbonato.

  Vantagens:

  - normalmente usado para águas de dureza elevada;
  - remove da água metais pesados e outros;
  - tecnologia conhecida.

  Desvantagens:

  - produz lodo;
  - utiliza produtos químicos;

- no final do processo, a água ainda permanece com dureza cálcica em torno de 30 ppm de $CaCO_3$.

- **Troca catiônica** – neste processo a água atravessa uma resina catiônica que recolhe os íons de Ca e Mg, trocando-os por íons que formarão compostos solúveis, não prejudiciais, como o Na^+. Entretanto, as resinas têm limites para a realização das trocas iônicas – ficam saturadas, necessitando de uma ação regeneradora. A regeneração é realizada por meio da adição de solução de cloreto de sódio (NaCl).

  Vantagens:

  - altamente eficiente, para a remoção dos íons Ca a dureza atinge índices menores que 1 mg/L de $CaCO_3$;
  - regeneração das resinas;
  - não forma lodo.

  Desvantagens:

  - necessita de pré-tratamento da água;
  - exige regeneração da resina;
  - necessita de tratamento do efluente da regeneração.

A escolha do tipo de abrandamento dependerá das características da água a ser tratada, das necessidades de uso e dos recursos disponíveis na empresa.

Tratamento da água por osmose reversa

Antes de tratarmos do processo da *osmose reversa*, é importante entender o significado de "osmose". A osmose é um processo natural físico-químico que ocorre entre duas soluções com concentrações diferentes de solutos, separadas por uma membrana semipermeável (ver figura 8). Com o objetivo de igualar as concentrações dos solutos, entre as soluções ocorre a passagem do solvente do meio menos concentrado para o de maior concentração, até que ocorra o equilíbrio (ver figura 9). Esse movimento acontece devido à pressão osmótica.

Na osmose reversa ocorre o movimento oposto, ou seja, através da aplicação de uma pressão mecânica superior à pressão osmótica no lado de maior concentração das soluções, força-se a passagem do solvente, geralmente a água, para o

Figura 8 - A osmose é um fenômeno natural físico-químico. Quando duas soluções, com diferentes concentrações, são colocadas num mesmo recipiente, separadas por uma membrana semipermeável, ocorre naturalmente a passagem do solvente da solução mais diluída para a solução mais concentrada, até que se encontre um equilíbrio.

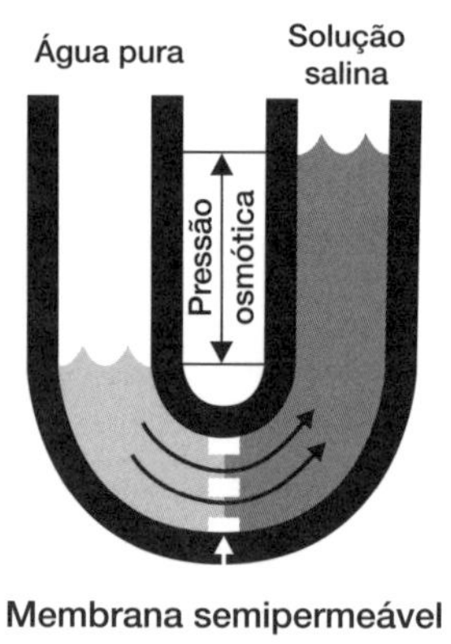

Figura 9 - Neste ponto a coluna de solução do lado da solução mais concentrada estará acima da coluna do lado da solução mais diluída. Essa diferença entre colunas de solução é denominada pressão osmótica.

lado de menor concentração. Nessa passagem é retido um alto grau de impurezas compostas de materiais dissolvidos ou suspensos. A pressão mecânica exercida deve ser maior do que a pressão osmótica para conseguir reverter o processo natural da osmose (ver figura 10).

A membrana semipermeável usada na osmose reversa ao ser submetida a uma alta pressão permite um fluxo tangencial da solução, que, ao percorrer a superfície da membrana, separa-se em duas partes distintas: o permeado e o rejeito.

O rejeito percorre a membrana de forma tangencial, sem atravessá-la, e vai formar o que deve ser desprezado, composto de grandes concentrações de sais dissolvidos, materiais orgânicos e contaminados.

O permeado atravessa o centro da membrana e tem alto grau de pureza, de acordo com os percentuais de rejeição dessa membrana.

Existem vários tipos de membranas utilizados no processo da osmose reversa, e a escolha dependerá da qualidade da água a ser tratada e do tipo de água que se quer obter após o processo.

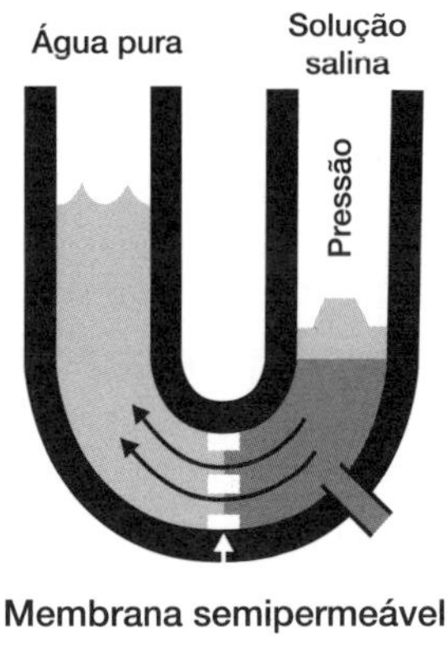

Figura 10 - A osmose reversa é obtida por meio da aplicação mecânica de uma pressão superior à pressão osmótica do lado da solução mais concentrada.

A osmose reversa é um processo de tratamento que remove a maioria dos componentes orgânicos e até 99% dos sais minerais dissolvidos em forma de íons. Pode reduzir em até 99% a presença de bactérias e vírus.

A água, após o processo, é própria para diversos usos: nas indústrias farmacêuticas em geral, indústrias de cosméticos, produtos de higiene/limpeza e perfumaria, laboratórios e hospitais (no processo de hemodiálise), farmácias de manipulação, indústrias químicas e petroquímicas, indústrias de bebidas e alimentos, de óleos vegetais, cooperativas agropecuárias de leite e derivados, na produção de água potável, no tratamento de águas salobras, na dessalinização da água do mar e outros.

Entre as vantagens desse processo podemos citar: espaço reduzido para a instalação, possibilidade de ampliação, podendo ser instalados sistemas modulares, não requer regenerações e custo competitivo no mercado.

Projetos para o sistema público

Passos básicos

A criação, ampliação ou extensão de um sistema público de abastecimento de água seguem alguns passos básicos:

- *levantamento planialtimétrico* para determinar a topografia da região;
- *dados e informações sobre a economia local e regional*, para conhecer as necessidades de consumo e os investimentos necessários;
- *dados referentes aos aspectos físicos da localidade*: recursos hídricos superficiais e subterrâneos;

- *indicação das áreas da localidade atendidas por serviços de infraestrutura*: abastecimento de água, esgotamento sanitário e pluvial, energia elétrica, sistema viário, etc.;
- *avaliação do crescimento populacional ano a ano* e sua evolução até o ano de alcance do projeto;
- *determinação das características qualitativas e quantitativas* dos mananciais disponíveis na região;
- *avaliação dos volumes de água necessários*, na configuração atual e na futura.

Parâmetros para as diversas fases

De posse dessas informações, será preciso ainda estabelecer parâmetros para as diversas fases do projeto:

- *período de alcance das obras a serem projetadas* (entre dez e trinta anos);
- *etapas de construção das obras*;
- *cotas de consumo diário de água* per capita;
- *volumes de água para fins industriais*;
- *coeficientes de variação de consumo*, ou seja, dos "picos", isto é, dias de maior consumo e horas de maior demanda;
- *número de horas de funcionamento* de cada unidade do sistema.

Além dos tipos de uso que o sistema deverá suprir, é necessário também prever o nível de perdas na adução, no tratamento, na rede de distribuição e nos domicílios, assim como os desperdícios e as ligações clandestinas.

Demanda de água nos diversos setores industriais

A demanda da quantidade de água utilizada nos diversos setores de produção varia de acordo com o tipo e o porte da indústria, processos utilizados, reúso da água, reciclagem, tratamentos pré-realizados e outros. Assim, dificilmente duas indústrias que trabalhem com o mesmo setor produtivo terão a mesma demanda do recurso hídrico. Sempre haverá uma variabilidade no consumo.

O setor industrial pode usar a água em diversas situações, tais como:

- No processo de produção do produto, sem que se integre a ele ou tome contato com a matéria-prima utilizada. Por exemplo: as caldeiras e processos de refrigeração. Nesse caso, há necessidade de que a água esteja livre de produtos incrustantes que possam provocar problemas nos equipamentos.
- No processo de produção em que a água integra os produtos fabricados, como refrigerantes, alimentos, cosméticos e outros. Nesse caso, a qualidade da água deve ser bem definida para que não altere o sabor, a consistência, o odor do produto e não traga prejuízos à saúde do consumidor.
- No processo de produção em que ela pode entrar em contato com a matéria-prima ou com o produto final. Nesse caso, sua qualidade pode variar bastante, dependendo do tipo de produção e do tipo de processo utilizado. Pode-se exigir um alto grau de qualidade da água quanto à sua pureza para que não interfira negativamente no produto final.
- Nos mais diversos serviços complementares que envolvem o processo produtivo como limpeza de equipamentos e dos

próprios setores da empresa, na higiene e alimentação dos funcionários e outros.

O quadro abaixo ilustra o consumo médio de água de alguns setores industriais:

Quadro 8 – Consumo de água no setor industrial

Ramo de atividade	Tipo	Unidade	Consumo de água/unidade (m^3/unid. ou L/d/empregado)
Alimentícia e Bebidas	Laticínios – leite	1.000 L	1 a 10
	Margarina	1 tonelada	20
	Cervejaria	1.000 L	2 a 10
	Refrigerantes	1.000 L	2 a 5
	Frutas e conservas	1 tonelada conserva	4 a 50
Têxtil	Algodão	1 tonelada	120 a 170
	Lã	1 tonelada	500 a 600
	Poliéster	1 tonelada	60 a 130
Couro	Sapato	1.000 pares	5
Químico	Tinta	1 empregado	110 L/d
	Sabão	1 tonelada	25 a 200
	Gasolina	1 tonelada	7 a 30
	Refinaria de petróleo	1 barril (117 L)	0,2 a 0,4
	Borracha	1 tonelada	100-150
	Amônia	1 tonelada	100 a 130
	Vidro	1 tonelada	3 -30
Mineração	Ferro	1 m^3 minério lavado	16
	Carvão	1 tonelada	2 a 10
Metalúrgicas	Laminação	1 tonelada	8 a 50
	Indústrias chapas	1 empregado	60 L/d
	Fundição	1 tonelada gusa	3 a 8
Sucroalcooleira	Destilação de álcool	1 tonelada de cana processada	60
Indústrias	Gerais – Uso sanitário	1 empregado	30 a 90 L/d

A poluição das águas

Quando a água recebe resíduos de modo que a tornem prejudicial ao homem e a outros seres vivos e imprópria para o uso ao qual estava destinada, ela é considerada poluída.

O processo de poluição das águas pode ocorrer tanto nas águas superficiais quanto nas subterrâneas. Os resíduos podem ser lançados diretamente, por infiltração e por escoamento pela superfície do solo, por exemplo.

Os poluentes podem entrar em contato com a água de *forma pontual*, nos casos em que é possível localizar o que causou a poluição, como, por exemplo, os esgotos sanitários e industriais. Poderá ocorrer, também, de *forma difusa*, ou seja, não há como localizar exatamente de onde provêm os resíduos poluentes; normalmente há infiltração e escoamento do poluente.

As **fontes poluidoras da água** são classificadas de acordo com a procedência e os impactos que causam no meio aquático. As principais fontes, entre outras, são:

- **Fontes orgânicas biodegradáveis** – presentes nos esgotos domésticos despejados nos corpos d'água, são compostas principalmente de gorduras, carboidratos e proteínas. Para que sejam degradadas, é necessário que o meio aquático tenha oxigênio em quantidade suficiente. Nesse caso, são as bactérias aeróbias que farão a decomposição. Caso o consumo de O_2 seja maior do que o disponível, ocorrerá o esgotamento do gás e, consequentemente, a destruição da vida dos peixes e outros organismos vivos aeróbios.

  Caso não haja oxigênio no meio, ocorrerá a decomposição anaeróbia, e gases como o metano e o sulfídrico serão produzidos, ocasionando odores fétidos.

O impacto será a diminuição de oxigênio e da presença de vida nas águas receptoras.

- **Fontes orgânicas não biodegradáveis** – normalmente são compostas de *detergentes sintéticos* (detergentes e sabões), formando grande quantidade de espumas sobre a superfície das águas, que, levadas pelo vento, carregam consigo os poluentes espalhando-os por outras regiões; *defensivos agrícolas*, que são carregados pelo vento para as águas e carreados para o solo pelas águas das chuvas no processo de erosão; *petróleo*, que muitas vezes contamina o meio aquático de forma acidental durante o transporte, extração ou uso industrial, o que acaba dificultando as trocas gasosas entre o ar e a água, além da ação tóxica que possui.
- **Organismos patogênicos** – causadores de doenças ao homem, afetam grande parte da população, principalmente nas regiões menos desenvolvidas, onde não há saneamento básico. As bactérias, vírus, protozoários e helmintos são os organismos mais comuns encontrados nas águas e causadores de danos à saúde.
- **Nutrientes** – sais de nitrogênio e fósforo, dois compostos químicos que chegam aos recursos hídricos por meio do uso dos fertilizantes agrícolas nos campos e pela decomposição de substâncias orgânicas biodegradáveis presentes nas águas e no solo. Em quantidades excessivas na água, eles provocam o crescimento desenfreado de organismos, como, por exemplo, de algas (eutrofização da água), prejudiciais ao uso dos mananciais de água potável (provocam sabor e odor desagradáveis, toxidez, prejuízo à navegação, entupimentos, massa de matéria orgânica).

- **Radioatividade** – está presente, naturalmente, no meio ambiente pela radiação que vem do espaço e em algumas substâncias. Pode atingir os cursos d'água superficiais e subterrâneos, afetando o homem e outros organismos vivos e levando a alterações genéticas e doenças como o câncer. O uso crescente, pelo homem, de materiais radioativos em armas, na medicina nuclear, na conservação de alimentos, reatores nucleares e acidentes com materiais radioativos aumentam o risco de exposição.
- **Metais** – chumbo, mercúrio, bário, arsênico e outros são metais que podem ser solubilizados pela água e, pela alta toxidade, ação carcinogênica, mutagênica (mudança genética) e teratogênica (produção de deformidades), trazer danos ao homem. No meio aquático, o metal pode ser tóxico aos organismos vivos ou poderá ter efeito cumulativo e trazer alterações nocivas ao longo da cadeia alimentar.
- **Atividades industriais, agrícolas e mineração** – são grandes responsáveis pelo despejo de metais nos corpos d'água.
- **Hormônios e fármacos** – o lançamento desses produtos na água aumentou muito nos últimos tempos. Os fármacos eliminados nas fezes e urina do homem e de outros animais são levados pelo esgoto, mesmo quando tratado, e pelas águas das chuvas infiltradas no solo e, no caso dos animais no setor pastoril, até os cursos d'água. O uso constante do confinamento para a produção de animais, com o aumento da ingestão de ração enriquecida por hormônios e fármacos, tem contribuição significativa na poluição dos recursos hídricos. O mesmo acontece em relação à aquicultura (cultura hidropônica), às culturas transgênicas (uso dos estrógenos da soja) e a produtos para higiene e beleza.

- **Calor** – a elevação da temperatura da água por causa do despejo de efluentes industriais aquecidos (usinas termelétricas, águas de resfriamentos) pode afetar as características físicas, químicas e biológicas, como a solubilidade de gases, reações químicas, metabolismo dos organismos vivos. Nesse caso, podem ocorrer a saída de peixes para outras áreas com temperaturas mais amenas em busca de maior quantidade de oxigênio; o crescimento excessivo de organismos prejudiciais à vida no ambiente; o aumento de reações químicas e biológicas, elevando a ação tóxica de elementos e compostos químicos; o afundamento de organismos vivos pela diminuição da viscosidade das águas.
- **Sólidos** – a presença de sólidos suspensos nas águas (resultantes da erosão do solo, esgotos domésticos e industriais e lixo) pode deixá-las menos transparentes (aumento da turbidez), o que diminui a fotossíntese de algumas espécies e do oxigênio dissolvido, alterando a cadeia alimentar de todo o meio. Pode também provocar o assoreamento do curso d'água, diminuir o escoamento e levar a inundações.

Reúso da água

A escassez do recurso hídrico em várias regiões do planeta e a crescente demanda do uso desse bem natural para o desenvolvimento econômico e a qualidade de vida da população têm incrementado a prática do reaproveitamento dos efluentes, trazendo de volta a água recuperada que será usada para fins urbanos, industriais, agrícolas, recargas de aquíferos, aquicultura, entre outros.

De acordo com o uso das águas residuárias, será exigida uma qualidade mais elevada no sistema de tratamento e controle, podendo elevar os custos, tornando-os inviáveis se comparados ao tratamento de águas de fontes naturais.

O nível de tratamento das águas poluídas será determinado pela qualidade e objetivo do seu emprego, pelos custos para o tratamento, pela disponibilidade de técnicas apropriadas de operação e manutenção, pela segurança do processo com o intuito de minimizar os riscos à saúde da população e de acordo com as atividades que farão uso das águas residuárias.

Quadro 9 – Tipos de reúso – alguns exemplos

Doméstico	Descargas sanitárias e outros	
Industrial	Refrigeração / na própria produção / combate a incêndios	Caldeiras e outros
Agrícola	Irrigação de plantações Dessedentação de animais	Hortas / pomares/ plantações Oferecimento de água aos animais
Aquicultura	Piscicultura e aquacultura	Criação de peixes e plantas aquáticas
Recarga de aquífero	Disposição superficial	
Urbano	Limpeza de áreas / irrigação de áreas verdes / paisagístico/ recreação	Parques / jardins / lagos / chafarizes / piscinas públicas e áreas de lazer

Vantagens do reúso da água

- Aumenta a oferta do recurso hídrico para as diversas atividades e demandas.
- Traz benefícios econômicos pela possibilidade de aumentar a área de plantio e, consequentemente, a produção.

- Fica liberado o recurso hídrico natural para outras finalidades que necessitem da água com melhor qualidade.
- Evita a liberação de efluentes em cursos d'água, diminuindo a poluição dos mananciais, reduzindo o lançamento de resíduos no meio ambiente.
- Melhora a oferta de matéria orgânica para o solo quando este é irrigado com águas tratadas de esgotos domésticos.
- Contribui para a conservação do solo pelo aumento da produção de húmus e melhora a resistência às erosões.
- Auxilia na produção de alimentos (peixes e verduras), melhorando os resultados no abastecimento desses produtos à população, contribuindo para elevar o nível de saúde, as condições socioeconômicas e a qualidade de vida.
- Contribui para a diminuição ou eliminação da eutroficação dos recursos hídricos. O despejo de efluentes urbanos, industriais e agrícolas nos cursos d'água aumenta os níveis de nutrientes, como os nitratos e fosfatos, provocando crescimento exagerado de certos organismos (p. ex.: algas). A decomposição microbiana desses organismos leva ao esgotamento do oxigênio presente, causando a morte dos peixes e inviabilizando a vida no ambiente afetado.

Reúso da água na agricultura

Na agricultura, a água residuária deve ser usada com bastante critério, levando-se em consideração os tipos de culturas a serem irrigadas e a sua finalidade de uso. A Resolução nº 357/2005, do Conama, estabelece critérios de condições sanitárias da água na irrigação agrícola.

As culturas cujos produtos são ingeridos crus devem receber a irrigação de águas reutilizadas com o padrão de qualidade que esteja de acordo com os requisitos necessários estabelecidos na legislação.

Os tratamentos que produzem águas de menor padrão de qualidade podem ser usados em águas utilizadas em culturas não comestíveis, embora com bastante critério para não poluir o solo e os recursos naturais, trazendo prejuízo à vegetação.

Aspectos relacionados ao teor de elementos químicos e salinidade da água devem ser observados e considerados. O crescimento das plantas pode ser afetado se a água utilizada na irrigação contiver alto teor de sais. O sódio, por exemplo, quando presente na água em altas porcentagens, acaba prejudicando a estrutura do solo, afetando sua permeabilidade, a drenagem das águas e aumentando a salinização, o que diminui ou provoca a improdutividade das terras.

Reúso da água na indústria

Na indústria, o reúso da água tem aumentado pela elevada demanda do recurso hídrico no próprio processo de produção industrial, na lavagem de peças e pisos, nas caldeiras, em torres de resfriamento, etc.

O tratamento da água no uso industrial dependerá do tipo de indústria e das suas necessidades, podendo variar o padrão de qualidade para cada destino.

Os padrões de qualidade vão ser estabelecidos de acordo com alguns critérios, como a proteção e a qualidade do processo de produção, a possibilidade de contaminações químicas e biológicas do produto, a necessidade de proteger as tubulações dos equipamentos de incrustações e depósitos de substâncias presentes na água, bem como de proteger canos e equipamentos de processos corrosivos, entre outros. Dessa forma, os padrões de qualidade serão mais ou menos exigentes. Podem ser citadas as indústrias farmacêuticas, onde se exige altíssimo padrão de qualidade da água para uso nos processos produtivos.

Reúso da água no meio urbano

No meio urbano, o reúso da água é bastante amplo, embora em muitos casos o padrão de qualidade necessário seja muito alto e os valores despendidos para o tratamento sejam inviáveis.

O uso da água no meio urbano pode ser para fins potáveis e não potáveis.

Para fins potáveis é recomendado o uso de efluentes advindos exclusivamente dos esgotos domésticos, ou seja, menos contaminados. Apesar do uso dos efluentes domésticos, ainda assim devem ser tomadas medidas rigorosas com o intuito de proteger a saúde pública e a população consumidora.

Para melhorar ainda mais os sistemas normais de tratamento de água de fontes naturais, são associadas unidades suplementares (barreiras múltiplas), elevando o sistema de filtração e descontaminação da água proveniente dos esgotos domésticos. Após o tratamento, recomenda-se manter essa água em aquíferos subterrâneos por longos períodos para que atinja padrões adequados de qualidade.

É importante que toda a população que fará uso da água proveniente de esgotos domésticos tenha amplo conhecimento do processo, aceite a implantação do sistema e perceba o comprometimento técnico e moral daqueles que coordenam o serviço.

A utilização de águas residuárias para fins não potáveis deve ser a primeira escolha dos órgãos responsáveis. É mais segura e não envolve tantos riscos se comparada ao uso para fins potáveis. Essas águas podem ser usadas, por exemplo, na irrigação de parques, jardins, em áreas turísticas, campos de futebol, hotéis, descargas sanitárias de banheiros públicos, no combate a incêndios. Embora sem tanto rigor, devem ser tomados cuidados, pela possibilidade do contato indireto dessas águas com o homem.

A grande vantagem do reúso da água seja para fins potáveis ou não potáveis, apesar do alto custo do tratamento, é a possibilidade de evitar ou protelar o uso de novos mananciais.

Esgotos

A coleta, o afastamento, o condicionamento e a disposição final dos esgotos e águas servidas são ações fundamentais para o *saneamento do meio*.

Os esgotos são constituídos por excretas humanas (fezes e urina), por águas servidas, procedentes do uso doméstico, comercial, industrial, e por águas pluviais. São fontes de produção de esgotos as habitações, as indústrias, os estabelecimentos comerciais, as diversas instituições sociais.

Os esgotos são compostos de diversos tipos de despejos:

- **águas residuárias** – líquidos ou efluentes do sistema doméstico ou industrial;
- **despejos domésticos** – despejos líquidos das habitações, estabelecimentos comerciais, instituições e edifícios públicos;
- **águas imundas** – águas residuárias que contêm dejetos (matéria fecal);
- **despejos industriais** – efluentes de operações industriais (processos);
- **águas de infiltração** – parcela das águas do subsolo que penetra nas canalizações de esgoto.

A disposição inadequada dos esgotos pode disseminar doenças que, associadas a fatores como má nutrição, resultam em altos índices de morbidade e mortalidade.

Os esgotos também contribuem para a proliferação de insetos (moscas, mosquitos), roedores e outros vetores de doenças. Diarreia, verminose, teníase, esquistossomose e cólera são, entre outras, as doenças mais comuns derivadas da disposição inadequada de esgotos.

Um sistema de esgoto sanitário é um conjunto de obras e instalações destinado a propiciar a coleta, o afastamento, o condicionamento (tratamento, quando necessário) e uma disposição final sanitariamente adequada para as águas servidas de uma comunidade, para evitar a contaminação da população, do subsolo e dos lençóis subterrâneos.

Existem sistemas de esgoto *individuais* e *públicos*. Os sistemas individuais não são suficientes para o saneamento do meio. O ideal é que a população seja servida pelo sistema público de coleta de esgotos.

Há dois tipos de sistemas públicos de captação de esgotos: o separador absoluto e o separador parcial.

- **Sistema separador absoluto** – a canalização do esgoto e a de águas pluviais são completamente separadas.
- **Sistema separador parcial** – mesmo com canalização de águas pluviais separada dos demais despejos, esse sistema permite que a água das chuvas captada nos telhados e pelos ralos da pavimentação interna dos domicílios penetre na rede destinada aos líquidos residuais de outra origem.

O despejo líquido formado pelo esgoto doméstico e industrial, pela água de infiltração e pela parcela de contribuição pluvial parasitária é chamado de "esgoto sanitário".

Sistema individual

Usado na zona rural, onde a densidade populacional é baixa, o sistema individual compreende o uso de fossas para a disposição final do esgoto domiciliar. Também é usado em áreas urbanas não atendidas por rede pública de esgotos – geralmente locais onde se concentra a população de nível de renda mais baixo. Os tipos de fossa utilizados são a séptica, a seca e a negra.

Fossa séptica

O mais indicado é a instalação de um sistema de fossa séptica, que consiste em uma caixa de gordura, uma caixa de inspeção, uma fossa séptica e um sumidouro.

- **Caixa de gordura** – enterrada no solo, feita de concreto, impermeável e fechada com tampa, serve para coletar as águas servidas da cozinha e do tanque de lavar roupas antes que estas cheguem à fossa séptica. Na caixa de gordura realiza-se uma pré-sedimentação, eliminando-se parte da gordura misturada a essas águas. Em seguida, elas vão para a caixa séptica, juntando-se ao esgoto das outras dependências.

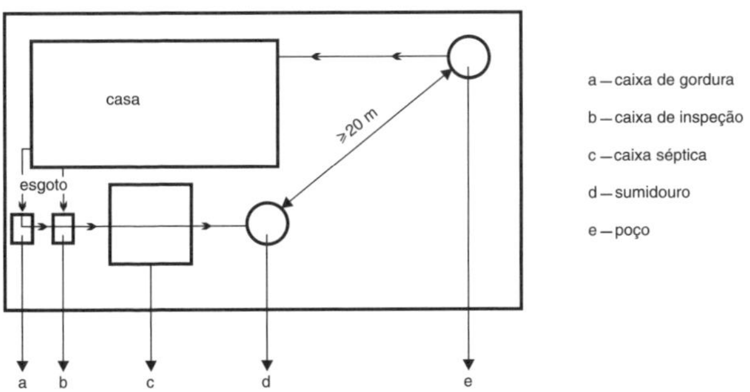

Figura 11 – Distância e localização de fosse séptica

- **Caixa de inspeção** – feita em concreto, serve para inspecionar o fluxo de esgoto do vaso sanitário e reparar eventuais entupimentos da canalização.
- **Caixa séptica ou fossa** – construída em concreto, fechada e impermeável, enterrada no solo, com um dispositivo que permite sua limpeza periódica, recebe os dejetos provenientes de vasos sanitários, lavatórios, pias, tanques e ralos. Nela as matérias insolúveis do esgoto doméstico são sedimentadas, formando um lodo que sofre decomposição por meio da ação de bactérias anaeróbias.
- **Sumidouro** – destino final do esgoto doméstico. Trata-se de uma escavação de aproximadamente 5 m de profundidade por 1,5 m de diâmetro, que deve ser construída a uma distância mínima de 20 m do poço. Esse buraco deve ser totalmente revestido nas laterais e no fundo por material filtrante (manta de feltro, Bidim ou, ainda, uma tela de náilon usada para mosquiteiro). Dentro dessa escavação inserem-se tubos de concreto perfurados de 1 m de diâmetro e preenche-se com areia grossa o espaço entre esses tubos e o material filtrante colocado nas laterais e no fundo da escavação. A areia e o Bidim (ou a tela) funcionam como filtros para as águas que se depositam dentro do tubo depois de tratadas na caixa séptica. O sumidouro deve ser mantido constantemente fechado por uma tampa resistente.

Aspectos sanitários

O sistema de fossa séptica requer os seguintes cuidados sanitários:

- fazer a limpeza periódica das caixas de gordura, de inspeção e da fossa séptica em intervalos variáveis de seis meses a três anos, dependendo do volume gerado;

- como é normal a formação de gases, é conveniente instalar um tubo de ventilação com a ponta acima do telhado da casa para a saída desses gases.

Fossa seca

Destina-se à disposição direta e exclusiva de urina e fezes humanas, sem o uso de água para transportá-las. Trata-se de uma escavação não profunda no terreno, que deve ter as seguintes características:

- ser construída em um plano mais baixo que o do poço freático e, no mínimo, a 15 m de distância deste;
- ter 0,80 m de diâmetro por cerca de 2,50 m de profundidade (seu fundo deve ficar pelo menos 1,50 m acima do lençol freático, evitando assim contaminar as águas subterrâneas);
- ser protegida contra enxurradas, tendo na superfície paredes e cobertura de telhas (daí seu nome popular ser "casinha");
- ser seca, isto é, não receber as águas servidas da casa;
- embora não tenha janelas, para evitar a concentração de moscas, ter ventilação constante na cobertura.

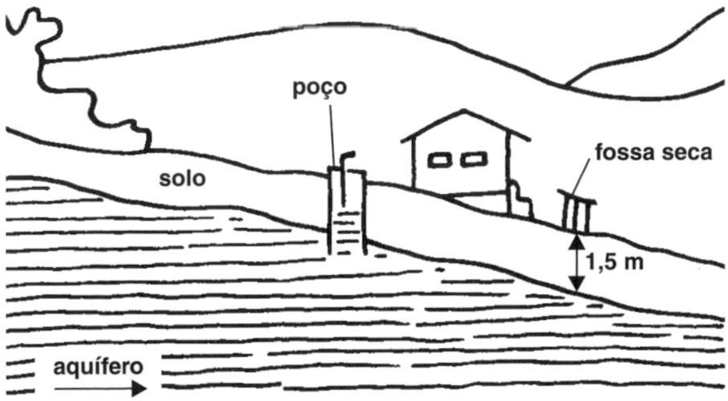

Figura 12 – Localização de fossa seca (em corte)

Aspectos sanitários

Se a fossa seca estiver localizada em pontos mais afastados da comunidade (chácaras, sítios, etc.), podem-se manter condições mínimas de segurança contra contaminação tomando-se os seguintes cuidados sanitários:

- manter sua abertura sempre fechada com tampa de madeira ou de cimento;

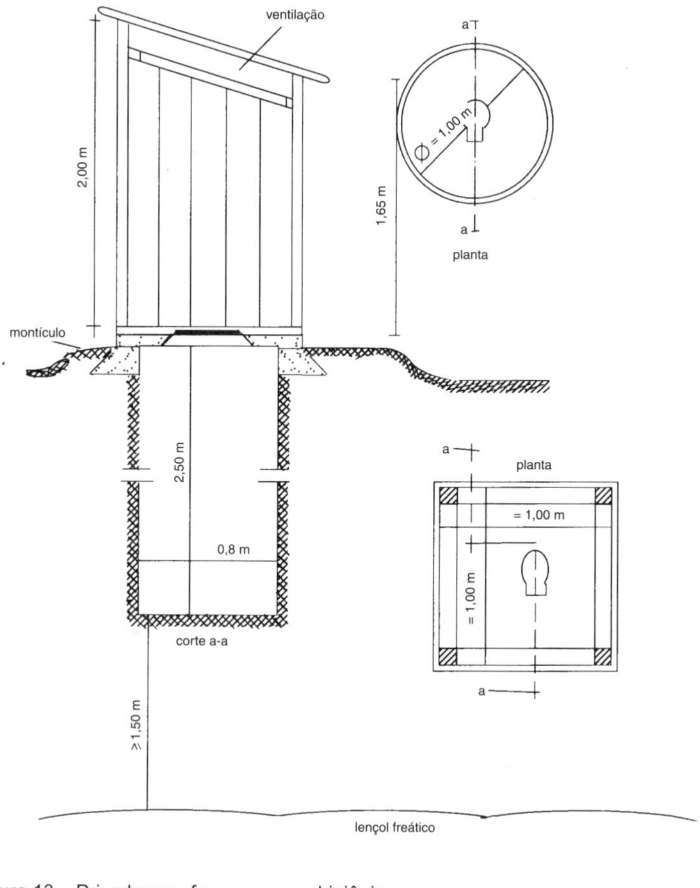

Figura 13 – Privada com fossa seca ou higiênica

- empregar desinfetantes, como cal ou cinza, em pequenas porções para evitar a exalação de mau cheiro;
- manter o local sempre na penumbra, com a porta fechada e sem nenhum obstáculo à ventilação proveniente da parte alta da construção protetora, para evitar a proliferação de moscas;
- usá-la somente até que os dejetos cheguem a cerca de 40 cm abaixo do nível do terreno, quando deve ser aterrada, abrindo-se uma nova em outro local.

Fossa negra

É um tipo de fossa condenado do ponto de vista sanitário.[31] Trata-se de uma escavação profunda, cujo fundo pode contatar o lençol freático ou se aproximar bastante dele. Recebe dejetos humanos (material fecal) além de outras águas residuárias por meio de uma canalização sanitária (vaso sanitário, lavatório, pia). Embora seja mais durável que a fossa seca, seu uso é desaconselhável, pois sua profundidade leva ou pode levar à contaminação das águas subterrâneas. É tolerável quando o abastecimento de água não é proveniente do lençol subterrâneo ou quando ela está localizada a, no mínimo, 45 m de distância do local de suprimento de água.

---

[31] Hoje, fazer referência ao uso de fossas secas e negras seria desaconselhável e desnecessário, pois esses tipos de fossas deveriam não existir, mas, infelizmente, ainda existem. O correto em todos os centros urbanos é a existência de rede coletora de esgotos, bem como de tratamento adequado para esses resíduos.

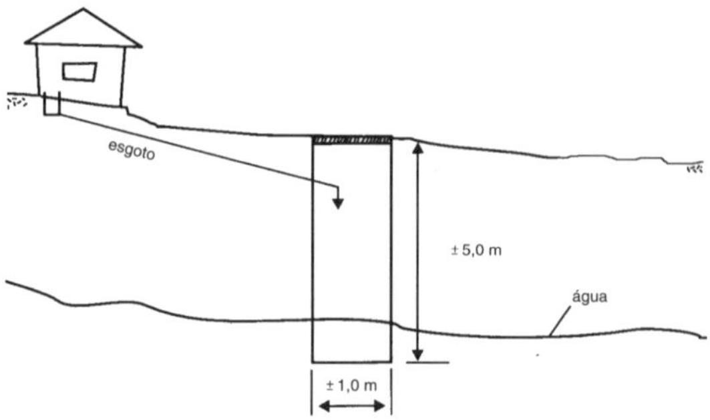

Figura 14 – Fossa negra

Sistema público de esgotos

A instituição responsável pela operação do sistema público de esgoto sanitário é chamada de "órgão operador". No caso do estado de São Paulo, é a Companhia de Saneamento Básico do Estado de São Paulo (Sabesp). Existe, ainda, uma instituição responsável pelo controle da poluição e pela preservação ambiental, que é o órgão controlador do sistema, como, por exemplo, a Companhia de Tecnologia de Saneamento Ambiental (Cetesb), no estado de São Paulo.

O crescimento das comunidades e o aumento da concentração demográfica requerem soluções de caráter coletivo para a captação, transporte, tratamento e disposição das águas residuais.

Componentes do sistema público

O sistema público de esgoto sanitário é constituído por uma canalização – coletores secundários, coletores-tronco, interceptores e emissários –, estações elevatórias, estações de tratamento e instalações complementares.

Num sistema corretamente construído do ponto de vista sanitário, o esgoto que sai das canalizações dos domicílios (residências, edifícios, estabelecimentos comerciais, industriais e instituições públicas e particulares) é despejado em coletores secundários, que recolhem os despejos de cada rua.

Desses coletores o esgoto flui até os coletores-tronco ou principais e chega a estações elevatórias que o bombeiam até as estações de tratamento de esgoto (ETEs), chamadas atualmente de "estações de recuperação da qualidade das águas" (ERQs).

Nas estações, o conteúdo orgânico, inorgânico e microbiano do esgoto é tratado para limitar os riscos que este representa para a saúde pública e o meio ambiente. Só depois de tratado é que o esgoto deve ser disposto em rios, lagos ou mares, pois assim não provocará poluição nem contaminação de solos e águas, que poderão continuar servindo para fins de consumo doméstico, agrícola, industrial e recreativo.

Canalização

A canalização das redes públicas de esgotos sanitários compõe-se de coletores prediais, coletores secundários, coletores-tronco, sifões invertidos, interceptor e emissário.

- **Coletores prediais** – são as canalizações que conduzem as águas residuárias dos edifícios até a rede coletora pública.
- **Coletores secundários** – são os ramais da rede que servem a cada uma das ruas da malha urbana, recebendo os esgotos despejados diretamente pelos coletores prediais, construídos com canos de pequeno diâmetro, pois transportam apenas as águas residuais de uma rua.
- **Coletores-tronco** – de maior diâmetro, são os canos que recebem os efluentes de vários coletores secundários, conduzindo-os a um interceptor ou a um emissário.

- **Sifões invertidos** – canalizações rebaixadas que funcionam sob pressão, usadas nos trechos em que a rede precisa atravessar canais, obstáculos, etc.
- **Interceptor** – canalização de grande porte que intercepta o fluxo de coletores-tronco às margens de cursos d'água ou na beira de praias, etc., protegendo-os de descargas diretas de esgotos. Pelo interceptor os despejos podem ser enviados para uma estação de recuperação da qualidade das águas (ERQ), passando ou não por uma estação elevatória, ou conduzidos para uma estação elevatória, de onde são enviados diretamente para o ponto de descarga através de um emissário.

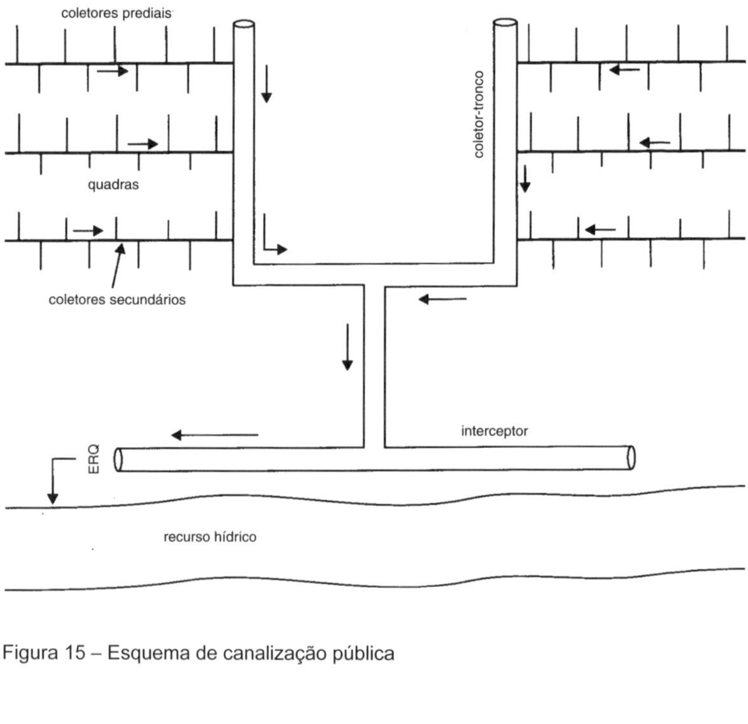

Figura 15 – Esquema de canalização pública

- **Emissário** – conduto final do sistema; consiste em um tubo que conduz os efluentes da rede de uma ERQ ou de uma estação elevatória para o ponto de lançamento ou descarga do esgoto (um curso d'água, lago ou mar), sem receber nenhum outro despejo no trajeto.

A tubulação utilizada na rede de esgotos deve ter, no mínimo, 1.500 mm de diâmetro, pois, embora os despejos ocupem apenas metade do espaço interno, a outra metade é ocupada pelos gases produzidos pela decomposição do esgoto durante seu transporte (ver figura 16).

A rede não deve receber material que possa enroscar-se na tubulação (algodão, tecidos, papel higiênico, absorventes, etc.) para evitar entupimentos.

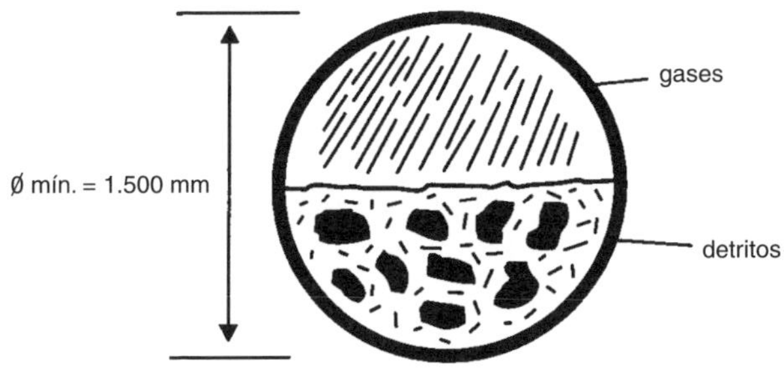

Figura 16 – Tubulação utilizada na rede de esgotos

Estações elevatórias

São instalações eletromecânicas e obras civis destinadas a elevar as águas residuárias coletadas pela rede de esgotos, tanto para evitar o aprofundamento excessivo das canalizações como para possibilitar o acesso do esgoto às estações de tratamento ou sua descarga final no curso d'água, lago ou mar receptor.

Instalações complementares

Ao longo da rede podem ser instalados dispositivos acessórios, como poços de visita e tanques flexíveis:

- **poços de visita** – destinados a dar descargas periódicas de água para limpar os coletores, costumam ser instalados em trechos onde não é possível manter a declividade mínima para assegurar velocidades de autolimpeza;
- **tanques flexíveis** – destinados a corrigir o fluxo dos efluentes, dependendo das distâncias e também das mudanças de direção. A tendência atual é de se instalarem esses dispositivos apenas em situações especiais, notadamente quando existem problemas para garantir a declividade que permita uma velocidade suficiente para a autolimpeza da canalização.

Estação de tratamento

O tratamento do esgoto tem por objetivo reduzir seu conteúdo orgânico, inorgânico e microbiano, diminuindo os riscos que ele representa para a saúde pública e o meio ambiente. Assim, preserva-se a integridade dos solos e dos recursos hídricos (rios, lagos e mares) para que possam continuar sendo utilizados para abastecimento, agricultura, industrialização e recreação.

A poluição e a contaminação dos rios pelos despejos de esgotos sem tratamento causam a morte de todas as formas biológicas e consequente desequilíbrio ecológico.

Entre os diversos processos para o tratamento de esgotos em nível primário, destacam-se os decantadores e as lagoas de oxidação. Em processos mais sofisticados existem as estações de tratamento em nível secundário, que incluem gradeamento, caixas de areia, tanques de aeração e biodigestores.

Decantadores

Componentes do tratamento em nível primário, os decantadores são grandes tanques onde o esgoto permanece em repouso durante cinco a quinze dias, dependendo da composição das águas residuárias. A parte sólida decantável deposita-se no fundo sob a forma de lodo. Por meio de um sistema mecânico, o lodo que se depositou no fundo dos decantadores é arrastado e encaminhado para tanques digestores, onde se acumula e produz grande quantidade de gás que pode ser usado na cozinha.

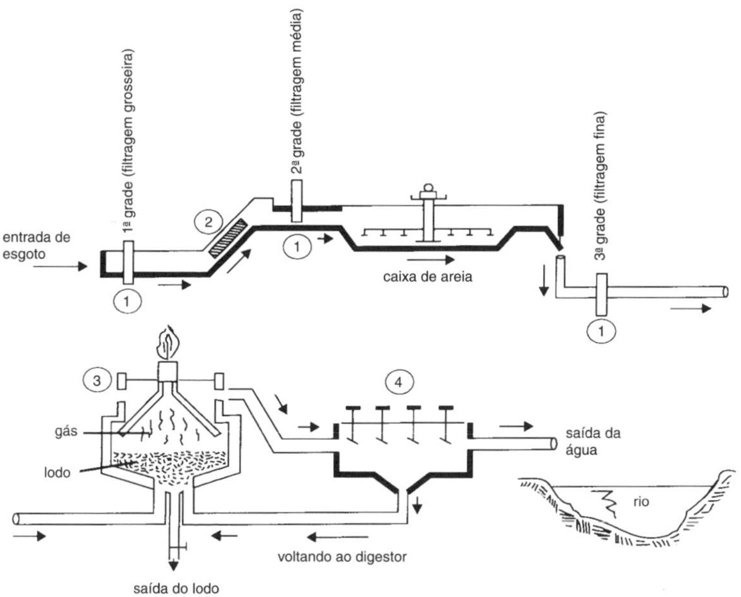

1. Grades – para retirar resíduos sólidos (lixo) do sistema de esgoto, com malhas progressivamente mais finas.

2. Parafuso de Arquimedes – para elevar o esgoto das canalizações subterrâneas para a superfície.

3. Digestor de fluxo ascendente.

4. Tanque de aeração – oxigena a água, possibilitando o crescimento de bactérias aeróbias consumidoras de oxigênio.

Figura 17 – Estação de tratamento de esgoto (ETE) em nível secundário

O conjunto formado pelo decantador e pelo sistema de digestores de lodo é conhecido como "tanque Imhoff".

Lagoas de oxidação

As lagoas de oxidação são reservatórios de pouca profundidade, onde o esgoto é despejado e fica retido de cinco a quinze dias. A ação do calor solar na lagoa provoca o fenômeno conhecido como "ciclo do nitrogênio": o ar atmosférico age sobre o esgoto, provocando o surgimento de bolhas de oxigênio e permitindo a proliferação de bactérias aeróbias presentes nos efluentes. Essas bactérias digerem a matéria orgânica, mineralizando-a, isto é, transformando-a em lodo que se deposita no fundo da lagoa. Dessa forma, aumenta a oxigenação das águas residuárias no tratamento primário dos esgotos.

Gradeamento

Componente do tratamento de esgoto de nível secundário, é um sistema de grades para retirar resíduos sólidos (lixo) do esgoto, que vão passando progressivamente por malhas cada vez mais finas.

Caixa de areia

Também chamada de "desaerador", é usada no nível secundário de tratamento para separar as areias carreadas pelas águas pluviais para o esgoto. Esse componente é necessário porque não existe de fato um sistema separador absoluto das águas pluviais e residuais.

Tanque de aeração

Num nível de tratamento secundário, os resíduos líquidos do esgoto passam por um tanque de aeração, composto de vários misturadores que funcionam como batedores de *milk shake*. Eles oxigenam a água, permitindo o desenvolvimento de bactérias aeróbias que consomem oxigênio.

Efluentes líquidos industriais

O lançamento de efluentes líquidos industriais no sistema público de esgoto sanitário deve obedecer a alguns critérios, que partem da caracterização dos despejos e de sua toxicidade em relação ao ambiente. Esses efluentes provenientes de indústrias compreendem:

- **efluentes oriundos do processo industrial** – os originados nos processos de produção, as águas de lavagem resultantes de operações de limpeza e outras fontes que comprovadamente apresentam poluição por produtos utilizados ou produzidos no estabelecimento;
- **águas de refrigeração poluídas** – resultantes dos processos de resfriamento industrial comprovadamente contaminadas por produtos utilizados no estabelecimento;
- **águas pluviais poluídas** – provenientes de áreas de estocagem ou de transbordo sujeitas à poluição por produtos utilizados ou produzidos no estabelecimento;
- **esgoto doméstico** – despejo líquido resultante do uso da água para fins higiênicos pessoais dos trabalhadores.

O coletor de efluentes líquidos industriais é uma tubulação que se conecta ao coletor secundário da rede pública por meio de uma ligação predial, um trecho de canalização entre o limite do terreno do estabelecimento industrial e o coletor público de esgotos. É recomendável que a ligação predial ao coletor público seja única e precedida por um poço de visita (PV) e um tubo de inspeção e limpeza (TIL).

O PV é uma câmara situada entre dois ou mais trechos do coletor de efluentes industriais e a ligação predial com o coletor público, cuja abertura superior permite a entrada de pessoas para trabalhos de manutenção.

O TIL é um dispositivo não visitável que permite a inspeção e a introdução de equipamentos de limpeza e medição de vazão, temperatura, pH e outras características dos despejos, assim como a coleta de amostras para exames de sua composição.

Tratamento de efluentes líquidos domésticos e não domésticos

Breve histórico sobre a tecnologia de bioaumentação

A partir de uma exigência cada vez maior quanto à qualidade ambiental e da eficiência de tratabilidade das estações biológicas de tratamento de águas residuárias, torna-se necessário um maior conhecimento de microbiologia ambiental no sentido de se obterem meios para elevar a eficiência de tratamento até então observada nas ETEs e melhor esclarecer os processos biológicos envolvidos na depuração e estabilização dessas águas residuárias.

Essas necessidades atuais vêm amparadas em uma nova condição de mercado, em que estão envolvidas as exigências mais restringentes da legislação e fiscalização, dos programas de qualidade total e de certificação, do aumento da capacidade produtiva da planta industrial, mantendo-se as mesmas condições de tratamento da redução de custos operacionais e outras necessidades emergentes.

Alguns avanços da biotecnologia propiciaram o surgimento das chamadas "tecnologias inovativas de tratamento". Essas tecnologias de processo são aplicadas ao tratamento de uma vasta gama de resíduos orgânicos, em estado sólido ou líquido, no sentido de alterar permanentemente suas propriedades físico-químicas, propiciando sua adequação de lançamento e descarte aos corpos receptores e ao meio ambiente como um todo.

Entre essas tecnologias de tratamento, destaca-se o processo de bioaumento/bioaumentação, que é a suplementação de microrganismos externos de ocorrência natural, tais como fungos, leveduras e principalmente bactérias, na unidade biológica de tratamento, para aumentar a eficiência dos processos biológicos envolvidos no tratamento de efluentes.

A ação das bactérias na estabilização de efluentes de características orgânicas, de forma simplificada, baseia-se no processo de degradação desses compostos, por meio de ação enzimática, a compostos inorgânicos como CO_2, NO_3, SO_4 e água, com consequente geração de uma biomassa decorrente dos processos reprodutivos e da síntese celular bacteriana.

Uma vez que esses efluentes se caracterizam como uma mistura complexa de materiais e substâncias residuárias diversas, vão requerer, para sua degradação, a presença de uma variedade de culturas bacterianas específicas para os compostos a serem degradados, objetivando-se um eficiente tratamento. Porém, nem sempre essa diversidade se faz presente, tanto em quantidade de espécies diferentes como em número de indivíduos da mesma espécie.

As causas da ausência de diversidade e quantidade de microrganismos que apresentam uma elevada atividade degradativa podem ser várias, indo desde a presença de uma pobre composição genética até uma inadequada adaptação e baixa reprodução dos microrganismos dentro da unidade de tratamento.

Os benefícios da utilização de *blends* de bactérias externas, adicionadas às unidades biológicas de tratamento, estão relacionados principalmente à correta determinação das doses a serem aplicadas, sempre se considerando a necessidade de uma aplicação de choque quando do início do programa de bioaumentação para posterior diminuição nas dosagens de manutenção, aplicadas rotineiramente. A determinação dessa dosagem apropriada deve seguir um rigoroso estudo técnico da estação de tratamento, baseado nos valores de projeto e na carga orgânica.

Uma vez que os produtos para bioaumentação são compostos de uma variedade de bactérias e enzimas associadas, um certo período de tempo é requerido para a obtenção dos resultados desejados em consequência da necessidade de atingir um estado de equilíbrio mediante toda uma complexa dinâmica populacional entre a microbiota anteriormente presente na unidade de tratamento e os novos microrganismos adicionados.

A manutenção de uma dinâmica como essa só é possível com a adição de microrganismos externos que passaram por um processo seletivo de adaptação às condições adversas do meio e a formação de um *pool* genético capaz de exercer a chamada "degradação de alta taxa".

Resíduos sólidos

Usar a expressão *resíduos sólidos* é muito mais apropriado do que o termo "lixo", uma vez que este dá a ideia de material sujo e sem serventia, sem reaproveitamento. O termo "resíduo" passa a ideia de algo que tem valor econômico e utilidade para alguém.

A NBR 10.004/04 define *resíduos sólidos* como: "Resíduos nos estados sólido e semissólido que resultam de atividades de origem industrial, doméstica, hospitalar, comercial, agrícola, de serviços e de varrição. Ficam incluídos nesta definição os lodos provenientes de sistemas de tratamento de água, aqueles gerados em equipamentos e instalações de controle de poluição, bem como determinados líquidos cujas particularidades tornem inviável o seu lançamento na rede pública de esgotos ou corpos de água, ou exijam para isso soluções técnicas e economicamente inviáveis em face da melhor tecnologia disponível".

Os resíduos sólidos contribuem direta ou indiretamente para a poluição ambiental. A contaminação do solo, da água, dos animais, dos alimentos e dos manipuladores dos resíduos propicia a disseminação de algumas doenças como diarreia, leptospirose, verminose, cólera, febre tifoide, salmonelose, triquinose, cisticercose e outras. Quando lançados no mar e nos rios, os resíduos contribuem para poluí-los, provocando a destruição do ambiente e das reservas de alimentos marinhos e de água doce.

Classificação dos resíduos sólidos

A ABNT – NBR 10.004 – Resíduos sólidos – classificação – foi elaborada em 1987 e revisada em 2004. O objetivo da norma é classificar os resíduos sólidos de acordo com os riscos potenciais que possam causar ao meio ambiente e à saúde pública, para melhor gerenciá-los e para garantir a segurança do trabalhador, do consumidor final e do meio ambiente no momento de sua utilização. Essa norma não regulamenta a utilização dos resíduos sólidos, apenas classifica-os em perigosos ou não perigosos.

A origem dos resíduos também gera uma classificação bastante usada. Assim, são classificados em: urbanos, industriais, de serviços de saúde, de aeroportos e portos, agropecuários, radioativos, de áreas de embarque/desembarque de transportes rodoferroviários e os entulhos.

A seguir, citaremos apenas os resíduos que trazem maior impacto ao meio ambiente e ao homem, pela quantidade produzida, pela periculosidade e cuidados especiais que necessitam, ou, ainda, pela possibilidade de aproveitamento, gerando benefícios.

Resíduos urbanos

São os produzidos em residências, os provenientes do comércio (bares, lojas, escritórios, hotéis, restaurantes, supermercados e outros), aqueles que resultam da limpeza de ruas, parques, jardins, galerias e bueiros, praias, terrenos, feiras livres, de podas de jardins e árvores.

A coleta desse tipo de resíduo é de responsabilidade das prefeituras municipais, porém os resultantes do comércio em geral, caso ultrapassem certa quantidade (50 Kg/dia ou 100 litros/dia),[32] ficam a cargo do próprio estabelecimento. Os resíduos urbanos não representam a maior quantidade de resíduos produzidos; perdem para os resíduos industriais.

Entulhos

Também considerados resíduos urbanos, mas, devido ao volume e característica, acabam sendo chamados de entulho. Consistem em materiais descartados de construções ou demolições, móveis usados e outros. Deve ser responsável pela destinação final o próprio gerador, devido à grande quantidade produzida. Nos grandes centros, infelizmente, é comum a deposição dos entulhos em vias públicas, terrenos baldios, construções abandonadas e outros.

O entulho normalmente é composto de material inerte e, pode-se dizer, pouco impactante, podendo ser usado na recuperação de áreas alagadas, para aterros ou reaterros. Também é possível reciclar entulhos e gerar recursos à construção civil, com valores semelhantes aos recursos naturais usados. As empresas de demolição que têm consciência ambiental já realizam suas atividades separando os materiais como madeiras, metais e resíduos incineráveis. Nos países desenvolvidos, é comum há muitos anos, por exemplo, o uso de certos tipos de entulho para base e sub-base de pavimentação.

---

32 Prefeitura de São Paulo, legislação municipal específica, Lei nº 13.478/2002.

Consiste em "todo resíduo que resulte de atividades industriais e que se encontre nos estados sólido, semissólido, gasoso – quando contido e líquido – cujas particularidades tornem inviável o seu lançamento na rede pública de esgoto ou em corpos d'água", segundo a Resolução Conama nº 313, de 2002.[33]

As empresas geradoras de resíduos industriais têm completa responsabilidade sobre a coleta, o armazenamento interno, o tratamento, incluindo reciclagem, incineração e coprocessamento, e sobre o destino final. As empresas geradoras, nas etapas citadas, têm de seguir o que estabelece a Norma Regulamentadora nº 25 (Resíduos industriais) e as demais normas estabelecidas pelos órgãos municipais, estaduais e federais.

Os resíduos industriais têm uma classificação específica de acordo com sua periculosidade (NBR 10.004/04), sendo divididos em duas classes, conforme procedimentos e testes estabelecidos pelas normas da ABNT (NBR 10.005/04 – Lixiviação de resíduos / NBR 10.006/04 – Solubilização de resíduos / NBR 10.007/04 – Amostragem de resíduos):

Classificação dos resíduos sólidos industriais

- **Classe I – resíduos perigosos** – normalmente têm características inflamáveis tóxicas, de reatividade, de corrosão e patogênicas, podendo causar problemas à saúde da comunidade e efeitos adversos ao meio ambiente.
- **Classe II – resíduos não perigosos**
  - **Classe II-A** – estão nesta classe os resíduos que podem ser biodegradáveis, solúveis em água ou combustíveis.

[33] Resolução Conama 313/02, dispõe sobre o inventário Nacional de Resíduos Sólidos Industriais.

Por exemplo, sucatas metálicas, papéis, matérias orgânicas.

- **Classe II-B – resíduos inertes** - aqueles não combustíveis e inertes, como vidro, tijolo e outros.

Para os resíduos industriais não tratados no local gerador e que serão levados para a correta destinação em empresas especializadas, deve ser obtida autorização por meio de documentação específica, o Certificado de Aprovação para Destinação de Resíduos Industriais (Cadri). Esse documento permite o encaminhamento de resíduos industriais às empresas de reprocessamento, armazenamento, tratamento e destinação final, licenciadas e cadastradas pela Companhia de Tecnologia de Saneamento Ambiental (Cetesb). Os documentos necessários são:[34]

- carta de anuência da empresa responsável pela destinação;
- documento em duas vias: impresso denominado "Solicitação de", utilizado para quaisquer pedidos de licenças, certificados ou pareceres;
- impresso MCE (Memorial de Caracterização do Empreendimento) – Resíduos industriais – Informações sobre as empresas envolvidas – Folha adicional, com informações sobre geração, composição e destinação de resíduos industriais;
- licença e autorização específica do órgão ambiental do estado de destino, quando se tratar de encaminhamento a outro estado.

Deve-se dar entrada desses documentos na Cetesb da regional a que pertença a empresa.

A escala de prioridades no gerenciamento de resíduos industriais que as empresas devem adotar segue esta ordem:

---

[34] Acessar: http://www.cetesb.sp.gov.br

1. **Prevenir a geração** – modificação de processo de produção (uso de técnicas limpas) e substituição de matérias-primas e insumos.
2. **Minimizar a geração** – por meio da minimização dos processos e otimização das operações.
3. **Provocar o reaproveitamento** – por meio da reciclagem das matérias-primas, da recuperação das sustâncias e da reutilização de materiais e produtos.
4. **Realizar o tratamento** – pelos processos disponíveis: físico-químicos, biológicos, químicos e físicos, térmicos e outros a serem estudados.
5. **Encaminhar para disposição final** – por meio dos aterros e outros.

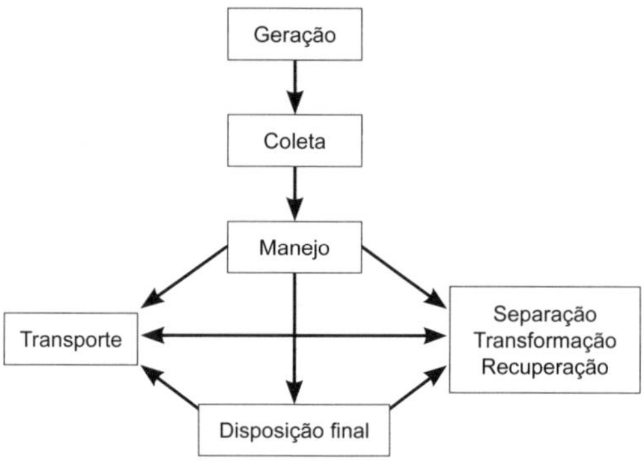

Figura 18 – Prioridades no gerenciamento de resíduos industriais

O serviço responsável pelo gerenciamento dos resíduos deve fazer o "controle sistemático da geração, coleta, segregação na fonte, estocagem, transporte, processamento, tratamento, recuperação e disposição de resíduos".[35] Deve proceder à escolha da

[35] Electo Silva Lora, *Prevenção e controle da poluição nos setores energético, industrial e de transporte* (Brasília: Aneel, 2000).

melhor forma de acondicionamento, segregação e identificação das substâncias, de acordo com suas características, e adotar técnicas que minimizam sua geração, os procedimentos mais adequados para armazenamento temporário e provisório e fazer considerações sobre o transporte, o tratamento e a escolha da destinação mais adequada.

Para iniciar a destinação final, os resíduos são caracterizados e classificados realizando-se análises por meio de amostragens, seguindo a NBR 10.007/04 (amostragem de resíduos), que estabelece as condições de amostragem, preservação e estocagem. São verificados o estado físico, as propriedades estabelecidas na NBR 10.004/04 e a quantidade do resíduo gerado.

No **acondicionamento** dos diversos tipos de resíduos, o uso de embalagens varia de acordo com suas características. Podem ser usados tambores metálicos com tampas, principalmente nos resíduos industriais; tambores menores podem ser usados junto às áreas geradoras e outros maiores nas áreas de armazenamento (contêineres); e tambores de plástico, sacos plásticos domésticos, sacos de ráfia e outros, de acordo com o tipo de resíduo e com a normatização. Nos resíduos líquidos oleosos, o acondicionamento em compartimentos especializados é indicado para facilitar o transporte, e o uso de caminhões com sistema a vácuo é aconselhado.

O **manejo/triagem** deve ser realizado com o objetivo de separar e dar o tratamento correto a cada tipo de resíduo. Deve-se procurar separar os resíduos, identificando-os por meio de etiquetas padronizadas (tipo de resíduo, nome da empresa), evitando a mistura e possíveis incompatibilidades entre eles. Nessa etapa, é muito importante o cuidado com o meio ambiente, principalmente com o solo e o ar, evitando a contaminação. Se necessário, proteger o solo com mantas impermeáveis, manter distância de cursos d'água, além de outros cuidados. A pesagem dos resíduos é importante para ter ideia do custo da destinação final.

Quanto ao **armazenamento** dos resíduos sólidos industriais, devem ser adotadas as disposições estabelecidas nas normas da ABNT, NBR 12.235/87 – Procedimentos para armazenamento de resíduos sólidos perigosos – classe I, e NBR 11.174/89 – Procedimentos para armazenamento de resíduos – classe II – A e B (não inertes e inertes).

Todos os cuidados tomados têm como objetivo a preservação e proteção do meio ambiente, a segurança industrial e a dos trabalhadores.

O **transporte** mais usado no Brasil é o rodoviário, embora seja a modalidade que mais risco ofereça devido à grande probabilidade de acidentes. Devem ser adotadas as normas estabelecidas na NBR 13.221/10, que especificam as condições necessárias para o transporte de resíduos, observando-se também o Decreto Federal nº 96.044, de 18 de maio de 1988,[36] a Resolução Conama nº 001-A, de 23 de janeiro de 1986, e a Resolução nº 420, de 12 de dezembro de 2004.[37]

Os caminhões mais utilizados para os resíduos comuns são os de transporte geral. Podem ser usados os de caçambas removíveis (para resíduos a granel, os não corrosivos e de baixa toxidade), os do tipo basculante e os caminhões-tanques (para resíduos líquidos ou pastosos). Os veículos de transporte devem portar documentação que comprove sua capacitação, adequação e permissão para a realização de transportes de resíduos,

---

36 Decreto Federal nº 96.044/88 – regulamenta o transporte rodoviário de produtos perigosos. Alterado pelo Decreto nº 4.097/02 (nova redação aos arts. 7º e 19).

37 O anexo da Resolução nº 420, 12/02/04 – foi alterado pela resolução ANTT nº 3.383, 20/01/10.

validada pelo Instituto de Pesos e Medidas (Ipem) ou órgão credenciado. Devem atender ainda, entre outras, às exigências da NBR 7.500/05 – Transporte de carga perigosa – simbologia, da NBR 7.501/05 – Terminologia no transporte de cargas perigosas, da NBR 7.503/05 – Fichas de emergências para o transporte de cargas perigosas, da NBR 9.735/05 – Equipamentos de emergência no transporte e da NBR 14.619/05 – Incompatibilidade química considerada no transporte.

Quanto ao transporte por via férrea devem ser atendidas as exigências estabelecidas no Decreto Federal nº 98.973/90.[38]

Para o **tratamento e disposição final**, muitos processos podem ser adotados. O gerador de resíduos industriais deve submeter o tipo de procedimento escolhido aos órgãos ambientais e conseguir sua aprovação. Recomenda-se seguir a Portaria Ministerial nº 53, de 1º de março de 1979,[39] que normatiza os projetos de tratamento e disposição de resíduos sólidos, bem como a fiscalização de sua implementação, operação e manutenção.

É importante na escolha do tratamento ter em vista o reaproveitamento ou a inertização dos resíduos. Não há uma determinação estabelecida do processo a ser adotado. É necessário que se analise o melhor meio para o tratamento e a destinação final do resíduo de maneira que sejam evitados prejuízos econômicos e para o ambiente/homem.

É importante registrar que o estado de São Paulo, preocupado com a proteção do meio ambiente, em junho de 2009 aprovou a Lei nº 13.576, sobre "lixo" eletrônico, chamado de lixo e-eletrônico, responsabilizando as empresas que fabricam, im-

---

[38] Decreto Federal nº 98.973/90 – regulamenta o transporte ferroviário de produtos perigosos.

[39] Resolução Conama nº 005, de 5 de agosto de 1993, revogou algumas instruções da Portaria Minter, nº 53, de 1º de março de 1979.

portam ou comercializam produtos eletroeletrônicos (componentes e periféricos de computadores, monitores e televisores, baterias e pilhas e produtos magnetizados) pelo destino final.

De acordo com essa lei, as empresas são obrigadas a reciclar ou reutilizar total ou parcialmente o material descartado. Caso não seja viável o reaproveitamento, a empresa deve realizar a neutralização e a disposição final apropriadas.

Os produtos eletrônicos têm vida útil muito curta devido aos avanços tecnológicos, levando ao acúmulo de peças, aparelhos, sistemas de difícil descarte. Assim, a legislação estabelece a responsabilidade solidária entre aqueles que produzem, comercializam ou importam produtos e componentes eletroeletrônicos.

Tal lei obriga a colocação, nos rótulos ou embalagens dos produtos, das advertências para que o consumidor não descarte o produto junto aos resíduos comuns, orientando o descarte correto, conforme estabelece o artigo 4º:

> Artigo 4º - Os produtos e componentes eletroeletrônicos comercializados no Estado devem indicar com destaque, na embalagem ou rótulo, as seguintes informações ao consumidor:
>
> I - advertência de que não sejam descartados em lixo comum;
>
> II - orientação sobre postos de entrega do lixo tecnológico;
>
> III - endereço e telefone de contato dos responsáveis pelo descarte do material em desuso e sujeito à disposição final.
>
> IV - alerta sobre a existência de metais pesados ou substâncias tóxicas entre os componentes do produto.

O artigo 5º determina a responsabilidade da empresa que fabrica, importa ou comercializa produtos tecnológicos eletroeletrônicos em manter pontos de coleta para receber o lixo tecnológico a ser descartado pelo consumidor.

Outras leis estão sendo propostas com os mesmos objetivos, ou seja, garantir a obrigatoriedade do recolhimento dos produtos após o seu uso, na tentativa de diminuir o acúmulo de resíduos no meio ambiente e evitar os impactos ambientais que possa causar.

Seguem alguns meios para a destinação final dos resíduos industriais.

Incineração

Nesse processo, ocorre a queima controlada sob alta temperatura, na presença do oxigênio, onde a matéria orgânica é transformada em gases ou materiais inertes (cinza). Tem a propriedade de diminuir o volume e peso dos resíduos. As cinzas são depositadas em aterros industriais quando se trata de resíduo de alta periculosidade.

Como os metais não se volatilizam na temperatura empregada na incineração, posteriormente podem ser separados das cinzas e reaproveitados.

Em grandes processos, o incinerador é formado por duas câmaras. Na primeira, os resíduos sólidos e líquidos são queimados a uma temperatura de 800 °C a 1.000 °C, e, na segunda, os gases resultantes da queima inicial entram em combustão à temperatura de 1.200 °C a 1.400 °C. Os gases resultantes da queima secundária são resfriados rapidamente e tratados antes de serem lançados na atmosfera por chaminés.

Vantagens:

- redução de 60% a 90% do volume dos resíduos;
- os resíduos permanecem no local onde foram produzidos (diminuição de custo de transporte);
- espaço reduzido para instalação, em relação aos aterros;

- eficiência no tratamento dos resíduos, caso o incinerador esteja em perfeita condição de uso.

Desvantagens:

- custo operacional alto – tanto nos investimentos para instalação, como no manuseio dos resíduos, na depuração de gases e na destinação de cinzas;
- dispendiosa e difícil manutenção – necessita de limpeza frequente;
- risco de contaminação do ar por materiais particulados e liberação de certos gases quando incinerados materiais clorados;
- alto custo do tratamento de efluentes para o arrefecimento das escórias.

Para a queima dos resíduos classificados como perigosos, os incineradores devem ser projetados e operados de modo que atendam ao disposto na NBR 11.175/90 - Incinerações de resíduos sólidos perigosos - Padrões de desempenho. Essa norma estabelece as condições exigíveis de desempenho do equipamento para incineração de resíduos perigosos, com exceção dos classificados apenas por patogenicidade e inflamabilidade.

Aterros industriais

São usados especialmente para receber resíduos sólidos industriais perigosos. Trata-se de uma técnica usada para o depósito dos resíduos no solo, de forma controlada, sem causar danos, riscos à saúde e diminuindo os impactos ambientais. São similares aos aterros sanitários. Podem ser classificados nas classes I, II e III, que recebem, respectivamente, os resíduos industriais perigosos, os resíduos não inertes e os resíduos inertes.

Para sua construção, devem-se seguir as normas da ABNT, NBR 8.418 e NBR 10.157/87, que definem as exigências quanto aos critérios de projeto, construção e operação de aterros industriais.

Os aterros devem ter uma camada dupla de impermeabilização inferior, composta de uma camada de manta sintética de Pead (polietileno de alta densidade) sobre uma camada de argila compacta, com espessura em torno de 60 cm. Sobre a camada sintética (manta) deve ser colocada uma camada de terra em torno de 50 cm.

A instalação do aterro deve ser feita de preferência em áreas naturalmente impermeáveis, ou seja, com baixo teor de saturação, onde os lençóis freáticos estejam em boa profundidade e na presença de subsolo argiloso.

É vedada a construção de aterros em áreas de mananciais, áreas de mangues e de espécies protegidas, áreas inundáveis e outras. O local escolhido deve permitir uma vida útil ao aterro em torno de vinte anos. Deve manter distância de rodovias e ferrovias, residências e corpos d'água e estar a uma distância mínima de 2 m acima do nível mais alto do lençol freático.

A célula, unidade do aterro, deve ser toda impermeabilizada, para que o percolato (produto da decomposição dos resíduos) não atinja o solo. Posteriormente, o percolato será tratado conforme as normas de lançamento de efluentes nos locais de recepção.

No fechamento da célula deve ser mantida a mesma impermeabilidade realizada na parte inferior e lateral, garantindo mínima taxa de infiltração de água.

Reciclagem

Tem como objetivo transformar os resíduos em matérias-primas reutilizáveis no ciclo de produção onde foram originadas para serem utilizadas na produção de novos produtos. A reciclagem gera grande economia, no entanto, é procedimento que exige altos investimentos. Para incentivar a valorização, a reciclagem e a recuperação dos resíduos industriais, foram criadas as *bolsas ou bancos de resíduos*, que são serviços prestados gratuitamente por órgãos (em São Paulo, por exemplo, pela Fiesp/Ciesp) que têm por objetivo colocar à disposição das empresas a divulgação de ofertas de compra, venda e doação de resíduos industriais recicláveis, através de meios eletrônicos e imprensa escrita (jornais). A implantação e utilização desse recurso têm trazido grandes benefícios ao meio ambiente no sentido da redução, reutilização e reciclagem dos resíduos gerados pelas indústrias, levando à conservação de recursos (matérias-primas) para utilização futura, à redução do volume e dos custos na destinação final dos recursos e à diminuição do consumo de energia, protegendo o meio ambiente.

Estabilização e solidificação (encapsulamento)

Modificação das características dos resíduos por meio de reações químicas provocadas pela adição principalmente de cimento, cal e outras substâncias pozolânicas. Transformam os resíduos em formas menos tóxicas e solúveis e modificam seu manuseio e transporte, pela formação de massas sólidas que melhoram a integridade estrutural e suas características físicas. Não são indicadas para resíduos com mais de 10% a 20% de matéria orgânica, pois esta interfere nas reações químicas, não permitindo que os resíduos fiquem agregados. Têm a propriedade de diminuir a área superficial para que possa ocorrer a transferência ou perda de poluentes e de limitar a solubilidade ou desintoxicar quaisquer elementos perigosos para assim serem dispostos em aterros.

Coprocessamento

Nem todos os resíduos podem ser coprocessados. Ocorre neste caso a destruição térmica do resíduo usado nos fornos de cimento. Diferentemente das outras técnicas, usa-se o resíduo como potencial energético e substituição de matéria-prima nesse setor produtivo. As altas temperaturas destroem o resíduo por completo, não ocorrendo a formação de cinzas, dispensando-se o uso dos aterros para sua destinação.

Landfarming/landspreading

Consiste no tratamento dos resíduos sólidos por meio de reações físico-químicas ocorridas no solo pela ação microbiana (processo de biorremediação), levando à biodegradação, desintoxicação, transformação e imobilização dos componentes dos resíduos tratados. É uma técnica relativamente simples que mistura o resíduo com as camadas de solo superficial. Por não haver nenhuma impermeabilização do solo, as práticas de manejo devem ser cuidadosas, com monitoramento contínuo e rigoroso, e devem ser realizadas análises das características dos resíduos a serem tratados, para que se definam os cuidados e se determine a quantidade de microrganismos a ser aplicada e incorporada ao solo.

Resíduos de serviços de saúde (RSS)

As normas da ABNT, NBR 12.807/90 – Resíduos sólidos de saúde - Terminologia, NBR 12.808/90 – RSS – Classificação, e NBR 12.809/90 – Manuseio de RSS, fazem parte da legislação que orienta os cuidados com esses resíduos especiais da área da saúde.

A ABNT define os resíduos de serviços de saúde como: "resíduos resultantes das atividades exercidas por estabelecimentos prestadores de serviços de saúde". É uma definição de grande abrangência, englobando as variadas fontes, entre elas: hospitais, farmácias, clínicas odontológicas, casa de repouso, laboratórios de análises clínicas, de pesquisas e de alimentos, consultórios médicos, clínicas veterinárias, unidades básicas de saúde, necrotérios, biotérios, ambulatórios de saúde do trabalhador, de especialidades médicas e outros.

A RDC Anvisa nº 306/2004, substituta da RDC Anvisa 33/2003, define como resíduos de serviços de saúde aqueles gerados por todos os serviços relacionados com o atendimento à saúde humana ou animal, inclusive os serviços de assistência domiciliar e de trabalhos de campo, laboratórios analíticos de produtos para saúde, necrotérios, funerárias e serviços onde se realizam atividades de embalsamamento, serviços de medicina legal, drogarias e farmácias, inclusive as de manipulação, estabelecimentos de ensino e pesquisa na área de saúde, centros de controle de zoonoses, distribuidores de produtos farmacêuticos, importadores, distribuidores e produtores de materiais e controles para diagnóstico *in vitro*, e unidades móveis de atendimento à saúde.

A Norma Regulamentadora nº 32, publicada no *Diário Oficial da União* em 16 de novembro de 2005, também estabelece orientações para o empregador quanto à capacitação dos trabalhadores que manipulam os resíduos e quanto ao acondicionamento, segregação, armazenamento temporário e transporte destes.

Atualmente, os RSS são considerados riscos potenciais em três níveis:

- **Risco ao meio ambiente** – pela possibilidade de serem deixados a céu aberto, contaminando os recursos hídricos superficiais e os subterrâneos e disseminando vetores com a propagação de doenças com efeitos graves à saúde pública.

- **Risco aos manipuladores** – podem provocar ferimentos com agulhas, bisturis, ampolas e outros materiais perfurocortantes, quando não bem acondicionados, além de expor ao contato com secreções contaminadas, como sangue, secreções orofaríngeas, pulmonares e outras.
- **Risco de infecção hospitalar** – podem ser responsáveis por uma pequena parcela das ocorrências de infecções hospitalares, decorrentes do mau gerenciamento desses resíduos.

Classificação dos resíduos de serviços de saúde

A importância da classificação dos RSS é vista na implantação das fases do Sistema de Gerenciamento. Apresentamos a seguir as classificações dos RSS do ponto de vista da Anvisa e do da ABNT, que apresentam algumas divergências. É importante para o processo de gerenciamento, ao seguirmos uma ou outra classificação, considerar a *área geradora de resíduo*, a *natureza* e o *potencial risco dos resíduos à saúde*. Será, então, possível prevenir e minimizar os riscos para os que manipulam os resíduos e para o meio ambiente. Assim, certamente, o processo terá sucesso.

Os Ministérios do Meio Ambiente e da Saúde harmonizaram as normas federais através da RDC nº 306/04, da Anvisa e da Resolução Conama nº 358/05 padronizando e regulamentando as normas sobre os resíduos dos serviços de saúde estabelecendo todas as orientações inclusive a classificação dos resíduos, como segue:

Grupo A – Resíduos com a possível presença de agentes biológicos que, por suas características, podem apresentar risco de infecção.

A1

- Culturas e estoques de microrganismos; resíduos de fabricação de produtos biológicos, exceto os hemoderivados; descarte de vacinas de microrganismos vivos ou atenuados; meios de cultura e instrumentais utilizados para transferência, inoculação ou mistura de culturas; resíduos de laboratórios de manipulação genética.
- Resíduos resultantes da atenção à saúde de indivíduos ou animais, com suspeita ou certeza de contaminação biológica por agentes classe de risco 4, microrganismos com relevância epidemiológica e risco de disseminação ou causador de doença emergente que se torne epidemiologicamente importante ou cujo mecanismo de transmissão seja desconhecido.
- Bolsas transfusionais contendo sangue ou hemocomponentes rejeitadas por contaminação ou por má conservação, ou com prazo de validade vencido, e aquelas oriundas de coleta incompleta.
- Sobras de amostras de laboratório contendo sangue ou líquidos corpóreos, recipientes e materiais resultantes do processo de assistência à saúde, contendo sangue ou líquidos corpóreos na forma livre.

A2

- Carcaças, peças anatômicas, vísceras e outros resíduos provenientes de animais submetidos a processos de experimentação com inoculação de microrganismos, bem como suas forrações, e os cadáveres de animais suspeitos de serem portadores de microrganismos de relevância epidemiológica e com risco de disseminação, que foram submetidos ou não a estudo anatomopatológico ou confirmação diagnóstica.

A3

- Peças anatômicas (membros) do ser humano; produto de fecundação sem sinais vitais, com peso menor que 500 g ou estatura menor que 25 cm ou idade gestacional menor que vinte semanas, que não tenha valor científico ou legal e sem que tenha havido requisição pela paciente ou familiares.

A4

- *Kits* de linhas arteriais, endovenosas e dialisadores, quando descartados.
- Filtros de ar e gases aspirados de área contaminada; membrana filtrante de equipamento médico-hospitalar e de pesquisa, entre outros similares.
- Sobras de amostras de laboratório e seus recipientes contendo fezes, urina e secreções, provenientes de pacientes que não contenham nem sejam suspeitos de conter agentes classe de risco 4, nem apresentem relevância epidemiológica e risco de disseminação, ou microrganismo causador de doença emergente que se torne epidemiologicamente importante ou cujo mecanismo de transmissão seja desconhecido ou com suspeita de contaminação com príons.
- Resíduos de tecido adiposo provenientes de lipoaspiração, lipoescultura ou outro procedimento de cirurgia plástica que gere esse tipo de resíduo.
- Recipientes e materiais resultantes do processo de assistência à saúde, que não contenham sangue ou líquidos corpóreos na forma livre.
- Peças anatômicas (órgãos e tecidos) e outros resíduos provenientes de procedimentos cirúrgicos ou de estudos anatomopatológicos ou de confirmação diagnóstica.

- Carcaças, peças anatômicas, vísceras e outros resíduos provenientes de animais não submetidos a processos de experimentação com inoculação de microrganismos, bem como suas forrações.
- Bolsas transfusionais vazias ou com volume residual pós-transfusão.

A5

- Órgãos, tecidos, fluidos orgânicos, materiais perfurocortantes ou escarificantes e demais materiais resultantes da atenção à saúde de indivíduos ou animais, com suspeita ou certeza de contaminação com príons.

Grupo B

- Resíduos contendo substâncias químicas que podem apresentar risco à saúde pública ou ao meio ambiente, dependendo de suas características de inflamabilidade, corrosividade, reatividade e toxicidade.
- Produtos hormonais e produtos antimicrobianos, citostáticos, antineoplásicos, imunossupressores, digitálicos, imunomoduladores, antirretrovirais, quando descartados por serviços de saúde, farmácias, drogarias e distribuidores de medicamentos ou apreendidos; e os resíduos e insumos farmacêuticos dos medicamentos controlados pela Portaria MS nº 344/98 e suas atualizações.
- Resíduos de saneantes, desinfetantes, desinfestantes; resíduos contendo metais pesados; reagentes para laboratório, inclusive os recipientes contaminados por eles.
- Efluentes de processadores de imagem (reveladores e fixadores).
- Efluentes dos equipamentos automatizados utilizados em análises clínicas.

- Demais produtos considerados perigosos, conforme classificação da NBR 10.004 da ABNT (tóxicos, corrosivos, inflamáveis e reativos).

Grupo C

- Quaisquer materiais resultantes de atividades humanas que contenham radionuclídeos em quantidades superiores aos limites de isenção especificados nas normas do CNEN e cuja reutilização é imprópria ou não prevista.
- Enquadram-se neste grupo os rejeitos radioativos ou contaminados com radionuclídeos, provenientes de laboratórios de análises clínicas, serviços de medicina nuclear e radioterapia, segundo a Resolução CNEN 6.05.

Grupo D

- Resíduos que não apresentem risco biológico, químico ou radiológico à saúde ou ao meio ambiente, podendo ser equiparados aos resíduos domiciliares.
- Papel de uso sanitário e fraldas, absorventes higiênicos, peças descartáveis de vestuário, resto alimentar de paciente, material utilizado em antissepsia e hemostasia de venóclises, equipo de soro e outros similares não classificados como A1:
  - sobras de alimentos e do preparo de alimentos;
  - resto alimentar de refeitório;
  - resíduos provenientes das áreas administrativas;
  - resíduos de varrição, flores, podas e jardins;
  - resíduos de gesso provenientes de assistência à saúde.

Grupo E

- Materiais perfurocortantes ou escarificantes, tais como: lâminas de barbear, agulhas, escalpes, ampolas de vidro, brocas, limas endodônticas, pontas diamantadas, lâminas de bisturi, lancetas, tubos capilares, micropipetas, lâminas e lamínulas, espátulas, e todos os utensílios de vidro quebrados no laboratório (pipetas, tubos de coleta sanguínea e placas de Petri) e outros similares.

Classificação segundo a NBR 12.808 da ABNT:

Classe A – resíduos infectantes

São divididos em:

- **Tipo A1 – Biológico**. Exemplos: cultura, inoculo, mistura de microrganismos e meio de cultura inoculado, proveniente de laboratório clínico ou de pesquisa, vacina vencida ou inutilizada, filtro de gases aspirados de áreas contaminadas por agentes infectantes e qualquer resíduo contaminado por esses materiais.
- **Tipo A2 – Sangue e hemoderivados**. Exemplos: bolsa de sangue após transfusão, com prazo de validade vencido ou sorologia positiva, amostra de sangue para análise, soro, plasma e outros subprodutos.
- **Tipo A3 – Cirúrgico, anatomopatológico e exsudato**. Exemplos: tecidos, órgãos, fetos, peças anatômicas, sangue e outros líquidos orgânicos resultantes de cirurgia e necropsia e resíduos contaminados por esses materiais.
- **Tipo A4 – Perfurante e cortante**. Exemplos: agulhas, ampolas, pipetas, lâminas de bisturi e vidro.
- **Tipo A5 – Animal contaminado**. Exemplos: carcaça ou parte de animal inoculado, exposto a microrganismos patogênicos ou portador de doença infectocontagiosa, bem como resíduos que tenham estado em contato com ele.
- **Tipo A6 – Assistência ao paciente**. Exemplos: secreções, excreções e demais líquidos orgânicos procedentes de pa-

cientes, bem como os resíduos contaminados por esses materiais, inclusive restos de refeições.

Classe B – resíduos especiais

Dividem-se em:

- **Tipo B1 – Rejeito radioativo**. Exemplo: materiais radioativos ou contaminados com radionuclídeos de baixa atividade, provenientes de laboratórios de pesquisa em química e biologia, laboratórios de análises clínicas e serviços de medicina nuclear.
- **Tipo B2 – Resíduo farmacêutico**. Exemplos: medicamentos vencidos, contaminados, não contaminados mas não mais necessários, interditados ou não utilizados.
- **Tipo B3 – Resíduo químico perigoso**. Exemplos: resíduos tóxicos, corrosivos, inflamáveis, explosivos, reativos, genotóxicos ou mutagênicos (quimioterápicos, antineoplásicos, ácido crômico, mercúrio de termômetro, solução usada na revelação de radiografias, baterias, etc.).

Classe C – resíduo comum

Todos os resíduos que não se enquadram em nenhuma das categorias anteriores e que, por sua semelhança com os resíduos domésticos comuns, podem ser considerados como tais. Exemplos: resíduos de atividades administrativas, dos serviços de limpeza e higienização dos setores, restos alimentares e os provenientes da limpeza de áreas externas (jardins) que não tiveram contato com os pacientes.

Gerenciamento dos resíduos de serviços de saúde

A Agência de Proteção Ambiental Americana (EPA) preconiza a minimização dos resíduos antes das fases de tratamento, acondicionamento, armazenamento e disposição. Inclui qualquer ação para reduzir os resíduos na fonte geradora e a reciclagem que resulte na diminuição do volume e/ou da toxidade do resíduo perigoso.

A dificuldade no gerenciamento dos RSS ocorre em razão do despreparo e da falta de conscientização dos manipuladores em relação aos riscos à saúde, da diversificação dos resíduos e da grande quantidade gerada. Além disso, se um resíduo contaminado entrar em contato com resíduos não contaminados, podem-se considerar todos contaminados, portanto facilmente se perde uma grande quantidade de material reciclável.

A Agência Nacional de Vigilância Sanitária (Anvisa) define, na RDC nº 306/2004, o Plano de Gerenciamento de Resíduos de Serviços de Saúde (PGRSS) como:

> o documento que aponta e descreve as ações relativas ao manejo dos resíduos sólidos, observadas suas características e riscos, no âmbito dos estabelecimentos, contemplando os aspectos referentes à geração, segregação, acondicionamento, coleta, armazenamento, transporte, tratamento e disposição final, bem como as ações de proteção à saúde pública e ao meio ambiente, contemplando assim as etapas do gerenciamento intra e extra estabelecimento de saúde.

A RDC nº 306/2004 estabelece a competência para a elaboração do PGRSS, que é do gerador. Deve ainda o plano prever as medidas de higienização, atender às regulamentações sobre o gerenciamento de resíduos de serviços de saúde estaduais e municipais, adotar ações em situações de emergência e acidentes, desenvolver ações de prevenção à saúde do trabalhador, desenvolver programas de capacitação de recursos humanos e adotar critérios de monitoramento do plano, conforme o que estabelece a própria Anvisa.

O gerenciamento dos resíduos de serviços de saúde compreende as seguintes fases:

- A **segregação** consiste na separação dos resíduos no local gerador, respeitando as características físicas, químicas e biológicas, o estado físico e os riscos.
- O **acondicionamento** está diretamente relacionado à classificação. Segundo o que estabelece a NBR 12.808/93 (assim como as NBRs 9.190/93, 9.191/02, 9.195/93, 13.506/93 e outras), os RSS serão acondicionados em:
  - **Sacos comuns** – quando forem resíduos comuns e institucionais – resíduos da Classe I;
  - **Sacos brancos leitosos** – quando o RSS for infectante e especial, no caso de resíduos da Classe II. Os sacos devem atender ao que determina a NBR 9.191/02, estar identificados com o nome do fabricante, com o símbolo do tipo de resíduo, ser preenchidos até dois terços de sua capacidade e ter fechamento compatível para impedir o derramamento do seu conteúdo. Os resíduos perfurantes/cortantes devem ser acondicionados em recipientes apropriados, de material resistente a perfuração, cuja capacidade máxima deve ficar 5 cm abaixo da borda superior.
- O **transporte** interno do local gerador até os abrigos externos deve ser feito por carrinhos (NBR 12.810/93). Os abrigos serão usados para o armazenamento temporário e devem estar localizados em área de fácil acesso ao veículo que levará os resíduos para o tratamento e destino final. O transporte externo ficará a cargo de veículos específicos que serão escolhidos dependendo da quantidade gerada de resíduos. Para pequenas quantidades de resíduos são geralmente usados os furgões. Já os caminhões basculantes ou dotados de equipamento hidráulico destinam-se às grandes quantidades.

- O **tratamento** deve seguir as Resoluções nº 358/05 e nº 316/02 do Conama, que abordam o tratamento e a disposição final dos resíduos do serviço de saúde. São usados os processos de esterilização a vapor e por incineração convencional. Os fornos de micro-ondas e o plasma pirólise também têm sido usados para esse fim.
  - **Esterilização por gases** – consiste na utilização de esterilizantes químicos ou germicidas de alto nível, capazes de destruir bactérias, fungos, vírus e outros agentes patogênicos; o tempo de operação pode variar de quatro a dezoito horas, dependendo do agente utilizado, da espécie microbiana e do número de esporos presentes.
  - **Incineração** – este processo, bastante usado no tratamento dos RSS, vem sofrendo muitas críticas pelos especialistas da área, pela grande possibilidade de ocorrência de contaminação do ar, da água, do solo, de vegetais e animais. Técnica que reduz o peso dos resíduos e o seu volume em aproximadamente 90%, vem recebendo muitas restrições na legislação de países europeus e da América do Norte. Sua principal desvantagem são as altas concentrações presentes nas cinzas e fumaças de metal pesado e de compostos como a dioxina[40] (subproduto da combustão de matérias na presença do cloro, muito tóxico) e furano (gás composto de organoclorado, inflamável, tóxico e, possivelmente, cancerígeno). O processo de

[40] A dioxina (o agente laranja) foi usada pelos Estados Unidos na Guerra do Vietnã, finalizada em 1975. Pulverizada nas áreas florestais, para desfolhar as árvores, facilitando a visualização dos esconderijos e dos ataques aéreos, a dioxina contaminou as águas, as plantações e o próprio homem (acredita-se que mais de 3 milhões de vietnamitas foram expostos ao gás), deixando marcas até os nossos dias, pois provocou mutações genéticas no DNA dos atingidos, causando deformidades em seus decendentes.

incineração já foi abordado anteriormente no tratamento dos resíduos industriais.

- **Tratamento por micro-ondas** – uso relativamente novo para esse fim, o tratamento consiste na trituração do RSS em câmara fechada, com pressão negativa para impedir a saída de aerossóis para o meio externo. Após a trituração, ocorre o aquecimento por meio de vapor úmido a alta temperatura. A massa de resíduos formada é encaminhada através de tubos onde se localizam os geradores de micro-ondas e onde acontece a aplicação de raios, mantendo o material preaquecido a temperaturas entre 95 °C a 100 °C, e eliminando todos os agentes patogênicos. Os resíduos então são colocados em contêineres através de dispositivos e levados para aterros sanitários, não causando contaminação, uma vez que estão totalmente inertes. O volume dos resíduos não tem uma diminuição acentuada; é da ordem de 20%, o que não contribui muito para a ocupação dos aterros. Quanto aos vapores gerados, estes deverão ser tratados antes de serem lançados no meio ambiente.

  A instalação desse sistema é simples e fácil, não requer grandes espaços físicos, é de fácil utilização, mobilidade.

- **Tratamento por meio de plasma pirólise** – consiste na associação de altas temperaturas geradas pelo plasma[41] com a pirólise[42] dos resíduos. O plasma é gerado e controlado em forma de tocha de plasma. Por meio das tochas.

---

41 **Plasma** - forma especial de material gasoso que conduz eletricidade: os gases quando aquecidos a altíssimas temperaturas, de 2.000 °C a 3.000 °C, perdem suas propriedades e os seus átomos são ionizados. Esse gás ionizado é chamado de plasma.

42 **Pirólise** - pode ser genericamente definida como o processo onde ocorre a decomposição química de material orgânico por calor, na ausência de oxigênio.

se produz um campo de energia radiante de altíssima intensidade que aplicado sobre os resíduos produz a dissociação das ligações moleculares existentes nos compostos sólidos, líquidos e gasosos, sejam eles perigosos ou não, orgânicos ou não. Esses resíduos fundem-se e ficam inertes, gerando um produto vitrificado similar a um mineral de alta pureza. O volume de gases inicialmente gerados é mais baixo que na combustão convencional e apresenta uma redução de volume extremamente elevada, podendo ser superior a 99%.[43]

Os gases gerados durante o processo de decomposição por plasma pirólise devem ser enviados para uma estação de tratamento convencional, semelhante às que processam os gases da incineração comum. Os gases mais comuns resultantes do processo são: metano, monóxido e dióxido de carbono, hidrogênio e nitrogênio.

Vantagens:

- As altíssimas temperaturas usadas no processo produzem queima (pirólise) rápida e completa das substâncias orgânicas, fundindo e vitrificando os resíduos inorgânicos.
- O produto vitrificado gerado se assemelha a um mineral de alta pureza.
- Alta redução do volume dos resíduos, podendo atingir níveis acima de 99%.

Desvantagens:

- Altíssimo investimento, mesmo porque sua instalação deve estar ligada a uma central termelétrica.
- Inicialmente é baixo o volume de gases produzidos, se comparado com um processo de combustão nor-

[43] V. Daver, "Plasma térmico: solução ecológica para o lixo", em *Ciência Hoje* – Tecnologia. Sebrae, 1997, pp. 2-3, e E. Shima & A. Becarri, "Os perigos do lixo hospitalar", em *Revista Globo Ciência*, agosto de 1996, pp. 66-67.

mal. Após a combustão dos gases produzidos, porém, torna-se igual às demais formas de incineração.

- Deve ter associado ao processo um sistema sofisticado de lavagem de gases, para a retenção dos metais voláteis e dos gases ácidos.
- Para resíduos compostos de matéria orgânica em grande quantidade, a pirólise não teve grande desenvolvimento industrial. Esses resíduos acabam sofrendo tratamento por meio da incineração indireta, ou seja, primeiro sofrem decomposição e, depois, são eliminados pela combustão.
- Quanto à produção e eliminação das dioxinas e furanos, ainda não há certeza de que a produção desses compostos seja menor, comparada à de outro processo.

Resíduos (rejeitos) radioativos

O termo *rejeito* é mais bem empregado uma vez que esse material não é aceito nem como "lixo". A Comissão Nacional de Energia Nuclear (CNEN) é o órgão do governo federal que normatiza o controle sobre as atividades que processam as fontes radioativas, da origem ao destino final. Todas as ações referentes ao material radioativo quanto à importação/exportação, tratamento dos rejeitos, transporte, licenciamentos para instalações industriais, pesquisas médicas, certificação de profissionais e outras devem seguir o que estabelecem as normas do CNEN.

Resíduos radioativos são os que possuem radionuclídeos em quantidades superiores aos limites estabelecidos pela CNEN – NE 6.02. Têm origem em locais que produzem combustível nuclear, como as usinas nucleares, e nas instalações que usam materiais radioativos, como clínicas, hospitais, indústrias, universidades, centros de pesquisa e outros.

A energia nuclear tem grande importância para o homem, e seus benefícios crescem dia a dia. Possibilita a realização de atividades que são impossíveis com as técnicas convencionais. A área da saúde, as indústrias, em destaque a farmacêutica, e a agricultura são as grandes beneficiadas pela energia nuclear.

Na medicina, a energia nuclear está presente nos radioisótopos. Pode ser empregada no diagnóstico e no tratamento – radiodiagnóstica e radioterapêutica. Os radioisótopos, geralmente associados às substâncias químicas (fármacos), quando administrados no paciente emitem radiações do local ou da área (órgão) onde têm afinidade (por exemplo, o iodo tem afinidade pela glândula tireoide, portanto em exames que necessitem mapear essa glândula é usado o iodo como contraste).

Muitos outros elementos como iodo-131, tecnésio-99m, samário-153, tálio-201, flúor-18 e outros são usados para mapear outras áreas do corpo, ajudando no diagnóstico de doenças e amenizando as dores causadas por processos cancerígenos. O cobalto-60 (substituto do césio-137) também é usado no tratamento de cânceres, processo chamado de "bomba de cobalto".

Outro exemplo de uso da energia nuclear na medicina é o processo da braquioterapia, que consiste na implantação de pequenas fontes de elemento radioativo em contato direto com a área a ser irradiada. Podem ser colocadas e, posteriormente, retiradas ou não, e são usadas no tratamento do câncer de útero e da próstata. A irradiação do sangue com raios gama para a transfusão em pacientes com baixa imunidade (pacientes transplantados) também é aplicada. A irradiação provoca a diminuição da quantidade de linfócitos T, que são células de defesa, e, dessa forma, baixa a incidência de rejeição dos órgãos ou tecidos transplantados.

Na agricultura, também se faz uso da energia nuclear para acompanhar o crescimento e o desenvolvimento das plantas, verificando-se o seu metabolismo e os nutrientes necessários. Uma planta que absorveu um identificador radioativo poderá também ser radiografada, em processo semelhante às radiografias do ser humano.

Nas pesquisas com insetos, como abelhas e formigas, quando estes ingerem os marcadores radioativos podem também emitir radiações, possibilitando o estudo de todo o seu ciclo de vida.

Nas indústrias, o uso mais frequente é na gamagrafia industrial, que utiliza os raios gama para radiografar as peças metálicas. O controle de qualidade pode usar radiografia das peças para detectar rachaduras, fadiga de peças metálicas e soldas de aeronaves no momento das vistorias e inspeções, e outros.

Na indústria farmacêutica, as fontes de radioatividade são empregadas nos processos de esterilização de produtos como seringas, agulhas, luvas cirúrgicas, compressas de gaze e outros materiais. São normalmente materiais que ficariam danificados se esterilizados por processos convencionais, pois necessitam de altas temperaturas para a esterilização.

Quanto aos raios X, também muito usados na área médica e na industrial, têm a mesma natureza e características da radiação gama, ou seja, são ondas eletromagnéticas, porém de origem distinta. Os raios X não são originados do núcleo do átomo, portanto não são energia nuclear como os raios gama, mas são energia atômica. Os aparelhos de raios X não têm em seu interior nenhuma fonte contendo material radioativo. Só emitem radiações quando estão ligados. Para uso na indústria, têm certas desvantagens, pois necessitam de uma fonte de alimentação (energia elétrica), e, dependendo do formato da peça, há limitação à radiografia. Por serem aparelhos de grande porte, seu deslocamento é inviável, necessitando que a peça seja levada até o aparelho.

O gerenciamento dos rejeitos radioativos (conforme a CNEN-NE 6.05 – Gerenciamento de Rejeitos Radioativos em Instalações Radioativas) compreende a coleta, a segregação dos diversos tipos de rejeitos, o transporte (CNEN – NE 5.01, 5.02 e 5.03) para a área de tratamento, o tratamento, o armazenamento e a deposição final.

A segregação é feita de acordo com a natureza do rejeito. Existem os *rejeitos sólidos* compactáveis e não compactáveis, incineráveis e não incineráveis, biológicos e fontes seladas, e os *rejeitos líquidos* orgânicos, inorgânicos, ácidos, alcalinos, inflamáveis e não inflamáveis.

As instituições que produzem os rejeitos radioativos devem apresentar um plano de gerenciamento, a construção de uma área própria especialmente para o tratamento dos rejeitos até que sejam descartados ou recolhidos para a disposição final. A CNEN é a responsável pelo recebimento e guarda definitiva, conforme estabelece a Lei nº 7.781/89. Possui alguns depósitos para o armazenamento temporário dos rejeitos em São Paulo, no Instituto de Pesquisas Energéticas e Nucleares (Ipen), localizado na cidade Universitária – USP, também em Minas Gerais e no Rio de Janeiro.

Os rejeitos são classificados conforme o nível de atividade. Os rejeitos de baixa atividade são os resultantes da contaminação de luvas, sapatos, máscaras, aventais e outros, e devem ser guardados em tambores e descartados após o tempo de "decaimento".[44]

Exemplos de rejeitos de médio nível de atividade são os filtros que retiram partículas de materiais radioativos e as resinas exauridas usadas na filtração de água contaminada. Os materiais do processamento de combustíveis usados nos reatores nucleares são considerados rejeitos de alto nível de atividade. O controle, o uso, o transporte, o armazenamento e a disposição final dos rejeitos de médio e alto nível de atividade seguem as normas da CNEN já citadas.

Resíduos agropastoris

São resíduos produzidos em todas as atividades realizadas no campo: agricultura, pecuária e florestal. Na agricultura, compreendem as embalagens de adubos, defensivos agrícolas e fertilizantes sintéticos, além de materiais resultantes da colheita e do processamento das produções agrícolas – bagaço da cana-de-açúcar, casca de arroz, bagaço de laranja e limão, casca de castanha-de-caju e de castanha-do-pará, dendê (palma), entre outros.

Na pecuária, são consideradas as embalagens das rações, o esterco animal e outras substâncias resultantes das atividades biológicas dos animais. Na área florestal, são os resíduos gerados pela extração de matérias naturais, como a madeira. Estudos mostram que 20% da massa de uma árvore cortada permanece na floresta.

---

[44] **Tempo de decaimento** – é o tempo necessário para o material radioativo perder a metade da sua capacidade ativa, chamada "meia-vida". Por exemplo: o iodo tem meia-vida de oito dias, portanto sua atividade se reduz à metade da atividade inicial após oito dias e, a cada oito dias, a atividade se reduz à metade da anterior, até um valor insignificante para o homem e a natureza. Nesse momento poderá ser liberado para a natureza, desde que não apresente outros riscos (químicos).

Da mesma forma que nos resíduos industriais, os geradores dos resíduos agropastoris são os responsáveis pelo tratamento e disposição final.

Os resíduos agrícolas podem ser usados como biomassa energética. A crescente necessidade de produzir energias renováveis a partir da queima de combustíveis fósseis pode ser diminuída com o uso dos resíduos resultantes das atividades agropastoris. Eles podem ser usados como combustíveis e ser os geradores da energia renovável. O aproveitamento da biomassa energética, ou seja, dos resíduos agropastoris pelos agricultores ou pecuaristas eleva o ganho, que, ao ser aplicado no desenvolvimento da produção agrícola ou pecuária, aumenta a produção, além de diminuir os impactos causados ao ambiente por essas atividades.

Os resíduos agrícolas podem ser aproveitados pelas tecnologias de secagem e compactação por briquetagem. Trata-se de um processo em que as matérias são densificadas e compactadas, concentrando assim a energia e diminuindo o volume. Os briquetes são formados a partir da moagem da matéria (formando grânulos que facilitam a prensagem). Em seguida, realiza-se a secagem para atingir a umidade ideal do processo. Se necessário, faz-se a adição de substâncias energéticas ou ligantes e, finalmente, a compactação.

Qualquer biomassa vegetal pode produzir briquetes simples e briquetes compostos (mistura de mais de um tipo de resíduo).

O processo é realizado pelas briquetadeiras, máquinas com capacidade de processar de 50 a 1.000 Kg/hora de resíduos. Os proprietários agrícolas devem se organizar e adquirir os equipamentos (briquetadeira/secador e moedor) de forma compartilhada, o que viabiliza os investimentos, tornando compatível o custo e o sistema operacional.

Os briquetes podem ser usados como fonte de energia em padarias, olarias, fornalhas e caldeiras industriais, laticínios, indústria de gesso, pizzarias, entre outros setores.

Quanto aos resíduos produzidos por animais como cavalos, bois, suínos, aves e outros, estes também poderão ter um destino bastante saudável para o ambiente e para os proprietários das criações, sendo utilizados na produção de energia ou na produção de material orgânico e nutritivo para a lavoura.

A matéria orgânica (excrementos) produzida pelos animais pode ser metabolizada por bactérias anaeróbias em biodigestores. Desse processo resultam o gás (biogás), o biofertilizante (parte sólida que se deposita no tanque do biodigestor) e uma parte líquida, que são os efluentes mineralizados, ou seja, tratados.

Os efluentes mineralizados podem ser usados no cultivo de algas que servem de insumo para os criadores de peixe.

Os biofertilizantes são produtos que têm grande valor como fertilizante agrícola, pois apresentam na sua composição maior quantidade de nitrogênio e menor porcentagem de carbono, e apresentam, também, melhor solubilidade de seus componentes, fatores que aumentam o rendimento agrícola.

O biogás (composto principalmente de metano) produzido da fermentação de matérias orgânicas é altamente inflamável, podendo ser utilizado em fogões, como combustível para motores, secadores de grãos, geradores de energia elétrica e outros.

O uso dos resíduos da pecuária traz muitos benefícios para a natureza e para o homem. Além de proteger o meio ambiente, reduzindo o consumo de árvores e de combustíveis fósseis na produção de energia, melhora as condições sanitárias do meio rural e aumenta a produção agrícola, favorecendo a oferta e o custo dos alimentos para a população.

Composição dos resíduos sólidos

As diversas atividades humanas produzem resíduos sólidos orgânicos e inorgânicos, conforme definidos a seguir:

- **orgânicos** – materiais que se putrificam, como restos de alimentos (de origem animal ou vegetal), papéis, madeira, fibras naturais, etc.;
- **inorgânicos** – materiais sintéticos de difícil decomposição, como vidros, metais, plásticos, etc.

Essa distinção é importante para estabelecer o tipo de tratamento e de destino final dos resíduos necessário em cada caso.

Acondicionamento e coleta

As soluções encontradas pelo ser humano para acondicionamento, coleta, transporte e destino final dos resíduos sólidos apresentam vários inconvenientes e requerem aprimoramento. Da mesma forma que o esgoto, a remoção e o destino final dos resíduos produzidos em zonas de baixa densidade populacional podem ser solucionados individualmente. Nos grandes centros urbanos, porém, é imprescindível a existência de um sistema público eficiente que colete, transporte e dê um destino final aos resíduos sólidos.

O quadro 10 apresenta a classificação dos diferentes tipos de resíduos sólidos segundo suas características, assim como os problemas e soluções para sua coleta, manipulação e destinação final.

Quadro 10 – Resíduos sólidos: classificação, origem, composição, problemas e soluções

Classificação	Origem	Composição	Problemas	Soluções
Domiciliar	residências	restos de alimentos; ciscos, cacos, refugos; latas, vidros, papéis, etc.	proliferação de moscas, baratas, ratos; sujidade em calçadas e ruas; maus odores	acondicionamento adequado; coleta frequente; higiene do local onde se coleta o lixo
Comercial	açougues, restaurantes, supermercados, lojas, bares, escritórios	restos de alimentos; caixas, papéis, vidros, latas, etc.	iguais aos do domiciliar, porém em maior escala	orientação/ legislação própria; acondicionamento e coleta adequados ao volume e à composição
Industrial	indústrias em geral; frigoríficos	produtos químicos; máquinas velhas; contêineres	poluição ambiental; ocupação de espaço útil	pré-tratamento na fonte; reaproveitamento de matérias-primas; legislação própria/ fiscalização
Público	varrição de ruas; capinação e poda de parques e jardins; mercados e feiras livres; cadáveres de animais	cinzas, fuligem; terra, arbustos, galhos; caixas, papéis; restos de feira; restos orgânicos	entupimento de bueiros; enchentes; proliferação de moscas; dificuldades para o tráfego de pedestres e veículos; decomposição	limpeza das vias públicas; orientação à população; lixeiras públicas em calçadas, parques, jardins
Contaminado	hospitais, ambulatórios, biotérios	gaze, algodão; cadáveres de animais e cobaias; seringas, agulhas, frascos, material de curativo; drogas; restos de tecidos humanos	contaminação e disseminação de doenças entre os lixeiros e a população	acondicionamento especial, em embalagem característica (sacos plásticos específicos, com identificação própria); incineração; orientação dos profissionais

(cont.)

Classificação	Origem	Composição	Problemas	Soluções
Radioativo	usinas nucleares; radiologia de hospitais; indústrias	aparelhos de raios X; substâncias radioativas	contaminação de pessoas e do ambiente por radioatividade	rigoroso controle técnico especializado e fiscalizado pelo governo

O acondicionamento correto visa atender a aspectos sanitários, como o controle dos vetores e a proteção dos solos e da água, mantendo moradias, estabelecimentos comerciais, industriais e de saúde, vias públicas e áreas verdes limpos, asseados e livres de contaminação. Quando mal-acondicionado, o resíduo propicia o desenvolvimento e a proliferação de artrópodes, roedores, insetos que se alimentam desse material e outros vetores, aumentando a incidência de zoonoses, além de promover a contaminação dos solos e da água.

Cabe à população acondicionar seu próprio resíduo, mas os órgãos de saúde devem ter autoridade para exigir que esse acondicionamento seja feito em condições sanitárias corretas.

Recipientes indicados

Existem formas de acondicionamento específicas para cada tipo de resíduo citado, conforme indicado a seguir:

- **Resíduo domiciliar** – os recipientes mais adequados para o acondicionamento do resíduo doméstico são os sacos de polietileno, com capacidade máxima de 100 litros (ou aproximadamente 30 kg).
- **Resíduo comercial e público** – para esses resíduos, podem ser usados os mesmos sacos plásticos de polietileno, ou, ainda, contêineres com tampa, fabricados especialmente para essa finalidade.

- **Resíduo industrial** – são muito diversificados os resíduos sólidos de processos de transformação industrial, produzindo resíduo orgânico (no caso de frigoríficos, por exemplo) e resíduo inorgânico (refugos de minérios, metais, etc.). Esse tipo de resíduo pode exigir pré-tratamento na fonte antes de ser coletado.
- **Resíduo contaminado** – principalmente para o resíduo de hospitais o mais indicado é o saco plástico branco-leitoso. A coleta deve ser feita separadamente dos demais tipos de resíduos, por veículos específicos, para evitar contaminação.
- **Resíduo radioativo** – oriundo da radiologia de hospitais e clínicas de raios X, assim como de usinas nucleares e de alguns processos industriais, deve ser isolado da coletividade em recipientes e abrigos especiais (subterrâneos). O produtor desse tipo de resíduo é o responsável por seu acondicionamento e por sua destinação final.

O quadro 11 resume as etapas do processo de remoção de resíduo, seus problemas e soluções possíveis.

Quadro 11 – Etapas do processo de remoção do resíduo

Etapas	Problemas	Soluções
Acondicionamento	proliferação de moscas, baratas, roedores, etc.; maus odores; danos estéticos; sujidade nas vias públicas; dificuldades para o trabalho dos lixeiros	embalagem prévia de resíduos orgânicos em papel; acondicionamento em sacos plásticos íntegros, bem fechados, com capacidade para até 100 litros; disposição dos sacos em local alto e de fácil limpeza; limpeza e desinfecção dos recipientes não descartáveis

(cont.)

Etapas	Problemas	Soluções
Coleta e transporte	grande quantidade de lixo (nas cidades, cada pessoa produz em média 1 kg/dia); frequência da coleta; itinerário e horário; trânsito de veículos; horário × ruídos; dificuldades na manipulação dos recipientes; sujidade das calçadas e ruas; contaminação dos lixeiros	caminhão especial com sistema de compressão; coleta diária ou a cada dois dias, dependendo da origem e da quantidade; coleta noturna nas cidades com grande trânsito de veículos; uso de recipientes descartáveis com capacidade máxima de 100 litros; no caso de uso de recipientes não descartáveis, que tenham forma tronco-cônica (para permitir esvaziamento fácil), com tampas e alças; emprego de profissionais treinados, protegidos por equipamentos especiais e em número suficiente
Destino final	poluição do solo, do ar e da água, levando a desequilíbrios ambientais e danos ao homem; proliferação de vetores (baratas, ratos, moscas); contaminação de animais e pessoas (catadores de papel, por exemplo)	solução variável, dependendo da origem e quantidade do resíduo, e de fatores sociais, econômicos e técnicos

Reciclagem dos resíduos sólidos

Diante da enorme e crescente produção de resíduos sólidos nas áreas urbanas de todo o planeta, o grande problema é onde colocar todo esse resíduo produzido. Uma das soluções encontradas para aumentar a vida útil dos aterros, usando de forma mais inteligente nossos recursos naturais, é a coleta seletiva, a reciclagem e o reaproveitamento de parte desses resíduos para as mesmas finalidades ou em usos diferenciados.

A reciclagem é o processo de separação e transformação do resíduo para sua posterior reutilização.

Os materiais coletados seletivamente podem ser classificados segundo suas possibilidades de reaproveitamento: por meio da compostagem, que fornecerá a matéria-prima a ser utilizada na indústria, e da produção de gás metano e de eletricidade.

Os materiais usados para cada uma dessas finalidades são:

- **para reaproveitamento industrial** – papéis, plásticos, metais, vidros, etc.;
- **para compostagem** – resíduos sólidos orgânicos em geral;
- **para produção de gás metano** – resíduos orgânicos em decomposição;
- **para produção de eletricidade** – os que podem ser queimados sem causar danos ao ambiente.

Na verdade, o que é chamado de "lixo" é, em grande parte, material reaproveitável, por isso o termo "resíduo" é mais apropriado:

- de 35% a 45% do que se descarta diariamente são materiais recicláveis (jornais e revistas, latas e sucatas metálicas, garrafas e copos de vidro, embalagens e utensílios de plástico);
- mais de 50% são matéria orgânica (restos de alimentos, por exemplo) poderia ser transformada em adubo.

Os rejeitos não recicláveis representam, portanto, apenas uma pequena parte dos resíduos.

Saiba que o vidro é 100% reciclável, mas não se degrada naturalmente no meio ambiente.

Vantagens da reciclagem

A reciclagem propicia grandes benefícios ao meio ambiente, como:

- economia de matérias-primas virgens;
- economia de energia no processo de produção dos reciclados;
- redução do volume de resíduo de difícil degradação no solo, poupando os aterros sanitários, que são escassos e problemáticos, além de facilitar a compostagem do resíduo orgânico.

A reciclagem de 1 tonelada de papel representa a não derrubada de vinte árvores, enquanto a reciclagem de 1 tonelada de metal significa a economia de 5 toneladas de bauxita.

O quadro 12 apresenta quatro materiais que podem ser reciclados ou não, dependendo da utilização que tenham tido.

Quadro 12 – Materiais que, segundo sua utilização prévia, podem ou não ser reciclados

Materiais	Recicláveis	Não recicláveis
Papel	jornais e revistas, folhas de caderno, formulários contínuos, caixas em geral, envelopes, cartazes, papel de fax	etiquetas adesivas, papéis-carbonos, fitas crepe, papéis sanitários, papéis metalizados, papéis plastificados, papéis sujos, tocos de cigarro, fotografias, papéis parafinados
Metal	latas de óleo, de alumínio, sucatas em geral	clipes, grampos, esponjas de aço, canos
Vidro	recipientes em geral, copos, garrafas, etc.	espelhos, lâmpadas, cerâmicas, porcelanas, tubos de tevê
Plástico	embalagens em geral, tubos, copos, sacos em geral	cabos de panelas, tomadas; misturas de papéis, plásticos e metais

Coleta seletiva

A coleta seletiva consiste na separação dos materiais já na fonte produtora para que possam ser posteriormente reciclados. Para que se torne uma realidade, porém, é necessário informar e orientar a população a acondicionar separadamente os diferentes tipos de materiais e que os órgãos responsáveis pela coleta a realizem de modo seletivo, encaminhando os resíduos a um centro de triagem.

Características e composição do resíduo reciclável

O resíduo proveniente da coleta seletiva domiciliar é cerca de três vezes mais leve ou volumoso que o resíduo comum (sua massa específica tem em torno de 0,08 t/m^3, em média). Sua composição é aproximadamente a seguinte:

- papel + papelão = ± 50%
- plástico duro = ± 5%
- plástico filme = ± 2%
- vidro = ± 13%
- metais ferrosos = ± 9%
- metais não ferrosos = ± 1%
- rejeitos = ± 20%

Centro de triagem

Todos os materiais resultantes da coleta seletiva domiciliar e das doações espontâneas são triados em esteiras de catação.

Depois de separados por tipo, todos os materiais são acondicionados (prensados e enfardados ou triturados) para ser vendidos aos recicladores (ver figura 19).

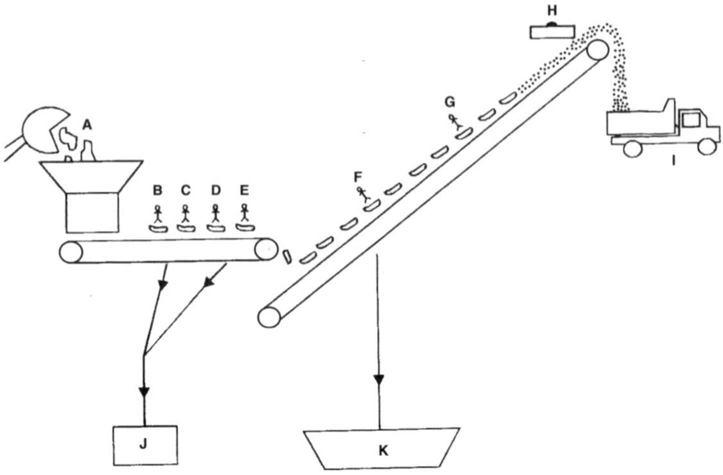

A — Alimentação da esteira
B — Separação de papelão
C — Separação de papel
D — Separação de plástico firme
E — Separação de plástico duro
F — Separação de vidro
G — Separação de alumínio
H — Separação não manual de metais ferrosos (eletroímã)
I — Retirada de rejeito (basicamente material orgânico)
J — Enfardamento de papel, papelão, plástico (firme e duro)
K — Triturador de vidro

Figura 19 – Esquema de um centro de triagem

Destinação final do resíduo sólido

O ser humano produz por semana aproximadamente cinco quilos de resíduos. No Brasil a produção diária de resíduos está próxima a 240 mil toneladas por dia. A crescente produção de resíduos ocorre por causa do aumento do poder aquisitivo e da mudança do perfil de consumo da população, além do aumento dos produtos industrializados que geram cada vez mais resíduos como garrafas, plásticos, papel, papelão e outros.

A crescente concentração da população nas cidades e seus hábitos de consumo indiscriminados tornam cada vez mais complexo o problema de onde colocar todo o resíduo produzido. A grande quantidade de embalagens e produtos descartáveis agrava ainda mais o problema, que hoje assume dimensões mundiais.

Além da coleta seletiva e da reciclagem, alternativa implantada ainda em poucas cidades, o tratamento do resíduo abrange atualmente tanto soluções aplicadas na própria fonte de produção dos resíduos como as efetivadas pelos sistemas públicos de coleta.

Tratamento na fonte

Os métodos usados para o tratamento do resíduo na própria fonte de produção, isto é, no local em que foi produzido, são a trituração predial e a incineração predial:

- **trituração predial** – aparelhos especiais liquidificam os restos de alimentos e os despejam nos esgotos;
- **incineração predial** – método dispendioso, que requer controle técnico e causa poluição do ar, costuma ser empregado em conjuntos residenciais, edifícios e hospitais.

Tratamento no sistema público

Para o tratamento do resíduo pelo sistema público, além do método da reciclagem, os mais indicados são:

- os aterros sanitários e aterros energéticos;
- a incineração;
- a digestão aeróbia em usinas de compostagem.

Frequentemente, utilizam-se outros métodos, não recomendáveis, como os aterros a céu aberto (os *lixões*) e o espalhamento ou semienterramento (utilizado geralmente pelos chacareiros que aproveitam os resíduos como adubo e/ou como alimento para animais), que contaminam o solo com *chorume*, um líquido negro, altamente poluente, resultado da decomposição do resíduo.

Lixões

Do ponto de vista sanitário, os aterros a céu aberto são uma alternativa incorreta para a destinação final dos resíduos sólidos. No entanto, 88% do resíduo produzido em nosso país é depositado em lixões – um volume equivalente ao carregamento de 26.400 caminhões –, provocando diversos danos ao ambiente, como a contaminação das águas, do solo e do ar.

O chorume penetra no solo e atinge tanto as águas superficiais como as dos lençóis freáticos. O solo é contaminado ainda por diversas substâncias tóxicas, tornando-se improdutivo. A decomposição do resíduo produz gases, como o metano, que, quando inalados, trazem sérios prejuízos à saúde.

Nos lixões ocorre ainda proliferação de diversos animais transmissores de doenças, como ratos, baratas, moscas e mosquitos. Já na Idade Média, quando a peste bubônica (doença transmitida por ratos) fez 43 milhões de vítimas na Europa, o homem descobriu a necessidade de enterrar o resíduo.

Além de todos esses problemas, o espaço ocupado pelo resíduo poderia estar sendo usado para atividades agrícolas, industriais ou por habitações.

Aterros sanitários

São locais onde o resíduo é disposto de maneira adequada, o que permite mantê-lo confinado sem causar muitos danos ao meio ambiente. Em escavações previamente preparadas, os resíduos são dispostos em camadas, espalhados, compactados por um trator de esteira, cobertos diariamente com camadas de terra de 15 cm de espessura e novamente compactados.

O terreno deve ser preparado adequadamente, contando com sistema de drenagem, instalações de apoio, vias de acesso e, eventualmente, estrutura para aproveitamento dos subprodutos da decomposição do resíduo, como o gás metano, por exemplo, (os chamados "aterros energéticos", apresentados a seguir).

Atualmente, pesquisas têm demonstrado a possibilidade de aproveitamento do chorume para a fabricação de álcool, açúcar e etanol.

Os aterros sanitários devem ser instalados em áreas escolhidas com critério, considerando a geografia local, a distância em relação à cidade e seu impacto ambiental, entre outros aspectos. Em geral as áreas escolhidas já sofreram algum impacto ambiental, como a exploração mineral. Não podem ficar em local de preservação ambiental permanente, como as áreas de

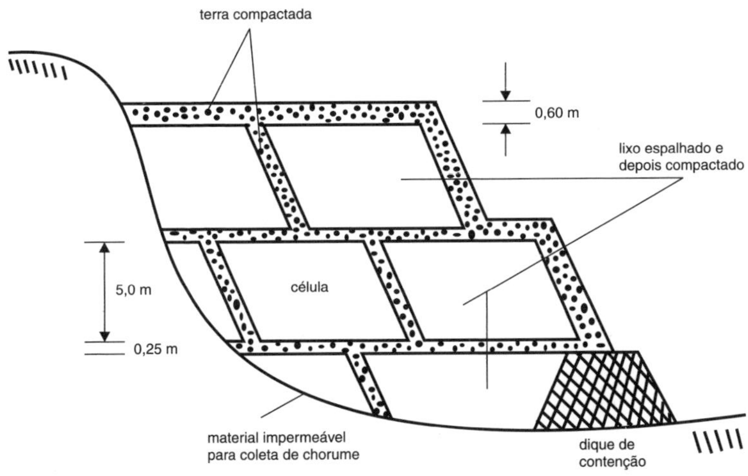

Figura 20 – Corte de um aterro sanitário

proteção a mananciais, de preservação de matas, etc. Porém, dos 25 aterros sanitários da região metropolitana de São Paulo dezessete estão situados em áreas de preservação ambiental.

Embora tenham custo mais elevado que o dos lixões, pois exigem técnicas e local apropriados, os aterros sanitários ainda representam a solução mais econômica para a destinação do resíduo das cidades. No entanto, são limitados, têm vida útil relativamente curta, ocupam áreas extensas e oferecem riscos de poluição das águas subterrâneas.

Aterros energéticos

São uma variante do aterro sanitário, em que o gás metano produzido pela decomposição do resíduo é recolhido por meio de tubos e encaminhado para engarrafamento em recipientes adequados.

Usinas de compostagem

Ao chegar à usina de compostagem, o resíduo é espalhado em esteiras móveis, nas quais se procede à catação manual de materiais recicláveis, como latas, vidros, papéis, papelões e plásticos. Em seguida, ocorre a separação mecânica, que garante a retirada da maior parte de materiais ferrosos. Restam então cerca de 50% a 75% de matéria orgânica, que passa por um processo de digestão aeróbia. A matéria orgânica é colocada em enormes tubos (biodigestores), onde sofre a ação de microrganismos, transformando-se em composto orgânico que será empilhado e revolvido periodicamente, por cerca de 180 dias, até que esteja pronto para ser usado como adubo.

Os materiais recicláveis são comercializados nas indústrias de reciclagem, e os rejeitos encaminhados a um aterro sanitário.

O resíduo encaminhado às usinas de compostagem é principalmente o domiciliar, que possui maior quantidade de matéria orgânica. O adubo pobre derivado da compostagem não deve ser usado para vegetais que são consumidos crus.

Esse é um processo de alto custo porque envolve equipamentos, mas tem a vantagem de produzir bens que podem ser comercializados.

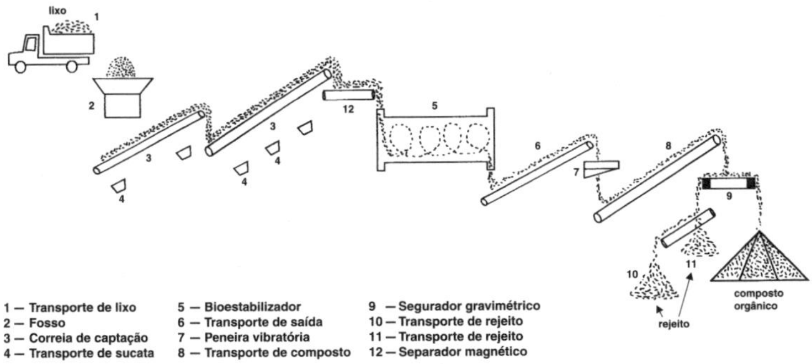

Figura 21 – Esquema de usina de compostagem

Incineradores

Utilizados geralmente nos grandes centros urbanos, constituem a forma adequada de destinação do resíduo proveniente de hospitais, clínicas veterinárias, aeroportos, portos, de dinheiro fora de circulação, materiais tóxicos, materiais apreendidos pela polícia, etc.

A incineração consiste na queima dos resíduos sólidos e sua redução a cinzas ou *escória*, que deve ser encaminhada a um aterro sanitário. Em todo caso, a queima do resíduo significa desperdício dos materiais reaproveitáveis, a não ser quando o processo gera energia elétrica.

Por lançarem diversos gases na atmosfera, os incineradores devem ser usados criteriosamente e operados cuidadosamente.

Desde que não contribua para a poluição do ar, a incineração é um processo eficiente, mas de alto custo por necessitar de equipamentos especiais.

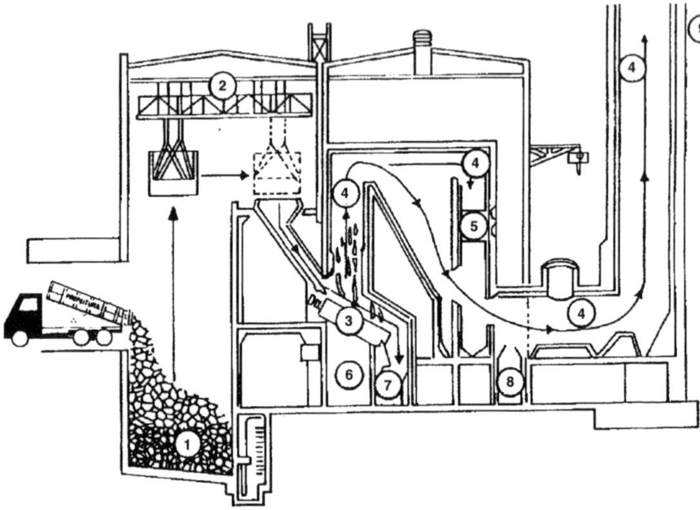

1 – Reservatório de lixo
2 – Ponte rolante
3 – Incinerador
4 – Gases
5 – Preaquecedor de ar
6 – Ar preaquecido
7 – Saída de escória
8 – Saída de escória fina
9 – Chaminé

Figura 22 – Esquema de incinerador

Biodigestor

Biodigestor é um equipamento usado para a produção de biogás.

Com a crise do petróleo, na década de 1970, foi trazida para o Brasil a tecnologia dos biodigestores, e os principais modelos implantados foram o chinês e o indiano.

Não existe um tipo ideal de biodigestor anaeróbio para cada situação. Há realmente uma grande variedade de tipos construtivos e aspectos operacionais que devem ser conhecidos e analisados visando, em uma aplicação específica, atender ao conjunto de condições e necessidades. Existem basicamente seis grupos fundamentais de biodigestores: digestores batelada, tanques sépticos, digestores rurais, digestores de grande porte, filtros anaeróbios e biodigestores em estado fundamental, com modelos mais recentes e de grande avanço tecnológico.

Biogás

O biogás é obtido a partir da decomposição da matéria orgânica (biomassa). A biomassa é colocada dentro do biodigestor, onde, por meio da digestão e fermentação das bactérias anaeróbias, é transformada em um gás conhecido como "metano". Esse tipo de bactéria não precisa de ar para sobreviver, por isso o ambiente tem de ser o mais vedado possível. O biogás pode ser utilizado em:

- lampião;
- aquecimento de fogões e de sistemas de água;
- combustível para motores de combustão interna;
- geladeiras;
- chocadeiras;
- secadores de grãos ou secadores diversos;
- geração de energia elétrica.

O biogás é um gás inflamável, por isso deve-se ter alguns cuidados ao fazer uso desse gás.

Biomassa

A biomassa é composta de restos orgânicos encontrados na natureza, que podem ser usados na produção de biogás, tais como:

- excrementos (humano, bovino, suíno, equino, etc.);
- plantas aquáticas (aguapé, baronesa, etc.);
- folhagem;
- gramas;
- restos de comida, rações, frutas, alimentos, etc.;
- cascas de cereais (arroz, trigo, etc.);
- esgotos residenciais.

Biofertilizante

Após todo o processo de produção do biogás, fica uma sobra dentro do biodigestor que podemos chamar de "biofertilizante".

O biofertilizante pode ser usado como adubo orgânico para o fortalecimento do solo e para o desenvolvimento das plantas.

Dessa forma, o uso do biofertilizante apresenta algumas vantagens, tais como:

- não apresenta custo nenhum se comparado aos fertilizantes inorgânicos;
- não propaga mau cheiro;
- é rico em nitrogênio, substância muito carente no solo;
- a biomassa que fica dentro do biodigestor sem contato com o ar mata todas as bactérias aeróbias e germes existentes nas fezes e demais matérias orgânicas;
- está livre de parasitas da esquistossomose, de vírus da poliomielite e de bactérias como a do tifo e a da malária;
- recupera terras agrícolas empobrecidas em nutrientes pelo excesso ou uso contínuo de fertilizantes inorgânicos, ou seja, produtos químicos;
- é um agente de combate à erosão, porque mantém o equilíbrio ecológico retendo maior quantidade de água pluvial;
- o resíduo da matéria orgânica apresenta uma capacidade de retenção de umidade pelo solo, permitindo que a planta se desenvolva durante o período de seca.

Vale destacar, porém, que a única desvantagem do uso de biofertilizante é a não eliminação da acidez do solo causada pelo uso exagerado de fertilizantes inorgânicos, dificultando, muitas vezes, a absorção, pela raiz, da água e dos nutrientes do solo, como o potássio e o nitrogênio, que influenciam na germinação e no crescimento da planta.

Regras básicas para elaboração de projeto

Como uma abordagem-padrão para bem encaminhar um projeto, recomenda-se completar, de forma metódica, uma listagem com todos os parâmetros e aspectos de interesse. No caso dos biodigestores, deveriam ser estudados de antemão os seguintes aspectos:

- **Tipo de resíduo disponível** – há disponíveis muitos resultados já prontos, contudo eventualmente pode ser necessária uma análise experimental do substrato para determinar a produtividade de biogás, teor sólido, condições de escoamento em dutos ou canais, etc.
- **Condições ambientes** – é muito importante que se determinem qual a amplitude média e quais os valores máximos e mínimos da temperatura no local de construção do biodigestor. Não é necessário grande precisão nesses valores, mas sua influência é decidida no projeto.
- **Mão de obra** – é preciso conhecer a disponibilidade e a habilidade do pessoal envolvido nas operações do biodigestor. Tais fatores podem inclusive obrigar à automação em alguns sistemas ou à simplificação em outros.
- **Instalação e manutenção** – o que importa aqui é determinar a sofisticação possível e o acompanhamento viável para o biodigestor.
- **Transporte** – em diversas situações, por incrível que possa parecer, é o tamanho da carroceria do caminhão disponível que vai determinar algumas dimensões do biodigestor. Esse

biodigestor deve possuir um gasômetro metálico, que nem sempre pode ter um diâmetro superior a 3 m, devido às limitações de transporte.

- **Segurança** – as condições de projeto devem, quando ainda na prancheta, considerar os riscos envolvidos e como fazer para evitá-los.
- **Uso de gás** – o uso desejado requer pressão? Qual o volume necessário? Existem picos de demanda? Estas entre outras perguntas podem definir diversos aspectos dos biodigestores.

Reciclagem de microrganismos

Em linhas gerais, a reciclagem de microrganismos em biodigestores é uma forma de incrementar a produtividade de biogás e a conversão de biomassa, na qual se evita que as bactérias que fazem essa tarefa sejam arrastadas com o efluente na saída. Esse aperfeiçoamento também é chamado "contato anaeróbio".

Como as bactérias ficam parcialmente fixadas aos sólidos, estes são separados após a biodigestão e adicionados à alimentação. A quantidade correta a realimentar é uma função do substrato empregado.

Esse método pode reduzir bastante o tempo de residência, mas a sofisticação introduzida também é grande, portanto só justificável em digestores de maior porte. Para que os microrganismos não percam atividade e morram, a realimentação deve ser instantânea e a alimentação contínua. Finalmente, deve-se dizer que, para a fermentação aeróbia de soluções açucaradas com o produto álcool, foi a reciclagem de microrganismos, no chamado processo Melle-Boinot, que introduziu os ganhos mais significativos de desempenho.

Utilização e purificação do biogás

Normalmente não é necessário purificar o biogás para as aplicações comuns, contudo algumas situações podem requerer esse tratamento para reduzir o teor dos gases indesejáveis. Por exemplo, quando o biogás deve ser comprimido a altas pressões, essa purificação é recomendável para que não se gaste energia nem se ocupe o reservatório inutilmente com um gás não combustível como o gás carbônico.

Os gases que devem ser retirados, na purificação do biogás, são o gás carbônico e o gás sulfídrico. Este último não oferece muita dificuldade, dada a sua grande afinidade com o óxido de ferro. Assim, esse gás pode ser removido de forma simples, fazendo o biogás atravessar uma esponja de ferro. Sob maior temperatura, a eficiência dessa absorção é maior. Os teores de gás sulfídrico são baixos, e sua retirada do biogás apenas raramente é executada.

Como o gás carbônico tem caráter ácido, pode ser absorvido por soluções alcalinas, como as de hidróxido de cálcio ou de sódio. Nessas reações são formados carbonatos e bicarbonatos de diversas solubilidades, que devem ser removidos ou então impõem a troca da solução absorvedora. Outros compostos que podem ser usados na absorção de CO_2 é a monoetanolamina e o éter dimetílico. Os equipamentos que fazem a absorção do gás carbônico, chamados "lavadores de gás", são custosos e válidos para grandes biodigestores.

Há ainda outros métodos a serem usados para a remoção dos gases desnecessários. No processo do carbonato, emprega-se carbonato de potássio ou carbonato orgânico adicionado de catalisadores, operando por absorção física. As peneiras moleculares compõem-se de zeólitos sintéticos, que absorvem o CO_2 e o vapor d'água, sendo regenerados por aquecimento.

Armazenamento do biogás

Enquanto a produção do biogás é praticamente constante, sua utilização varia com o tempo. Isso impõe o armazenamento, que atua compensando as variações. Quando a produção de biogás é maior que o consumo, o excedente é guardado, e, quando a situação se inverte, o biogás que falta é suprido pelo reservatório.

A prática com grandes biodigestores recomenda que os reservatórios ou gasômetros, para biogás, tenham capacidade para armazenar no mínimo a produção de 4 a 8 horas do biodigestor. Assim, é usual dimensionar-se o gasômetro entre $1/3$ e $1/6$ da produção diária de biogás.

É oportuno observar que, quando o consumo é localizado a grande distância do biodigestor, o volume da tubulação de biogás pode ser significativo. Isso não é normal nem desejável, pois, embora reduza o volume do gasômetro, impõe maiores quedas de pressão no biogás.

O armazenamento do biogás é feito essencialmente de três maneiras: a baixa pressão, a alta pressão e liquefeito.

Por baixa pressão entendem-se valores entre 100 mm e 300 mm de coluna d'água, sendo 200 mm uma média muito comum. Nesses casos são adotados gasômetros com selo hidráulico.

Quando se trabalha com baixas pressões, é possível substituir os registros de gás pela disposição. As vantagens são a menor queda de pressão e a simplicidade na montagem.

O armazenamento a altas pressões só se justifica em grandes sistemas, inclusive com purificação do gás. Suas vantagens são a redução de volume e a estabilidade da pressão de fornecimento. Em compensação, requer construções mais robustas e dispendiosas e compressores especiais para gases combustíveis. As pressões de trabalho variam entre 25 e 200 atmosferas.

A liquefação é ainda uma remota hipótese para o biogás, embora já seja empregada para o gás natural. Seu elevado custo só a viabiliza para sistemas enormes, já que associada a altas pressões são necessárias baixas temperaturas. O metano só se liquefaz a –164 °C, na pressão ambiente, ou então a –82,5 °C, sob 46 atmosferas.

Aplicações do biogás

Sendo um combustível, as utilizações do biogás são diversificadas – desde a iluminação até a produção de frio em sistemas de absorção.

O biogás produz uma chama limpa e transparente que serve para todas as finalidades domésticas usuais. O quadro 13 apresenta os consumos típicos para diversos equipamentos, conforme dados da Empresa Brasileira de Assistência Técnica e Extensão Rural (Embrater).

A adaptação de equipamentos para GLP, visando o uso com biogás, deve observar dois aspectos. Primeiro, a pressão de fornecimento é diferente, sendo menor para o biogás. É recomendável instalar um regulador de pressão antes do consumo, que estabiliza o fornecimento em 150 mm de coluna d'água, normalmente. Esse dispositivo é bastante simples e já existe comercialmente no Brasil. O segundo ponto a considerar é a relação ar–combustível. São necessários aproximadamente 7 m^3 de ar para queimar completamente 1 m^3 de biogás. Levando esses aspectos em conta, pode-se fazer uma recomendação prática: para a maior parte das aplicações domésticas, o orifício calibrado deve passar a 1,1 mm ou, no máximo, a 2 mm, sendo regulada manualmente a mistura ar-combustível. Convém dizer que isso, às vezes, desanima o usuário, pois não é muito fácil regular um queimador biogás. Acontece que os limites de inflamabilidade para uma mistura metano-ar são bem estreitos, e a velocidade de chama também é menor. Com calma e paciência, porém, sempre se atinge o objetivo.

Quadro 13 – Consumo de biogás

Equipamento ou aplicação	Características	Consumo médio
Lampião	Camisa de 100 velas	0,13 m^3/h
Fogão	Queimador 2" Forno	0,32 m^3/h 0,44 m^3/h
Geladeira	Porte médio	2,20 m^3/h
Motor	Ciclo *diesel*	0,45 m^3/HP hora
Chuveiro a gás	Por banho	0,80 m^3
Incubadeira	Volume interno	0,60 m^3/h
Campânula para pintos	1.500 kcal	0,162 m^3/h
Cozimento	Por pessoa	0,23 m^3/dia
Geração de eletricidade	Por kW/hora	0,62 m^3

É interessante prever uma aplicação do biogás que estenda seu período de uso para reduzir o volume necessário do gasômetro. É o caso de aquecedores que podem acumular água quente para banhos e usos na cozinha.

São viáveis diversas outras aplicações, como queimadores em fornos e caldeiras e motores de combustão interna. A adaptação de sistemas que anteriormente usavam outros combustíveis para emprego de biogás deve merecer cuidadosa análise, já que as características de troca de calor são bem diferentes. A radiação da chama de biogás é bem menor, especialmente pela ausência de partículas de carbono. Para enfrentar essa dificuldade são disponíveis diversos métodos e sistemas de combustão, adaptáveis a cada situação. Uma interessante possibilidade é a mistura do biogás com outros gases combustíveis, que dentro de certas faixas de mistura vão impor pouca ou nenhuma adaptação aos queimadores.

O biogás pode ser aplicado em motores do ciclo *diesel*. Nos primeiros motores, cuja ignição é feita por centelha, o biogás é admitido em mistura com o ar, carburado em um dispositivo montado no local do filtro de ar. A pressão de fornecimento pode ser baixa, e as potências são geralmente pequenas ou médias. O biogás tem uma elevada resistência à detonação, correspondente a 130 octanas ou mais. Com isso, são possíveis altas taxas de compressão, melhorando a eficiência térmica. A temperatura de ignição do metano é alta, 704 °C, sendo recomendável adotar velas quentes. Em operação normal, pode-se usar álcool ou gasolina na partida.

Para que os motores do ciclo *diesel*, de ignição por compressão, possam usar biogás, é preciso que, além da admissão da mistura de ar com biogás, seja feita no momento correto a injeção de pequena quantidade de óleo *diesel* para iniciar a queima. Esse pequeno volume deverá ser sempre injetado, atuando como uma chama piloto. Esses motores são bastante empregados, sobretudo em maiores potências. São mais robustos e com melhor desempenho, resultando em poucas paradas para manutenção. Entre as vantagens proporcionadas pelo uso do biogás como combustível para motores de combustão interna podem-se citar: promove melhor mistura, provoca menor emissão de poluentes, não contamina nem retira das paredes dos cilindros o óleo do cárter e não causa depósitos de carbono.

Para teores de CO_2 de até 45% não foi observada dificuldade ou falha na operação dos motores. Logo, não se recomenda purificar o biogás para tais aplicações. Evidente que o consumo de biogás cresce inversamente ao teor de metano disponível.

Uma sedutora aplicação dos motores a biogás é em veículos de transporte. Infelizmente, são necessários pesados e volumosos reservatórios, ou então a autonomia deixa a desejar. Contudo, determinadas aplicações desses veículos, que permitam frequentemente reabastecimento, são capazes de mostrar muito sucesso. O fator determinante nessa hipótese é o custo da compressão do biogás, geralmente um valor alto. Por exemplo, ao se comprimir 1 m^3 por minuto de biogás, a 10 atmosferas, é necessário quase 1 kW.

Tipos de biodigestores

Cada biodigestor tem uma característica: existem os de produção descontínua e os de produção contínua.

- **Produção descontínua** – a biomassa é colocada dentro do biodigestor, que é totalmente fechado e só será aberto após a produção de biogás, o que levará mais ou menos noventa dias. Após a fermentação da biomassa, o biodigestor é aberto, limpo e novamente carregado para um novo ciclo de produção de biogás.

- **Produção contínua** – a produção pode acontecer por um longo período sem que haja a necessidade de abertura do equipamento. A biomassa é colocada no biodigestor ao mesmo tempo que o biofertilizante é retirado.

Os tipos de biodigestores mais usados são os da Marinha, indiano e chinês.

- **Biodigestor da Marinha** – é um modelo do tipo horizontal, tem a largura maior que a profundidade, e sua área de exposição ao sol também é maior, com isso é maior a produção de biogás.

  Sua cúpula é de plástico maleável, do tipo PVC, que infla com a produção de gás, como um balão.

  Pode ser construído enterrado ou não. A caixa de carga é feita em alvenaria, por isso pode ser mais larga para evitar o entupimento.

  A cúpula pode ser retirada, o que ajuda na limpeza.

  A desvantagem nesse modelo é o custo da cúpula.

- **Biodigestor chinês** – construído em alvenaria, é um modelo de peça única. Desenvolvido na China, onde as propriedades eram pequenas, esse modelo é enterrado para ocupar menos espaço. Tem custo mais barato em relação aos outros modelos, pois a cúpula é feita em alvenaria. Também sofre pouca variação de temperatura.

- **Biodigestor indiano** – sua cúpula, geralmente feita de ferro ou fibra, é móvel e se movimenta para cima e para baixo de acordo com a produção de biogás.

  Nesse tipo de biodigestor, o processo de fermentação é mais rápido, pois aproveita a temperatura do solo, que é pouco variável favorecendo a ação das bactérias.

Ocupa pouco espaço, e sua construção, por ser subterrânea, dispensa o uso de reforços, tais como cintas de concreto.

Caso a cúpula seja de metal, deve-se fazer uso de uma boa pintura com um antioxidante.

Por ser um biodigestor que fica no subsolo, é preciso ter cuidado, evitando infiltração no lençol freático.

Existem biodigestores feitos em concreto, ou metal, coberto com lona vedada. Esta deve ter duas saídas, com duas válvulas, nas quais restos orgânicos são despejados.

Cuidados ao instalar um biodigestor

O biodigestor deve ser instalado num local bastante arejado para evitar odores, quando estiver sendo carregado.

Para evitar a entrada de ar e o vazamento de gás, o biodigestor deve estar bem vedado.

A instalação do biodigestor deve ser o mais próximo possível da fonte produtora de biomassa. Também é importante que haja uma fonte de água próximo ao biodigestor.

Operação e carregamento do biodigestor

Alguns cuidados devem ser tomados ao carregar ou limpar um biodigestor, pois o gás produzido nele é inflamável.

A biomassa deve ser preparada antes de ir para o biodigestor, ficando uma ou duas semanas fora dele para que o excesso de umidade seja eliminado. Em seguida, mistura-se água na biomassa (na mesma proporção da biomassa), pois isso ajuda no processo de fermentação.

O carregamento e a descarga de gás devem ser feitos simultaneamente para evitar a modificação na pressão interna do gás.

Antes de fazer a limpeza do biodigestor, é preciso certificar-se de que não há gás, para evitar acidentes.

Controle de vetores e zoonoses

Zoonoses são infecções transmitidas ao homem por animais. As condições socioeconômicas e culturais da população e a falta de saneamento básico são fatores que contribuem para a disseminação dessas doenças.

Seja no campo, seja nas cidades, o homem viveu e vive cercado de animais. Muitos deles são usados para o trabalho (cavalos e vacas, por exemplo), outros para alimentação (vacas e bois, porcos, galinhas) e outros ainda são animais de companhia (cães, gatos, pássaros). E há ainda os animais que acompanham o homem pela facilidade em conseguir alimento e abrigo (ratos, pulgas, baratas, pombos, etc.).

As zoonoses existem desde o surgimento do homem na Terra, quando já contribuíam para debilitá-lo e reduzir sua capacidade normal de produção.

Ao longo da história da humanidade, com a descoberta de medicamentos e vacinas, muitas dessas doenças desapareceram ou tiveram sua incidência diminuída. No entanto, a grande concentração de população em núcleos urbanos e a falta de serviços adequados de saneamento fizeram com que novas zoonoses surgissem, outras reaparecessem e se disseminassem. Atualmente o empobrecimento da população, a proliferação de favelas sem infraestrutura de saneamento e a renúncia forçada a certos hábitos de higiene nesses núcleos em que vivem populações de baixa renda são as principais causas da manutenção e disseminação de zoonoses, pois favorecem a proliferação de animais transmissores, os chamados "vetores".

Essas condições trazem graves consequências como:

- a grande probabilidade de que os agentes patogênicos (causadores de doenças) sejam transmitidos ao homem por meio de alimentos contaminados, da água, do ar, de picadas de insetos, etc.;
- a possibilidade de que agentes causadores de doenças em animais, ao se adaptarem a novas condições, tornem-se patogênicos à espécie humana;
- a necessidade do uso de técnicas artificiais (como soros e vacinas) para que o homem crie resistência às doenças.

Para combater as zoonoses é necessário que os órgãos públicos e privados implantem serviços de saneamento básico e executem métodos biológicos de higiene ambiental, com a colaboração da população em geral. Como exemplos desses métodos podem ser citados a limpeza de rios, córregos e terrenos baldios, a destinação adequada dos resíduos sólidos (lixo), o acondicionamento e armazenamento adequados dos alimentos, a eliminação dos esgotos a céu aberto.

O abastecimento de água, a coleta dos esgotos e do lixo, a garantia de condições de moradia e trabalho saudáveis e adequadas são condições fundamentais para a prevenção dessas doenças e para o controle de vetores, sejam eles insetos ou roedores.

Animais causadores de doenças

Os principais vetores de zoonoses em nosso meio são pernilongos, moscas domésticas, pulgas, baratas, aranhas, ratos e camundongos, cães e gatos, pombos, cobras e escorpiões. Cada um deles se desenvolve e prolifera em determinadas condições e exige diferentes meios de prevenção e combate para o controle das zoonoses.

Insetos

A classe dos insetos compreende os artrópodes, isto é, os animais que possuem três pares de patas. Os que mais frequentemente são vetores de doenças em nosso meio são moscas, mosquitos, piolhos, pulgas e baratas.

Os insetos normalmente agem como vetores na transmissão de doenças ao homem, isto é, transportam o agente infeccioso da fonte infectante ao organismo suscetível. O inseto pode estar infectado pelo agente patogênico ou ser apenas seu portador passivo ou mecânico.

Entre as doenças causadas por insetos destacam-se:

- **doença de Chagas** – transmitida pelo mosquito barbeiro infectado pelo *Trypanossoma cruzi*;
- **febre tifoide e diarreias infecciosas** – transmitidas por meio de baratas e moscas que transportam nas patas os microrganismos patogênicos;
- **tifo murino** – transmitido por pulgas infectadas que picam a pele do homem e, em seguida, defecam sobre a picada;
- **febre amarela e dengue** – transmitidas pela picada do mosquito *Aedes aegypti* infectado;

- **filariose** – transmitida por picada do mosquito *Culex pipiens* (o pernilongo comum), que deposita a filária sobre a picada;
- **leishmaniose** – transmitida pela picada do mosquito flebótomo;
- **malária** – transmitida pela picada do mosquito *Anopheles*.

Moscas

As moscas domésticas são as mais comuns em nosso meio. Elas procuram seu alimento em lixos expostos, em fezes de animais e também nos alimentos humanos. Devido à anatomia de seu aparelho bucal, só conseguem ingerir alimentos líquidos. Por isso, quando pousam sobre alimentos sólidos, como açúcar, por exemplo, regurgitam sobre eles para liquefazê-los. Ao pousarem em materiais contaminados, carreiam em suas patas e pelos os microrganismos patogênicos. Assim, as moscas podem contaminar de três maneiras: quando regurgitam sobre um alimento, quando defecam ou pelo contato de suas patas e pelos contaminados sobre alimentos e ferimentos.

A mosca vive de duas a três semanas, durante as quais faz de quatro a seis posturas, cada uma com 120 a 150 ovos. Seu ciclo biológico é de aproximadamente doze dias e suas larvas se desenvolvem em águas paradas.

A proliferação das moscas está ligada à falta de condições de saneamento e de higiene.

Medidas de prevenção e controle

- eliminar as condições propícias à proliferação das moscas, com a disposição adequada de resíduos sólidos e dejetos;
- combater as formas larvárias com venenos (compostos de arsênico derivados do ácido bórico) e a mosca adulta com o uso de inseticidas;

- proteger com telas as habitações, os locais de trabalho e os locais onde existam gêneros alimentícios;
- manter os alimentos cobertos;
- drenar as águas paradas;
- dedetizar as áreas de incidência endêmica de febre amarela, malária e doença de Chagas;
- limpar com frequência currais e estábulos, separando os dejetos dos animais, principalmente se forem utilizados para produção de esterco.

Mosquitos

Os mosquitos que mais frequentemente transmitem doenças pertencem a três gêneros:

- ***Aedes aegypti*** – transmissor da febre amarela e da dengue;
- ***Anopheles*** – transmissor da malária;
- ***Culex pipiens*** – transmissor da filariose.

Para que a proliferação desses e de outros gêneros de mosquitos diminua, é imprescindível a eliminação dos criadouros, locais com condições favoráveis à reprodução e ao desenvolvimento das larvas, como poços ou fontes, cisternas, águas paradas em recipientes ou em ocos de árvores, lagoas, pântanos, etc.

Medidas de prevenção e controle

- aterrar ou drenar (com valas a céu aberto) terrenos com grande acúmulo de água;
- usar derivados de petróleo (fazer petrolagem) nas águas para destruir as larvas (a ação da petrolagem é temporária);
- usar larvicidas, como DDT, em solução a 5%;
- povoar as áreas de reprodução com inimigos naturais dos mosquitos, como os peixes, por exemplo, que são uma alter-

nativa econômica, eficiente e ecologicamente mais indicada para eliminar as larvas desses insetos.

Baratas

As espécies mais comuns em nosso meio são:

- ***Blatella germanica***;
- ***Periplaneta americana***;
- ***Periplaneta australasiae***.

Além de causarem mau cheiro e danificarem roupas e livros, as baratas podem contaminar alimentos com bactérias e outros microrganismos que carregam em suas patas e outras partes do corpo e que estão presentes em suas fezes.

Medidas de prevenção e controle

- aplicar inseticidas como Baygon a 1,5% ou Daizinon a 2%;
- acondicionar o lixo adequadamente;
- proteger os alimentos;
- eliminar depósitos de jornais velhos e garrafas;
- proteger os ralos;
- em situações de enchentes, redobrar os cuidados, pois esses insetos saem de seus esconderijos (ralos e esgotos) e infestam o ambiente.

Roedores

Entre os roedores, destaca-se o *rato*. Originário da Ásia, disseminou-se pelo mundo, acompanhando o homem em suas viagens. Possui características peculiares que potencializam sua ação nociva e tornam mais difícil combatê-lo:

- alimenta-se urinando e defecando simultaneamente;
- tem necessidade biológica de roer, para desgastar os dentes;

- é onívoro, isto é, come qualquer tipo de alimento;
- transmite doenças tanto pela mordedura como por meio das fezes e da urina e pela ação de seus ectoparasitas (pulgas);
- tem uma extrema capacidade de adaptação aos mais diversos meios;
- na falta de alimento, abrigo e água suficientes, as fêmeas não entram no cio e os machos brigam entre si, gerando um controle populacional natural; mas, contando com esses fatores, o rato apresenta enorme capacidade de reprodução;
- é bom nadador e escavador, compensa sua visão deficiente com uma excelente audição e procura fazer sempre os mesmos trajetos.

As espécies mais comuns são a ratazana (ou rato de esgoto), o rato de telhado e o camundongo.

Entre as doenças mais frequentemente transmitidas por esses animais, destacam-se:

- **leptospirose** – em que o agente patogênico entra em contato com a pele do homem por águas misturadas à urina contaminada do rato – não existe vacina para essa doença;
- **febre** – em que os organismos presentes nos dentes e gengivas do rato penetram no organismo humano pela mordedura;
- **salmonelose** – uma gastroenterite aguda causada pela ingestão de alimentos contaminados pelas fezes do rato.

Medidas de prevenção e controle

- manter as condições sanitárias adequadas;
- empregar medidas de antirratização, educando as populações quanto às providências que eliminam as condições favoráveis à reprodução desse roedor;

- aplicar métodos de desratização, com o uso de raticidas e ratoeiras para eliminar fisicamente os ratos;
- fazer desratizações periódicas.

Aves

Entre as várias espécies de aves transmissoras de doenças, destacam-se os *pombos*, bastante adaptados à vida nas cidades e ao convívio com o homem, condições propícias para obterem alimentos para sobreviver.

Como não têm predadores naturais no espaço urbano, reproduzem-se rapidamente e formam grandes populações em pouco tempo. São transmissores de várias doenças, com destaque para a toxoplasmose, encefalite e histoplasmose. O homem é bastante suscetível aos danos causados por essas aves, frequentemente por desconhecimento e por impossibilidade de ação. Geralmente a contaminação é feita por meio dos piolhos e dos microrganismos que se desenvolvem nas fezes secas dos pombos. Além das doenças, essas aves provocam entupimento de calhas com suas penas, descoramento de pinturas pela ação das fezes e apodrecimento de madeiras.

Medidas de prevenção e controle

- não alimentar os pombos, impedir que façam ninhos na zona urbana e dificultar sua entrada em locais que constituam abrigo são medidas para fazer essas aves voltarem a seu hábitat, o meio rural; não se recomenda a eliminação física desses animais;
- umedecer as fezes de pombo ressecadas antes de removê-las, evitando a inalação dos microrganismos que provocam doenças no homem.

Quadro 14 – Vetores, doenças, hábitat e prevenção

Vetor	Agente causal	Características/hábitat	Problemas/doenças	Prevenção e combate
Culex pipiens (pernilongo)	*Wuchereria bancrofti*	Inseto noturno que pica a partir do entardecer; suas larvas desenvolvem-se em águas paradas (calhas, vasos, pneus velhos, cemitérios, várzeas de rios e esgotos a céu aberto).	Sua picada provoca prurido e perturba o sono, podendo diminuir a produtividade dos seres humanos; pode ser vetor de bancroftose ou elefantíase.	Eliminar águas estagnadas; implantar saneamento básico (rede coletora de esgotos); eliminar as larvas das várzeas mediante criação de peixes; usar inseticidas.
Aedes aegypti	Arbovírus	Vive em cantos escuros e pica durante o dia. Como o pernilongo, suas larvas se desenvolvem em águas paradas.	Febre amarela; dengue.	Usar vacina contra a febre amarela dez dias antes de viajar para áreas endêmicas (MG, AM, PA, AL, GO).
Musca domestica (mosca)	Pode abrigar mais de cem espécies de vírus, bactérias, protozoários; suas patas são veículos para a disseminação desses agentes patogênicos e de sujidades.	É atraída pelo mau cheiro; vive em meio a matéria orgânica em decomposição, lixo, fezes, etc.	Contribui para disseminar salmonelose, striquelose, etc.	Manter a higiene ambiental; proteger o lixo e os alimentos; impedir acesso a fezes humanas; tomar cuidados especiais com currais, granjas, estábulos; usar inseticidas ou aparelhos especiais.
Pulex irritans (pulga)	Parasita hematófago	Inseto de ciclo de vida longo, resistente a altas temperaturas; abriga-se em dobras de roupas e consegue sobreviver até um ano fora do corpo de um animal; de difícil controle.	Prurido.	Eliminar os ratos; tomar cuidados especiais em creches, escolas, quartéis, abrigos e outros; evitar promiscuidade.

(cont.)

Vetor	Agente causal	Características/hábitat	Problemas/doenças	Prevenção e combate
Blatella germanica; *Periplaneta americana*; *Periplaneta australasiae* (barata)	Levam vírus e bactérias nas patas.	Vivem em esgotos, fossas, ralos, lixo, acúmulo de papéis; adquirem resistência facilmente; sobrevivem apenas com água.	Devoram livros e roupas e estragam alimentos; provocam maus odores e problemas estéticos.	Melhorar as condições de habitação; manter a higiene ambiental; cuidar da destinação adequada do lixo; implantar saneamento básico (rede de esgotos); vedar ralos; eliminar frestas e buracos nas paredes, chão e tetos; proteger os alimentos.
Rattus novergicus (ratazana); *Rattus rattues* (rato de telhado); *Mus muscullues* (camundongo)	Veiculam a pulga *Xenopsy-lacheopis*, que causa peste bubônica e tifo murino; abrigam em suas fezes a bactéria responsável pela salmonelose; sua urina tem espiroquetas leptospira; sua mordedura é altamente contaminante.	Vivem mais ou menos dezoito meses; gestação de 25 dias, três a sete ninhadas por ano, de até catorze filhotes; consomem 30 g de alimento por dia; têm problemas de orientação: vivem onde nascem e percorrem sempre o mesmo caminho; significam proliferação.	Mordem pessoas; atacam plantações; contaminam as safras; destroem ovos e matam pintos; veiculam doenças como leptospirose, peste bubônica, tiro murino, salmonelose, infecção e febre por mordedura.	Implantar saneamento básico; acondicionar o lixo corretamente; limpar terrenos baldios; manter a higiene de armazéns; não acumular entulho ou lixo; limpar ralos para evitar acúmulo de lixo; vedar fossas, ralos, frestas; manter inimigos naturais (gatos) no local; usar armadilhas; fazer desratização com venenos específicos.

(cont.)

Vetor	Agente causal	Características/hábitat	Problemas/doenças	Prevenção e combate
Pediculus humanus – *capitis* (da cabeça) – *corporis* (do corpo) – *pubis* (do púbis ou chato) (piolho)	Os próprios piolhos.	Depositam ovos nos fios de cabelo, sob forma de lêndeas; vivem nas dobras das roupas e alimentam-se picando a pele; põem ovos na raiz dos pelos do púbis, sobrancelhas e axilas.	Pediculose; tifo epidêmico ou humano.	Cuidar da higiene corporal e do vestuário; tomar cuidados especiais em creches, escolas, quartéis e abrigos; evitar a promiscuidade.

Cobras

Geralmente não são agressivas, atacam apenas quando molestadas ou quando estão à caça de alimentos. Alimentam-se de animais silvestres, roedores, aves e de outros ofídios.

Quando venenosas, produzem o veneno em glândulas localizadas ao lado de cada presa inoculadora. O veneno de cobra pode provocar a morte por diferentes ações:

- **coagulante** – provoca irregularidades na coagulação do sangue, seja coagulação máxima, seja não coagulação;
- **proteolítica** – causa necrose nos tecidos pela destruição das proteínas;
- **neurotóxica** – provoca deterioração do sistema nervoso;
- **hemolítica** – causa a destruição das hemácias, o que leva à insuficiência renal aguda.

Estas são as cobras venenosas mais comuns e a ação de seus venenos:

- **jararaca, jararacuçu, urutu, surucucu** – ação proteolítica e coagulante;
- **cascavel** – ação neurotóxica e hemolítica;
- **coral-verdadeira** – ação neurotóxica.

MEDIDAS DE PREVENÇÃO

- evitar andar descalço em locais de incidência de cobras;
- usar preferivelmente botas de cano alto, pois a maioria das picadas ocorre nos membros inferiores, frequentemente a no máximo 30 cm do solo;
- usar um pedaço de madeira ao mexer em buracos, montes de pedras e folhas;

- diminuir a oferta de alimentos, criando animais em locais protegidos adequadamente e controlando a proliferação dos ratos, para afastar as cobras de locais cultivados ou habitados;
- ter em mãos um pequeno estoque de soro antiofídico específico e polivalente.

EM CASO DE PICADA

- acalmar a vítima e, se possível, manter o membro picado numa posição mais elevada que o restante do corpo;
- tentar identificar o tipo da cobra ou capturá-la, para facilitar o tratamento;
- encaminhar rapidamente a vítima a um posto de atendimento.

Aranhas e escorpiões

Geralmente não são agressivos, mas picam para se defender. Sua picada pode provocar dor no local, náuseas, vômitos, febre e eventualmente a morte da vítima.

Esses animais costumam viver em esconderijos escuros, como frestas e fendas de paredes e madeiras, montes de lenha, troncos de árvores, vegetação alta, etc.

Para controlar a infestação de aranhas e escorpiões, recomenda-se manter quintais e terrenos sempre livres de mato, lixo e rejeitos em geral.

Animais domésticos

Embora convivam diariamente com cães e gatos, frequentemente os seres humanos desconhecem os danos que esses animais podem causar à sua saúde. Cães e gatos são considerados os principais transmissores da raiva humana, doença caracterizada por uma encefalite infecciosa letal. Além da raiva, o gato também pode transmitir toxoplasmose, por meio de suas fezes.

A raiva é transmitida tanto pela mordida, por meio da saliva, como por um arranhão provocado pelo animal infectado. O tempo de incubação da doença varia de vinte a sessenta dias, dependendo da quantidade de vírus inoculado e da maior ou menor proximidade do local de entrada em relação ao sistema nervoso central: quanto mais próximo da cabeça o ferimento, menor o período de incubação.

Como é uma doença incurável, medidas preventivas são a principal estratégia de controle dessa zoonose.

Medidas de prevenção

- manter os animais presos, longe do contato com animais estranhos;
- vacinar os animais anualmente contra a raiva;
- evitar aproximar-se de animais estranhos;
- para separar brigas de cães ou gatos, jogar água fria sobre os animais;
- não mexer com animais que estejam comendo ou dormindo.

Em caso de mordida

- lavar o local com água e sabão;
- aplicar um antisséptico no local;
- observar o animal por um período de dez dias;
- procurar um serviço de saúde para acompanhar a evolução do processo;
- se não for possível identificar ou prender o animal, ou se este tiver diagnóstico clínico e/ou laboratorial positivo, proceder ao esquema de vacinação antirrábica humana.

Ar e atmosfera

Diferentes gases tóxicos e partículas provenientes de veículos automotivos e processos industriais e agrícolas poluem continuamente o ar nos dias de hoje, provocando também um aquecimento anormal em todo o planeta. Entre os poluentes do ar, destacam-se os carbonatos.

Nosso planeta, cada vez mais aquecido, pode entrar em colapso num futuro próximo, com a destruição de plantações, a inundação de cidades e a disseminação de diversas doenças nos seres vivos.

O controle da emissão de poluentes na atmosfera terrestre é uma necessidade cada vez mais urgente em todos os países, especialmente nas áreas industriais e em grandes metrópoles, porque é da atmosfera que obtemos o oxigênio necessário à vida; também é ela que protege o planeta contra a radiação solar excessiva e contra raios danosos à existência dos seres vivos.

A atmosfera

A Terra é envolvida por uma camada gasosa, chamada *atmosfera*, formada por diversos gases, além de partículas de poeira, cinza e vapor d'água. Entre esses gases, destacam-se o nitrogênio (78% do ar atmosférico), o oxigênio (aproximadamente 21%), o gás carbônico, o hidrogênio e o hélio.

O oxigênio é o gás mais importante para todos os seres vivos. É também a partir dele que se produz o ozônio, outro gás fundamental para a vida no planeta.

A camada da atmosfera mais próxima à superfície de nosso planeta é chamada *troposfera* e atinge aproximadamente 20 km de altitude. Nós vivemos dentro dessa massa gasosa, que também chamamos de *ar*.

Acima da troposfera situa-se a *estratosfera*, que abrange altitudes entre 20 km e 80 km e onde se localiza a *camada de ozônio*, responsável por filtrar os raios ultravioleta emitidos pelo Sol.

Acima da estratosfera está a *ionosfera*, que se estende entre 80 km e 320 km de altitude.

Embora grande parte dos raios solares atravesse todas as camadas da atmosfera, as mais próximas da superfície são as mais quentes. Isso porque as camadas inferiores são aquecidas também pela irradiação do calor solar acumulado pelo solo, pelos mares e oceanos. O ar quente, menos denso, sobe e é substituído pelo ar mais frio das camadas superiores, criando os ventos. Por isso a atmosfera está em constante circulação e movimento.

Poluição atmosférica

Constitui um dos graves problemas para a saúde e a qualidade de vida dos habitantes das grandes cidades. Os veículos automotivos expelem constantemente monóxido de carbono resultante da combustão da gasolina, do óleo *diesel* e do álcool.

Os processos de transformação industrial liberam dióxido de carbono, clorofluorcarbono (CFC) e outros gases tóxicos, além de partículas sólidas (de metais pesados, como chumbo, zinco, arsênico) que se mantêm em suspensão no ar.

A concentração de substâncias poluentes no ar ao longo dos anos mina a resistência dos seres humanos. Além disso, em curto prazo, pode também provocar doenças respiratórias e oculares em muitos indivíduos.

Mesmo no campo a poluição atmosférica se faz presente, causada pelos fungicidas, pesticidas e agrotóxicos utilizados nos processos agrícolas.

A camada de ozônio

A camada de ozônio limita os níveis de radiações que atingem a Terra. Funciona como uma barreira natural que a protege das radiações ultravioleta emitidas pelo Sol.

O ozônio é um gás que se concentra em grande camada na atmosfera, em altitudes entre 48 km e 80 km (na estratosfera). Essa camada funciona como um escudo protetor contra os raios solares prejudiciais à vida no planeta.

A radiação solar é composta de raios de várias frequências, algumas visíveis ao olho humano. As visíveis são as que constituem as cores básicas, como o vermelho, o alaranjado, o amarelo, o verde, o azul e o violeta. Outras radiações, entretanto, não podem ser captadas pela visão humana, como os raios ultravioleta, entre eles os raios UV-B.

Nos últimos anos, cientistas de todo o mundo vêm observando uma redução do ozônio na atmosfera terrestre. A quantidade do gás vem diminuindo cerca de 4% a cada dez anos.

Como menos ozônio significa menos eficiência no processo de retenção dos raios UV-B, estes têm conseguido cada vez mais atingir a superfície terrestre. A manutenção ou a acentuação dessa tendência preocupa cientistas e estudiosos de diversos países. No entanto, ainda não há motivos para alarme, desde que se tomem medidas para impedir a destruição do ozônio da atmosfera.

Ozônio é uma palavra que vem do grego *ozein* e significa "cheirar mal".

No Brasil, a preocupação com a destruição da camada de ozônio teve início em 1988 com a publicação da Portaria nº 1, de 10 de agosto de 1988, da Secretaria Nacional de Vigilância Sanitária, órgão extinto em 1999 com a criação da Agência Nacional de Vigilância Sanitária (Anvisa), vinculada ao Ministério da Saúde. A portaria regulamentava informações em rótulos de embalagens de aerossóis livres de CFC.

Logo em seguida, a Portaria nº 534, de 19 de setembro de 1988, do Ministério da Saúde, determinou a proibição da fabricação e a comercialização de produtos cosméticos e perfumaria, de higiene e de uso sanitário doméstico sob a forma de aerossóis que contivessem CFC.

Em 2000, o Brasil aderiu à Convenção de Viena e ao Protocolo de Montreal, por meio do Decreto nº 99.280, de 6 de junho de 1990, comprometendo-se a eliminar completamente os CFCs até janeiro de 2010, entre outras medidas.

Uma das principais medidas tomadas foi a elaboração do Programa Brasileiro para Eliminação da Produção e do Consumo das Substâncias que destroem a camada de ozônio (PBCO) em 1994. Desde 1994 não se produzem veículos e condicionadores de ar com CFC, e em 2001 os refrigeradores domésticos e comerciais ficaram livres desse gás.

Para eliminar o CFC, o Brasil apresentou em 2002 o Plano Nacional de Eliminação do CFC (PNC), que se baseia em treinamento e assistência técnica, implementação de novas tecnologias, mudanças legislativas e de processos industriais para reduzir ainda mais o uso e os estoques de gases agressivos ao meio ambiente.

Priorizando a extinção do uso do CFC, o Plano de Eliminação:

- trabalha na elaboração de projetos de conversão industrial; gerenciamento do passivo de CFC com a instalação de centrais de regeneração, treinamento dos profissionais que trabalham com refrigeração e distribuição de equipamentos para recolhimento de CFC para regeneração;
- prevê atividades nos setores de ar-condicionado automotivo e industrial, visando ao recolhimento e à reciclagem de gases durante manutenções periódicas e reparos.

Assim, com o trabalho realizado em busca da eliminação do uso do CFC, o Brasil, que em 1995 consumia em torno de 10.500 toneladas, passou em 2007 a consumir perto de 320 toneladas, uma redução de 97% .

A destruição da camada de ozônio

Uma das manifestações mais claras da destruição da camada de ozônio ocorre na Antártida, polo sul. Lá, em função do deslocamento das massas de ar da linha do Equador para os polos, carreando os poluentes, mais da metade da destruição da camada de ozônio ocorre todos os anos, entre os meses de setembro e novembro. Esse fenômeno é conhecido como *buraco na camada de ozônio da Terra*.

Ao que tudo indica, o ozônio vem sendo destruído pela concentração de cloro na atmosfera, que chega até ela por uma família de gases clorofluorcarbono (CFC), substâncias químicas desenvolvidas em laboratório que utilizam cloro como componente. Pelos acordos firmados na Eco 92, posteriormente confirmados na Rio+5, em 1997, na Rio+10, em 2002, e em Kyoto, protocolo firmado em 1997, em vigor a partir de 02/2005, esse processo de destruição tende a diminuir.

Há muitos anos o CFC vem prestando grandes serviços ao homem, principalmente como produto para refrigeração, sob a forma de gás freon, em aparelhos de ar condicionado e geladeiras. É utilizado também na gaseificação de refrigerantes e na produção de colchões e travesseiros de espuma, de isolantes térmicos, de solventes, tintas e vernizes. Até recentemente era muito usado também em embalagens de aerossóis.

Durante a fabricação ou manutenção de refrigeradores ou aparelhos de ar condicionado, um pouco do gás freon escapa para a atmosfera. Quando se dispersa na atmosfera, o CFC leva junto o cloro, mas enquanto permanece na troposfera ele não libera o cloro usado em sua composição. No entanto, quando essa substância atinge a alta atmosfera, levada pela circulação do ar, por ventos e diferenças de pressão, ela sofre a ação da radiação ultravioleta – que não consegue chegar à superfície terrestre. Os raios ultravioleta agem sobre o CFC e liberam o cloro, que, imediatamente, passa a atacar o ozônio.

O CFC é liberado para a atmosfera principalmente nas regiões mais desenvolvidas do planeta, que o utilizam em diversos produtos e processos produtivos.

Quadro 15 – Regiões consumidoras de CFC no mundo

Região	%
América do Norte	35
Europa ocidental	32
Ásia	18
Europa oriental	11
América Latina	3
África	1

Quadro 16 – Maior consumo por aplicação

Aplicação	%
Aerossóis	26,3
Espumas plásticas	26,1
Solventes	16,0
Ar-condicionado de automóveis	10,5
Refrigerantes	10,2
Ar-condicionado de ambientes	3,9
Outros	7,0

Com a destruição da camada de ozônio e, consequentemente, maior incidência de raios ultravioleta sobre a Terra, graves impactos estão sendo detectados no ambiente e para o homem, entre outros:

- **Danos à saúde** – maior ocorrência de catarata; doenças e envelhecimento precoce de pele; câncer de pele; queimaduras; sistema imunológico alterado etc.
- **Danos ao ambiente** – problemas de crescimento e desenvolvimento das plantas; qualidade inferior das sementes, pela diminuição da velocidade da fotossíntese; maior sus-

cetibilidade às pragas e às doenças; alteração da cadeia alimentar marinha pela destruição do fitoplâncton, etc.

Efeito estufa

É o nome dado ao aprisionamento do calor solar por alguns gases presentes na atmosfera terrestre provocando o aumento da temperatura da Terra

Os raios solares não filtrados pelo ozônio penetram pela troposfera e atingem a superfície terrestre, aquecendo a atmosfera, o solo, os mares e oceanos. Nesse caminho, não são impedidos pelos gases atmosféricos.

O calor proporcionado pela irradiação solar é fundamental para a vida na Terra. O ciclo natural de dias e noites e o efeito dos ventos e da constante movimentação dos gases atmosféricos contribuem para que esse calor não se acumule e para que parte dele se disperse, voltando ao espaço.

No entanto, quando a composição natural da atmosfera é alterada por uma maior concentração de gases, como vapor d'água, metano (CH_4), ozônio (O_3), clorofluorcarbono (CFC), óxido de nitrogênio (N_2O) e, principalmente, gás carbônico (CO_2), responsável em torno de 55% pelo efeito, a dispersão do calor fica prejudicada. Esses gases estufa retêm o calor solar, impedindo sua volta ao espaço e aumentando a temperatura média na superfície do planeta.

A liberação desses gases no ambiente se deve aos seguintes processos:

- **Ozônio (O_3)** – resultado das reações entre os hidrocarbonetos e óxidos de nitrogênio, produtos da queima de combustíveis fósseis;

- **Clorofluorcarbono** (CFC) – totalmente condenado e, no Brasil, proibido, a partir de 1989, em aerossóis, exceto em produtos medicinais, e, ainda, era encontrado nos fluídos de refrigeração (geladeiras, *freezers*, sistemas de ar condicionado), nos *sprays*, como solvente, na produção de espumas como agente expansor, entre outros.
- **Metano** (CH_4) – produto da queima de combustíveis fósseis, da fermentação de resíduos sólidos, da combustão da biomassa, etc.
- **Gás carbônico** (CO_2) – produzido pelo desmatamento e queimadas, na geração de energia, na queima do carvão e de petróleo, nos meios de transporte, etc.
- **Óxido de nitrogênio** (N_2O) – produto da queima de madeira (queimadas) e combustíveis fósseis, entre outros.

Consequências graves do efeito estufa estão sendo discutidas, e frequentes reuniões internacionais estudam as medidas a serem adotadas com o propósito de diminuir a emissão de gases causadores do fenômeno. Entre os agravos podemos citar:

- **Aumento da temperatura da Terra** – estudos mostram um aumento de 0,6 °C nos últimos cem anos, e, se a emissão desses gases continuar em crescimento, pode-se atingir um aumento de 5,8 °C ao final do século XXI.
- **Mudanças na precipitação das chuvas** – embora a ocorrência de chuvas possa ser influenciada por vários fatores, entre eles o desmatamento, o efeito estufa pode modificar o índice pluviométrico das regiões, aumentando em algumas áreas e diminuindo em outras. Serão detectados efeitos negativos sobre a agricultura, no ciclo das águas e na população.

- **Alteração do nível das águas do mar** – o aumento da temperatura da Terra causado pelo efeito estufa provocará efeitos sobre o nível do mar de duas formas: o aumento do calor leva ao derretimento mais rápido das geleiras e terras geladas, liberando maior volume de água, o que aumenta o nível do mar; da mesma forma, o aquecimento da Terra e do ar atmosférico fará as águas do mar absorverem o calor excessivo, levando à expansão das águas. A elevação do nível do mar é a principal consequência, pois poderá ser a responsável pelo desaparecimento das cidades situadas no nível do mar, pelo represamento dos rios, com seu transbordamento, e pelas inundações.

Inversão térmica

A constante movimentação da atmosfera provocada pela elevação do ar quente e sua substituição pelo ar frio provoca os ventos, que são importantíssimos para a dispersão de poeiras e gases tóxicos geralmente provenientes da atividade humana.

Na inversão térmica, entretanto, uma camada de ar quente em maior altitude impede que o ar das camadas inferiores suba, dificultando a dispersão de poluentes. Este é um fenômeno que ocorre frequentemente nos grandes centros urbanos.

Algumas vezes as camadas inferiores ficam mais frias que as superiores, devido à formação de neblinas que dificultam a penetração do calor solar e o aquecimento do solo. Assim, não ocorre a circulação vertical do ar, e a concentração de poluentes cresce gradativamente. Quando essa situação se combina com a ausência de ventos fortes, durante alguns dias as cidades podem ficar envolvidas num "manto" cada vez mais rico em poluentes.

Chuva ácida

A expressão "chuva ácida" é empregada para designar a deposição úmida de elementos ácidos (ácido sulfúrico e sulfuroso, ácido nítrico e nitroso, ácido clorídrico e fluorídrico e outros) dissolvidos nas nuvens e nas gotas de chuva, tornando a água da chuva ácida, com pH menor que 5,6.

Atualmente, a expressão mais adequada é *deposição ácida*, que engloba tanto a *deposição úmida* acima citada como a *deposição seca* dos poluentes ácidos gasosos e particulados.

Devido à presença na atmosfera do gás carbônico (CO_2), as águas da chuva têm, naturalmente, uma leve acidez, com pH próximo de 5,6. O CO_2 dissolvido na água forma o ácido carbônico (H_2CO_3), um ácido fraco.

Índices de pH menores que 5,6 mostram que a água está poluída com ácidos considerados fortes, como o ácido sulfúrico (H_2SO_4), o nítrico (HNO_3) e o clorídrico (HCl), e ácidos orgânicos, como o fórmico e o acético.

Esses ácidos se formam na atmosfera por meio de reações químicas provocadas por dois gases muito poluentes: o dióxido de enxofre (SO_2) e os óxidos de nitrogênio (NO_x).

Em contato com o vapor d'água presente na atmosfera, por exemplo, o dióxido de enxofre dá origem ao ácido sulfúrico, enquanto os óxidos de nitrogênio formam o ácido nítrico.

Os principais gases causadores das deposições ácidas são originados principalmente nos processos industriais e na queima de combustíveis fósseis; entre outros, podemos citar:

- **Dióxido de enxofre** – produzido em usinas termelétricas, em veículos e indústrias, queima do carvão e derivados do petróleo, refinarias de petróleo, siderúrgicas e metalúrgicas de minerais não metálicos, produção de fertilizantes, alto-fornos, e outros.
- **Óxido de nitrogênio** – queima do carvão vegetal e de derivados do petróleo (nos veículos principalmente – trânsito intenso nos grandes centros urbanos), fumaça de cigarros, no processo de produção de ácido sulfúrico, ácido nítrico, celulose e outros.
- **Ácido clorídrico** – produção de fertilizantes e produtos eletroquímicos, queima de produtos e materiais contendo cloro e nos processos de esmaltação de porcelanas.

O fenômeno da deposição ácida está presente principalmente nos países com grandes áreas industrializadas e em grandes aglomerações urbanas. Pode ocorrer também em locais que não são produtores da poluição, em consequência da ação dos ventos que levam a poluição para longe das áreas poluidoras, da altura das chaminés das fábricas que expelem a poluição em corrente de ventos muito alta, da frequência das chuvas e das condições atmosféricas. Esse fenômeno causa imensos prejuízos ao homem e à natureza, tais como:

- Alteração da química do solo, por causa da maior acidez, liberando metais pesados e alumínio, que são fitotóxicos, levando assim à alteração na produção e no crescimento da vegetação, amarelecimento das folhas, com queda precoce e morte da planta.

- Danificação de estátuas, esculturas, edificações, obras arquitetônicas e de arte, prédios históricos, redes de canalização de água e esgotos, cabos elétricos. Pinturas de automóveis, vidros e mármores deterioram com maior facilidade e rapidez.
- Riscos indiretos à saúde do homem pela presença de metais como chumbo, cobre, zinco, cádmio e mercúrio, que, liberados no solo pelo aumento da acidez, atingem as águas subterrâneas, de rios e outras fontes. Pessoas que, então, ingerem essas águas sem tratamento ou consomem os peixes que foram contaminados podem apresentar problemas neurológicos.

A água de lagos e rios possuem reservas de carbonato de cálcio e ao receberem as águas das chuvas com pH ácido conseguem, por algum tempo, neutralizar a acidez das águas. O carbonato ao entrar em contato com os ácidos produz compostos neutros que conseguem reduzir a acidez, mantendo as águas com pH neutro. Mas, quando essas reservas de carbonato acabam, esse efeito conhecido como *efeito tampão* não ocorre mais. Grande parte dos organismos aquáticos vivem em águas neutras, com leve acidez. As águas ácidas não são propícias à vida dos principais decompositores, as bactérias e os fungos. Esses organismos não sobrevivem à acidez e desaparecem das águas.

Sem decompositores, tudo que entra em contato com a água, como pedaços de madeira, folhas, papel, não é decomposto, tornando os leitos dos rios e lagos depósitos de resíduos sólidos. Embora as águas se tornem claras pela ação da acidez, na verdade, a ausência dos seres vivos determina a morte desses cursos d'água.

As chuvas ácidas exercem também efeito sobre a vegetação, exemplo bastante conhecido ocorreu na cidade de Cubatão, estado de São Paulo, onde a vegetação da Serra do Mar começou a morrer, principalmente as árvores de grande porte, que tinham as copas maiores e estavam mais expostas à atmosfera contaminada e às águas ácidas das chuvas. A importância dessa vegetação é vital para a manutenção da vida naquela área, uma vez que preserva as encostas das serras e evita o deslizamento dos terrenos, as avalanchas de terra, lama e pedras, que poderiam provocar o soterramento de casas e indústrias, alagamentos e entupimentos dos cursos d'água.

Poluição atmosférica em ambientes fechados

Normalmente, quando pensamos em poluição atmosférica, lembramos de fábricas, carros, caminhões, ônibus e motores em geral que despejam no ambiente um número infindável de poluentes. O controle da poluição do meio ambiente externo é extremamente importante, mas a poluição dos ambientes internos não deve ser esquecida, pois representa uma ameaça ainda maior à saúde do homem.

Vários estudos estão sendo realizados e mostram que a baixa troca de ar nos ambientes fechados contribui para o acúmulo de altas concentrações de poluentes químicos e biológicos no ar.

O homem passa a maior parte do tempo em locais fechados, seja em casa, nos escritórios, nas empresas ou nos transportes urbanos. Muitos profissionais, entre eles engenheiros, biólogos, químicos, têm demonstrado preocupação e estão se dedicando ao estudo da poluição da atmosfera em locais fechados, na busca de soluções que minimizem esse problema. Os estudos mostram, muitas vezes, que o ambiente interno está mais contaminado se comparado ao externo.

O avanço tecnológico tem contribuído em parte para o agravamento da situação, ao desenvolver aparelhos de ventilação e aquecimento eficientes com o objetivo de diminuir o consumo de energia e ao criar sistemas de vedação de prédios e casas, diminuindo assim as trocas de ar com o meio externo e a dispersão das substâncias poluidoras.

Materiais utilizados na construção de edifícios e casas, na limpeza dos ambientes, no mobiliário, na forração (carpetes/tapetes), no acabamento de móveis contribuem para a emissão de substâncias químicas, em especial os compostos orgânicos voláteis.

No Brasil, estudos sobre a poluição interna dos ambientes foram iniciados há mais ou menos quinze anos, avaliando-se ambientes de escritórios, hotéis, restaurantes, mostrando que o nível de poluição interna estava próximo ou acima dos níveis previstos nas legislações internacionais.

Como fontes poluidoras podemos citar o próprio homem, que libera na respiração o dióxido de carbono e na transpiração substâncias químicas e transporta microrganismos como bactérias, fungos e ácaros; o fumo; as atividades domésticas de limpeza, por meio da varredura, do uso dos aspiradores e espanadores, que retiram as partículas maiores existentes nos locais, mas deixam suspensa no ar uma grande concentração de partículas menores, facilmente carregadas para dentro dos pulmões. Podem ser citados ainda o uso de produtos de limpeza, diversos produtos voláteis, aerossóis, o preparo dos alimentos, o uso de tinta na pintura de paredes, os tapetes e carpetes, que, além de liberarem fibras e produtos químicos, são importantes na proliferação de patógenos.

Os poluentes podem ser divididos em materiais particulados, vapores, gases e aerossóis, e são classificados em orgânicos, inorgânicos e biológicos.

A avaliação da qualidade do ar de interiores (QAI) pode apontar para as principais fontes poluidoras de determinado ambiente, como falhas no sistema de ventilação e problemas relacionados aos mecanismos do sistema de ar condicionado. As análises mostram a concentração de contaminantes presentes no ar, a velocidade da ventilação, a velocidade da emissão, o ar contaminado levado a áreas não contaminadas através dos ductos do sistema, odores e outras percepções, sempre relacionando esses fatores com a sintomatologia apresentada por aqueles que usam o ambiente.

O número de pessoas com problemas respiratórios e alérgicos, em razão de trabalhar ou passar grande parte do tempo em locais fechados, cresce diariamente.

A matéria particulada visualizada principalmente no momento da limpeza dos ambientes é a forma mais visível de poluição. As partículas inaláveis, ao atravessar as barreiras fisiológicas do organismo, depositando-se nas estruturas pulmonares, causam problemas irreversíveis à saúde.

O gás radônio (elemento químico do rádio) é outra substância poluente. Ele está presente no solo, nas águas subterrâneas, nos materiais de construção, como mármore e granito, e pode penetrar nos ambientes através de rachaduras e frestas do piso ou das paredes.

Outro poluente encontrado nos ambientes fechados são os compostos orgânicos, que são muito diversificados. Entre eles estão as N-nitrosaminas, os aldeídos e os hidrocarbonetos insaturados, que podem provocar efeitos mutagênicos no organismo humano.

Os compostos orgânicos voláteis (COVs) podem ser considerados como principais fontes da poluição interna. Os materiais de construção, o mobiliário, o fumo, as atividades de fotocópias, o sistema de ar condicionado, os produtos de higiene e de cuidados pessoais e o ar externo que adentra nos ambientes fechados constituem exemplos de COVs, além de inúmeras outras fontes. Esses compostos podem causar grande impacto ambiental e danos à saúde do homem.

Podem ser citados, também, os compostos orgânicos semivoláteis, representados pelos hidrocarbonetos policíclicos aromáticos (naftaleno e derivados e outros). São liberados por motores a *diesel*, por cartuchos de impressoras, pela queima do fumo e da madeira. Estudos mostram sua ação carcinogênica sobre o organismo humano.

Em particular, o fumo é o grande vilão na poluição dos ambientes internos. Libera na queima muitos componentes químicos e é responsável por boa parte da emissão de material particulado na atmosfera, além de provocar muita irritação no sistema respiratório e ser grande causador de efeitos nocivos à saúde do homem.

A nicotina é um dos principais componentes liberados no ar pela queima do tabaco. É altamente tóxica quando inalada, e os estudos mostram que é fator determinante em muitos casos de câncer do pulmão.

Além dos contaminantes citados, a poluição externa causada pela fumaça de carros, caminhões, ônibus e das fábricas contribui para agravar a poluição dos ambiente internos. Normalmente, residências e edifícios são ventilados simplesmente pela abertura de janelas e portas, permitindo o acesso livre do ar externo poluído, sem nenhuma filtração ou outros cuidados. Quando edifícios são selados, ou seja, ventilados por sistema mecânico de ventilação e de ar condicionado, estes não sofrem controle e manutenção adequada, permitindo a entrada de ar poluído e até mesmo agravando a situação, pois acabam disseminado de forma mais rápida os poluentes.

A Organização Mundial de Saúde, diante de estudos realizados em países desenvolvidos e com a constatação de muitas reações adversas à saúde devidas à poluição interna dos ambientes, classificou como um problema de saúde pública a Síndrome do Edifício Doente (SED) – problema mundial que afeta determinadas áreas de um edifício, ou mesmo todo ele. Normalmente, as pessoas frequentadoras desses espaços doentes apresentam reações nocivas à sua saúde, que podem elevar a taxa de absenteísmo e a diminuição da produtividade.

As manifestações fisiológicas mais frequentes apresentadas pelo homem são secura, obstrução e irritação das vias respiratórias, secura dos olhos, cefaleia, fadiga e diminuição da concentração. Normalmente, as pessoas que apresentam esses sintomas afirmam que eles desaparecem ou diminuem nos períodos de férias, fins de semana e feriados prolongados.

Muitas ações podem ser propostas para diminuir as condições que agravam a má qualidade do ar interno dos edifícios e residênciais, entre elas:

- adoção e aplicação pelas autoridades competentes de medidas de grande impacto sobre a poluição ambiental externa, uma vez que o ar poluído ao penetrar nos ambientes fechados agrava ainda mais a situação destes;

- realização de manutenção adequada do sistema mecânico de ventilação e nos filtros de ar condicionado, trocando os filtros sujos com regularidade ou colocando filtros mais eficientes em locais de maior necessidade;
- realização da manutenção do edifício com frequência, evitando rachaduras, umidade nas paredes, vazamento de gás, entupimento de sistema de esgoto, ferrugens, móveis deteriorados, entre outros;
- uso de sistema de exaustão para fotocopiadoras;
- fornecimento aos ocupantes de orientações sobre os tipos mais frequentes de poluentes do ambiente interno, para que exerçam a vigilância e ajam de modo que a emissão de agentes químicos e biológicos nos locais fechados diminua;
- orientação do pessoal responsável pela manutenção da limpeza do edifício quanto à quantidade e à diluição correta dos produtos químicos a serem utilizados, bem como quanto à ventilação dos locais após a limpeza;
- orientação sobre o uso correto de vassouras, aspiradores de pó e espanadores em determinados locais, de acordo com o tipo de piso e ambiente;
- orientação quanto ao acionamento da descarga após o uso dos sanitários, para diminuir a proliferação e propagação de microrganismos patogênicos.

O solo

Composição do solo

O solo é a camada superficial da crosta terrestre formado naturalmente a partir dos processos químicos, físicos e biológicos, como decomposição de matérias orgânicas, fragmentação e decomposição de rochas (granitos, basaltos, rochas sedimentares), da dissolução de substâncias químicas, da água e do ar.

A composição do solo varia de acordo com as diferentes localidades e pode variar no mesmo local pela ação de fatores ambientais que se alteram sazonalmente. O clima – chuva, temperatura e umidade –, a topografia, a diversidade da fauna e da flora, a origem e a idade das rochas formadoras são fatores que modificam a composição do solo. A ação do homem no solo também tem assumido papel preponderante em certas regiões para transformar sua composição.

As proporções médias dos componentes do solo encontradas são 45% de elementos minerais, 25% de água, 25% de ar e 5% apenas de matérias orgânicas.

A ação física causada pelas erosões hídrica e eólica sobre as rochas leva ao desgaste e liberação de partículas e sedimentos, que podem permanecer no próprio local da ação ou ser carregados para outras regiões. Trata-se, de forma genérica, de fragmentos de rochas originais de tamanhos variados, de partículas muito finas de argila, íons minerais e silicatos de alumínio.

A ação química corresponde ao ataque que águas ricas em gás carbônico e a poluição ambiental (chuva ácida) exercem em rochas calcárias.

A água, parte líquida do solo, é proveniente das chuvas, geadas, orvalho, neblina, granizo e do degelo. A parte gasosa é formada em grande parte pelo ar da atmosfera e, em proporções variadas, resulta da biodegradação das matérias orgânicas. A parte orgânica do solo resulta da biodegradação aeróbia ou anaeróbia das folhas, galhos e frutos das vegetações existentes, dos excrementos e do próprio animal morto, além de outros resíduos.

O solo é formado por camadas, chamadas horizontes, sendo cada uma delas constituída por proporções diferentes dos componentes citados, mudando as suas características.

O uso do solo pelo homem data desde os primórdios da natureza, quando ele apenas o utilizava como um apoio por onde se deslocava, sendo a fauna e a flora os meios de sua subsistência.

Com a evolução, o ser humano percebe que o solo tem o poder de germinação das plantas e descobre uma nova maneira de conseguir alimentos. A princípio, desconhece como fazer do solo uma área sempre renovável e produtora desses alimentos, e necessita, então, buscar constantemente outros locais para iniciar uma nova produção.

O tempo mostra ao homem que o uso de determinadas substâncias e produtos enriquecem e dão ao solo maior poder de germinação e a possibilidade de ele fixar-se em um local. Nessa etapa podia até parecer que tudo estava resolvido, mas os problemas estavam apenas começando.

Uso do solo

O solo basicamente é usado pelo homem:

- na fixação e nutrição das plantações e vegetais em geral;
- na construção de casas, prédios e outras edificações;
- na construção de estradas que facilitam os transportes e a comunicação;
- na construção de aterros, sistemas de disposição de resíduos sólidos;
- como reserva de recurso hídrico à coletividade por meio das águas subterrâneas;
- como depositário de combustíveis fósseis e outros elementos extraídos da sua profundeza e utilizados como matéria-prima na construção de edificações ou na produção de produtos e equipamentos.

Para tanto, o homem causa mudanças no solo e no meio ambiente, podendo provocar modificações nas atividades dos organismos que vivem no solo e que são vitais para a sua fertilidade.

As alterações mais frequentes, resultado das atividades de uso do solo pelo homem, e que podem ter caráter físico e químico, são citadas a seguir:

- alterações na estrutura do solo – por atividades agrícolas e pecuárias;
- impermeabilização do solo – em virtude da construção de vias pavimentadas, edificações em geral, calçadas e outras;
- movimentação da terra – por causa de escavações e construção de aterros;
- degradação do solo – em decorrência do destino inadequado de resíduos sólidos e líquidos, da utilização de defensivos agrícolas (inseticidas, herbicidas, fungicidas, etc.), do uso de fertilização sintética, além da queimada e da erosão;
- salinização.

Degradação do solo

A degradação do solo resulta, normalmente, das várias atividades realizadas pelo homem, que modifica ou transforma a natureza, causando impactos ambientais. Também pode resultar dos fenômenos naturais, mas a ação do homem tem contribuído de forma mais intensa para a ocorrência dos danos ao meio ambiente, pois ele depende da natureza para sua sobrevivência. Com o crescimento populacional registrado em larga escala, é inevitável o aumento da produção de alimentos, dos produtos manufaturados, bem como da extração de recursos naturais, muitas vezes, sem planejamento, análise de riscos e danos ambientais.

A seguir são abordados alguns processos que levam à deterioração do solo, tornando-o, muitas vezes, irrecuperável do ponto de vista produtivo.

EROSÃO

É o processo em que as partículas do solo são carregadas pelas águas das chuvas (erosão hídrica) ou pelo vento (erosão eólica), levando à degradação progressiva, diminuição da fertilidade e da produtividade primária. Caso não sejam tomadas medidas preventivas e corretivas, pode-se chegar rapidamente à formação de áreas desérticas, totalmente inférteis.

O processo tem início com o arraste das partículas mais superficiais da superfície terrestre, denominado *erosão laminar*. Após esse estágio, começa a formação de sulcos na superfície, chamada *erosão em sulcos*. Com o agravamento do processo, formam-se grandes valas ou grotas, que é a fase mais grave, conhecida como *voçoroca*.

São vários os fatores que contribuem para o processo erosivo do solo. O homem, mais uma vez, é um dos principais agentes, quando utiliza esse recurso de forma inadequada e irresponsável. O desmatamento é a ação humana que mais contribui para a erosão do solo, depois do agente principal, a água.

Causas das erosões

- A falta de cobertura vegetal é uma das principais causas da erosão. As plantas rasteiras, as árvores, os arbustos, enfim todo tipo de vegetação constitui a maior proteção do solo contra o processo erosivo. A vegetação diminui o impacto das gotas de chuva sobre o solo, minimiza o efeito do carreamento de partículas e reduz a velocidade do escoamento da água.
- As precipitações pluviométricas em grande quantidade, de duração extensa e frequente, provocam o encharque do solo, diminuindo a infiltração e aumentando o escoamento das águas que carregam consigo partículas do solo.

- A falta de húmus, matéria orgânica encontrada na superfície do solo. O húmus segura bom volume de água, garante a permeabilidade do solo e permite a absorção da água, evitando o escoamento. Os solos mais profundos permitem maior infiltração e acúmulo de águas da chuva, portanto evitam também a erosão.
- A declividade do terreno influencia no escoamento da água; quanto maior e mais extenso for o declive; maior será a ocorrência de erosões na área.
- Uso desenfreado das pastagens para a criação de gado (sobre pastoreio), esgotando o solo em áreas extensas.
- Escavações desordenadas nas atividades de mineração, entre outras.
- Alteração no escoamento natural dos cursos d'água (barragens, aterros, drenagem artificial).
- Desmatamento de áreas extensas, de encostas e de mata ciliar.
- Uso da monocultura sem a reposição de nutrientes leva ao empobrecimento do solo, à infertilidade e ao abandono, deixando-o desprotegido, sem mesmo a sua vegetação natural.
- Urbanização sem planejamento causa alteração na vegetação, no relevo, nas características do solo, contribuindo para o processo erosivo. Leva a deslizamentos, aterro de mananciais e inundações.

A erosão é um problema que preocupa o mundo todo, pois os países perdem extensas áreas produtivas, que chegam à infertilidade e à desertificação. Vários estados brasileiros já apontam a perda de áreas produtivas decorrentes do processo erosivo. No estado de São Paulo, as regiões oeste e sudoeste, extensivamente usadas pela monocultura de café, algodão, soja, seguida por pastagens, apresentam áreas com perdas progressivas e graves da produtividade.

Controle da erosão

O controle da erosão exige o planejamento do uso do solo e a adoção de medidas que protejam as características, a topografia, a drenagem da água e a vegetação nativa da área. O manejo inadequado do solo, da vegetação e da água leva à improdutividade da terra e faz a sociedade pagar um alto preço pelos prejuízos ocasionados.

A proteção da vegetação é a ação mais eficiente no combate à erosão. Algumas medidas de controle podem ser bastante úteis e de fácil execução:

- reflorestar e recuperar áreas desmatadas, usando de preferência a própria vegetação nativa;
- usar o solo de forma regrada, com planejamento e estudo de impacto ambiental;
- evitar o uso de terrenos em declive, de áreas próximas a recursos hídricos, de terrenos propensos a erosão;
- recorrer ao plantio de vegetação no caso de solos que estejam nos estágios iniciais do processo erosivo (erosão laminar e em sulco);
- usar adubação orgânica, que torna o solo mais permeável, retendo mais a água;
- controlar queimadas, porque, embora elas possam trazer melhoras nutricionais ao solo, pela deposição das cinzas (alto teor de potássio e cálcio), tempos depois, ele perde a fertilidade – a matéria orgânica não é mais decomposta, pois as bactérias e pequenos animais que ajudam nesse processo foram destruídos – e se torna duro e pouco poroso;

- nos terrenos em declive, utilizar a técnica do plantio em curva de nível, mantendo nas partes mais altas a vegetação natural da área;
- usar plantações associadas (dois tipos diferentes de culturas) e/ou rotatividade de culturas, fornecendo ao solo períodos de descanso;
- usar proteção do solo com cobertura morta, ou seja, folhas e ramagens, palha, capim seco e outros materiais, com o objetivo de protegê-lo contra os raios solares e os impactos das chuvas, mantendo a biodiversidade da fauna e da flora nele existente;
- no setor pecuário, é preciso ter cuidado com o uso excessivo das pastagens, controlar o peso do rebanho para que não ultrapasse a capacidade delas, usar o rodízio de pastagens e ressemeá-las de acordo com a periodicidade;
- construir sistemas que diminuam a velocidade e o volume de escoamento das águas, como valas, drenos, canais, diques e outros;
- diminuir a ação da erosão eólica e conservar a umidade da área construindo cortinas (quebra-ventos) e utilizando plantações de eucaliptos ou bambus, por exemplo, que serão plantados formando duas ou três fileiras de árvores, para proteger as áreas cultivadas;
- usar cordões vivos de plantações permanentes entre as áreas cultivadas para ajudar na retenção da água, diminuindo o escoamento rápido e permitindo maior infiltração e deposição de sedimentos.

Salinização

É um tipo particular de poluição dos solos e pode ser provocada de forma natural ou em decorrência do uso da irrigação na prática da exploração agrícola.

A salinização natural acontece quando os sais dissolvidos na água são levados para determinada área devido às condições do relevo ou pela maior aridez do clima. Também pode ocorrer pela própria composição do solo, ou seja, o solo é suscetível à salinização, apresenta nível alto das águas subterrâneas, facilitando a evaporação e deixando os sais concentrados na sua camada superficial.

A salinização causada pela irrigação dos terrenos com produção agrícola tem aumentado bastante devido à má utilização das técnicas, ao uso de água de má qualidade, à aplicação inadequada da drenagem da água e ao seu uso excessivo. O solo de regiões secas em que a evaporação da água acontece muito rapidamente também sofre com a salinização.

Os solos ricos em sais podem se tornar improdutivos, ou seja, impróprios para a produção agrícola. Algumas medidas devem ser tomadas antes da implantação da irrigação artificial:

- utilizar água de boa qualidade, com baixos teores de sais e sódio;
- aplicar quantidade extra de água na irrigação das plantações ajuda a diminuir a salinização dos solos. Quando o acúmulo de sais no solo é excessivo pode-se realizar a lixiviação, ou seja, uma "lavagem" do terreno com o objetivo de diminuir o excesso de sais presentes. A "lavagem" acontece com a aplicação de um volume de água acima da quantidade normalmente necessária à plantação. Essa medida provoca a diminuição da quantia de sais e, consequentemente, a normalização do terreno.

- adotar sistema de drenagem eficiente para recolher as sobras da água aplicada;
- adotar sistema de rotação de culturas, usando plantas mais resistentes e que absorvem maior quantidade de sais;
- usar adubação orgânica, manter o equilíbrio dos nutrientes, adotar técnica de cultivo adequada para manter a composição natural da superfície do solo, facilitando a infiltração da água;
- criar barreiras que minimizem a rápida evaporação da água das regiões irrigadas com a formação de barreira de vegetais ao redor das áreas e o uso de cobertura morta ou vegetal.

Uso de fertilizantes e defensivos agrícolas

A necessidade crescente de atender a alta demanda por alimentos (de origem animal ou vegetal), gerada pelo crescimento populacional, obrigou o homem a usar o solo de forma desordenada para atividades agropecuárias, provocando modificações importantes na sua estrutura e composição. As modificações, entre outras causas, ocorreram pelo aumento do uso dos fertilizantes sintéticos e defensivos agrícolas e pela remoção da cobertura vegetal em períodos sazonais das áreas cultivadas.

No início, a agricultura lançava mão de fertilizantes próprios, resultantes de restos decompostos de colheitas e de excrementos de animais (rebanho bovino e aves). Todos de origem natural e, portanto, de fácil biodegradação, assimilados e integrados às cadeias alimentares do solo, não constituíam danos ou desequilíbrio à natureza.

A necessidade de produzir mais, entretanto, levou à utilização dos fertilizantes sintéticos, que aumentam a produção de alimentos ao suprir as carências nutricionais das plantas. A utilização dos fertilizantes demanda controle, uso de técnicas de aplicação corretas, levando em conta a quantidade e a frequência. A sua utilização de forma desordenada, em grandes quantidades, pode tornar o solo pobre em materiais orgânicos e diminuir o poder de retenção e escoamento de águas, provocando a lixiviação dos nutrientes, além de levar ao uso de quantidades cada vez maiores do produto.

Os fertilizantes, ainda, têm a característica de se fixarem na parte sólida do solo ou de se solubilizarem na parte líquida e, assim, serem transportados, poluindo recursos hídricos subterrâneos e superficiais. Neste último caso, resultando no processo de eutrofização, assunto abordado anteriormente.

Os defensivos agrícolas foram utilizados desde o início pela sua característica de alto efeito residual, hoje considerada seu maior defeito. A resistência à decomposição no meio ambiente faz com que permaneçam na natureza por longos períodos. Disseminando-se pela biosfera e sendo incorporados nas cadeias alimentares, ao atingir o homem, causam-lhe sérios riscos à saúde.

A substituição dos defensivos por outras técnicas e processos ainda está no início. O manejo integrado de pragas é considerado um controle biológico que pode substituir ou diminuir o uso dos defensivos. Consiste na utilização de uma espécie de inseto para combater outra espécie, diminuindo sua população, sem, contudo, eliminá-la, apenas reduzindo-a a níveis aceitáveis, a fim de controlar as perdas econômicas por ela causadas. Determinado inseto só se torna uma "praga" quando o aumento da sua população é descontrolado, fato que ocorre quando há crescimento livre, sem controladores naturais, ou seja, predadores.

O uso indiscriminado das monoculturas cria ambiente propício para o desenvolvimento das "pragas", por não haver, nas extensas áreas de uma mesma plantação, espécies diferentes que possam competir entre si.

Outra possibilidade de diminuir o uso de defensivos e fertilizantes, até há bem pouco tempo utilizada, é a introdução de culturas genéticas para a produção de plantas mais resistentes, procedimento que consiste no cruzamento dos genes de uma planta com os genes de outra, obtendo-se, assim, uma nova espécie com as características desejadas, que pode ter, por exemplo, resistência a certas pragas e insetos.

Ainda não há, contudo, um controle total nessa combinação. No Brasil, a Lei nº 11.092, de 12 de janeiro de 2005, permite a utilização e a comercialização de produtos transgênicos, embora essas práticas ainda estejam sendo analisadas e avaliadas pela Comissão Técnica Nacional de Biossegurança.

Defendendo a ideia, os pesquisadores argumentam que ocorre real aumento da produtividade e redução de custos operacionais. Em contrapartida, existem os fatores que desestimulam a produção de transgênicos: muitos países europeus e asiáticos resistem ao uso desses produtos; a impossibilidade de o produtor usar as sementes sem ser obrigado a depender de empresas produtoras, devido à lei da patente; e, por fim, a ausência de pesquisas sobre os seus efeitos, a longo prazo, no ser humano e no meio ambiente.

Entre os impactos causados pelos produtos agrotóxicos, são citados:

- destruição e contaminação de animais que se alimentam de insetos, pragas, larvas, lagartas e minhocas que receberam os defensivos;
- destruição de plantas úteis ao homem;

- modificação nas populações dos insetos benéficos e desenvolvimento de pragas secundárias;
- destruição de insetos que fazem a polinização, como abelhas, besouros e outros;
- aumento do número de pragas resistentes, levando ao uso de defensivos mais tóxicos;
- contaminação de animais aquáticos, como peixes e invertebrados, de aves, mamíferos e répteis;
- danos à saúde do homem, como problemas hepáticos e renais; atrofia testicular e esterilidade masculina, fibrose pulmonar irreversível, reações de hipersensibilidade (alergia e asma), entre outros;
- contaminação de alimentos de origem animal e vegetal;
- alteração na deposição de sais de cálcio nas cascas de ovos das aves, provocando o enfraquecimento e o rompimento fácil.

Consequências da degradação do solo

A poluição e a degradação do solo resultam de inúmeros processos que o tornam prejudicial ao homem e aos outros organismos, que inviabilizam o seu uso por alterações de suas características físicas, químicas e biológicas e pela presença de agentes químicos ou residuais.

As principais fontes poluidoras do solo estão no setor rural - uso de fertilizantes sintéticos e defensivos agrícolas – e no setor urbano – lançamento de resíduos sólidos provenientes do uso doméstico, dos processos industriais, dos setores de saúde e comerciais e disposição inadequada de efluentes de processos industriais e dos esgotos sanitários em geral.

Neste momento do livro, tratamos da degradação do solo pelo uso dos defensivos agrícolas e fertilizantes domésticos, além da salinização, tipo particular de poluição do solo. Os demais poluentes do solo já foram tratados nos capítulos anteriores.

O homem depende da natureza para viver, de uma natureza rica, complexa e equilibrada. O solo faz parte dessa natureza, portanto, caso seus ecossistemas não estejam em equilíbrio, uma ou mais espécies morrerão. A morte de uma única espécie pode gerar uma reação em cadeia e levar à morte de todo o sistema. O solo sempre que contaminado requer por parte das autoridades competentes, dos responsáveis pela contaminação e da população em geral medidas urgentes, com o objetivo de minimizar os danos e recuperar suas propriedades características, devolvendo-o para o uso consciente e responsável. O quadro a seguir mostra os principais poluentes do solo e os prejuízos que podem causar à saúde do homem.

Quadro 17 – Principais poluentes e efeitos na saúde humana

Fonte poluidora	Produto químico	Efeitos
Inseticidas	DDT BHC	Câncer, danos ao fígado e a embriões
Inseticida	Clordano	Câncer, doenças do fígado e do sangue, efeitos neurológicos, cardiovasculares, respiratórios, gástricos e renais severos, problemas endócrinos e reprodutivos
Inseticida	Toxafeno	Exposição a elevadas concentrações está associada a disfunções renais, hepáticas, nervosas, debilidade do sistema imunológico, diminuição da esperança de vida, disfunção hormonal, diminuição da fertilidade e alterações comportamentais

(cont.)

Fonte poluidora	Produto químico	Efeitos
Fungicida	Hexaclorbenzeno	Danos ao fígado, à tireoide e aos rins, aos sistemas endócrino, imunológico, reprodutivo e nervoso, além de câncer
Inseticida	Heptacloro	Disfunção reprodutiva e endócrina e câncer de bexiga
Pesticida	Bário (Ba)	Aumento transitório da pressão sanguínea e efeitos tóxicos sobre o coração, vasos e nervos
Pesticida	Cádmio (Cd)	Pressão alta, problemas renais, aterosclerose, inibição no crescimento, doenças crônicas em idosos e câncer
Fungicida e pesticida	Cobre (Cu)	Irritação e corrosão da mucosa, problemas hepáticos e renais e irritação do sistema nervoso central seguida de depressão

Fonte: Walter H. Corso, *Manual global de ecologia* (São Paulo: Augustus, 1996).

A seguir são abordados, de forma bastante resumida e simples, os processos de remediação do solo contaminado, bem como a Lei nº 13.577, de 8 de julho de 2009, legislação estadual específica que estabelece e orienta sobre os procedimentos de proteção da qualidade do solo contra alterações nocivas por contaminação.

Remediação do solo

Consiste no trabalho de eliminar ou diminuir a concentração de produtos contaminantes do solo e das águas subterrâneas. Alguns tratamentos podem ser usados, embora bastante recentes, os quais são agrupados em três grandes grupos: descontaminação no local (*in situ*), descontaminação fora do local (*ex situ*) e confinamento ou isolamento da área contaminada, que na verdade não é uma técnica de tratamento, mas uma alternativa provisória para o problema. As técnicas têm sofrido mudanças frequentes nas últimas décadas, resultado da necessidade de melhorar o custo-benefício dos processos.

A escolha do método é uma tarefa complexa e deve atender não somente as características físico-químicas do contaminante, como também as condições hidrogeológicas da área afetada, a extensão da contaminação, a viabilidade técnica e econômica do método adequado à área específica e as exigências legais, compatibilizando todos esses fatores com os riscos representados pela contaminação.

Vários métodos podem ser usados, entre eles o tratamento do solo no próprio local, a retirada do solo e o seu tratamento fora de seu local de origem, conforme já citados, a remoção da água subterrânea do terreno para seu posterior tratamento, a injeção de compostos químicos de ar e a biorremediação/tratamento biológico.

Entre as técnicas utilizadas, a biorremediação tem ganhado bastante destaque por exercer papel importante na recuperação das áreas contaminadas, onde os microrganismos, com possibilidades praticamente ilimitadas na metabolização de compostos químicos, recuperam áreas contaminadas por atividades urbanas e industriais. O tratamento com o uso de microrganismos proporciona menores riscos à saúde pública, ao ecossistema e, empregado de forma controlada e frequentemente monitorada, seguindo as determinações das legislações, não interfere nas características naturais do solo.

A biorremediação compreende processos que, geralmente, empregam microrganismos (bactérias, fungos, leveduras) ou suas enzimas para degradar compostos poluentes. Cada tipo de poluente, analisadas suas características, necessita de determinada espécie de microrganismo. Seguem no quadro alguns exemplos:

Quadro 18 – Biorremediação

Contaminantes	Agentes biorremediadores
Anéis aromáticos (combustíveis e resíduos industriais)	*Pseudomonas, Achromobacter, Bacillus, Arthrobacter, Penicillum, Aspergillus, Fusarium, Phanerocheate*
Cádmio (Cd)	*Staphylococcus, Bacillus, Pseudomonas, Citrobacter, Klebsiella, Rhodococcus, Aspergillus, Saccharomyces cerevisiae*
Chumbo (Pb)	*Bacillus*
Cobre (Cu)	*Escherichia, Pseudomonas, Bacillus*
Cromo (Cr)	*Alcaligenes, Pseudomonas*
Enxofre (S)	*Thiobacillus*
Derivados do petróleo	*Rhodococcus, Bacillus*

Essa é uma prática menos dispendiosa. Permite o tratamento de áreas mais extensas, biodegrada o contaminante sem transferi-lo de um meio para outro, trata produtos considerados de difícil degradação. O contaminante pode ser tratado *in situ*, e os produtos utilizados não são tóxicos nem prejudicam o meio ambiente. O processo de tratamento por biorremediação *in situ* ocorre sem a remoção e o transporte do material contaminado do próprio local, mas oferece maior dificuldade no controle. Os resultados são mais demorados, e a flexibilidade é menor para tratamento de grande número de contaminantes.

Na biorremediação *ex situ* faz-se a remoção do material contaminado do seu local de origem. É mais indicada nos casos em que há perigo de alastramento da contaminação.

Dois procedimentos podem ser adotados na biorremediação:

- **Bioestimulação** – consiste em aumentar o número de microrganismos biodegradantes por meio do fornecimento de nutrientes, aumentando a atividade metabólica na degradação de contaminantes.
- **Bioadição** – nesse caso, são misturadas espécies de microrganismos em uma área contaminada ou em um biorreator, e deve haver maior controle, pois algumas espécies, às vezes, por não serem nativas da área contaminada, trazem riscos ambientais.

A biorremediação, no entanto, nem sempre é eficaz. Existem produtos tóxicos que não são facilmente degradados pelos microrganismos. Alguns metais como o mercúrio acabam se fixando mais no solo e agravam a situação. O uso de certas plantas (fitorremediação) pode auxiliar nesse caso, pois estas têm a propriedade de assimilar o metal em sua parte externa e, dessa forma, eliminar o produto ao serem colhidas.

As principais técnicas biológicas de tratamento incluem:

- ***Landfarming*** - sistema de tratamento de resíduos por meio de um processo biotecnológico que utiliza a população microbiana do solo para a degradação deles.
- **Compostagem** - decomposição aeróbia, isto é, na presença de oxigênio, em resíduos orgânicos por populações microbianas *in situ*, sob condições total ou parcialmente controladas, que produzem um material parcialmente estabilizado.
- **Reatores biológicos** - unidades onde ocorre a remoção da matéria orgânica pela ação de microrganismos aeróbios submetidos à aeração (presença constante de ar).
- Descontaminação no local.
- Técnicas como cometabolismo, desnitrificação, etc.

Outras técnicas de biorremediação podem ser citadas e escolhidas para a recuperação do solo, mas devem sempre levar em consideração a proteção da saúde do homem e do meio ambiente. É importante que seja considerado o custo no emprego do processo escolhido, visto que normalmente esses processos são muito dispendiosos, inviabilizando a escolha.

A seguir, quadro que sintetiza as técnicas de tratamento:

Quadro 19 – Técnicas de tratamento do solo

Métodos		***In situ***	***Ex situ***
Térmico		Sem aplicação	Combustão/ pirólise
Físico-químicos	Seco	Injeção de ar	Dessortação em reator
	Úmido	Lavagem do solo/ extração	Lavagem do solo/ extração
Biológicos		Biológicos	*Landfarming*/ biorreator
Processos especiais		Vitrificação/ eletrocinéticos, p. ex.	Eletrocinéticos, p. ex.
Isolamento		Confinamento	Sem aplicação

Tratamento térmico

As necessidades energéticas das técnicas térmicas são, normalmente, bastante elevadas, sendo possível a emissão de contaminantes perigosos. Contudo, em determinados casos, podem ser utilizadas temperaturas substancialmente baixas, levando a consumo de energia relativamente diminuto. O processo será ainda passível de minimizar outros tipos de poluição ambiental se as emissões gasosas liberadas forem tratadas. As instalações para esse método de tratamento podem ser semimóveis, e os custos dependem não só do processo em si, mas também do teor de umidade, tipo de solo e concentração de poluentes, bem como de medidas de segurança e das regulamentações ambientais em vigor.

Tratamento físico-químico

Dos processos físico-químicos, os métodos atualmente mais usados baseiam-se na lavagem do solo. Esses métodos fundamentam-se no princípio tecnológico da transferência de um contaminante do solo para um aceitador de fase líquida ou gasosa. Os principais produtos a serem obtidos são o solo tratado e os contaminantes concentrados. O processo específico de tratamento depende do(s) tipo(s) de contaminante(s), principalmente no que se refere à análise do tipo de ligação que estabelece com as partículas do solo.

Por exemplo, em solo rico em argila (mais de 30%), que tem uma elevada afinidade com a maior parte das substâncias contaminantes (por mecanismos físicos e químicos), o uso desse tipo de tratamento deve ser evitado. Assim, para separar os contaminantes do solo é necessário remover as ligações entre estes e as partículas do solo, ou extrair as partículas contaminadas do solo.

A fase seguinte consiste na separação do fluido, enriquecido em contaminantes das partículas de solo limpas. Adicionalmente, pode ser necessário considerar um circuito de exaustão e tratamento do ar, se for provável a liberação de compostos voláteis.

Em defesa do solo

No estado de São Paulo começou a vigorar, em julho de 2009, a Lei nº 13.577, que estabelece o cadastro, o gerenciamento e a remediação de áreas contaminadas, anteriormente orientadas pela Cetesb, por meio de normatização interna.

O artigo 2º estabelece a garantia do uso sustentável do solo, protegendo-o de contaminações e prevenindo alterações nas suas características e funções por meio de:

> I - medidas para proteção da qualidade do solo e das águas subterrâneas;
>
> II - medidas preventivas à geração de áreas contaminadas;
>
> III - procedimentos para identificação de áreas contaminadas;
>
> IV - garantia à saúde e à segurança da população exposta à contaminação;
>
> V - promoção da remediação de áreas contaminadas e das águas subterrâneas por elas afetadas;
>
> VI - incentivo à reutilização de áreas remediadas;
>
> VII - promoção da articulação entre as instituições;
>
> VIII - garantia à informação e à participação da população afetada nas decisões relacionadas com as áreas contaminadas.

A nova lei determina como será feita a identificação e a recuperação ambiental de áreas contaminadas. Também são discriminados no artigo 13, os responsáveis legais e solidários pela prevenção, identificação e remediação de uma área contaminada:

> I - o causador da contaminação e seus sucessores;
>
> II - o proprietário da área;
>
> III - o superficiário;[45]
>
> IV - o detentor da posse efetiva;
>
> V - quem dela se beneficiar direta ou indiretamente.

[45] Detentor do direito de superfície de um terreno, por tempo determinado ou indeterminado, mediante escritura pública registrada.

A pessoa jurídica poderá ter sua personalidade desconsiderada quando esta for empecilho para a identificação e a remediação da área contaminada.

Quando o responsável legal pela área contaminada for omitido ou não identificado/localizado, cabe aos órgãos do poder público solicitar no Cartório de Registro Civil divulgação da comunicação do dano, juntamente com a matrícula do imóvel (art. 24, parágrafo único).

O artigo 25 estabelece a obrigação do responsável legal da área contaminada de apresentar um Plano de Remediação, acompanhado de cronograma de implementação e da garantia bancária ou seguro, no valor mínimo de 125% do custo estimado para a remediação.

No artigo 30, a lei cria um Fundo Estadual de Prevenção e Remediação de Áreas Contaminadas (Feprac), que terá os recursos destinados à identificação e remediação de áreas contaminadas.

O responsável legal incorrerá em infrações administrativas (art. 42), caso descumpra a legislação vigente. As infrações são advertência, multa, embargo, demolição ou suspensão de financiamento e beneficios fiscais.

Em defesa do meio ambiente

Acidentes ambientais: causas e consequências

Um acidente é um evento ou uma sequência de eventos de ocorrência anormal que resultam em consequências indesejáveis e específicas ao homem e ao meio ambiente, causando danos corporais, materiais e interrompendo a vida dos seres vivos.

A realidade atual mostra que a evolução da economia e o crescente uso dos recursos naturais têm ocasionado mudanças ao meio ambiente, com a devastação e a destruição do ecossistema, em razão dos processos de transformação desses recursos. E todos os dias surgem novas notícias de acidentes ambientais espalhados pelo mundo.

A Companhia Ambiental do Estado de São Paulo (Cetesb) define acidente ambiental como qualquer evento anormal, indesejado e inesperado, com potencial para causar danos diretos ou indiretos à saúde humana e ao meio ambiente, classificando-o em dois tipos, de acordo com as suas origens: *acidente natural* e *acidente tecnológico*.

Acidentes naturais, como o próprio nome diz, são causados por fenômenos da natureza, e em grande parte independem das intervenções do homem, como terremotos, *tsunamis*, enchentes, maremotos e furacões, entre outros.

Já os *acidentes tecnológicos* são ocorrências geradas pelas atividades desenvolvidas pelo ser humano, que normalmente podem estar relacionadas com a manipulação de substâncias químicas perigosas.

São exemplos desses tipos de acidentes incêndios florestais; derramamento de petróleo e de seus derivados; contaminação por produtos químicos e fertilizantes; lançamento de efluentes industriais e domésticos; vazamento de gás, entre outros. Esses acidentes ocorrem tanto em áreas urbanas como em áreas rurais, em parques industriais, rodovias, ferrovias, dutos, bem como em parques e reservas, rios, represas e no mar.

Os acidentes naturais, em sua maioria, são de difícil prevenção. Quanto aos acidentes de origem tecnológica, pode-se dizer que em certos casos eles são previsíveis. Por isso, faz-se necessário trabalhar na prevenção desses episódios, sem ignorar, é claro, a preparação para a intervenção quando de sua ocorrência.

Com relação a acidentes ambientais na área urbana, podem-se destacar alguns fatos que fazem parte da realidade atual: fortes odores liberados por substâncias químicas, lixo, fumaça tóxica, etc., causando desconforto respiratório e dores de cabeça, entre outros sintomas, bem como a contaminação do lençol freático e de córregos subterrâneos. E ainda, durante trabalhos de reparo de dutos avariados, por exemplo, o incômodo aos moradores das proximidades causado pela presença de máquinas, pelo reflexo negativo no trânsito de veículos na vizinhança, pela geração de ruído e pela grande quantidade de pó na atmosfera.

Os impactos negativos causados ao ambiente, entre outros fatores, pela movimentação inadequada da terra, pela supressão da vegetação natural e pela alteração associada da flora e da fauna afetam não apenas o homem, mas também a atmosfera, o solo, o subsolo, os corpos d'água, a vegetação e os animais.

É importante frisar que, por causa das consequências que os acidentes podem gerar, é absolutamente necessário que o órgão ambiental esteja presente e atuante nos atendimentos emergenciais para garantir que os aspectos de proteção ambiental sejam constantemente avaliados e considerados na definição das ações de combate a esses acidentes.

Crimes ambientais

A Lei nº 6.938, de 31 de agosto de 1981 (Política Nacional do Meio Ambiente), foi o primeiro passo na criação de leis em prol da defesa e conservação do meio ambiente e do homem.

Três instrumentos legais que marcaram a preocupação do legislador em relação à proteção do meio ambiente podem ser citados:

- a Lei nº 7.347/85, que disciplina a ação civil pública como instrumento processual específico para a defesa do meio ambiente, estendendo às entidades ambientalistas, por exemplo, às Organizações Não Governamentais, a legitimidade para atuar na defesa do meio ambiente;
- a Constituição Federal de 1988, que estabelece o direito ambiental como direito fundamental do indivíduo;
- a Lei nº 9.605/98, Lei dos Crimes Ambientais, que disciplina as sanções penais e administrativas aplicáveis às condutas e atividades lesivas ao meio ambiente.

Conforme estabelece o professor Damásio Evangelista de Jesus, "crime é um fato típico e antijurídico". O crime ambiental pode ser conceituado, então, como um fato típico e antijurídico realizado contra a natureza, causando-lhe danos.

Entretanto, de acordo com a Constituição Federal de 1988, no artigo 5º, inciso XXXIX, "não há crime sem lei anterior que o defina, nem pena sem prévia cominação legal". Assim, caso um ato que cause danos ao meio ambiente não esteja tipificado e apenado na legislação dos crimes ambientais, não será considerado crime, e aquele que o cometeu não será penalizado.

A Lei nº 9.605/98 é o melhor instrumento jurídico de que dispomos hoje para a proteção ambiental. Os crimes ambientais são classificados em crimes contra a fauna e a flora; crimes contra o ordenamento urbano e o patrimônio cultural; crimes de poluição; crimes contra a administração ambiental (proceder sem observar a lei, as licenças, etc.). Os dois últimos crimes elencados são considerados mais graves, com destaque para o crime de poluição, para o qual pode ser cominada pena privativa de liberdade, de um a quatro anos, além de multa.

Na Lei nº 9.605/98, o *sujeito ativo* do crime ambiental poderá ser a pessoa física ou jurídica. Por exemplo: o gerente, o administrador, o preposto ou mandatário de pessoa jurídica, o diretor e outros (art. 2º). Alguns desses sujeitos serão incriminados por *omissão*. "Aquele que, de qualquer modo, colaborar na prática de um crime incide nas penas a ele cominadas" (art. 29 do Código Penal).

Quanto ao *sujeito passivo* dos crimes contra o meio ambiente, é sempre a coletividade. O meio ambiente é bem de uso comum do povo (art. 225 da Constituição Federal). Portanto, todos nós concorremos como sujeitos passivos de um crime ambiental.

As pessoas jurídicas também respondem pela prática dos crimes ambientais se os seus representantes legais ou contratados forem responsáveis pela infração, e que essa resulte em benefício ou interesse da pessoa jurídica.

A responsabilidade penal da pessoa jurídica está expressa no artigo 225, § 3º, da Constituição Federal, que reza: "As condutas e atividades consideradas lesivas ao meio ambiente sujeitarão os infratores, *pessoas físicas ou jurídicas*, às sanções penais e administrativas, independentemente da obrigação de reparar os danos causados".

A responsabilidade pode ser administrativa, civil e criminal. Embora seja impossível cercear a liberdade da pessoa jurídica, ela pode responder por crime ambiental por meio de restrição de direitos, pena pecuniária, além da reparação dos danos causados.

A responsabilidade da pessoa jurídica pelos crimes ambientais não exime a responsabilidade da pessoa física que os praticou (autores, coautores e outros envolvidos).

Quanto à aplicação das penalidades, a autoridade levará em conta, conforme o artigo 6º da Lei 9.605/98:

- a gravidade do fato, considerando os motivos que levaram à prática da infração e as suas consequências para a saúde pública e o meio ambiente;
- os antecedentes do infrator quanto ao cumprimento da legislação ambiental, e
- a situação econômica do infrator, no caso de multa.

O infrator poderá ser penalizado com a privação da sua liberdade, pena que poderá ser substituída por pena restritiva de direitos, caso alguns requisitos exigidos sejam preenchidos.

O artigo 7º da referida lei estabelece como requisitos para a substituição da pena que o crime seja culposo ou a pena privativa de liberdade seja inferior a quatro anos; e que a culpabilidade, os antecedentes, a conduta social e a personalidade do condenado e os motivos circunstanciais do crime indiquem que a substituição seja suficiente.

Conclui-se que a penalização com restrição de diretos é a regra. A pena privativa de liberdade é a exceção, aplicada apenas nos tipos descritos nos artigos 35, 40, 54, §§ 2º e 3º, e 56, § 2º, que não admitem a substituição da pena.

A pena restritiva de direitos, ao substituir a de liberdade, terá a mesma duração da substituída.

Entre as modalidades de sanção, podemos citar como aplicáveis à pessoa física as seguintes penas restritivas de direitos, conforme o artigo 8º da Lei nº 9.605/98:

a) prestação de serviços à comunidade – tarefas gratuitas realizadas em parques, jardins públicos e unidades de conservação e na restauração da coisa pública, privada ou tombada;
b) interdição temporária de direitos – consiste na proibição de o condenado contratar com o poder público, receber incentivos fiscais ou outros benefícios, de participar de licitações, pelo prazo de cinco anos, no caso de crimes dolosos, e, pelo prazo de três anos, no caso de crimes culposos;
c) suspensão parcial ou total de atividades – quando a penalidade anterior não estiver sendo cumprida;
d) prestação pecuniária – pagamento em dinheiro à vítima ou à entidade pública ou privada com fim social, de importância, fixada pelo juiz, entre 1 e 360 salários mínimos;

e) recolhimento domiciliar – o infrator, sem vigilância, deverá trabalhar, frequentar curso ou exercer atividade autorizada, e permanecer recolhido nos dias e horários de folga na própria residência, ou em sua moradia habitual.

Os artigos 21, 22 e 23 da citada lei tratam dos tipos de sanções aplicáveis às pessoas jurídicas:

> Artigo 21 - As penas aplicáveis isolada, cumulativa ou alternativamente às pessoas jurídicas, de acordo com o disposto no artigo 3º, são:
>
> I - multa;
>
> II - restrições de direitos;
>
> III - prestações de serviços à comunidade.
>
> Artigo 22 - As penas restritivas de direitos das pessoas jurídicas são:
> I - suspensão parcial ou total de atividades;
>
> II - interdição temporária de estabelecimento, obra ou atividade;
>
> III - proibição de contratar com o poder público, bem como dele obter subsídios, subvenções ou doações.
>
> Artigo 23 - A prestação de serviços à comunidade pela pessoa jurídica consistirá em:
>
> I - custeio de programas e de projetos ambientais;
>
> II - execução de obras de recuperação de áreas degradadas;
>
> III - manutenção de espaços públicos;
>
> IV - contribuições a entidades ambientais ou culturais públicas.

São circunstâncias que atenuam a pena nos crimes ambientais, segundo o artigo 14 dessa lei:

> I - baixo grau de instrução ou escolaridade do agente;
>
> II - arrependimento do infrator, manifestado pela espontânea reparação do dano, ou limitação significativa da degradação ambiental causada;
>
> III - comunicação prévia pelo agente do perigo iminente de degradação ambiental;

IV - colaboração com os agentes encarregados da vigilância e do controle ambiental.

Diferentemente do direito penal em que já está estabelecido na lei que as atenuantes "sempre" serão aplicadas, no direito ambiental é o juiz que estabelece os critérios para aplicação ou não das atenuantes, bem como o "quanto" de atenuação.

As circunstâncias agravantes do crime ambiental estão elencadas no artigo 15 da Lei nº 9.605/98:

I - reincidência nos crimes de natureza ambiental;

II - ter o agente cometido a infração:

a) para obter vantagem pecuniária;

b) coagindo outrem para a execução material da infração;

c) afetando ou expondo a perigo, de maneira grave, a saúde pública ou o meio ambiente;

d) concorrendo para danos à propriedade alheia;

e) atingindo áreas de unidades de conservação ou áreas sujeitas, por ato do poder público, a regime especial de uso;

f) atingindo áreas urbanas ou quaisquer assentamentos humanos;

g) em período de defeso à fauna;

h) em domingos ou feriados;

i) à noite;

j) em épocas de seca ou inundações;

l) no interior do espaço territorial especialmente protegido;

m) com o emprego de métodos cruéis para abate ou captura de animais;

n) mediante fraude ou abuso de confiança;

o) mediante abuso do direito de licença, permissão ou autorização ambiental;

p) no interesse de pessoa jurídica mantida, total ou parcialmente, por verbas públicas ou beneficiada por incentivos fiscais;

q) atingindo espécies ameaçadas, listadas em relatórios oficiais das autoridades competentes;

r) facilitada por funcionário público no exercício de suas funções.

É importante registrar que, além dessas sanções citadas, o legislador criou a possibilidade da *decretação da liquidação forçada* de qualquer empresa que tenha sido criada com o objetivo de disfarçar, permitir, facilitar ou ocultar a prática de crimes ambientais, além de possibilitar a perda de todo o patrimônio da sociedade.

Gestão ambiental

Constituição Federal, art. 225. Todos têm direito ao meio ambiente ecologicamente equilibrado, bem de uso comum do povo e essencial à sadia qualidade de vida, impondo-se ao poder público e à coletividade o dever de defendê-lo e preservá-lo para as presentes e futuras gerações.

A gestão ambiental (GA) baseia-se na condução, direção e controle, pelo governo, do uso dos recursos ambientais, por meio de instrumentos, como medidas institucionais, jurídicas e econômicas, regulamentos e normalização, investimentos públicos e financiamentos. Esse conceito tem-se ampliado para incluir, além da gestão pública do meio ambiente, os programas de ação ambiental desenvolvidos por empresas, bem como a contribuição da sociedade civil por meio de organizações não governamentais (ONGs) de caráter ambiental.

A mobilização das organizações para se adequarem à promoção de um meio ambiente ecologicamente equilibrado é possível por meio das instituições privadas cujo objetivo é a busca de melhoria constante dos produtos, serviços e ambiente de trabalho, em toda organização, levando-se em conta o fator ambiental.

Atualmente, a gestão ambiental começa a ser encarada como um assunto estratégico, porque, além de estimular a qualidade ambiental, também possibilita a redução de custos diretos (água, energia e matérias-primas) e indiretos (por exemplo, indenizações por danos ambientais).

> Os termos administração, gestão do meio ambiente, ou simplesmente gestão ambiental são entendidos como as diretrizes e as atividades administrativas e operacionais, tais como, planejamento, direção, controle, alocação de recursos e outras realizadas com o objetivo de obter efeitos positivos sobre o meio ambiente, quer reduzindo ou eliminando os danos ou problemas causados pelas ações humanas, quer evitando que eles surjam.[46]

No caso do setor público, a gestão ambiental apresenta algumas características diferenciadas. O governo tem papel fundamental na consolidação do desenvolvimento sustentável, porque ele é o responsável pelo estabelecimento das leis e normas que determinam os critérios ambientais que devem ser seguidos por todos, em especial o setor privado, que, em seus processos de produção de bens e serviços, se utiliza dos recursos naturais e produz resíduos poluentes. Por isso, além de definir as leis e fiscalizar o seu cumprimento, o poder público precisa ter uma atitude coerente, responsabilizando-se também por ajustar seu comportamento ao princípio da sustentabilidade, tornando-se exemplo de mudança de padrões de consumo e produção, adequando suas ações à ética socioambiental.

Passivo ambiental

Diz-se dos custos e responsabilidades referentes às atividades de adequação de um empreendimento potencialmente poluidor aos requisitos da legislação ambiental e à compensação por danos ambientais causados a terceiros. No balanço patrimonial de uma empresa, devem ser incluídos, por meio de cálculos estimativos, o *passivo ambiental* (danos gerados) e os

---

[46] José Carlos Barbieri, *Gestão ambiental empresarial: conceitos, modelos e instrumento* (2ª ed. São Paulo: Saraiva, 2007).

ativos ambientais (bens e direitos). Nos ativos ambientais, estão incluídas as aplicações de recursos que objetivem a recuperação do ambiente, bem como os investimentos em tecnologia de processos de controle ambiental.

As atividades econômicas e seus efeitos sobre o meio ambiente são questões mundialmente discutidas. Para evitar, compensar ou minimizar seus impactos ambientais negativos, as atividades econômicas potencialmente poluidoras são atualmente objeto de legislações específicas, disciplinadoras de procedimentos tecnológicos e operacionais capazes de eliminar ou reduzir poluentes.

Além das normas legais, outras recomendações e propostas, ainda sem regulamentação, estão paulatinamente sendo implementadas no sentido da efetiva responsabilidade e das obrigações quanto à restauração de danos ao ambiente. Nessa diretriz, o *passivo ambiental* vem se incorporando como um instrumento de gestão.

O QUE É PASSIVO AMBIENTAL E O QUE REPRESENTA PARA AS EMPRESAS

Em termos contábeis, passivo são as obrigações das empresas com terceiros, e tais obrigações, mesmo sem uma cobrança formal ou legal, devem ser reconhecidas.

O passivo ambiental representa os danos causados ao meio ambiente, significando, assim, a obrigação, a responsabilidade social da empresa com os aspectos ambientais.

Nessa proposta, no balanço patrimonial de uma empresa é incluído, por meio de cálculos estimativos, o passivo ambiental (danos ambientais gerados), e no ativo (bens e direitos) são incluídas as aplicações de recursos que objetivem a recuperação do ambiente, bem como investimentos em tecnologia de processos de contenção ou eliminação de poluição.

A identificação do passivo ambiental está sendo muito utilizada em avaliações para negociações de empresas e em privatizações, pois a responsabilidade e a obrigação da restauração ambiental podem recair sobre os novos proprietários. O passivo ambiental funciona como um elemento de decisão no sentido de identificar, avaliar e quantificar posições, custos e gastos ambientais potenciais que precisam ser atendidos a curto, médio e longo prazos.

Ressalte-se, porém, que o passivo ambiental não precisa estar diretamente vinculado aos balanços patrimoniais, podendo fazer parte de um relatório específico, discriminando-se as ações e esforços desenvolvidos para a eliminação ou redução de danos ambientais. Essa metodologia vem sendo seguida por empresas do mundo inteiro.

Sistema de Gestão Ambiental

O Sistema de Gestão Ambiental (SGA) deve basear-se nas normas da série ISO 14.001. As normas preocupam-se com as questões relacionadas ao desenvolvimento sustentável e com a competitividade entre as empresas no comércio internacional, procurando igualar as condições entre elas, e auxiliam as empresas a implantar um SGA por meio de procedimentos padronizados.

Os impactos ambientais ganharam volume com a preocupação constante das empresas em aumentar a produtividade industrial e desenvolver a prestação de serviços, gerando graves danos à natureza. Países desenvolvidos e preocupados com o meio ambiente e com a saúde do homem perceberam a necessidade do gerenciamento eficaz das relações entre o ambiente e o desenvolvimento técnico e econômico.

Fatores sociais, econômicos e políticos, como as exigências do consumidor quanto a produtos ecologicamente corretos e protetores da saúde, as organizações não governamentais, imposições e restrições comerciais e novas legislações, exercem pressão sobre as organizações e forçam a criação de um sistema de gerenciamento ambiental.

Um Sistema de Gestão Ambiental cuida das entradas e saídas de materiais, acompanha o controle ambiental nos processos da empresa e planeja ações necessárias para melhorar todo o sistema. É um instrumento que lida com os impactos gerados pela empresa, apontando caminhos para o planejamento e a implantação de medidas de proteção ambiental, buscando melhorias para o processo produtivo que contribuam para a diminuição dos prejuízos e atingindo o desenvolvimento sustentável. Busca integrar a administração de uma organização com o meio ambiente.

O SGA traz benefícios, gera a redução de resíduos, implantando processos e operações mais eficientes, diminuindo o uso de matéria-prima e aumentando o reaproveitamento dentro do próprio processo. Com isso crescem os lucros, melhora a imagem da empresa perante a comunidade e empregados, o mercado internacional passa a aceitar os seus produtos e acreditar neles, aumenta a conscientização dos empregados quanto aos cuidados e preservação do meio ambiente e cumprem-se as exigências das legislações ambientais.

O controle e a prevenção da poluição pela empresa obriga-a a repensar, de forma sistemática e contínua, na melhoria de seus processos, determinando assim o aumento de sua produtividade.

Produção mais limpa (PML ou P+L)

A produção mais limpa é um instrumento que pode fazer com que a empresa trabalhe de forma coordenada, equilibrada e responsável nos aspectos social e ambiental, o que contribui na redução do consumo da matéria-prima, de água, energia e dos riscos ao homem e ao meio ambiente. A PML procura prevenir o aparecimento do problema, evitando a sua ocorrência, para não ter a necessidade de solucioná-lo.

A produção mais limpa, segundo o United Nations Environmental Programme – Unep (Programa das Nações Unidas para o Meio Ambiente), consiste na aplicação contínua de uma estratégia econômica, ambiental e tecnológica integrada aos processos e produtos, que evita ou minimiza a geração de resíduos resultantes dos processos produtivos e de serviços ou os recicla.

Em qualquer setor de produção ou serviço, a PML procura melhorias constantes, evitando os problemas de ordem técnica e ambiental, sempre em busca de baixar o custo e melhorar o consumo da matéria-prima.

Quando a PML é aplicada aos processos industriais, parece mais fácil visualizar sua atuação nas fases da produção de produtos manufaturados. No setor de prestação de serviços, sua aplicação também é possível e importante, implica incorporar a preocupação ambiental no projeto e na realização do serviço.

A primeira ação da PML é a não geração de resíduos. Quando não consegue, parte, então, para a minimização, reaproveitamento, tratamento e disposição. O movimento de ação da PML é antagônico ao tradicional movimento existente, ou seja, o tratamento e disposição do resíduo, hoje ainda bastante utilizado em primeiro plano, é a última fase que a PML lança mão para minimizar os impactos, procurando sempre não atingir essa fase.

A PML trabalha com a proatividade, o que lhe permite antecipar e prever os danos e prejuízos. Pode-se dizer que atua durante toda a vida do produto, desde o seu projeto, durante seu uso e na fase final de disposição.

A vida do produto passa pelos seguintes estágios:

- **Substituição/mudança da matéria-prima** – tentativa de não usar matérias não renováveis, substituir materiais tóxicos ou ecologicamente prejudiciais, controlar e purificar o material de entrada e diminuir a geração de resíduos.
- **Boas práticas de fabricação** – envolvem procedimentos administrativos e técnicos para analisar a real necessidade dos insumos, na tentativa de reduzir a produção de resíduos e viabilizar a reutilização e a reciclagem de subprodutos.
- **Mudança na tecnologia** – adaptação ou modificação dos equipamentos e dos processos, rearranjo físico da produção, uso da automação, mudanças nas condições do processo (temperatura, umidade e outros) para reduzir ou eliminar a geração de resíduos. Mudanças nas embalagens com implicações ambientais também são práticas.
- **Mudanças no produto** – os produtos não devem ser vistos como produto final, mas como produtos que possam ser reaproveitados ou reciclados. A alteração da qualidade, durabilidade e composição pode contribuir para o melhor reaproveitamento do produto no fim de sua vida útil.

- **Reutilização** – consiste em utilizar os resíduos da produção como matéria-prima no processo original ou em outros processos.

Para a PML, não fazem parte da produção as etapas de tratamento de efluentes, a destinação final, como a incineração, e a reciclagem, quando ocorre fora do processo produtivo, pois são etapas que não previnem os impactos, mas apenas agem como medidas corretivas sobre os impactos gerados pelos resíduos produzidos.

A figura a seguir mostra as frentes de atuação da produção mais limpa.

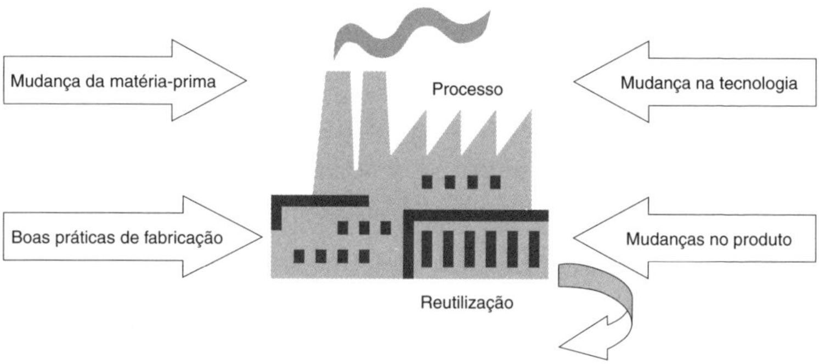

Figura 23 – Produção mais limpa

Fonte: Unep.

A Companhia Ambiental do Estado de São Paulo (Cetesb) recomenda à empresa que sejam seguidas as etapas do esquema a seguir para a implementação de um programa de produção mais limpa.

Figura 24 – Etapas de um programa de produção mais limpa

Fonte: http://www.cetesb.sp.gov.br/Tecnologia/producao_limpa/programa.asp.

A seguir são apresentadas sucintamente as etapas de um programa de prevenção à poluição (P2), conforme o Manual da Cetesb, com uma metodologia de apoio para o planejamento e desenvolvimento desse programa que pode ser adaptada às condições específicas da empresa interessada.

- **Comprometimento da direção da empresa** – É um princípio preconizado pelo programa, e várias ações devem ser adotadas para alcançar o seu sucesso. O comprometimento do corpo funcional deve ser significativo, incentivando os empregados e levando-os ao comprometimento com o programa. Uma declaração de intenções deve ser anunciada mostrando a anuência da empresa, os objetivos e as prioridades na implementação de medidas de "prevenção à poluição" (P2), seus processos/atividades.

- **Definição da equipe de P2** – A implementação de um programa de P2 será mais bem conduzida se realizada por uma equipe formada por pessoas de diferentes setores da empresa, pois a troca de experiências e a integração dos funcionários serão fundamentais para o planejamento e a implantação das medidas de P2. O número de pessoas dependerá do tamanho e estrutura da empresa. A participação de pessoas externas poderá trazer benefícios à equipe, e um líder deve ser escolhido.
- **Estabelecimento de objetivos e metas** – A partir da análise das informações encontradas nos registros da empresa, a equipe de P2 deve definir as ações prioritárias e, dentro das condições da empresa, estabelecer tanto objetivos como metas quantificáveis e exequíveis dentro de um prazo determinado.
- **Definição do cronograma** – A equipe deverá elaborar um cronograma para a execução do programa, o qual deve contemplar todas as etapas a serem desenvolvidas durante o seu transcorrer, bem como estabelecer prazo e designar um responsável para a execução de cada uma delas.
- **Disseminação de informações sobre P2** – A disseminação de informações sobre prevenção à poluição visa assegurar que o programa se torne assunto do dia a dia, bem como aumentar a conscientização e a participação de todos os funcionários. A equipe deve desenvolver um plano de treinamento e de comunicação e poderá utilizar cartazes, circulares, memorandos e realizar reuniões setoriais, eventos com a participação de palestrantes externos, apresentação de vídeos sobre experiências bem-sucedidas, treinamentos, programa de premiações de funcionários, etc.

- **Levantamento de dados** – O levantamento de dados deve reunir o máximo possível de informações que auxiliem na caracterização do processo industrial. Essas informações devem abranger desde a matéria-prima e demais insumos (energia elétrica, produtos auxiliares, água, etc.) até o total de resíduo gerado, bem como constar do fluxograma de produção da indústria. Esse fluxograma deve ser apresentado de modo que as informações possam estar disponíveis por linha de processo. O levantamento de informações relativas ao gerenciamento dos resíduos gerados na empresa será fundamental na fase de identificação e seleção de oportunidades.
- **Definição de indicadores de desempenho** – Os indicadores de desempenho devem ser quantificáveis e medidos antes e após a implantação das medidas de P2, permitindo assim uma avaliação comparativa entre a situação da empresa antes e após a implementação do programa. São alguns exemplos de indicadores de qualidade: quantidade de poluentes por unidade de produção – por exemplo: kg de resíduos por kg de peças produzidas –; consumo de água por unidade de produção – por exemplo: L de água por kg de peças produzidas –; consumo de energia por unidade de produção; e número de acidentes de trabalho e faltas deles decorrentes.
- **Identificação de oportunidades** – Realizar uma avaliação detalhada dos processos produtivos da empresa, com ênfase nos pontos que contribuem para a geração de resíduos, incluindo vazamentos, derramamentos, operação inadequada, falta de manutenção nos equipamentos, etc. Avaliar, também, os aspectos relativos ao tipo, toxicidade e quantidade dos resíduos gerados, a quantidade e toxicidade das maté-

rias-primas utilizadas, o custo envolvido no tratamento de efluentes líquidos e disposição dos resíduos gerados, entre outros.

O resultado dessa avaliação permitirá a identificação das melhores opções para redução ou eliminação dos poluentes gerados.

- **Levantamento da tecnologia** – O levantamento das tecnologias hoje disponíveis no mercado pode apontar opções viáveis para a implementação de ações de P2.
- **Avaliação econômica** – Qualquer medida de P2 que ofereça uma redução de custo direto ou indireto, relacionada à geração, manuseio e tratamento de resíduos ou de custos operacionais, e que não envolva custos de investimentos iniciais pode ser considerada economicamente viável. As opções de melhores práticas operacionais, por meio da implementação de programa de manutenção preventiva e de controle de vazamentos e derramamentos, controle de estoque, substituição de insumos por alternativos menos tóxicos, devem ser, entre outras opções simples, as medidas de baixo custo a serem implementadas inicialmente.
- **Seleção de medidas** – As medidas de P2 devem ser avaliadas e adotadas de acordo com as suas viabilidades técnicas e econômicas. Aquelas que não forem nem técnica nem economicamente viáveis devem ser adiadas. As demais, selecionadas a critério da empresa, deverão ser priorizadas e implementadas, providenciando-se, quando necessário, fundos de capital específicos para a execução do programa.
- **Implantação de medidas** – Após a identificação das oportunidades por meio do levantamento das tecnologias disponíveis e da análise da viabilidade econômica, deve-se iniciar a

implementação das medidas, de acordo com as metas e objetivos estabelecidos no programa e segundo um cronograma que leve em conta os projetos a serem executados. Muitas técnicas podem ser adotadas: alteração no *layout*, controle de estoque, manutenção preventiva, melhoria nas práticas operacionais, mudança de processo/tecnologia, reutilização, reformulação ou replanejamento dos produtos, substituição de matéria-prima e de equipamentos, entre outras.

- **Avaliação de resultados** – Esta etapa tem como objetivo verificar os benefícios e ganhos, do ponto de vista ambiental e econômico, advindos da implantação do programa de P2, assim como avaliar os problemas e barreiras encontrados durante a sua implementação.
- **Manutenção do programa** – A chave para a manutenção de um programa de P2, que permitirá a sua sustentabilidade dentro da empresa, é a conscientização e a participação dos funcionários, em todos os níveis, incluindo a direção da empresa. O aprimoramento contínuo permitirá que a empresa se mantenha sempre atualizada com as inovações tecnológicas e as alterações da legislação ambiental, além de promover a melhoria da eficiência nos seus processos produtivos e assegurar o envolvimento de todo o corpo funcional e das partes interessadas no programa de P2. Ao concluir um projeto com sucesso, o programa deverá ser reiniciado por meio do estabelecimento de novos objetivos e metas. Na eventualidade de o programa não alcançar os resultados esperados, a equipe de P2 deverá reavaliar todas as etapas que fazem parte do programa.

Embora as experiências mostrem que a produção mais limpa (PML) traz amplos benefícios à empresa, no aspecto econômico e em termos de vantagens ambientais, e ao homem, existem barreiras à sua implementação. As barreiras variam de empresa para empresa, mas normalmente estão classificadas sob os aspectos apresentados no quadro a seguir.

Quadro 20 – Barreiras a implementação de PML

Classificação	Descrição das barreiras
Econômica	Imaturidade das práticas de alocação de custos Imaturidade dos planos de investimento
Política	Pouca ênfase na PML como estratégia ambiental, tecnológica e de desenvolvimento industrial
Organizacional	Falta de incentivos aos funcionários na implementação da PML Falta da função Gestão Ambiental nas operações Resistência a mudanças Escassa experiência com o envolvimento dos funcionários Imaturidade da estrutura orgânica e de seus sistemas de informação
Técnica	Complexidade da PML na avaliação e identificação das oportunidades Ausência de uma base operacional com práticas estruturadas de produção e de manutenção Acesso restritivo a equipamentos de suporte à PML
Conceitual	Falta de percepção da importância de melhorias ambientais Desentendimento do conceito de PML

Fonte: Tabela adaptada da Unep.

Benefícios da implantação do programa de PML conforme dados da Unep

A PML, quando devidamente implementada, *sempre* resulta no seguinte benefício:

- redução da responsabilidade das empresas geradoras de contaminação, a longo prazo, num mesmo local, ainda que atendendo à legislação.

A PML, quando devidamente implementada, *em geral* resulta nos seguintes benefícios:

- aumento da rentabilidade do negócio;
- melhoria da imagem corporativa e apoio em ações de marketing;
- redução dos custos de produção;
- aumento da produtividade;
- retorno do capital investido nas melhorias em curtos períodos;
- expansão no mercado dos produtos da empresa;
- uso mais racional da água, da energia e das matérias-primas;
- redução no uso de substâncias tóxicas;
- redução da geração de resíduos, efluentes e emissões e de gastos com seu tratamento e destinação final;
- melhoria da qualidade do produto;
- motivação dos funcionários à participação no aporte de ideias;
- redução dos riscos de acidentes ambientais e ocupacionais;
- melhoria do relacionamento com a comunidade e com os órgãos públicos.

A PML, quando devidamente implementada, ainda pode resultar nos seguintes benefícios:

- evita custos pelo não cumprimento da legislação;
- reduz custos de seguros;
- facilita o acesso ao crédito e financiamentos específicos;
- requer mínimos investimentos.

Saneamento das habitações

A inexistência ou a precariedade do espaço de habitação contribui para a desestruturação do núcleo familiar. A preservação da moradia, além de garantir abrigo, também propicia proteção à força de trabalho, fonte de riqueza para o progresso e desenvolvimento do país.

A casa ou apartamento é o local de referência para os membros da família, que ali se reúnem para as refeições ou para o descanso após um dia de trabalho.

A proliferação de favelas, cortiços e habitações subnormais, a exiguidade de espaço, a falta de saneamento básico, a promiscuidade e a total ausência de conforto contribuem para o desenvolvimento de doenças físicas e mentais nos membros de uma comunidade. Como se sabe, esses problemas derivam de desigualdades socioeconômicas que atingem diversos segmentos da população. Sua solução, portanto, está essencialmente ligada à melhoria das condições de vida desses setores.

Embora existam leis que estabelecem as condições mínimas para a edificação de uma casa ou apartamento, entre elas o Código Sanitário do Estado de São Paulo, Decreto nº 12.342, de 27 de setembro de 1978 (atualizado pelo Decreto nº 41.913, de 2-7-1997), muitas pessoas vivem em condições sub-humanas de moradia, alimentação e saúde.

Necessidades fundamentais

Toda moradia deve atender a necessidades fundamentais de ordem fisiológica, psicológica e de segurança. Muitas das características de uma moradia adequada satisfazem conjuntamente essas três ordens de necessidade. Os governos federais, estaduais e municipais estabelecem leis que procuram garantir as condições fundamentais da moradia, porém não proporcionam meios e recursos aos cidadãos para construírem ou adquirirem uma casa/apartamento com as mínimas condições para morar com dignidade.

Necessidades fisiológicas

As necessidades fisiológicas do homem em relação à moradia compreendem o conforto térmico, acústico e visual, a quantidade e a qualidade da água, do ar, do espaço físico e da luz solar.

Como o Brasil tem uma área territorial muito extensa, verifica-se uma variação bastante grande de temperatura entre suas diversas regiões. Por isso também a variedade nos materiais empregados nas construções e nos tipos de habitação existentes é muito ampla, apresentando características diferentes em cada região.

Entretanto, qualquer que seja o material ou o tipo de habitação, esta deve oferecer proteção contra variações térmicas (calor ou frio excessivos) para garantir o conforto dos moradores. Assim, o mais recomendável é o uso da alvenaria e terreno seco, evitando-se áreas úmidas e escorregadias, cortadas por valas ou tomadas por lixo.

A localização da construção no terreno e a distribuição de portas e janelas devem levar em conta o movimento do Sol ao longo do dia e a direção habitual dos ventos para garantir a necessária insolação e ventilação dos ambientes. Como a iluminação natural é ideal para eliminar os microrganismos presentes no ambiente, é necessário que as janelas tenham tamanho proporcional ao cômodo, facilitando a entrada da luz e da ventilação.

Toda casa, segundo o Código Sanitário citado anteriormente, deve ter ao menos um dormitório, uma cozinha, uma instalação sanitária e uma área de serviço. Ele também estabelece a metragem mínima de cada dependência (conforme artigo 60).

Os corredores da casa e das escadas não devem ter menos de 0,90 m de largura. A cozinha deve ter piso e parede – revestida até no mínimo 1,50 m de altura – laváveis, e não se comunicar diretamente com dormitórios e sanitários.

O piso deve ser feito com material adequado à temperatura da região e ao uso e função de cada ambiente: madeira ou plástico em locais mais frios, para não concentrar umidade; cerâmica em locais mais quentes.

Os apartamentos seguem, no que for cabível, os mesmos dispositivos determinados pela lei às residências unifamiliares, além de obedecer aos artigos específicos para residências multifamiliares.

Necessidades psicológicas

Os seres humanos necessitam de momentos de privacidade em sua vida, nos quais possam estar sós ou em companhia da família. Sua casa é o local que pode lhes proporcionar esses momentos. Por isso, o número de cômodos deve ser adequado ao de pessoas que habitam a moradia, permitindo que todos tenham garantia de privacidade. Outro aspecto de satisfação psicológica é a localização da casa em lugar de fácil acesso ao trabalho, à escola, aos serviços de saúde e ao lazer, ou, ainda, que disponha de uma rede de transportes eficiente, facilitando os deslocamentos de seus moradores no dia a dia.

Dispor de mobiliário adequado e ao gosto dos moradores é fator que contribui para o desenvolvimento das atividades domésticas e também para o conforto e bem-estar da família.

Necessidades de segurança

Estar e sentir-se seguro é essencial ao bem-estar dos seres humanos. Por isso a moradia deve proporcionar segurança a quem vive nela, especialmente em alguns aspectos centrais:

- as instalações elétricas e hidráulicas devem ser seguras;
- a construção deve ser firme;
- todas as áreas que ofereçam risco de queda às pessoas devem ser protegidas com muros, telas ou grades, e as escadas devem sempre ter corrimão;
- as janelas devem ser protegidas com telas em locais próximos de matas ou áreas com grande proliferação de insetos, para evitar a ocorrência de doenças.

Outra medida para proporcionar segurança aos moradores e à comunidade é manter animais domésticos apenas onde haja espaço suficiente para eles e evitar a criação de animais como porcos, galinhas, ovelhas em zonas urbanas, respeitando-se as leis municipais que regulam esse assunto.

Boa parte das condições necessárias para responder às necessidades fisiológicas, psicológicas e de segurança está ligada à oferta de serviços públicos. Cabe, portanto, ao poder público oferecer serviços de saneamento básico (redes de abastecimento de água e de coleta de esgotos), coleta de lixo, limpeza pública, transporte, educação, saúde e comunicação para o conjunto da população.

Saneamento dos locais de trabalho

Os locais de trabalho devem garantir aos seres humanos instalações e condições salubres e adequadas, promovendo a saúde e prevenindo doenças.

O saneamento dos locais de trabalho contribui para melhorar significativamente a produtividade e a vida útil do trabalhador, reduzindo o absenteísmo, as licenças médicas e as aposentadorias por invalidez.

Doenças profissionais e acidentes do trabalho

Os principais problemas envolvendo a saúde e a segurança dos indivíduos nos ambientes de trabalho são as doenças profissionais e os acidentes do trabalho. Superá-los é uma das principais finalidades do saneamento do local de trabalho.

Entre os fatores que contribuem para desencadear as doenças profissionais e os acidentes do trabalho, destacam-se as condições gerais de vida, as relações de trabalho e o próprio processo de trabalho.

Condições gerais de vida

Podem-se compreender as condições gerais de vida de duas formas distintas: as de ordem coletiva, oferecidas pelo Estado (como transporte, urbanização, assistência médica preventiva e curativa, saneamento básico, etc.), e as de ordem particular, obtidas pelo trabalhador de acordo com seu nível salarial ou renda familiar (alimentação, habitação, vestuário, lazer). As condições de vida coletivas contribuem para o surgimento de enfermidades, como verminoses, hipertensão, estresse e fadiga, entre outras. Já as condições particulares de vida interferem no desenvolvimento de doenças carenciais e mortalidade infantil, entre outras.

Relações de trabalho

Atualmente já se estabelecem vínculos de causalidade entre as relações de trabalho e o surgimento de doenças. As relações de trabalho compreendem as jornadas diária e semanal (número de horas trabalhadas, horas extras), a forma de pagamento (mensal, quinzenal, semanal ou diário), os controles exercidos sobre os trabalhadores (sobre o horário de entrada e saída, a utilização de sanitários, as refeições), o local destinado às refeições e o ambiente de trabalho. Todos esses fatores são considerados determinantes da qualidade de vida e das condições de saúde do trabalhador.

Processo de trabalho

O processo de trabalho refere-se às formas da atividade laboral propriamente dita. Isso exige que se considerem individualmente cada atividade, o nível de organização de cada categoria profissional e suas conquistas legais. De maneira geral esses fatores incluem os riscos provocados pelo desgaste físico e pela exposição a agentes nocivos à saúde (exposição esta que poderia ser controlada por diferentes métodos, muitas vezes considerados onerosos e supérfluos pelos empregadores).

Sabe-se que o ideal seria o controle das fontes de riscos, mas a primeira opção é o uso de equipamentos de proteção individual (EPIs), que, muitas vezes, além de não serem eficazes, são desconfortáveis e podem até mesmo causar problemas secundários.

Os riscos à saúde do trabalhador podem ser classificados em cinco grupos: riscos físicos, riscos biológicos, riscos químicos, riscos ergonômicos e riscos de acidentes.

Grupo 1 – Riscos físicos

São considerados riscos físicos:

- ruído;
- vibração;
- temperaturas extremas (frio e calor);
- radiações ionizantes e não ionizantes;
- iluminação;
- pressões anormais;
- umidade.

Grupo 2 – Riscos biológicos

São considerados riscos biológicos:

- vírus;
- bactérias;
- protozoários;
- parasitos;

- plantas venenosas ou irritantes;
- fungos.

Grupo 3 – Riscos químicos

São considerados riscos químicos:

- substâncias inorgânicas em estado sólido (poeiras, pós, inclusive), líquido (névoas e neblinas) ou gasoso (sob a forma de gases ou vapores – fumos) com efeitos irritantes e/ou tóxicos;
- substâncias orgânicas;
- substâncias, compostos ou produtos químicos em geral.

Grupo 4 – Riscos ergonômicos

Há muitos riscos ergonômicos, mas os mais frequentes são:

- transporte e levantamento de peso excessivo ou de forma incorreta;
- esforço físico intenso;
- exigência de postura inadequada para executar o serviço;
- trabalho noturno e/ou em turnos;
- controle rígido de produtividade;
- monotonia e repetitividade.

Grupo 5 – Riscos de acidentes/mecânicos

Neste grupo podem ser citados aspectos relacionados às instalações da empresa, às máquinas e aos equipamentos utilizados na produção, cuja deficiência ou inadequação pode provocar acidentes e doenças nos trabalhadores.

Vários locais de trabalho são ambientes muito perigosos, colocando a saúde dos trabalhadores sob constante ameaça, já que muitos deles passam um terço da vida ou mais em ambientes insalubres e agressivos.

Além dos trabalhadores, é frequente a comunidade também estar exposta a riscos oriundos das empresas por meio da poluição ambiental, que inclui desde a concentração de poeiras e fumaças no ar e o lançamento de resíduos líquidos ou sólidos nas águas ou no solo até a produção de ruídos acima dos limites de tolerância ou a exalação de odores desagradáveis.

Entre as muitas condições que podem contribuir para a ocorrência de acidentes estão a disposição inadequada do *layout* do local de trabalho, as máquinas e equipamentos sem proteção adequada, as ferramentas inadequadas ou defeituosas, a presença no local de trabalho de animais peçonhentos e insetos, a iluminação inadequada, as condições inseguras das instalações elétricas, etc.

Legal e socialmente, cabe à empresa oferecer medidas de controle e prevenção de acidentes do trabalho e doenças profissionais a seus funcionários e tomar cuidados específicos com a comunidade. Seja qual for o ambiente – uma fábrica, uma oficina, um escritório, uma área a céu aberto (nas atividades agrícolas e na construção civil, por exemplo), uma galeria subterrânea –, as instalações, os equipamentos e as condições de trabalho devem atender aos patamares mínimos de segurança e higiene para os trabalhadores, exigidos pela legislação. Com sensibilidade, disposição e interesse, os dirigentes das empresas encontrarão sempre recursos técnicos capazes de prevenir, minimizar ou mesmo extinguir os perigos.

Medidas de saneamento na empresa

Uma série de medidas de saneamento na empresa contribui para a prevenção de acidentes e doenças profissionais no ambiente de trabalho, entre as quais a adequação das instalações às atividades e aos processos produtivos desenvolvidos, a distribuição ergonomicamente correta dos equipamentos no espaço e a manutenção de boas condições de higiene e saneamento tanto para os funcionários como para a comunidade como um todo.

Uma empresa pode ter uma planta elaborada especificamente para a atividade que desenvolve, que defina claramente o tipo de construção, preveja a distribuição dos equipamentos e responda a todas as necessidades de segurança e higiene dos trabalhadores e da comunidade. A empresa pode, ainda, adaptar uma edificação para suas atividades, o que também exige um planejamento correto que evite problemas de segurança tanto para o ambiente como para os funcionários. Para tanto, deve obedecer às orientações e exigências mínimas estabelecidas pelos órgãos de controle e fiscalização e pelas normas regulamentadoras (NRs) do Ministério do Trabalho e do Ministério da Saúde.

Todas as orientações e exigências visam diminuir a exposição do trabalhador aos riscos químicos, físicos, biológicos e ergonômicos – que podem desencadear doenças profissionais –, além de evitar acidentes.

Entre as orientações e exigências da NR-8 – Edificações - do Ministério do Trabalho, destacam-se as seguintes:

- o tipo de construção do prédio e o material empregado devem estar de acordo com o tipo de trabalho e com os equipamentos envolvidos nas atividades;
- o pé-direito deve ser de no mínimo 3 m, salvo autorização para alturas menores, dependendo da atividade desenvolvida;

- rampas e escadas devem ser providas de corrimão, permanecendo em perfeito estado de conservação e segurança;
- pisos em geral devem ser de material antiderrapante e não apresentar saliências ou depressões que possam causar quedas ou dificultar a movimentação de pessoas ou materiais;
- sempre que necessário, paredes e pisos devem ser impermeabilizados e protegidos contra a umidade;
- a ventilação e a iluminação devem obedecer rigorosamente às normas e se adequar às atividades desenvolvidas; preferivelmente devem ser naturais, embora o emprego de luz e ventilação artificiais seja obrigatório, sempre que necessário. A iluminação deve ser distribuída de forma uniforme e difusa, a fim de não proporcionar ofuscamento, sombras em determinadas áreas. A NR-17 – Ergonomia - traz orientações sobre as regras e normas a serem seguidas no que diz respeito à iluminação dos locais de trabalho (ver também a NBR 5.413, norma registrada no Inmetro);
- em atividades noturnas ou em locais onde maquinários constituem barreiras para a difusão da luz natural, o ideal é o emprego de luz artificial ou até mesmo de pontos individuais de iluminação; vidros sujos ou embaçados, lâmpadas sujas ou enfraquecidas que prejudicam a eficácia da iluminação merecem atenção especial;
- dependendo dos materiais ou produtos químicos utilizados no processo industrial, muitas vezes é obrigatória a adoção de ventilação artificial, que deve ser bem projetada, bem instalada e bem conservada (a NR-15 trata especificamente dos produtos que exigem ventilação artificial);

- as instalações elétricas devem ser projetadas e executadas dentro de rígidos padrões de segurança, com materiais da melhor qualidade, e submetidas a manutenção periódica por pessoal especializado;
- instalações sanitárias, vestiários, refeitórios, cozinhas, alojamentos devem seguir as orientações da NR-24 – Condições sanitárias e de conforto nos locais de trabalho –; embora essas dependências não estejam diretamente ligadas à segurança do trabalho, são incluídas na legislação prevencionista e, portanto, merecem atenção;
- as fontes de calor, principalmente radiante, exigem cuidados especiais; fornos e fornalhas devem ser instalados em ambientes isolados ou separados dos operadores por anteparos isolantes;
- radiações ionizantes, cada vez mais empregadas em atividades industriais, devem obedecer rigorosamente às normas estabelecidas pela Comissão Nacional de Energia Nuclear;
- fontes de ruídos contínuos ou intermitentes devem ser enclausuradas, para reduzir a propagação do som, ou os trabalhadores devem usar EPIs. Os níveis de ruídos aceitáveis estão estabelecidos na NR-15, anexos 1 e 2, e na NBR 10.152/00.
- máquinas e equipamentos, as principais ferramentas de trabalho, devem ser dotados de dispositivos de segurança. Polias, eixos, bielas, engrenagens, correias, correntes e outros pontos podem ferir os trabalhadores, causando-lhes sérias lesões, como esmagamentos, batidas e atritos violentos. É indispensável o isolamento desses e de outros pontos perigosos por meio de anteparos adequados. Áreas de corte, moldagem, estiragem, misturas, moagens e outros locais em

que o material é submetido ao trabalho das máquinas oferecem maiores riscos aos operadores, que, durante o processo, devem evitar a aproximação das mãos dos pontos de ação do equipamento; nesses casos, aconselha-se o uso de barreiras de segurança que impeçam a aproximação dos operadores desses pontos, conforme orientações detalhadas na NR-12.

Os cuidados para prevenir e controlar os acidentes e as doenças profissionais exigem, como se vê, a ampla atuação dos empregadores, dos órgãos de controle e fiscalização competentes e dos trabalhadores, por intermédio de seus sindicatos, associações e das Comissões Internas de Prevenção de Acidentes (Cipas).

Ainda há muito a fazer para que o saneamento dos locais de trabalho promova efetivamente a segurança, o bem-estar e a saúde do trabalhador – o que acarreta aumento da produtividade, algo que ainda não foi compreendido por grande parte dos empresários. Por isso, em muitas empresas, tudo o que se realiza nesse campo visa apenas ao cumprimento da legislação. O ideal seria que a ação prevencionista fosse considerada atividade de valor técnico, administrativo e econômico para a organização e um benefício para o empregado e para a comunidade.

É importante, ainda, ressaltar o grande descaso dos empregadores e da legislação em relação aos trabalhadores rurais. Com baixo nível de escolarização, distantes dos grandes centros, dispersos em grupos de trabalho com poucos membros, esses trabalhadores não têm acesso a informações e, com pouca força de pressão, mantêm-se desprotegidos e expostos a diversas condições de risco à saúde, como:

- utilização de produtos químicos, como herbicidas e inseticidas, sem o uso de EPI, o que provoca intoxicações, dores de cabeça, dermatites, alterações do sistema nervoso e até morte;
- uso de ferramentas cortantes provocando ferimentos, que funcionam como porta de entrada para infecções, ou até mesmo a perda de partes do corpo;
- operação de máquinas agrícolas que produzem ruído, vibração e riscos de acidentes;
- perigo de picadas de insetos e animais peçonhentos (aranhas, escorpiões, cobras);
- contato com poeiras de matérias-primas como algodão e bagaço de cana, que causam problemas respiratórios, assim como conjuntivites e rinites;
- jornadas de trabalho extensas, gerando cansaço físico, tensões psíquicas e suscetibilidade a doenças.

Responsabilidade conjunta

A ação prevencionista deve existir qualquer que seja a atividade desenvolvida pela empresa e pelo trabalhador. Cada área de trabalho deve ter uma política consistente de prevenção de acidentes e promoção da saúde dos trabalhadores. Mas, para terem êxito, as medidas de segurança e higiene do trabalho devem ser desenvolvidas em equipe, cujos membros não precisam ser pessoas especializadas no assunto: todos têm sua parcela de responsabilidade na prevenção de acidentes e doenças profissionais. Todos os setores – técnicos, administrativos ou operacionais – têm responsabilidades diretas e indiretas nessa área.

A Consolidação das Leis do Trabalho (CLT) determina (artigo 157) claramente a obrigação da empresa em cumprir e fazer cumprir as normas de segurança e medicina do trabalho. O serviço de segurança do trabalho foi instituído no Brasil na década de 1940 e tornou-se obrigatório nas empresas a partir de 1972. Em 1978, assumiu novas atribuições a partir das determinações das normas regulamentadoras do Ministério do Trabalho, aprovada pela Portaria nº 3.217/78. Entre as normas regulamentadoras, a NR-5 – Comissão Interna de Prevenção de Acidentes – regulamenta e torna obrigatória a instalação da Cipa nas empresas a partir de determinado número de funcionários (NR-5 – Quadro I – "Dimensionamento da Cipa"). Trata-se de um grupo paritário, composto de representantes dos funcionários da empresa, com atribuições específicas na prevenção de acidentes e doenças. A Cipa tem, entre outras atribuições, de "realizar, periodicamente, verificações nos ambientes e condições de trabalho, visando identificação de situações que venham a trazer riscos para a segurança e saúde dos trabalhadores" (NR-5, 5.16 - alínea *d*).

As NRs, em conjunto com a CLT (capítulo V – "Da Segurança e da Medicina do Trabalho", seções VI, VII, VIII ,IX, X, XI e XII), tratam das condições de segurança das edificações, da iluminação, do conforto térmico, das instalações elétricas e dos equipamentos e máquinas, estabelecendo regras e determinações para garantir a proteção da saúde e segurança dos trabalhadores.

O serviço de medicina ocupacional das empresas, ligado ou não ao serviço de segurança do trabalho, também desempenha funções importantes nessa área. É fundamental que os dois serviços estejam bem entrosados para que haja entendimento entre os profissionais e eficácia nas ações propostas. Uma clara definição de atribuições evita conflitos e contribui para alcançar resultados positivos.

O quadro 21 mostra a relação de doenças profissionais de acordo com a Classificação Internacional de Doenças e de Problemas Relacionados à Saúde (CID-10), agrupadas de acordo com os sistemas afetados do organismo.

O quadro 22 traz o comparativo do número de acidentes do trabalho ocorridos no período de 2001 a 2007, separados por atividades econômicas, ou seja, os setores agrícola, industrial, de transformação, serviços e os não identificados. Importante notar o frequente aumento anual do número de acidentes, com destaque para os anos de 2006 e 2007, que mostram crescimento bastante acentuado. Entre os setores, o que mais se destacou no índice de aumento foi a área industrial.

Os quadros 23, 24, 25 e 26 apresentam informações do número total de acidentes ocorridos no ano de 2007, separando-os por tipos: típicos, de trajeto, doenças do trabalho e acidentes onde não foi emitida a Comunicação de Acidente do Trabalho (CAT). Mostram também as regiões brasileiras mais afetadas pelos acidentes do trabalho, os meses de maior incidência em acidentes, a faixa etária mais atingida e os acidentes liquidados.

Quadro 21 – Doenças profissionais

Doenças profissionais segundo a Classificação Internacional de Doenças (CID-10)	
Doenças infecciosas e parasitárias	Tuberculose, carbúnculo, brucelose, leptospirose, tétano Doenças dos tratadores de aves – psitacose, ornitose Dengue – dengue clássico Febre amarela Hepatite viral Doenças pelo vírus da imunodeficiência humana Dermatofitose e outras micoses Candidíase da pele e das unhas, paracoccidiodomicose Blastomicose sul-americana e brasileira Malária Leishmaniose cutânea e cutâneo-mucosa

(cont.)

Doenças profissionais segundo a Classificação Internacional de Doenças (CID-10)	
Neoplasias/tumores	Neoplasia maligna de estômago, pâncreas, cavidade nasal, seios da face, laringe, brônquios e pulmões, ossos (inclui sarcoma ósseo e de bexiga) Angiossarcoma do fígado Epiteliomas malignos – outras neoplasias malignas de pele Mesotelioma – da pleura, do peritônio ou do pericárdio Leucemias
Doenças do sangue e dos órgãos hematopoiéticos	Síndrome mielodisplásicas Outras anemias devidas a transtornos enzimáticos Anemia hemolítica adquirida Anemia aplástica: devida a outros agentes externos e não especificados Anemia sideroblástica secundária a toxinas Púrpura e outras afecções hemorrágicas Agranulocitose – neutropenia tóxica Outros transtornos especificados dos glóbulos brancos – leucocitose, reação leucemoide Metemoglobinemia adquirida
Doenças endócrinas, nutricionais e metabólicas	Hipotireoidismo a substâncias exógenas Outras porfirias
Transtornos mentais e do comportamento	Demência em outras doenças específicas classificadas em outros locais *Delirium* não sobreposto à demência Transtorno - cognitivo leve, orgânico de personalidade, mental orgânico ou sintomático não especificado Alcoolismo crônico Episódios depressivos Estado de estresse pós-traumático; Neurastenia – inclui a síndrome da fadiga Outros transtornos neuróticos especificados – inclui a "neurose profissional" Transtorno do ciclo vigília-sono devido a fatores não orgânicos Sensação de acabada – "Síndrome de burnout" e do esgotamento profissional

(cont.)

Doenças profissionais segundo a Classificação Internacional de Doenças (CID-10)	
Doenças do sistema nervoso	Ataxia cerebelar Parkisonismo secundário devido a outros agentes externos Outras formas especificadas de tremor Transtornos: extrapiramidais do movimento não especificados do nervo trigêmeo, do nervo olfatório, do plexo braquial Síndrome: da saída do tórax, do desfiladeiro torácico Distúrbios do ciclo vigília-sono Mononeuropatias dos membros superiores – síndrome: do túnel do carpo, do pronador redondo, do canal de Guyon, do túnel cubital Lesão do nervo ulnar e do nervo radial Outras mononeuropatias dos membros superiores – compressão do nervo supraescapular – e dos membros inferiores – lesão do nervo poplíteo lateral Polineuropatia: devida a outros agentes tóxicos e induzida pela radiação Encefalopatia tóxica aguda e crônica
Doenças do olho e anexos	Blefarite; Conjuntivite Ceratite e ceratoconjuntivite Catarata Inflamação coriorretiniana Neurite óptica Distúrbios visuais subjetivos
Doenças do ouvido	Otite média não supurativa – barotrauma do ouvido médio Perfuração da membrana do tímpano Outras vertigens periféricas Labirintite Perda de audição induzida pelo barulho e trauma acústico Perda de audição ototóxica Otalgia e secreção auditiva Outras percepções auditivas anormais: alteração temporária do limiar auditivo, comprometimento da discriminação auditiva e hiperacusia Outros transtornos especificados Otite barotraumática – barotrauma de ouvido externo e de ouvido interno Sinusite barotraumática / barotrauma sinusal Síndrome devida ao deslocamento de ar de uma explosão

(cont.)

Doenças profissionais segundo a Classificação Internacional de Doenças (CID-10)	
Doenças do sistema circulatório	Hipertensão arterial e doença renal hipertensiva ou nefrosclerose Angina pectoris Infarto agudo do miocárdio Cor pulmonale crônico ou doença cardiopulmonar; placas epicárdicas e/ou pericárdicas Parada cardíaca Arritmias cardíacas Aterosclerose e doença aterosclerótica do coração Síndrome de Raynaud Acrocianose e acroparestesia
Doenças do aparelho respiratório	Faringite aguda Laringotraqueíte aguda Rinite alérgica Sinusite crônica Ulceração ou necrose do septo nasal e perfuração do septo nasal Laringotraqueíte crônica Outras doenças pulmonares obstrutivas: crônicas – asma obstrutiva, bronquite crônica asmática, bronquite obstrutiva crônica Doença pulmonar obstrutiva crônica Asma ocupacional Pneumoconiose dos trabalhadores do carvão Asbestose Silicose Pneumoconiose devida a outras poeiras inorgânicas: beriliose, siderose, estanhose Pneumoconiose devida a outras poeiras inorgânicas especificadas Pneumoconiose associada à tuberculose Doenças das vias aéreas devidas a outras poeiras orgânicas específicas Pneumonite de hipersensibilidade devida a poeiras orgânicas; Pulmão do fazendeiro, criador de pássaros, malte, que trabalha com cogumelos Bagaçose Doença pulmonar devida a sistema de ar condicionado e de umidificação do ar

(cont.)

Doenças profissionais segundo a Classificação Internacional de Doenças (CID-10)	
Doenças do aparelho respiratório	Afecções respiratórias devidas à inalação de produtos químicos, gases, fumaças e vapores – bronquite e pneumonite, edema pulmonar, síndrome da disfunção reativa das vias aéreas, afecções respiratórias crônicas Manifestações pulmonares devidas à radiação ionizante: pneumonite por irradiação, fibrose pulmonar consequente a radiação Derrame pleural e placas pleurais Enfisema intersticial Transtornos respiratórios em outras doenças sistêmicas do tecido conjuntivo classificadas em outra parte: síndrome de Caplan
Doenças osteomusculares e do tecido conjuntivo	Artrite reumatoide associada à pneumoconiose dos trabalhadores do carvão Gota induzida pelo chumbo Outras artroses Dor articular Síndrome cervicobraquial Dorsalgia; sinovite e tenossinovite Transtornos dos tecidos moles Fibromatose de fáscia palmar Lesões do ombro Outras entesopatias Mialgia Osteomalácia do adulto Fluorose do esqueleto Osteonecrose Osteólise ou acro-osteólise de falanges distais de quirodáctilos Osteonecrose no "mal dos caixões" Doença de kienböck do adulto
Doenças do aparelho digestivo	Erosão dentária Alterações pós-eruptivas da cor dos tecidos dos dentes Gengivite crônica Gastroenterite e colite tóxica Cólica do chumbo Doença hepática tóxica Hipertensão portal

(cont.)

Doenças profissionais segundo a Classificação Internacional de Doenças (CID-10)	
Doenças da pele e do tecido subcutâneo	Dermatoses papulopustulosas e suas complicações infecciosas Dermatites alérgicas de contato Dermatites de contato por irritantes Urticária Queimadura solar Outras alterações agudas de pele devidas a radiação ultravioleta – urticária solar, dermatite por fotocontato, outras alterações específicas e não específicas Alterações da pele devidas a exposição crônica à radiação não ionizante – ceratose actínica, dermatite solar, pele do agricultor e do marinheiro Radiodermite aguda, crônica e não especificada
Doenças da pele e do tecido subcutâneo	Outras formas de: acne – cloracne, cistos foliculares da pele e do tecido subcutâneo – elainoconiose folicular ou dermatite folicular; outras formas de hiperpigmentação pela melanina – melanodermia Leucodermia não classificada em outra parte Porfiria cutânea tardia Ceratose adquirida – ceratodermia palmar e plantar; úlcera crônica da pele Geladuras – "frosbite"
Doenças do sistema geniturinário	Síndrome nefrítica aguda; Doença glomerular crônica; Nefropatia induzida por metais pesados; Insuficiência renal aguda e crônica; Cistite aguda; Infertilidade masculina

Quadro 22 – Acidentes do trabalho por atividade econômica

Atividades econômicas	**2001**	**2002**	**2003**	**2004**	**2005**	**2006**	**2007**
Total de acidentes	340.251	396.071	390.180	465.700	499.680	503.890	653.090
Agricultura	23.263	28.771	30.665	38.403	36.214	34.388	28.750
Indústria	36.970	41.137	30.843	42.405	44.713	48.837	294.355
Transformação	122.164	135.718	109.279	161.727	176.464	177.787	266.867
Serviços	146.138	174.298	149.752	205.604	221.826	228.293	291.265
Ignorados	14.791	12.169	68.790	7.079	9.929	4.021	38.720

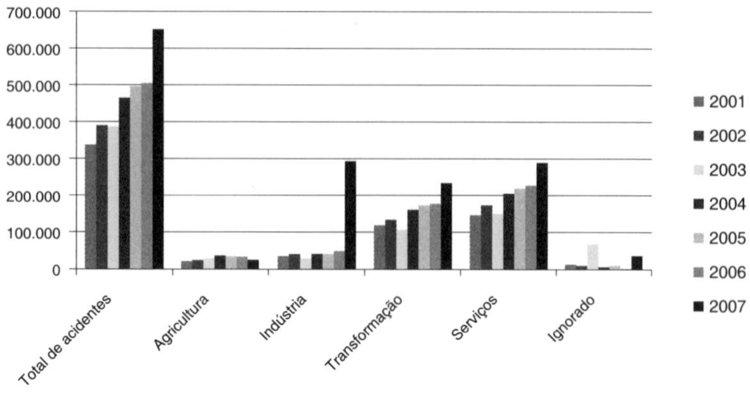

Figura 25 – Representação gráfica do quadro 22

Fonte: Dataprev, CAT.

Quadro 23 – Quantidade de acidentes do trabalho, por situação de registro e motivo, segundo as Grandes Regiões e Unidades da Federação – 2007

Grandes Regiões e Unidades da Federação	Quantidade de acidentes do trabalho					
	Total	Com CAT registrada				Sem CAT registrada
		Total	Motivo			
			Típico	Trajeto	Doenças do trabalho	
BRASIL	**653.090**	**514.135**	**414.785**	**78.564**	**20.786**	**138.955**
NORTE	27.544	21.695	17.476	2.864	1.355	5.849
Rondônia	3.860	2.295	1.711	454	130	1.565
Acre	643	403	301	82	20	240
Amazonas	8.372	6.767	5.284	802	681	1.605
Roraima	423	220	154	58	8	203
Pará	11.422	9.821	8.395	1.084	342	1.601
Amapá	728	659	504	142	13	69
Tocantins	2.096	1.530	1.127	242	161	566

(cont.)

Grandes Regiões e Unidades da Federação	Quantidade de acidentes do trabalho					
	Total	Com CAT registrada				Sem CAT registrada
		Total	Motivo			
			Típico	Trajeto	Doenças do trabalho	
NORDESTE	71.615	54.086	43.006	7.656	3.424	17.529
Maranhão	3.885	2.788	2.281	384	123	1.097
Piauí	1.675	1.044	731	295	18	631
Ceará	8.241	6.128	4.367	1.289	472	2.113
Rio Grande do Norte	6.370	5.319	4.400	714	205	1.051
Paraíba	3.836	2.982	2.357	383	242	854
Pernambuco	14.224	11.146	8.796	1.804	546	3.078
Alagoas	7.568	6.779	6.164	504	111	789
Sergipe	2.858	2.322	1.838	311	173	536
Bahia	22.958	15.578	12.072	1.972	1.534	7.380
SUDESTE	363.953	294.813	236.704	46.757	11.352	69.140
Minas Gerais	68.273	54.869	46.076	7.430	1.363	13.404
Espírito Santo	15.718	11.982	10.010	1.644	328	3.736
Rio de Janeiro	47.598	37.097	27.369	6.805	2.923	10.501
São Paulo	232.364	190.865	153.249	30.878	6.738	41.499
SUL	145.203	107.915	88.913	15.402	3.600	37.288
Paraná	51.047	39.292	33.157	5.243	892	11.755
Santa Catarina	41.546	28.442	22.614	4.821	1.007	13.104
Rio Grande do Sul	52.610	40.181	33.142	5.338	1.701	12.429
CENTRO-OESTE	44.775	35.626	28.686	5.885	1.055	9.149
Mato Grosso do Sul	9.601	7.626	6.293	1.165	168	1.975
Mato Grosso	11.496	8.662	7.257	1.204	201	2.834
Goiás	16.102	13.970	11.203	2.429	338	2.132
Distrito Fedral	7.576	5.368	3.933	1.087	348	2.208

Fonte: Dataprev, CAT.

Quadro 24 – Quantidade mensal de acidentes do trabalho, por situação do registro e motivo – 2006-2007

Meses	Anos	Quantidade de acidentes do trabalho					
		Total	Com CAT registrada				Sem CAT registrada
			Total	Motivo			
				Típico	Trajeto	Doença do trabalho	
TOTAL	2006	512.232	512.232	407.426	74.636	30.170	–
	2007	653.090	514.135	414.785	78.564	20.786	138.955
Janeiro	2006	42.564	42.564	34.155	5.675	2.734	–
	2007	42.255	42.255	34.086	6.104	2.065	–
Fevereiro	2006	38.625	38.625	30.769	5.284	2.572	–
	2007	38.511	38.511	30.872	5.859	1.780	–
Março	2006	46.697	46.697	37.081	6.633	2.983	–
	2007	61.014	47.410	37.960	7.279	2.171	13.604
Abril	2006	38.230	38.230	30.038	5.763	2.429	–
	2007	55.283	40.922	32.623	6.420	1.879	14.361
Maio	2006	44.601	44.601	35.070	6.665	2.866	–
	2007	60.644	45.340	36.486	6.990	1.864	15.304
Junho	2006	42.201	42.201	33.303	6.509	2.389	–
	2007	55.485	41.238	33.102	6.446	1.690	14.247
Julho	2006	44.377	44.377	35.332	6.424	2.621	–
	2007	58.562	43.970	35.300	6.969	1.701	14.592
Agosto	2006	47.306	47.306	37.588	6.932	2.786	–
	2007	62.524	47.144	38.020	7.137	1.987	15.380
Setembro	2006	41.960	41.960	33.382	6.217	2.361	–
	2007	56.244	42.531	34.415	6.574	1.542	13.713
Outubro	2006	44.949	44.949	36.075	6.433	2.441	–
	2007	61.561	47.431	38.848	6.954	1.629	14.130

(cont.)

Meses	Anos	Quantidade de acidentes do trabalho					
		Total	Com CAT registrada				Sem CAT registrada
			Total	Motivo			
				Típico	Trajeto	Doença do trabalho	
Novembro	2006	42.617	42.617	34.265	6.164	2.188	–
	2007	54.100	41.322	33.814	6.187	1.321	12.778
Dezembro	2006	38.105	38.105	30.368	5.937	1.800	–
	2007	46.907	36.061	29.259	5.645	1.157	10.846

Fonte: Dataprev, CAT.

Nota: Os dados são preliminares, estando sujeitos a correções.

(cont.)

Quadro 25 – Quantidade de acidentes do trabalho liquidados, por consequência, segundo as Grandes Regiões e Unidades da Federação – 2007

Grandes Regiões e Unidades da Federação	Quantidade de acidentes do trabalho liquidados						
	Total	Consequências					
		Assitência médica	Incapacidade temporária			Incapacidade permanente	Óbito
			Total	Menos de 15 dias	Mais de 15 dias		
BRASIL	**688.693**	**96.793**	**580.592**	**298.896**	**281.696**	**8.504**	**2.804**
NORTE	29.167	4.586	24.036	12.640	11.396	371	174
Rondônia	4.190	171	3.868	1.269	2.599	123	28
Acre	672	44	604	248	356	15	9
Amazonas	8.764	1.191	7.509	4.660	2.849	41	23
Roraima	443	36	395	123	272	7	5
Pará	12.095	2.490	9.372	5.272	4.100	147	86
Amapá	778	166	595	366	229	11	6
Tocantins	2.225	488	1.693	702	991	27	17
NORDESTE	76.275	11.700	62.711	32.067	30.644	1.475	389
Maranhão	4.135	694	3.296	1.549	1.747	101	44
Piauí	1.791	129	1.612	638	974	33	17
Ceará	8.662	805	7.646	3.709	3.937	172	39
Rio Grande do Norte	6.591	2.268	4.224	2.283	1.941	83	16

(cont.)

Grandes Regiões e Unidades da Federação	Quantidade de acidentes do trabalho liquidados						
	Total	Consequências					
		Assitência médica	Incapacidade temporária			Incapacidade permanente	Óbito
			Total	Menos de 15 dias	Mais de 15 dias		
Paraíba	4.071	765	3.169	1.652	1.517	103	34
Pernanbuco	15.140	1.599	13.218	7.357	5.861	243	80
Alagoas	7.846	616	7.100	5.382	1.718	100	30
Sergipe	3.024	731	2.242	1.212	1.030	34	17
Bahia	25.015	4.093	20.204	8.285	11.919	606	112
SUDESTE	382.572	57.362	319.559	173.046	146.513	4.261	1.390
Minas Gerais	71.444	12.280	58.002	31.891	26.111	817	345
Espírito Santo	16.664	2.642	13.698	6.812	6.886	224	100
Rio de Janeiro	49.997	8.373	41.006	19.948	21.058	439	179
São Paulo	244.467	34.067	206.853	114.395	92.458	2.781	766
SUL	152.848	18.316	132.240	59.746	72.494	1.792	500
Paraná	53.678	6.787	46.020	23.757	22.263	661	210
Santa Catarina	43.679	3.742	39.252	15.155	24.097	546	139
Rio Grande do Sul	55.491	7.787	46.968	20.834	26.134	585	151

Fonte: Dataprev, CAT.

Quadro 26 – Quantidade de acidentes do trabalho, por situação de registro e motivo, segundo os grupos de idade – 2007

Grupos de Idade	Quantidade de acidentes do trabalho											
	Total				Com CAT registrada							
					Total				Motivo típico			
	Total (1)	Masculino	Feminino	Ignorado	Total (1)	Masculino	Feminino	Ignorado	Total (1)	Masculino	Feminino	Ignorado
Total	**653.090**	**479.008**	**174.074**	**8**	**514.135**	**393.146**	**120.981**	**8**	**414.785**	**329.089**	**85.689**	**7**
Até 19 anos	22.135	18.286	3.849	0	19.817	16.494	3.323	0	16.254	13.931	2.323	0
20 a 24 anos	109.235	86.978	22.257	0	96.466	78.492	17.974	0	79.011	66.277	12.734	0
25 a 29 anos	124.417	92.642	31.774	1	105.871	81.273	24.597	1	85.976	68.381	17.595	0
30 a 34 anos	103.107	74.905	28.200	2	83.563	63.100	20.461	2	67.682	52.957	14.723	2
35 a 39 anos	86.640	61.873	24.764	3	66.672	49.788	16.881	3	53.764	41.632	12.129	3
40 a 44 anos	75.153	52.380	22.773	0	54.806	40.227	14.579	0	43.654	33.309	10.345	0
45 a 49 anos	59.696	40.821	18.875	0	41.192	29.993	11.199	0	32.329	24.613	7.716	0
50 a 54 anos	41.850	28.175	13.675	0	26.634	19.277	7.357	0	20.880	15.915	4.965	0
55 a 59 anos	21.566	15.535	6.031	0	12.970	9.585	3.385	0	10.315	8.013	2.302	0
60 a 64 anos	7.313	5.869	1.444	0	4.557	3.650	907	0	3.655	3.015	640	0
65 a 69 anos	1.467	1.141	326	0	1.119	892	227	0	893	735	158	0
70 anos e mais	383	302	81	0	341	275	66	0	262	221	41	0
Ignorada	128	101	25	2	127	100	25	2	110	90	18	2

Fonte: Dataprev, CAT.

(1) Inclui os acidentes do trabalho com sexo ignorado.

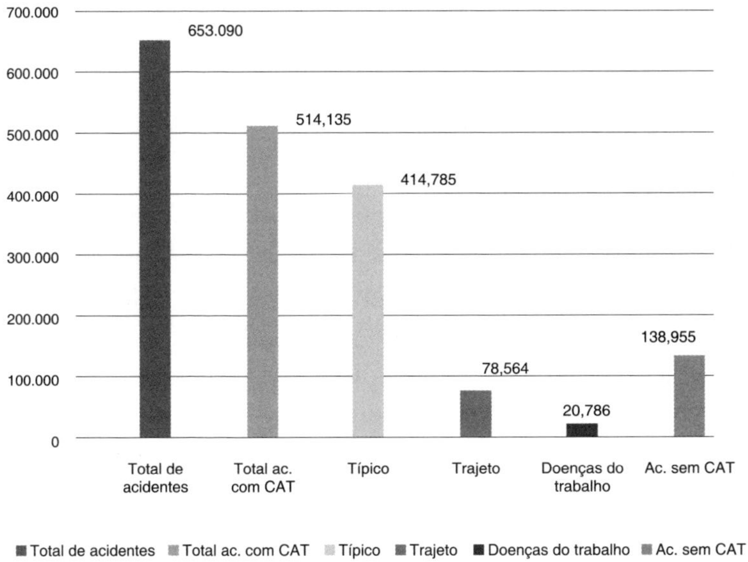

Figura 26 – Acidentes do trabalho no Brasil (2007)

Fonte: Dataprev, CAT.

Esgotos, rede pública e comunidade

Entre as condições básicas de saneamento dos locais de trabalho estão o abastecimento de água e a coleta dos esgotos industriais por rede pública.

A coleta dos diversos componentes dos efluentes líquidos industriais dentro do terreno da indústria deve ser feita segundo os critérios definidos pelos órgãos controlador e operador do sistema. Em geral esses critérios são os seguintes:

- águas pluviais e de refrigeração não devem ser lançadas diretamente no sistema coletor público; estando poluídas, a incorporação ao coletor público só poderá ser feita após autorização expressa dos órgãos controlador e operador do sistema e em condições específicas;
- o lançamento dos efluentes líquidos industriais no sistema coletor público deve ser feito preferencialmente através de ligação predial única; essa ligação deve ser precedida por tubo de inspeção e limpeza (TIL) ao poço de visita (PV), e dispositivos de amostragem e/ou medição para analisar tanto a composição do esgoto que está sendo lançado (que deve obedecer às normas da Cetesb, art. 19-A do Decreto Estadual nº 8.468/76, no caso de São Paulo) como seu volume (normatizado pela Sabesp). Essas medições e análises devem ser executadas de acordo com critérios estabelecidos pelos órgãos operador e controlador do sistema.

Esse lançamento deve ser feito sempre por gravidade. Se houver necessidade do uso de uma bomba de recalque, os efluentes devem ser lançados inicialmente em caixa de quebra-pressão.

Proibições

É proibido o lançamento, no sistema coletor público de esgoto sanitário, de substâncias que exijam pré-tratamento. É o caso de:

- substâncias que, em razão de sua qualidade ou quantidade, sejam capazes de causar incêndio ou explosão;
- substâncias que sejam nocivas de qualquer outra maneira à operação e manutenção dos sistemas de esgoto, como, por exemplo, gasolina, óleos, solventes e tintas;
- substâncias que, por si ou por interação com outros despejos, causem prejuízo público, risco à vida ou prejudiquem a operação e manutenção dos sistemas de esgoto;
- substâncias tóxicas em quantidades que interfiram nos processos biológicos de tratamento de esgoto (quando existirem) ou que causem danos ao corpo receptor;
- materiais que provoquem obstrução na rede coletora ou causem qualquer outra interferência na operação do sistema de esgoto, como, por exemplo, cinzas, areia, metais, vidro, madeira, pano, lixo, asfalto, cera e estopa.

Condições específicas

As condições específicas para o lançamento de efluentes líquidos industriais devem obedecer ao que está estabelecido na NBR 7.229, de 1982, atualizada em setembro de 1993. Essas condições baseiam-se nos seguintes critérios gerais:

- Os valores-limite para lançamento de efluentes líquidos industriais no sistema coletor público de esgoto sanitário devem obedecer aos parâmetros estabelecidos nas legislações federal, estadual (o órgão controlador, no estado de São Paulo, é a Cetesb, em conformidade com o Decreto nº 8.468, de 8-9-1976, art. 19-A) e municipal em vigor, visando à compatibilização desses efluentes com as características do sistema coletor e/ou do corpo receptor (cursos d'água, lagos, represas ou mares). Para lançamento em curso d'água, o órgão controlador em São Paulo é a Cetesb (Decreto nº 8.468/76, art. 18).

- O quadro 27 sugere limites máximos para o lançamento de efluentes líquidos industriais em sistema coletor dotado de tratamento adequado, isto é, capaz de remover poluentes, de acordo com o órgão controlador do sistema. Os valores-limite sugeridos nesse quadro podem ser alterados pelos órgãos controlador e/ou operador. Esses órgãos podem, ainda, estabelecer outros parâmetros e seus respectivos limites.
- Quando altamente tóxicos, os efluentes líquidos industriais devem ser submetidos a tratamento específico, a critério dos órgãos controlador e operador, para que atinjam em cada área de processamento ou no conjunto os valores recomendados no quadro 27, antes de serem lançados na rede coletora.
- Os parâmetros e valores-limite do quadro 27 seguem o estabelecido pelo órgão controlador e pela última edição do *Standard Method for the Examination of Water and Wastewater*, publicação APHA, AWWA, WPCF.
- É proibida a utilização de água de qualquer origem para diluir efluentes líquidos industriais.
- A vazão, a carga orgânica e o resíduo não filtrável total dos efluentes líquidos industriais ficam condicionados à capacidade do sistema coletor, e esses parâmetros devem ser definidos pelo órgão operador.

Quadro 27 – Efluentes líquidos industriais – Parâmetros básicos

Parâmetros	**Unidades de medida**	**Valores máximos** admissíveis* (exceto para PH)
pH		de 6 a 10
Temperatura	°C	40
Sólidos sedimentáveis em teste de 1 h no cone Imhoff	ml/l	20
Óleos e graxas	mg/l	100
Regime de lançamento	l/s	1,50 (Q de vazão média horária)
Arsênio total	mg/l	1,50
Cádmio total	mg/l	0,10
Chumbo total	mg/l	1,50
Cianeto	mg/l	0,20
Cobre total	mg/l	1,50
Cromo hexavalente	mg/l	0,50
Cromo total	mg/l	5,00
Surfactantes (MBAS)	mg/l	5,00
Estanho total	mg/l	4,00
Fenol	mg/l	5,00
Ferro solúvel (Fe_2^+)	mg/l	15,00
Fluoreto	mg/l	10,00
Mercúrio total	mg/l	0,01
Níquel total	mg/l	2,00
Prata total	mg/l	1,50
Selênio total	mg/l	1,50
Sulfato	mg/l	1.000,00
Sulfeto	mg/l	1,00
Zinco total	mg/l	5,00

* Valores-limite a ser observados para lançamento de efluentes industriais líquidos em sistema coletor público de esgoto sanitário dotado de tratamento adequado.

Saneamento das escolas

As escolas abrigam grande número de crianças, indivíduos em pleno desenvolvimento, pertencentes a uma faixa etária de vulnerabilidade biopsicossocial e, portanto, suscetíveis a muitas afecções e exigentes de atenção redobrada com relação à segurança.

O saneamento das escolas visa à promoção da saúde, à prevenção de doenças e de acidentes e ao desenvolvimento de hábitos de higiene. Para tanto, os estabelecimentos de ensino devem satisfazer os seguintes requisitos: segurança, ambiente físico adequado e saneamento básico.

Além disso, como a escola é um serviço fundamental para a sociedade, sua localização deve ser acessível, isto é, próxima da moradia das crianças, para evitar sua exposição a riscos.

O quadro a seguir mostra a situação brasileira no que diz respeito às condições de saneamento básico nas escolas públicas.

Quadro 28 – Acesso a serviços públicos nas escolas

	Número de escolas	Rede de esgoto sanitário (%)	Rede de abastecimento de água (%)	Rede de abastecimento de energia elétrica (%)	Coleta periódica de lixo (%)
Brasil	199.588	39,27	62,25	87,65	61,11
Capitais	22.415	79,97	92,72	99,11	97,00
Periferias	14.057	71,23	87,86	99,82	94,44

Fonte: CPS/FGV a partir dos microdados do Censo Escolar 2007/Inep/MEC.

Os índices mostrados podem revelar os danos que a falta de água e esgoto fazem à educação, ao desenvolvimento humano. Inúmeras doenças parasitárias ou não podem acometer as crianças, impossibilitando-as de frequentar as escolas. Além da falta de água, o fornecimento de água de má qualidade nas escolas e nas residências dos alunos pode agravar ainda mais os problemas. O Relatório de Desenvolvimento Humano, de 2006, registra 443 milhões de faltas anuais às aulas decorrentes de problemas de saúde das crianças.

O quadro mostra que apenas 39,27% de mais de 198 mil escolas pesquisadas (pesquisa realizada pela Fundação Getúlio Vargas e pelo Instituto Trata Brasil) possuem rede de esgoto sanitário. E o mais grave, as 79 cidades brasileiras pesquisadas possuem número acima de 300 mil habitantes, portanto, cidades normalmente consideradas mais desenvolvidas, com maiores recursos técnicos e financeiros para investir em saneamento básico e ações ligadas à saúde pública. Pode-se facilmente imaginar qual é a situação da maioria dos municípios brasileiros, onde o desenvolvimento econômico, educacional e os recursos financeiros são escassos ou desviados para finalidades pessoais de alguns governantes.

O Índice de Desenvolvimento Humano (IDH), utilizado para calcular o desenvolvimento dos países, leva em consideração a longevidade, a educação e a renda *per capita*. Como o fator educação considera a taxa de alfabetização e a taxa de matrícula, o grande número de crianças fora da escola, muitas vezes por doenças, e o analfabetismo, ainda muito elevado, trazem prejuízo ao valor calculado do IDH brasileiro, colocando o país em lugar de pouco destaque entre os demais países. Conclui-se que é necessário o empenho dos governos para aumentar os investimentos na área de saneamento básico, não esquecendo as escolas, contribuindo assim para a melhoria da saúde e do aprendizado dos alunos.

Segurança nas escolas

Para garantir segurança a seus frequentadores, os prédios escolares devem obedecer a alguns requisitos básicos quanto à localização, construção e equipamentos. O Código Sanitário do Estado de São Paulo, Decreto nº 12.342, de 27 de setembro de 1978 (atualizado pelo Decreto nº 16.017, de 4-11-1980, e pelo Decreto nº 41.913, de 2-7-1997), trata nos seus artigos 104 a 115 da normatização das condições de instalação física das escolas.

Localização e construção

- adequada distância entre a escola e as construções vizinhas;
- terreno com boa drenagem de água;
- terreno revestido de cimento ou coberto com grama, aparada periodicamente;
- paredes lisas, laváveis, pintadas de cores claras e foscas;
- pisos não escorregadios e lisos;

- salas de aula com, no mínimo, 1 m^2 por aluno lotado em carteira dupla, e 1,20 m^2 por aluno lotado em carteira individual;
- escadas amplas, resistentes, bem iluminadas, com patamares intermediários de 1,50 m, degraus largos e dotadas de corrimão;
- sanitários em número suficiente para atender os alunos, devidamente separados por sexo. O Código Sanitário recomenda que haja bacias sanitárias em número correspondente a, no mínimo, uma para cada 25 alunas; uma bacia sanitária para cada quarenta alunos; e um lavatório para cada quarenta alunos ou alunas. A legislação também prevê instalações sanitárias para professores e funcionários, separadas por sexo, com uma bacia sanitária para cada dez salas de aula e no mínimo um lavatório para cada seis salas de aula;
- existência de instalações sanitárias nas áreas de recreação, obrigatoriamente;
- um bebedouro, no mínimo, para cada duzentos alunos. Os bebedouros devem ser do tipo jato inclinado e não devem se localizar dentro de instalações sanitárias. Nos pátios deve haver pelo menos um bebedouro para cada cem alunos;
- nas escolas de ensino fundamental (antigo 1º grau), existência obrigatória de local coberto para recreio, com área mínima equivalente a um terço da soma das áreas das salas de aula;
- reservatórios de água potável com capacidade adicional equivalente a 50 litros por aluno, para combate a incêndio;
- portas e corredores largos, para facilitar a entrada e a saída dos alunos;
- saídas de emergência que facilitem o escoamento rápido dos alunos para fora dos prédios.

Equipamentos

- mobiliário resistente e em número suficiente;
- equipamentos de proteção contra incêndios.

Ambiente físico

As construções escolares devem ser dotadas de:

- boa iluminação;
- salas bem ventiladas;
- janelas de um só lado, de preferência para aquele em que não haja trânsito de pessoas, evitando que os alunos tenham sua atenção desviada;
- quadros-negros foscos;
- carteiras que atendam às condições ergonômicas, isto é, que permitam braços livres, pés apoiados no chão sem pressão sobre as coxas, entre outros aspectos.

Saneamento básico

O saneamento básico requer a disponibilidade de equipamentos e recursos, assim como a manutenção destes.

Equipamentos e recursos/manutenção

- água em quantidade e qualidade satisfatórias para ingestão, preparo da merenda escolar, limpeza do ambiente e das instalações sanitárias;
- cestos de lixo nas salas de aula, pátios, locais de recreio e outros;
- coleta frequente do lixo depositado nos cestos instalados nas várias dependências.

Saneamento dos alimentos

Os alimentos, matéria orgânica, podem sofrer contaminação, deterioração ou adulteração desde sua produção até sua preparação e consumo. O cuidado com os produtos alimentícios é essencial para garantir saúde à comunidade.

O saneamento dos alimentos consiste em prevenir e combater a interferência de fatores que afetam sua qualidade durante os processos de cultivo (vegetais) ou criação (animais), colheita ou abate, armazenamento, processamento (industrialização, acondicionamento), transporte, comercialização e consumo.

A qualidade dos alimentos depende do saneamento do meio: controle da poluição ambiental, das zoonoses, das condições de trabalho e da saúde do homem que os cultiva, produz, manipula, comercializa, prepara e serve.

A oferta de alimentos sadios exige que, além de obedecer às condições e normas estabelecidas legalmente para a produção e comercialização de alimentos (leis e normas federais, estaduais e municipais), produtores, atacadistas e varejistas utilizem corretas técnicas de conservação e controle de manipulação em todas as fases de processamento e distribuição.

Alimentos impróprios para o consumo

Alimentos que sofreram *contaminação*, *deterioração* ou *adulteração* podem provocar danos à saúde, sendo considerados impróprios para o consumo.

Alimentos contaminados

São os que vêm da fonte já contaminados por bactérias, vírus, fungos, etc. A contaminação pode ter ocorrido devido a:

- criação e abate de animais em condições insalubres;
- alimentação dos animais com resíduos sólidos (lixo);
- uso de adubo não tratado no cultivo de hortaliças, legumes, cereais e frutas em geral;
- uso de água contaminada para irrigação de áreas cultivadas;
- falta de cuidados de higiene no manuseio em qualquer fase da produção;
- falta de cuidados de higiene durante o preparo, principalmente em cozinhas de escolas, creches, restaurantes, etc.

Entre os agentes que contaminam os alimentos com maior frequência, podem ser destacados:

- *Clostridium botulinum* – em conservas vegetais; causa intoxicação;
- *Salmonella sp* – em carnes e derivados; provoca infecção gastrointestinal;
- *Staphylococcus aureus* – em queijos e derivados; causa enterites;
- parasitos – em vegetais crus; causam verminoses.

Alimentos deteriorados

São os que entraram em processo de putrefação e que, pela ação de fungos, bactérias, vírus, etc., passam a produzir toxinas.

A deterioração pode ser provocada, entre outros fatores, por:

- preparo, acondicionamento, armazenamento e conservação inadequados ao tipo de alimento;
- conservação além do prazo de validade previsto;
- acesso de roedores e baratas aos alimentos;
- deterioração da embalagem por ação da água de chuvas e enchentes, e por perfuração.

A compra, o consumo e a conservação de alimentos enlatados, queijos e frios devem ser feitos com critério, para não correr os riscos implícitos na ingestão de produtos com prazo de validade vencido, mal conservados e deteriorados.

A seguir, alguns exemplos de critérios a serem seguidos na compra, no modo de consumo e na conservação de enlatados, queijos e embutidos (salsicha, linguiça, presunto, etc.).

Enlatados

- rejeitar latas estufadas, amassadas, defeituosas ou enferrujadas;
- depois de abrir a lata, retirar o alimento e acondicioná-lo em outro recipiente;
- verificar o prazo de validade.

Queijos

- rejeitar os que tenham aspecto pegajoso;
- manter sob refrigeração;
- verificar o prazo de validade;

- verificar se o produto traz o carimbo do Serviço de Inspeção Federal (SIF).

Embutidos

- recusar os que tiverem aspecto pegajoso e cor suspeita (verde);
- verificar o prazo de validade;
- verificar se o produto possui carimbo do SIF.

Alimentos adulterados

Consideram-se adulterados os alimentos cujas características sofreram modificação, com perda de nutrientes e/ou adição de substâncias estranhas e prejudiciais à saúde do consumidor. A adulteração pode ser resultado de:

- conservação inadequada ou além do prazo previsto (sucos de fruta, carnes recongeladas, etc.);
- retirada de nutrientes no processo de produção, comercialização, preparo e consumo (verduras e hortaliças excessivamente cozidas, alimentos descongelados com técnica incorreta, etc.);
- produção sob condições sanitárias duvidosas ou presença de aditivos acima dos limites permitidos pela legislação. Os aditivos podem ser *corantes* (substâncias geralmente sintéticas, que conferem ou intensificam a tonalidade de doces, embutidos, refrigerantes e outros alimentos), *aromatizantes* (essências naturais ou artificiais que acentuam ou conferem sabor aos alimentos e que são usadas em refrigerantes, sorvetes, doces, etc.), *conservantes* (substâncias – como o ácido benzoico, o ácido bórico, nitratos, nitritos e outras – que previnem ou controlam o aparecimento de microrganismos, geralmente usadas em carnes e pães), *acidulantes* (substân-

cias que fornecem ou intensificam o sabor ácido, geralmente usadas em maioneses, sorvetes, laticínios), *espessantes* (ágar-ágar, goma-arábica, goma-caraia, mono e diglicerídeos, e outras que conferem textura a geleias, bolos, pudins, etc.), *estabilizantes* (substâncias – como goma-arábica, óleo vegetal bromado, citrato de sódio, fosfolipídios, lactato de sódio – que não permitem alteração das características físicas das emulsões e suspensões: maioneses, margarinas, bebidas, etc.) ou *antioxidantes* (ácido ascórbico, ácidos graxos, ácido fosfórico e outras substâncias que não permitem a oxidação, isto é, a mudança de cor e sabor dos alimentos, usados em manteigas, margarinas, sucos de frutas e refrigerantes);

- utilização de hormônios ou antibióticos em animais de corte ou que fornecem derivados (ovos, leite);
- uso de adubos químicos ou orgânicos e de inseticidas nas plantações. Os adubos químicos não causam grandes problemas sanitários para o consumidor, porque são metabolizados pelas plantas no local da produção e, quando adequadamente manipulados, não são tóxicos. Os adubos orgânicos podem ser de origem animal (esterco de bovinos, suínos ou aves) ou vegetal, mistos ou, ainda, provenientes do lixo. Qualquer que seja a origem, devem ser fermentados antes de seu uso na plantação, o que nem sempre ocorre ou é feito satisfatoriamente. O processamento inadequado permite que ovos de parasitos e microrganismos sobrevivam, contaminando os vegetais. Além disso, ocorre a adubação com fezes humanas e a irrigação de hortaliças com águas contaminadas. Já os defensivos agrícolas podem penetrar nos vegetais, sendo por eles metabolizados. Ao ingerir esses alimentos, o ser humano acaba acumulando no organismo

resíduos dessas substâncias, que podem trazer prejuízos à saúde.

Técnicas de conservação de alimentos

Existem diferentes técnicas para conservar os alimentos por um período maior de tempo, aumentando sua vida útil, eliminando-se microrganismos ou detendo-se o processo de multiplicação de bactérias na matéria orgânica, como se verá a seguir.

Conservação pelo calor

Esterilização

A esterilização consiste em submeter os alimentos a uma temperatura superior a 100 °C. O calor inativa todos os microrganismos patogênicos e deteriorantes, não permitindo que cresçam enquanto os alimentos estão devidamente estocados. Tem a desvantagem de eliminar também algumas substâncias nutritivas e provocar alterações no sabor e na textura dos alimentos, quando são submetidos ao calor por muito tempo. O ideal é submeter o alimento a altas temperaturas e diminuir o tempo de exposição ao calor.

A esterilização aqui tratada não é aquela que torna o alimento estéril, mas sim a esterilização comercial, caso contrário, o alimento seria impróprio para o consumo do ponto de vista nutricional.

Grande parte dos enlatados é submetida à esterilização comercial e pode ser consumida num período de até dois anos após o processo.

Pasteurização

Consiste em submeter os alimentos a temperaturas entre 65 °C a 150 °C durante um período variável de alguns segundos a minutos. A temperatura e o tempo de exposição variam de acordo com a técnica de pasteurização empregada (lenta, rápida e muito rápida). Sucedendo o aquecimento, deve ocorrer um resfriamento imediato e brusco, à temperatura de –2 °C a –5 °C. O aquecimento destrói a flora patogênica e parte da flora banal, sem alterar a constituição física dos alimentos. O brusco resfriamento evita a proliferação dos germes ainda existentes nos produtos.

A pasteurização tem a capacidade de destruir os microrganismos patogênicos ligados ao alimento e de aumentar o seu tempo de uso. Muitos organismos podem permanecer vivos após o processo, assim boa parte dos alimentos pasteurizados é conservada sob refrigeração.

A *pasteurização lenta* utiliza temperaturas mais baixas por maiores intervalos de tempo (65 °C e 30 minutos) – usada em pequenas quantidades de leite. A *pasteurização rápida* usa temperaturas mais altas e curtos períodos de tempo (75 °C e 15 a 20 segundos) – utilizada no leite de saquinho. Na *pasteurização muito rápida,* altas temperaturas são atingidas e o período de tempo é bastante curto (130 °C a 150 °C e 3 a 5 segundos) – usada no leite de embalagem longa-vida.

Branqueamento

Tratamento térmico usado normalmente na conservação de frutas, verduras e hortaliças para inativar as enzimas que levariam à deterioração desses alimentos, evitando, por exemplo, o escurecimento. A temperatura para congelar alimentos normalmente é de –18 °C, temperatura não suficiente para inibir toda a atividade enzimática presente; da mesma forma nos alimentos desidratados, as temperaturas usadas não conseguem a inativação enzimática. Assim o branqueamento pode ser usado, em conjunto, com o objetivo de atingir a inativação das atividades enzimáticas dos microrganismos necessária à conservação do produto.

Conservação pelo frio

O tratamento dos alimentos com aplicação de baixas temperaturas é muito utilizado. Os alimentos congelados são cada vez mais frequentes nas mesas dos brasileiros. Além da refrigeração doméstica, as indústrias alimentícias aumentam dia a dia suas produções de congelados, visualizando uma fatia de mercado em ascensão.

A aplicação do frio nos alimentos evita a proliferação dos microrganismos e as reações químicas (atividades enzimáticas). Como todos os microrganismos têm temperaturas ideais para seu crescimento e proliferação, o princípio básico é manter a temperatura abaixo da ideal.

Dois tipos de tratamento pelo frio são utilizados:

Refrigeração

A temperatura é mantida entre 0 °C e 7 °C. Como a temperatura aplicada é mais branda, o tempo de conservação do alimento é menor, devendo ser consumido num período de tempo menor.

Congelamento

Existem duas formas de processar o congelamento: progressiva e rápida.

- **Congelamento progressivo** – consiste em expor os alimentos ao frio gradualmente, até a temperatura de –20 °C, em túnel ou em contato com paredes frias:
  - túnel: os alimentos são colocados em recintos com temperatura entre –35 °C e –45 °C, por um período de 12 a 24 horas;
  - contato com paredes frias: os alimentos ficam em contato com paredes na temperatura de –20 °C, entre 3 e 5 horas. Podem formar-se cristais alongados que rasgam as paredes celulares dos alimentos, dando-lhes um aspecto murcho.
- **Congelamento rápido** – consiste em resfriar os alimentos a –40 °C num tempo extremamente rápido. Essa técnica deve ser usada em alimentos de pouca espessura, para que a temperatura do centro do produto chegue a –18 °C o mais rápido possível.

É preciso esclarecer que o congelamento não destrói as bactérias e a atividade enzimática, apenas interrompe suas atividades. Logo que a temperatura começa a aumentar, as bactérias voltam a se reproduzir e as enzimas retomam suas funções normais.

Conservação por aditivos químicos

Os aditivos químicos (conservantes) agem como agentes antimicrobianos, tendo efeito sobre a membrana plasmática, a parede celular, o DNA, a síntese proteica e outras atividades celulares.

São usados como conservantes químicos o ácido orgânico e os nitratos e nitritos em menor proporção. Produzem efeito sobre o crescimento de bactérias e fungos, inibindo-o.

Conservação pelo controle da umidade dos alimentos

A água presente nos alimentos é essencial para transportar e solubilizar os nutrientes necessários à vida dos microrganismos existentes, mantendo seu metabolismo equilibrado e sua vida.

O controle da umidade dos alimentos realizado por meio da desidratação diminui as alterações microbiológicas e químicas dos alimentos, conservando-os por longo tempo.

Desidratação

É o processo que elimina os líquidos naturais dos produtos sob condições controladas de temperatura, umidade e fluxo de ar, mediante a introdução dos alimentos em túneis de ar seco ou fornos. A exposição ao sol, ainda usada, não pode ser considerada um processo de desidratação, e sim uma técnica rudimentar que, no entanto, pode resultar em uma desidratação tão boa que permite a conservação do alimento por longo período de tempo.

Liofilização

É um processo de desidratação por sublimação, que consiste no congelamento da matéria-prima e sua imediata secagem a vácuo. Assim, a umidade do alimento passa do estado sólido (gelo) para o gasoso (vapor), sem passar pelo estado líquido. É o método usado, por exemplo, na fabricação do leite em pó.

Conservação por irradiação

Para essa conservação é usada a radiação ionizante, criteriosamente controlada para não trazer prejuízos aos alimentos do ponto de vista nutricional e orgânico. Durante a irradiação não ocorre a formação, nos alimentos, de novos compostos químicos que possam causar danos à saúde do consumidor, mas há o inconveniente de alterações no sabor, na textura e na cor.

O maior benefício da conservação por irradiação é aumentar o tempo de vida do alimento, possibilitando o transporte e a comercialização em locais distantes, em que o tempo, muitas vezes, impossibilita a chegada do alimento de boa qualidade e em bom estado de conservação. Também auxilia no armazenamento de alimentos produzidos em larga escala em certas épocas do ano, para posterior distribuição na entressafra.

É importante o estudo e o controle da quantidade de irradiação que será usada, de acordo com o tipo de alimento e das finalidades que se quer obter com o processo, ou seja, inibir brotamento (em cebola, batata e outros), retardar o envelhecimento (frutas e legumes), reduzir o número de microrganismos (carnes, frutas e legumes), eliminar parasitas e pragas (grãos, cereais e especiarias) e esterilizar (alimento conservado em temperatura ambiente, pronto para o consumo).

Conservação por fermentação

A técnica da conservação por fermentação tem sido mais utilizada nos últimos tempos, não propriamente para conservar os alimentos, mas por conferir bons resultados no sabor dos produtos. Ocorre por meio da competição entre os microrganismos por nutrientes e da produção de metabólitos antimicrobianos (alcoóis, ácidos orgânicos). Assim, certas espécies de microrganismos inibem a atividade e o crescimento das espécies patogênicas (p. ex.: lactobacilos vivos).

Conservação por adição de soluto

Consiste no controle indireto da umidade do alimento. Na adição de solutos, a água dos alimentos não é eliminada como ocorre na desidratação, entretanto, ao adicionar um soluto, geralmente sal ou açúcar, estes "roubam" a água livre presente no alimento, não permitindo que seja usada pelos microrganismos e nas reações químicas.

Salga

A salga é uma técnica muito antiga e bastante usada para a conservação de carnes. Com ela consegue-se a desidratação do alimento com base no princípio da osmose. Independentemente do fato de a salga ser feita a seco ou em salmoura (úmida), pode ser considerada um processo de desidratação.

Uso de açúcar

Técnica bastante antiga que, quando bem executada, permite a conservação dos alimentos por muito tempo. Baseia-se no mesmo princípio da salga: o açúcar também age por osmose, desidratando as células. É usada na produção de geleias, frutas cristalizadas, etc.

Conservas

Consiste em cozer as matérias-primas e depois armazená-las em recipientes hermeticamente fechados, livres de ar e umidade, condições indispensáveis para a multiplicação bacteriana e consequente decomposição dos alimentos. Geralmente usam-se vidros, latas revestidas de estanho ou esmaltes especiais.

Conservação por defumação

Esta técnica expõe o alimento (carnes, embutidos, pescado) ao calor da fumaça produzida pela queima de madeira, carvão e outros. A fumaça produzida pela queima da madeira tem na sua composição compostos químicos que possuem propriedades bactericidas e, ao penetrar no produto, tem alto poder conservante.

O calor sobre o alimento age também como desidratante, diminuindo a sua umidade e, consequentemente, a ação dos microrganismos. Ocorre também a formação de uma película externa que age como barreira contra novos microrganismos contaminantes.

Controle dos manipuladores de alimentos

O objetivo básico do controle dos manipuladores de alimentos é garantir produtos isentos de contaminação, não permitindo que pessoas com problemas de saúde venham a comprometer a qualidade das mercadorias.

Devem ser observados certos hábitos de higiene e utilizados procedimentos especiais, visando a uma relação saudável entre os manipuladores e os alimentos.

Hábitos de higiene

Os manipuladores de alimentos devem:

- proteger os cabelos com toucas, gorros, prendedores ou redes;
- manter higiene corporal rigorosa;
- lavar frequentemente as mãos com sabão e água corrente;
- usar roupas apropriadas (uniformes) e limpas;
- evitar falar, assoar o nariz, tossir, escarrar, pôr a mão na boca, fumar ou roer unhas durante a manipulação de alimentos;
- comunicar imediatamente toda lesão cutânea, diarreia, resfriado ou supurações da garganta e do nariz;
- visitar regularmente o dentista, evitando infecções gengivais e abscessos dentários;

- proteger cortes, queimaduras ou ferimentos, desinfetando-os e cobrindo-os pelo menos durante o trabalho.

Procedimentos especiais de controle

Além desses hábitos, os manipuladores devem se submeter a:

- exame médico periódico criterioso, que se baseie no histórico clínico do trabalhador;
- treinamento especializado em noções básicas de higiene, higiene pessoal, preservação de alimentos, etc., evitando assim futuras complicações para a sua saúde;
- periódicos exames laboratoriais protoparasitológicos, orofaríngeos, de material colhido debaixo das unhas, raios X torácico, imunizações (quando necessárias) e outros exames exigidos.

Condições sanitárias na produção e comercialização

Para manter boas condições sanitárias nos ambientes de produção e comercialização de alimentos são necessários cuidados especiais, devendo-se obedecer a várias normas legais, mesmo nos casos de feiras livres e outros pontos de venda móveis. Entre esses cuidados, citam-se:

- localização em terreno e área apropriados;
- instalações com iluminação, ventilação e temperatura ambiente adequadas;
- proteção contra insetos e roedores;
- paredes, tetos, pisos e portas lisos, de cor clara e de material lavável;

- limpeza constante de paredes e pisos (recomenda-se evitar colar cartazes nas paredes, pois acumulam poeira e dificultam a limpeza);
- abastecimento de água, rede de esgoto e coleta de lixo que satisfaçam as condições de saneamento;
- veículos de transporte com carrocerias apropriadas para cada tipo de alimento, mantidos higienizados e protegidos contra poeira, insetos e roedores;
- balcões frigoríficos e *freezers* mantidos em boas condições de funcionamento; é vedado por lei o uso de luzes vermelhas em balcões frigoríficos para melhorar o aspecto das carnes expostas ao público.

Para ter controle adequado sobre os alimentos consumidos pela população, devem-se adotar alguns critérios, entre os quais:

- adotar refrigeração correta, que observe a temperatura apropriada para cada alimento;
- promover manutenção adequada de temperatura, especialmente em alimentos que se encontrem expostos em vitrinas;
- fazer cozimento ou reaquecimento na temperatura ideal, que atinja também o interior dos alimentos, o que contribui para evitar sua deterioração;
- usar matérias-primas íntegras, com descarte de toda e qualquer fonte duvidosa;
- tomar cuidados especiais em relação às pessoas que trabalham com os alimentos em todas as fases de manipulação;
- usar equipamentos adequados, devida e corretamente lavados, enxaguados e desinfetados;
- evitar o uso de produtos químicos tóxicos para o homem em todas as fases de manipulação do alimento;

- evitar estocar alimentos próximo de produtos tóxicos, em locais sujeitos a umidade, vazamentos ou inundação por esgotos ou águas pluviais.

Situações de desastres

As situações de emergências ou de calamidade pública podem envolver os desastres *naturais* (inundações, terremotos, deslizamento de terras, precipitações pluviométricas acima da normalidade, entre outros), os *não naturais*, provocados pelo homem (incêndios em áreas urbana e florestal, acidentes com material radioativo, vazamento e derramamento de produtos químicos no solo e na água, etc.), e os *mistos*, envolvendo o homem e a natureza. Existe, porém, uma tendência dos autores modernos de classificar todos os desastres em mistos.

Os desastres provocados pela natureza acabam sendo desencadeados indiretamente pelo homem, devido ao avanço tecnológico e econômico desordenado, sem nenhuma preocupação com a sua segurança e a do meio ambiente. O desenvolvimento industrial e o crescimento desenfreado das cidades são duas causas importantes para o desequilíbrio da natureza e o aumento de desastres.

A natureza sofre diversas alterações prejudiciais ao seu equilíbrio, que agravam a vulnerabilidade dos ecossistemas, deteriorando-os. O homem ataca o meio ambiente, que, por sua vez, se defende, trazendo como consequência situações desastrosas ao ser humano.

É importante que o homem perceba que existe uma interação inevitável e essencial entre desenvolvimento sustentável, redução de desastres, proteção ambiental e bem-estar social. Não há como dissociar a prevenção dos desastres da necessidade urgente de ações planejadas para o desenvolvimento social.

Os desastres geradores de situações de calamidade pública ou de emergência exigem das autoridades competentes medidas que envolvam ações na área de saneamento do meio e uma série de atendimentos de urgência destinados a salvar vidas e a procurar controlar e eliminar focos de doenças.

O Conselho Nacional de Defesa Civil (Condec) aprovou a Política Nacional de Defesa Civil (PNDC), Resolução nº 2, de 12 de dezembro de 1994, publicada em 1995, um documento de referência para todos os órgãos da Defesa Civil, o qual estabelece as diretrizes, planos e programas para o desenvolvimento de ações de redução de desastres e catástrofes no país, além de regras no atendimento de socorro e assistência às vítimas.

Conforme estabelece o PNDC, o objetivo geral da Defesa Civil é a redução da ocorrência de desastres, e os objetivos específicos envolvem:

- promover a defesa permanente contra desastres naturais ou provocados pelo homem;
- prevenir ou minimizar danos, socorrer e assistir populações atingidas, reabilitar e recuperar áreas deterioradas por desastres;
- atuar em situações de desastres ou na sua iminência;
- promover a articulação e a coordenação do Sistema Nacional de Defesa Civil (Sindec), em todo o território nacional.

O artigo 148, inciso I, da Constituição Federal determina que "a União, mediante lei complementar, poderá instituir empréstimos compulsórios para atender às despesas extraordinárias, decorrentes de calamidade pública, de guerra externa ou em sua iminência".

Assim, é importante que União, estados e municípios prevejam nos seus orçamentos recursos financeiros para as ações da Defesa Civil. O Fundo Especial para Calamidades Públicas (Funcap) é um instrumento financeiro previsto para o atendimento emergencial, em ações de resposta aos desastres.

A Política Nacional de Defesa Civil define ainda:

- **Desastre** – Resultado de eventos adversos, naturais ou provocados pelo homem, sobre um ecossistema vulnerável, causando danos humanos, materiais e ambientais, e consequentes prejuízos econômicos e sociais. A intensidade de um desastre depende da interação entre a magnitude do evento adverso e a vulnerabilidade do sistema e é quantificada em função de danos e prejuízos.
- **Risco** – Medida de danos ou prejuízos potenciais, expressa em termos de probabilidade estatística de ocorrência e de intensidade ou grandeza das consequências previsíveis. Relação existente entre a probabilidade de que uma ameaça de evento adverso ou acidente determinado se concretize, com o grau de vulnerabilidade do sistema receptor a seus efeitos.
- **Dano** – Medida que define a intensidade ou severidade da lesão resultante de um acidente ou evento adverso. Perda humana, material ou ambiental, física ou funcional, que pode resultar, caso seja perdido o controle sobre o risco. Intensidade das perdas humanas, materiais ou ambientais induzidas às pessoas, comunidades, instituições, instalações e/ou ecossistemas, como consequência de um desastre.
- **Vulnerabilidade** – Condição intrínseca ao corpo ou sistema receptor que, em interação com a magnitude do evento ou acidente, caracteriza os efeitos adversos, medidos em termos de intensidade dos danos prováveis.

- **Ameaça** – Estimativa de ocorrência e magnitude de um evento adverso, expressa em termos de probabilidade estatística de concretização do evento e da provável magnitude de sua manifestação.
- **Defesa Civil** – Conjunto de ações preventivas, de socorro, assistenciais e reconstrutivas, destinadas a evitar ou minimizar os desastres, preservar o moral da população e restabelecer a normalidade social.
- **Situação de emergência** – Reconhecimento legal pelo poder público de situação anormal, provocada por desastre, causando danos suportáveis à comunidade afetada.
- **Estado de calamidade pública** – Reconhecimento legal pelo poder público de situação anormal, provocada por desastre, causando sérios danos à comunidade afetada, inclusive à incolumidade ou à vida de seus integrantes.

A PNDC estabelece vários projetos que orientam as ações dos órgãos competentes envolvidos no atendimento às vítimas dos desastres. A seguir, alguns desses projetos são comentados de forma bastante simplificada e resumida, com o objetivo de mostrar quão vastas são a atividade e as responsabilidades da Defesa Civil.

Entre os projetos, o de Apoio Logístico ao Atendimento a um Desastre é fundamental para orientar e direcionar a ação dos envolvidos. Compreende o suprimento das necessidades e a prestação de serviços.

Os principais suprimentos às necessidades são:

- água potável e alimentos;
- materiais como barracas, redes, camas, colchões, cobertores e fogões;
- roupas e agasalhos;
- combustíveis, óleos e lubrificantes – COL;
- material de engenharia e comunicação;
- material de saúde – medicamentos e vacinas;

- material de higiene pessoal.

As principais atividades de serviço são:

- apoio de saúde;
- banho e lavanderia;
- limpeza, descontaminação, desinfecção e desinfestação do hábitat humano;
- sepultamento de pessoas e animais;
- saneamento emergencial.

Os projetos de Socorro e Assistência à População têm como principais atividades:

- isolamento e evacuação da área de risco;
- definição das vias de evacuação e controle de trânsito nelas;
- triagem socioeconômica e cadastramento dos desalojados;
- abrigos em escolas, igrejas e instituições do gênero, situadas em locais seguros;
- instalação e limpeza de abrigos temporários;
- busca e salvamento;
- primeiros socorros, atendimento pré-hospitalar, triagem e evacuação médica;
- limitação e controle de sinistro e rescaldo;
- saneamento básico emergencial;
- controle de vetores, pragas e hospedeiros;
- educação para a saúde;
- proteção da saúde mental;
- assistência médica primária e transferência para hospitalização, quando necessário.

Outros projetos importantes são os de Reabilitação dos Cenários dos Desastres e de Recuperação da Infraestrutura dos Serviços Públicos, que compreendem principalmente a avaliação dos danos e de sua extensão e a recuperação dos locais afetados com o objetivo de restabelecer a normalidade. São ações importantes:

- avaliação de danos;
- vistoria de edificações danificadas e elaboração de laudos técnicos;
- desmontagem de estruturas danificadas, desobstrução e remoção de escombros;
- limpeza, descontaminação, desinfecção e desinfestação do ambiente;
- reabilitação dos serviços essenciais;
- recuperação de moradias de populações de baixa renda, danificadas pelo desastre;
- recuperação e modernização das instalações e reforço das estruturas danificadas;
- reconstrução de edificações destruídas, em áreas não vulneráveis aos desastres.

O último projeto a ser comentado é o da Recuperação de Áreas Degradadas. A recuperação das áreas é de responsabilidade dos órgãos de administração do meio ambiente, cabendo à Defesa Civil, por meio de seus órgãos, apoiar as ações sempre que solicitada. A recuperação das áreas atingidas visa ao restabelecimento do ambiente primitivo.

Importante que sejam tomadas medidas que tenham em vista:

- o microzoneamento;
- a adequação do uso do espaço geográfico, em função das vocações ambientais;

- a previsão de áreas de proteção ambiental, quando necessária;
- a definição de áreas *non-aedificandi*;
- o controle dos efluentes das atividades industriais e a proteção dos mananciais.

Classificação dos desastres

Os desastres podem ser classificados em três categorias, segundo a PNDC.

Quanto à evolução – são classificados em três tipos:

- *Desastres súbitos ou de evolução aguda* – deslizamentos, enxurradas, vendavais, terremotos, erupções vulcânicas, chuvas de granizo, entre outros. Caracterizam-se pela subitaneidade, pela velocidade com que o processo evolui e, normalmente, pela violência dos eventos adversos, deles causadores.
- *Desastres de evolução crônica ou gradual* – seca, erosão ou perda de solo, poluição ambiental, entre outros. Caracterizam-se por serem insidiosos e evoluírem por meio de etapas de agravamento progressivo.
- *Desastres por somação de efeitos parciais* – cólera, malária, acidentes de trânsito, acidentes de trabalho, etc. Caracterizados pela soma de numerosos acidentes ou ocorrências, com características semelhantes, que ao término de um período resultam em um grande desastre.

Quanto à intensidade – são divididos em quatro tipos:

- *Acidentes* – são considerados aqueles em que os danos e prejuízos são de pouca importância para a coletividade em geral.

- *Desastres de médio porte* – neste caso, os danos e prejuízos são importantes, mas possíveis de serem sanados com os recursos disponíveis do próprio local afetado.
- *Desastres de grande porte* – neste tipo de desastre, além dos recursos disponíveis no local, serão acrescidos os recursos municipais, estaduais e até federais. Pode ser decretada situação de emergência quando da ocorrência desse tipo de desastre.
- *Desastres de muito grande porte* – este tipo de desastre exige a ação conjunta, nos três níveis governamentais, dos órgãos da Defesa Civil, podendo ainda ser acrescida a ajuda de outros países. É decretado estado de calamidade pública.

Quanto à origem – são divididos em:

- *Desastres naturais* – aqueles que decorrem do desequilíbrio da natureza, porém sem a interferência da ação humana. São subdivididos de acordo com as diversas origens naturais, muitos exemplos podem ser citados, entre eles os impactos de meteoros, vendavais, tempestades, furacões, tufões, trombas-d'água, nevascas, chuvas de granizo e geadas, ondas de frio ou calor intensas, inundações, estiagens, secas, maremotos, terremotos, *tsunamis*, escorregamentos ou deslizamentos de terra, pragas animais e vegetais, etc.
- *Desastres humanos ou antropogênicos* – ao contrário do anterior, são aqueles em que o homem é o agente causador. São também subdivididos de acordo com a natureza da ação humana. Exemplos: incêndios diversos em áreas urbana e rural, contaminação de recursos hídricos, vazamentos de óleo, combustíveis e produtos químicos em geral, acúmulos de rejeitos radioativos, conflitos bélicos, desmatamentos, destruição intencional da flora e da fauna, estagnação socio-

econômica, clima de violência e insegurança coletiva, fome e desnutrição, miséria, terrorismo, banditismo, tráfico de drogas intenso e generalizado e muitos outros.

- *Desastres mistos* – são os que resultam de fenômenos naturais adversos agravados pela ação ou omissão do homem. A ocorrência de fenômenos adversos sobre condições ambientais já deterioradas pelo homem leva aos desastres. Também são subdivididos de acordo com a natureza ou causa primária. Entre eles estão: a redução na camada de ozônio, o efeito estufa, as chuvas ácidas, as camadas de inversão térmica, a desertificação, a salinização do solo e outros.

Os desastres naturais cíclicos são os que ocorrem com maior frequência no Brasil. Especificamente, são citadas as inundações de norte a sul do país e a seca na região Nordeste. Além disso, são lembrados os desastres humanos (acidente de carros, violência urbana, etc.) que aumentam consideravelmente, em decorrência do crescimento urbano desordenado, sem as mínimas condições básicas essenciais para a vida humana, e as migrações internas, superlotando certas áreas.

Os desastres naturais mais registrados no Brasil – país com 8,5 milhões de km^2 e 183,9 milhões de habitantes –, segundo dados da Defesa Civil do Ministério da Integração Nacional, são:

- Região Norte – incêndios florestais e inundações;
- Região Nordeste – secas e inundações;
- Região Centro-Oeste – incêndios florestais;
- Região Sudeste – deslizamentos e inundações;
- Região Sul – inundações, vendavais e chuvas de granizo.

A intensidade de um desastre ocorrido é estabelecida por dois fatores importantes: a vulnerabilidade do local e a da comunidade afetada. Muitas vezes, o desastre não tem grande intensidade, porém a área e/ou a população afetada estão muito vulneráveis. Assim, um mesmo volume de precipitação pluviométrica causará danos ambientais, humanos e materiais de intensidade diversa em dois locais de infraestruturas diferentes.

As medidas preventivas são essenciais no caso dos desastres, pois diminuem a ocorrência de grandes prejuízos.

São fatores preponderantes para evitar a ocorrência dos inúmeros desastres:

- a mudança de atitudes da coletividade em relação à natureza;
- a conservação do meio ambiente por intermédio do desenvolvimento sustentável;
- a conscientização do homem quanto ao seu papel de agente transformador;
- o desenvolvimento social da população nos aspectos econômico, educacional, religioso, ético, etc., importantes para desenvolver no ser humano a percepção dos riscos a que está exposto;

Todos os municípios com acima número de 20 mil habitantes devem ter um Plano Diretor de Desenvolvimento Municipal (art. 182 da Constituição Federal), em que devem constar as áreas de riscos e a determinação das regras de assentamento da população.

Medidas de saneamento

As ações ligadas ao saneamento do meio/básico pós-desastres visam minimizar gradativamente todos os problemas causados, prevenindo complicações e procurando diminuir a disseminação de doenças.

Para atender à população nessas situações é preciso que os diversos órgãos públicos (Defesa Civil, Corpo de Bombeiros e Polícia), entidades e comunidade trabalhem de maneira integrada e coordenada. Em tais circunstâncias, devem-se reforçar as medidas habituais de saneamento do meio.

Abastecimento de água

É indispensável assegurar a distribuição de água nessas ocasiões. No entanto, devido à situação de emergência, nem sempre será possível seguir à risca os padrões de qualidade habituais. Portanto, deve-se usar a água disponível, desde que não esteja contaminada ou que tenha sido desinfetada.

Destinação dos dejetos

Para essa medida – essencial ao controle de doenças –, em situações emergenciais, indica-se o uso de fossas secas improvisadas, na proporção de uma para cada dez pessoas.

Destinação dos resíduos sólidos

É preciso orientar as pessoas a depositar o resíduo em buracos no solo, cobrindo sempre a matéria descartada com uma camada de terra.

No caso de cadáveres de animais, o enterro deve ser feito urgentemente. Se houver grande número, deve-se espalhar uma camada de cal sobre eles antes de cobri-los com terra.

No caso de cadáveres humanos em grande quantidade, estes devem ser identificados e enterrados com a maior brevidade possível, espalhando-se também uma camada de cal sobre os corpos para evitar risco de epidemia.

Desinfecção de moradias

É uma medida indispensável nos casos de enchentes. Para essa desinfecção deve-se utilizar uma solução de 1 g de cal por litro de água.

No quadro a seguir, apontamos quatro tipos de desastres bastante frequentes nas regiões brasileiras. Não houve a preocupação de citar todas as causas, danos, medidas preventivas e cuidados pós-desastre; o objetivo foi chamar a atenção do leitor para algumas ações importantes para que possa, posteriormente, pesquisar, dependendo da situação que vive ou enfrenta, as ações específicas aplicáveis a determinada localidade de risco, de acordo com a disponibilidade de recursos e o nível socioeconômico e cultural do pessoal envolvido. Esses são fatores importantes no momento da elaboração de um plano de melhorias para evitar e/ou minimizar danos causados pelos desastres.

Quadro 29 – Desastres frequentes no Brasil

Desastre	O que é?	Causas	Danos	Medidas preventivas e cuidados
Vendavais	Ventos com velocidades que variam entre 88 e 102 km/h	Deslocamento violento de massa de ar, geralmente acompanhado de tempestade	• Derrubam árvores • Derrubam a fiação de energia elétrica e das comunicações telefônicas • Provocam enxurradas e alagamentos • Produzem danos em habitações mal construídas • Provocam destelhamento	• Revisar a resistência da casa, principalmente o madeiramento de apoio do telhado • Desligar os aparelhos elétricos e o gás • Abaixar para o piso todos os objetos que possam cair • Ajudar na limpeza e recuperação das áreas atingidas, desobstruindo as ruas e outras vias • Ajudar os vizinhos atingidos • Evitar o contato com cabos ou redes elétricas caídas • Avisar a Defesa Civil ou Bombeiro

(cont.)

Desastre	O que é?	Causas	Danos	Medidas preventivas e cuidados
Inundações	São águas acumuladas no leito das ruas e nos perímetros urbanos, por fortes chuvas, em cidades com sistemas de drenagem deficientes	• Compactação e impermeabilização do solo • Pavimentação de ruas e construção de calçadas, reduzindo a superfície de infiltração • Construção adensada de edificações contribui para reduzir o solo e concentrar o escoamento das águas • Desmatamento de encostas e assoreamento dos rios urbanos • Acumulação de detritos em galerias pluviais, canais de drenagem e cursos d'água • Insuficiência da rede de galerias pluviais	• Causam mortes; • Perdas de bens materiais.	• Desconectar aparelhos elétricos da corrente elétrica • Evitar construção próxima a córregos que possam inundar • Evitar construção em cima de barrancos que possam deslizar • Não construir embaixo de barrancos que possam deslizar • Retirar todo o lixo e levá-lo para áreas não sujeitas a inundações • Não deixar as crianças brincarem em águas das inundações • Enterrar animais mortos e limpar os escombros e a lama • Lavar e desinfetar os objetos que tiveram contato com as águas da enchente • Retirar todo o lixo da casa e do quintal • Inspecionar a casa para certificar que não corre o risco de desabar • Raspar a lama e o lixo do chão, das paredes, dos móveis e utensílios • Ter cuidado com aranhas, cobras e ratos, ao movimentar objetos, móveis e utensílios, pois são animais que gostam de locais secos • Avisar a Defesa Civil ou Bombeiro
Deslizamentos	Escorregamento de materiais sólidos, como solos, rochas, vegetação e/ ou material de construção ao longo de terrenos inclinados, denominados de “encostas”, “pendentes” ou “escarpas”	• Tipo de solo – sua constituição e nível de coesão • Declividade da encosta – água de embebição – responsável pela consistência do solo e lubrificação das superfícies de deslizamento	• Vítimas fatais • Perdas materiais importantes	• Observar o aparecimento de fendas, depressões no terreno, rachaduras nas paredes das casas, inclinação de tronco de árvores, de postes e o surgimento de minas d'água, avisando a Defesa Civil ou Bombeiro

(cont.)

Desastre	O que é?	Causas	Danos	Medidas preventivas e cuidados
Deslizamentos				• Ter em áreas de risco um plano de evacuação com um sistema de alarme • Sair da casa no período da chuva • Não deixar o lixo obstruir o caminho de evasão da água • Não destruir a vegetação das encostas • Não plantar árvores que tenham raízes curtas em encostas e morros, pois não ajudam a fixar o solo (bananeiras) • Não plantar árvores grandes (sombra) que acumulam água no solo • Plantar vegetação que proteja as encostas (grama e capim) • Avisar a Defesa Civil ou Bombeiro em caso de perigo • Afastar curiosos ou pessoas envolvidas dos locais de deslizamento • Não tentar socorrer vítima sem a presença de pessoal especializado (bombeiros)
Incêndios florestais	Propagação do fogo em áreas florestais que ocorre com frequência e intensidade nos períodos de estiagem e que está relacionada à diminuição da umidade ambiental	• Causas naturais, como raios, reações fermentativas exotérmicas, concentração de raios solares por pedaços de quartzo ou cacos de vidros em forma de lente e outras causas • Imprudência e descuido de caçadores, mateiros ou pescadores, através da propagação de pequenas fogueiras, feitas em acampamentos	• Destruição das árvores, reduzindo a produção de madeira, celulose, essências florestais e outros insumos • Redução da fertilidade do solo, obrigando a um maior consumo de fertilizantes • Redução da resistência das árvores ao ataque de pragas; maior consumo de praguicidas • Redução da biodiversidade	• Desbastar áreas ao redor de matas, plantações, florestas mantendo-as limpas e sem materiais combustíveis • Construir faixas limpas e sem materiais combustíveis • Plantar cortinas de segurança com vegetação menos inflamável • Construir barragens de água como obstáculos à propagação do fogo e com reserva de água para o combate ao incêndio

(cont.)

Desastre	O que é?	Causas	Danos	Medidas preventivas e cuidados
Incêndios florestais		• Fagulhas provenientes de locomotivas ou de outras máquinas automotoras, consumidoras de carvão ou lenha • Perda de controle de queimadas • Incendiários e/ou piromaníacos	• Redução do desenvolvimento equilibrado da fauna silvestre • Facilitação dos processos erosivos • Redução da proteção dos cursos d'água e nascentes • Perdas humanas e traumatismos provocados pelo fogo • Desabrigados e desalojados • Redução das oportunidades de trabalho relacionada com o manejo	• Construir estradas vicinais, no interior de florestas, facilitando a fiscalização e favorecendo o transporte dos meios de combate e controle dos incêndios • Utilizar medidas de vigilância: fixa, por meio de torres de observação; ou móvel, por meio de patrulhamento terrestre ou aéreo • CPTEC (www.cptec.inpe.br) identifica focos de incêndios por satélite • Avisar, em caso de incêndio florestal, o Corpo de Bombeiros, Defesa Civil ou a Polícia • Não tentar controlar o incêndio sozinho

Anexos

PORTARIA Nº 518, DE 25 DE MARÇO DE 2004

Estabelece os procedimentos e responsabilidades relativos ao controle e vigilância da qualidade da água para consumo humano e seu padrão de potabilidade, e dá outras providências.

O Ministro de Estado da Saúde, Interino, no uso de suas atribuições e considerando o disposto no artigo 2º do Decreto nº 79.367, de 9 de março de 1977, resolve:

Art. 1º Aprovar a Norma de Qualidade da Água para Consumo Humano, na forma do Anexo desta Portaria, de uso obrigatório em todo território nacional.

Art. 2º Fica estabelecido o prazo máximo de 12 meses, contados a partir da publicação desta Portaria, para que as instituições ou órgãos aos quais esta Norma se aplica promovam as adequações necessárias a seu cumprimento, no que se refere ao tratamento por filtração de água para consumo humano suprida por manancial superficial e distribuída por meio de canalização e da obrigação do monitoramento de cianobactérias e cianotoxinas.

Art. 3º É de responsabilidade da União, dos Estados, dos Municípios e do Distrito Federal a adoção das medidas necessárias para o fiel cumprimento desta Portaria.

Art. 4º O Ministério da Saúde promoverá, por intermédio da Secretaria de Vigilância em Saúde (SVS), a revisão da Norma de Qualidade da Água para Consumo Humano estabelecida nesta Portaria, no prazo de cinco anos ou a qualquer tempo, mediante solicitação devidamente justificada de órgãos governamentais ou não governamentais de reconhecida capacidade técnica nos setores objeto desta regulamentação.

Art. 5º Fica delegada competência ao Secretário de Vigilância em Saúde para editar, quando necessário, normas regulamentadoras desta Portaria.

Art. 6º Esta Portaria entra em vigor na data de sua publicação.

Art. 7º Fica revogada a Portaria nº 1.469, de 29 de dezembro de 2000, publicada no *DOU* nº 1-E, de 2 de janeiro de 2001, Seção 1, página nº 19.

Gastão Wagner de Sousa Campos

NORMA DE QUALIDADE DA ÁGUA PARA CONSUMO HUMANO

Capítulo I
DAS DISPOSIÇÕES PRELIMINARES

Art. 1º Esta Norma dispõe sobre procedimentos e responsabilidades inerentes ao controle e à vigilância da qualidade da água para consumo humano, estabelece seu padrão de potabilidade e dá outras providências.

Art. 2º Toda a água destinada ao consumo humano deve obedecer ao padrão de potabilidade e está sujeita à vigilância da qualidade da água.

Art. 3º Esta Norma não se aplica às águas envasadas e a outras, cujos usos e padrões de qualidade são estabelecidos em legislação específica.

Capítulo II
DAS DEFINIÇÕES

Art. 4º Para os fins a que se destina esta Norma são adotadas as seguintes definições:

I - água potável - água para consumo humano cujos parâmetros microbiológicos, físicos, químicos e radioativos atendam ao padrão de potabilidade e que não ofereça riscos à saúde;

II - sistema de abastecimento de água para consumo humano - instalação composta por conjunto de obras civis, materiais e equipamentos, destinada à produção e à distribuição canalizada de água potável para populações, sob a responsabilidade do poder público, mesmo que administrada em regime de concessão ou permissão;

III - solução alternativa de abastecimento de água para consumo humano - toda modalidade de abastecimento coletivo de água distinta do sistema de abastecimento de água, incluindo, entre outras, fonte, poço comunitário, distribuição por veículo transportador, instalações condominiais horizontais e verticais;

IV - controle da qualidade da água para consumo humano - conjunto de atividades exercidas de forma contínua pelos responsáveis pela operação de sistema ou solução alternativa de abastecimento de água, destinadas a verificar se a água fornecida à população é potável, assegurando a manutenção desta condição;

V - vigilância da qualidade da água para consumo humano - conjunto de ações adotadas continuamente pela autoridade de saúde pública, para verificar se a água consumida pela população atende a esta Norma e para avaliar os riscos que os sistemas e as soluções alternativas de abastecimento de água representam para a saúde humana;

VI - coliformes totais (bactérias do grupo coliforme) - bacilos gram-negativos, aeróbios ou anaeróbios facultativos, não formadores de esporos, oxidase-negativos, capazes de desenvolver na presença de sais biliares ou agentes tensoativos que fermentam a lactose com produção de ácido, gás e aldeído a 35,0 ± 0,5 °C em 24-48 horas, e que podem apresentar atividade da enzima ß galactosidase.

A maioria das bactérias do grupo coliforme pertence aos gêneros *Escherichia*, *Citrobacter*, *Klebsiella* e *Enterobacter*, embora vários outros gêneros e espécies pertençam ao grupo;

VII - coliformes termotolerantes - subgrupo das bactérias do grupo coliforme que fermentam a lactose a 44,5 ± 0,2 °C em 24 horas; tendo como principal representante a Escherichia coli, de origem exclusivamente fecal;

VIII - *Escherichia coli* - bactéria do grupo coliforme que fermenta a lactose e manitol, com produção de ácido e gás a 44,5 ± 0,2 °C em 24 horas, produz indol a partir do triptofano, oxidase negativa, não hidroliza a ureia e apresenta atividade das enzimas ß galactosidase e ß glucoronidase, sendo considerado o mais específico indicador de contaminação fecal recente e de eventual presença de organismos patogênicos;

IX - contagem de bactérias heterotróficas - determinação da densidade de bactérias que são capazes de produzir unidades formadoras de colônias (UFC), na presença de compostos orgânicos contidos em meio de cultura apropriada, sob condições preestabelecidas de incubação: 35,0, ± 0,5 °C por 48 horas;

X - cianobactérias - microrganismos procarióticos autotróficos, também denominados como cianofíceas (algas azuis), capazes de ocorrer em qualquer manancial superficial, especialmente naqueles com elevados níveis de nutrientes (nitrogênio e fósforo), podendo produzir toxinas com efeitos adversos à saúde; e

XI - cianotoxinas - toxinas produzidas por cianobactérias que apresentam efeitos adversos à saúde por ingestão oral, incluindo:

a) microcistinas - hepatotoxinas heptapeptídicas cíclicas produzidas por cianobactérias, com efeito potente de inibição de proteínas fosfatases dos tipos 1 e 2A e promotoras de tumores;

b) cilindrospermopsina - alcaloide guanidínico cíclico produzido por cianobactérias, inibidor de síntese proteica, predominantemente hepatotóxico, apresentando também efeitos citotóxicos nos rins, baço, coração e outros órgãos; e

c) saxitoxinas - grupo de alcaloides carbamatos neurotóxicos produzido por cianobactérias, não sulfatados (saxitoxinas) ou sulfatados (goniautoxinas e C-toxinas) e derivados decarbamil, apresentando efeitos de inibição da condução nervosa por bloqueio dos canais de sódio.

Capítulo III
DOS DEVERES E DAS RESPONSABILIDADES

Seção I
Do Nível Federal

Art. 5º São deveres e obrigações do Ministério da Saúde, por intermédio da Secretaria de Vigilância em Saúde (SVS):

I - promover e acompanhar a vigilância da qualidade da água, em articulação com as Secretarias de Saúde dos Estados e do Distrito Federal e com os responsáveis pelo controle de qualidade da água, nos termos da legislação que regulamenta o Sistema Único de Saúde (SUS);

II - estabelecer as referências laboratoriais nacionais e regionais, para dar suporte às ações de maior complexidade na vigilância da qualidade da água para consumo humano;

III - aprovar e registrar as metodologias não contempladas nas referências citadas no artigo 17 desta Norma;

IV - definir diretrizes específicas para o estabelecimento de um plano de amostragem a ser implementado pelos Estados, Distrito Federal ou Municípios, no exercício das atividades de vigilância da qualidade da água, no âmbito do SUS; e

V - executar ações de vigilância da qualidade da água, de forma complementar, em caráter excepcional, quando constatada, tecnicamente, insuficiência da ação estadual, nos termos da regulamentação do SUS.

Seção II
Do Nível Estadual e Distrito Federal

Art. 6º São deveres e obrigações das Secretarias de Saúde dos Estados e do Distrito Federal:

I - promover e acompanhar a vigilância da qualidade da água em sua área de competência, em articulação com o nível municipal e os responsáveis pelo controle de qualidade da água, nos termos da legislação que regulamenta o SUS;

II - garantir, nas atividades de vigilância da qualidade da água, a implementação de um plano de amostragem pelos municípios, observadas as diretrizes específicas a serem elaboradas pela SVS/MS;

III - estabelecer as referências laboratoriais estaduais e do Distrito Federal para dar suporte às ações de vigilância da qualidade da água para consumo humano; e

IV - executar ações de vigilância da qualidade da água, de forma complementar, em caráter excepcional, quando constatada, tecnicamente, insuficiência da ação municipal, nos termos da regulamentação do SUS.

Seção III

Do Nível Municipal

Art. 7º São deveres e obrigações das Secretarias Municipais de Saúde:

I - exercer a vigilância da qualidade da água em sua área de competência, em articulação com os responsáveis pelo controle de qualidade da água, de acordo com as diretrizes do SUS;

II - sistematizar e interpretar os dados gerados pelo responsável pela operação do sistema ou solução alternativa de abastecimento de água, assim como, pelos órgãos ambientais e gestores de recursos hídricos, em relação às características da água nos mananciais, sob a perspectiva da vulnerabilidade do abastecimento de água quanto aos riscos à saúde da população;

III - estabelecer as referências laboratoriais municipais para dar suporte às ações de vigilância da qualidade da água para consumo humano;

IV - efetuar, sistemática e permanentemente, avaliação de risco à saúde humana de cada sistema de abastecimento ou solução alternativa, por meio de informações sobre:

a) a ocupação da bacia contribuinte ao manancial e o histórico das características de suas águas;

b) as características físicas dos sistemas, práticas operacionais e de controle da qualidade da água;

c) o histórico da qualidade da água produzida e distribuída; e

d) a associação entre agravos à saúde e situações de vulnerabilidade do sistema.

V - auditar o controle da qualidade da água produzida e distribuída e as práticas operacionais adotadas;

VI - garantir à população informações sobre a qualidade da água e riscos à saúde associados, nos termos do inciso VI do artigo 9º desta Norma;

VII - manter registros atualizados sobre as características da água distribuída, sistematizados de forma compreensível à população e disponibilizados para pronto acesso e consulta pública;

VIII - manter mecanismos para recebimento de queixas referentes às características da água e para a adoção das providências pertinentes;

IX - informar ao responsável pelo fornecimento de água para consumo humano sobre anomalias e não conformidades detectadas, exigindo as providências para as correções que se fizerem necessárias;

X - aprovar o plano de amostragem apresentado pelos responsáveis pelo controle da qualidade da água de sistema ou solução alternativa de abastecimento de água, que deve respeitar os planos mínimos de amostragem expressos nas Tabelas 6, 7, 8 e 9;

XI - implementar um plano próprio de amostragem de vigilância da qualidade da água, consoante diretrizes específicas elaboradas pela SVS; e

XII - definir o responsável pelo controle da qualidade da água de solução alternativa.

Seção IV

Do Responsável pela Operação de Sistema e/ou Solução Alternativa

Art. 8º Cabe aos responsáveis pela operação de sistema ou solução alternativa de abastecimento de água exercer o controle da qualidade da água.

Parágrafo único. Em caso de administração, em regime de concessão ou permissão do sistema de abastecimento de água, é a concessionária ou a permissionária a responsável pelo controle da qualidade da água.

Art. 9º Aos responsáveis pela operação de sistema de abastecimento de água incumbe:

I - operar e manter sistema de abastecimento de água potável para a população consumidora, em conformidade com as normas técnicas aplicáveis publicadas pela Associação Brasileira de Normas Técnicas (ABNT) e com outras normas e legislações pertinentes;

II - manter e controlar a qualidade da água produzida e distribuída, por meio de:

a) controle operacional das unidades de captação, adução, tratamento, reservação e distribuição;

b) exigência do controle de qualidade, por parte dos fabricantes de produtos químicos utilizados no tratamento da água e de materiais empregados na produção e distribuição que tenham contato com a água;

c) capacitação e atualização técnica dos profissionais encarregados da operação do sistema e do controle da qualidade da água; e

d) análises laboratoriais da água, em amostras provenientes das diversas partes que compõem o sistema de abastecimento.

III - manter avaliação sistemática do sistema de abastecimento de água, sob a perspectiva dos riscos à saúde, com base na ocupação da bacia contribuinte ao manancial, no histórico das características de suas águas, nas características físicas do sistema, nas práticas operacionais e na qualidade da água distribuída;

IV - encaminhar à autoridade de saúde pública, para fins de comprovação do atendimento a esta Norma, relatórios mensais com informações sobre o controle da qualidade da água, segundo modelo estabelecido pela referida autoridade;

V - promover, em conjunto com os órgãos ambientais e gestores de recursos hídricos, as ações cabíveis para a proteção do manancial de abastecimento e de sua bacia contribuinte, assim como efetuar controle das características das suas águas, nos termos do artigo 19 desta Norma, notificando imediatamente a autoridade de saúde pública sempre que houver indícios de risco à saúde ou sempre que amostras coletadas apresentarem resultados em desacordo com os limites ou condições da respectiva classe de enquadramento, conforme definido na legislação específica vigente;

VI - fornecer a todos os consumidores, nos termos do Código de Defesa do Consumidor, informações sobre a qualidade da água distribuída, mediante envio de relatório, entre outros mecanismos, com periodicidade mínima anual e contendo, no mínimo, as seguintes informações:

a) descrição dos mananciais de abastecimento, incluindo informações sobre sua proteção, disponibilidade e qualidade da água;

b) estatística descritiva dos valores de parâmetros de qualidade detectados na água, seu significado, origem e efeitos sobre a saúde; e

c) ocorrência de não conformidades com o padrão de potabilidade e as medidas corretivas providenciadas.

VII - manter registros atualizados sobre as características da água distribuída sistematizados de forma compreensível aos consumidores e disponibilizados para pronto acesso e consulta pública;

VIII - comunicar, imediatamente, à autoridade de saúde pública e informar, adequadamente, à população a detecção de qualquer anomalia operacional no sistema ou não conformidade na qualidade da água tratada, identificada como de risco à saúde, adotando-se as medidas previstas no artigo 29 desta Norma; e

IX - manter mecanismos para recebimento de queixas referentes às características da água e para a adoção das providências pertinentes.

Art. 10. Ao responsável por solução alternativa de abastecimento de água, nos termos do inciso XII do artigo 7º desta Norma, incumbe:

I - requerer, junto à autoridade de saúde pública, autorização para o fornecimento de água apresentando laudo sobre a análise da água a ser fornecida, incluindo os parâmetros de qualidade previstos nesta Portaria, definidos por critério da referida autoridade;

II - operar e manter solução alternativa que forneça água potável em conformidade com as normas técnicas aplicáveis, publicadas pela Associação Brasileira de Normas Técnicas (ABNT), e com outras normas e legislações pertinentes;

III - manter e controlar a qualidade da água produzida e distribuída, por meio de análises laboratoriais, nos termos desta Portaria e, a critério da autoridade de saúde pública, de outras medidas, conforme inciso II do artigo anterior;

IV - encaminhar à autoridade de saúde pública, para fins de comprovação, relatórios com informações sobre o controle da qualidade da água, segundo modelo e periodicidade estabelecidos pela referida autoridade, sendo no mínimo trimestral;

V - efetuar controle das características da água da fonte de abastecimento, nos termos do artigo 19 desta Norma, notificando, imediatamente, à autoridade de saúde pública sempre que houver indícios de risco à saúde ou sempre que amostras coletadas apresentarem resultados em desacordo com os limites ou condições da respectiva classe de enquadramento, conforme definido na legislação específica vigente;

VI - manter registros atualizados sobre as características da água distribuída, sistematizados de forma compreensível aos consumidores e disponibilizados para pronto acesso e consulta pública;

VII - comunicar, imediatamente, à autoridade de saúde pública competente e informar, adequadamente, à população a detecção de qualquer anomalia identificada como de risco à saúde, adotando-se as medidas previstas no artigo 29; e

VIII - manter mecanismos para recebimento de queixas referentes às características da água e para a adoção das providências pertinentes.

Capítulo IV
DO PADRÃO DE POTABILIDADE

Art. 11. A água potável deve estar em conformidade com o padrão microbiológico conforme Tabela 1, a seguir:

Tabela 1 – Padrão microbiológico de potabilidade da água para consumo humano

Parâmetro	VMP*
Água para consumo humano**	
Escherichia coli ou coliformes termotolerantes***	Ausência em 100 ml
Água na saída do tratamento	
Coliformes totais	Ausência em 100 ml
Água tratada no sistema de distribuição (reservatórios e rede)	
Escherichia coli ou coliformes termotolerantes	Ausência em 100 ml
Coliformes totais	Sistemas que analisam 40 ou mais amostras por mês:
	Ausência em 100 ml em 95% das amostras examinadas no mês;
	Sistemas que analisam menos de 40 amostras por mês:
	Apenas uma amostra poderá apresentar mensalmente resultado positivo em 100 ml

* Valor máximo permitido.

** Água para consumo humano em toda e qualquer situação, incluindo fontes individuais como poços, minas, nascentes, entre outras.

*** A detecção de *Escherichia coli* deve ser preferencialmente adotada.

§ 1º No controle da qualidade da água, quando forem detectadas amostras com resultado positivo para coliformes totais, mesmo em ensaios presuntivos, novas amostras devem ser coletadas em dias imediatamente sucessivos até que as novas amostras revelem resultado satisfatório.

§ 2º Nos sistemas de distribuição, a recoleta deve incluir, no mínimo, três amostras simultâneas, sendo uma no mesmo ponto e duas outras localizadas a montante e a jusante.

§ 3º Amostras com resultados positivos para coliformes totais devem ser analisadas para *Escherichia coli* e/ou coliformes termotolerantes, devendo, neste caso, ser efetuada a verificação e confirmação dos resultados positivos.

§ 4º O percentual de amostras com resultado positivo de coliformes totais em relação ao total de amostras coletadas nos sistemas de distribuição deve ser calculado mensalmente, excluindo as amostras extras (recoleta).

§ 5º O resultado negativo para coliformes totais das amostras extras (recoletas) não anula o resultado originalmente positivo no cálculo dos percentuais de amostras com resultado positivo.

§ 6º Na proporção de amostras com resultado positivo admitidas mensalmente para coliformes totais no sistema de distribuição, expressa na Tabela 1, não são tolerados resultados positivos que ocorram em recoleta, nos termos do § 1º deste artigo.

§ 7º Em 20% das amostras mensais para análise de coliformes totais nos sistemas de distribuição, deve ser efetuada a contagem de bactérias heterotróficas e, uma vez excedidas 500 unidades formadoras de colônia (UFC) por ml, devem ser providenciadas imediata recoleta, inspeção local e, se constatada irregularidade, outras providências cabíveis.

§ 8º Em complementação, recomenda-se a inclusão de pesquisa de organismos patogênicos, com o objetivo de atingir, como meta, um padrão de ausência, dentre outros, de enterovírus, cistos de *Giardia* spp e oocistos de *Cryptosporidium* sp.

§ 9º Em amostras individuais procedentes de poços, fontes, nascentes e outras formas de abastecimento sem distribuição canalizada, tolera-se a presença de coliformes totais, na ausência de *Escherichia coli* e/ou coliformes termotolerantes, nesta situação devendo ser investigada a origem da ocorrência, tomadas providências imediatas de caráter corretivo e preventivo e realizada nova análise de coliformes.

Art. 12. Para a garantia da qualidade microbiológica da água, em complementação às exigências relativas aos indicadores microbiológicos, deve ser observado o padrão de turbidez expresso na Tabela 2, abaixo:

Tabela 2 – Padrão de turbidez para água pós-filtração ou pré-desinfecção

Tratamento da água	VMP*
Desinfecção (água subterrânea)	1,0 UT** em 95% das amostras
Filtração rápida (tratamento completo ou filtração direta)	1,0 UT
Filtração lenta	2,0 UT em 95% das amostras

* Valor máximo permitido.

** Unidade de turbidez.

§ 1º Entre os 5% dos valores permitidos de turbidez superiores aos VMP estabelecidos na Tabela 2, o limite máximo para qualquer amostra pontual deve ser de 5,0 UT, assegurado, simultaneamente, o atendimento ao VMP de 5,0 UT em qualquer ponto da rede no sistema de distribuição.

§ 2º Com vistas a assegurar a adequada eficiência de remoção de enterovírus, cistos de Giardia spp e oocistos de Cryptosporidium sp, recomenda-se, enfaticamente, que, para a filtração rápida, se estabeleça como meta a obtenção de efluente filtrado com valores de turbidez inferiores a 0,5 UT em 95% dos dados mensais e nunca superiores a 5,0 UT.

§ 3º O atendimento ao percentual de aceitação do limite de turbidez, expresso na Tabela 2, deve ser verificado, mensalmente, com base em amostras no mínimo diárias para desinfecção ou filtração lenta e a cada quatro horas para filtração rápida, preferivelmente, em qualquer caso, no efluente individual de cada unidade de filtração.

Art. 13. Após a desinfecção, a água deve conter um teor mínimo de cloro residual livre de 0,5 mg/L, sendo obrigatória a manutenção de, no mínimo, 0,2 mg/L em qualquer ponto da rede de distribuição, recomendando-se que a cloração seja realizada em pH inferior a 8,0 e tempo de contato mínimo de 30 minutos.

Parágrafo único. Admite-se a utilização de outro agente desinfetante ou outra condição de operação do processo de desinfecção, desde que fique demonstrada pelo responsável pelo sistema de tratamento uma eficiência de inativação microbiológica equivalente à obtida com a condição definida neste artigo.

Art. 14. A água potável deve estar em conformidade com o padrão de substâncias químicas que representam risco para a saúde expresso na Tabela 3, a seguir:

Tabela 3 – Padrão de potabilidade para substâncias químicas que representam risco à saúde

Parâmetro	Unidade	VMP*
INORGÂNICAS		
Antimônio	mg/L	0,005
Arsênio	mg/L	0,01

(cont.)

Parâmetro	**Unidade**	**VMP***
INORGÂNICAS		
Bário	mg/L	0,7
Cádmio	mg/L	0,005
Cianeto	mg/L	0,07
Chumbo	mg/L	0,01
Cobre	mg/L	2
Cromo	mg/L	0,05
Fluoreto**	mg/L	1,5
Mercúrio	mg/L	0,001
Nitrato (como N)	mg/L	10
Nitrito (como N)	mg/L	1
Selênio	mg/L	0,01
ORGÂNICAS		
Acrilamida	μg/L	0,5
Benzeno	μg/L	5
Benzo[a]pireno	μg/L	0,7
Cloreto de vinila	μg/L	5
1,2 Dicloroetano	μg/L	10
1,1 Dicloroeteno	μg/L	30
Diclorometano	μg/L	20
Estireno	μg/L	20
Tetracloreto de carbono	μg/L	2
Tetracloroeteno	μg/L	40
Triclorobenzenos	μg/L	20
Tricloroeteno	μg/L	70
AGROTÓXICOS		
Alaclor	μg/L	20,0

(cont.)

Parâmetro	Unidade	VMP*
AGROTÓXICOS		
Aldrin e Dieldrin	µg/L	0,03
Atrazina	µg/L	2
Bentazona	µg/L	300
Clordano (isômeros)	µg/L	0,2
2,4 D	µg/L	30
DDT (isômeros)	µg/L	2
Endossulfan	µg/L	20
Endrin	µg/L	0,6
Glifosato	µg/L	500
Heptacloro e Heptacloro epóxido	µg/L	0,03
Hexaclorobenzeno	µg/L	1
Lindano (g-BHC)	µg/L	2
Metolacloro	µg/L	10
Metoxicloro	µg/L	20
Molinato	µg/L	6
Pendimetalina	µg/L	20
Pentaclorofenol	µg/L	9
Permetrina	µg/L	20
Propanil	µg/L	20
Simazina	µg/L	2
Trifluralina	µg/L	20
CIANOTOXINAS		
Microcistinas***	µg/L	1,0
DESINFETANTES E PRODUTOS SECUNDÁRIOS DA DESINFECÇÃO		
Bromato	mg/L	0,025
Clorito	mg/L	0,2

(cont.)

Parâmetro	Unidade	VMP*
DESINFETANTES E PRODUTOS SECUNDÁRIOS DA DESINFECÇÃO		
Cloro livre****	mg/L	5
Monocloramina	mg/L	3
2,4,6 Triclorofenol	mg/L	0,2
Trihalometanos Total	mg/L	0,1

* Valor máximo permitido.

** Os valores recomendados para a concentração de íon fluoreto devem observar à legislação específica vigente relativa à fluoretação da água, em qualquer caso devendo ser respeitado o VMP desta Tabela.

*** É aceitável a concentração de até 10 µg/L de microcistinas em até 3 (três) amostras, consecutivas ou não, nas análises realizadas nos últimos 12 (doze) meses.

**** Análise exigida de acordo com o desinfetante utilizado.

§ 1º Recomenda-se que as análises para cianotoxinas incluam a determinação de cilindrospermopsina e saxitoxinas (STX), observando, respectivamente, os valores limites de 15,0 µg/L e 3,0 µg/L de equivalentes STX/L.

§ 2º Para avaliar a presença dos inseticidas organofosforados e carbamatos na água, recomenda-se a determinação da atividade da enzima acetilcolinesterase, observando os limites máximos de 15% ou 20% de inibição enzimática, quando a enzima utilizada for proveniente de insetos ou mamíferos, respectivamente.

Art. 15. A água potável deve estar em conformidade com o padrão de radioatividade expresso na Tabela 4, a seguir:

Tabela 4 – Padrão de radioatividade para água potável

Parâmetro	Unidade	VMP*
Radioatividade alfa global	Bq/L	0,1**
Radioatividade beta total	Bq/L	1,0

* Valor máximo permitido.

** Se os valores encontrados forem superiores aos VMP, deverá ser feita a identificação dos radionuclídeos presentes e a medida das concentrações respectivas. Nesses casos, deverão ser aplicados, para os radionuclídeos encontrados, os valores estabelecidos pela legislação pertinente da Comissão Nacional de Energia Nuclear (CNEN), para se concluir sobre a potabilidade da água.

Art. 16. A água potável deve estar em conformidade com o padrão de aceitação de consumo expresso na Tabela 5, a seguir:

Tabela 5 – Padrão de aceitação para consumo humano

Parâmetro	**Unidade**	**VMP***
Alumínio	mg/L	0,2
Amônia (como NH_3)	mg/L	1,5
Cloreto	mg/L	250
Cor aparente	uH**	15
Dureza	mg/L	500
Etilbenzeno	mg/L	0,2
Ferro	mg/L	0,3
Manganês	mg/L	0,1
Monoclorobenzeno	mg/L	0,12
Odor	-	Não objetável***
Gosto	-	Não objetável
Sódio	mg/L	200
Sólidos dissolvidos totais	mg/L	1.000
Sulfato	mg/L	250
Sulfeto de hidrogênio	mg/L	0,05
Surfactantes	mg/L	0,5
Tolueno	mg/L	0,17
Turbidez	UT****	5
Zinco	mg/L	5
Xileno	mg/L	0,3

* Valor máximo permitido.

** Unidade Hazen (mg Pt-Co/L).

*** Critério de referência

**** Unidade de turbidez.

§ 1º Recomenda-se que, no sistema de distribuição, o pH da água seja mantido na faixa de 6,0 a 9,5.

§ 2º Recomenda-se que o teor máximo de cloro residual livre, em qualquer ponto do sistema de abastecimento, seja de 2,0 mg/L.

§ 3º Recomenda-se a realização de testes para detecção de odor e gosto em amostras de água coletadas na saída do tratamento e na rede de distribuição de acordo com o plano mínimo de amostragem estabelecido para cor e turbidez nas Tabelas 6 e 7.

Art. 17. As metodologias analíticas para determinação dos parâmetros físicos, químicos, microbiológicos e de radioatividade devem atender às especificações das normas nacionais que disciplinem a matéria, da edição mais recente da publicação Standard Methods for the Examination of Water and Wastewater, de autoria das instituições American Public Health Association (APHA), American Water Works Association (AWWA) e Water Environment Federation (WEF), ou das normas publicadas pela ISO (International Standartization Organization).

§ 1º Para análise de cianobactérias e cianotoxinas e comprovação de toxicidade por bioensaios em camundongos, até o estabelecimento de especificações em normas nacionais ou internacionais que disciplinem a matéria, devem ser adotadas as metodologias propostas pela Organização Mundial da Saúde (OMS) em sua publicação *Toxic cyanobacteria in water: a guide to their public health consequences, monitoring and management*.

§ 2º Metodologias não contempladas nas referências citadas no § 1º e "caput" deste artigo, aplicáveis aos parâmetros estabelecidos nesta Norma, devem, para ter validade, receber aprovação e registro pelo Ministério da Saúde.

§ 3º As análises laboratoriais para o controle e a vigilância da qualidade da água podem ser realizadas em laboratório próprio ou não que, em qualquer caso, deve manter programa de controle de qualidade interna ou externa ou ainda ser acreditado ou certificado por órgãos competentes para esse fim.

Capítulo V
DOS PLANOS DE AMOSTRAGEM

Art. 18. Os responsáveis pelo controle da qualidade da água de sistema ou solução alternativa de abastecimento de água devem elaborar e aprovar, junto à autoridade de saúde pública, o plano de amostragem de cada sistema, respeitando os planos mínimos de amostragem expressos nas Tabelas 6, 7, 8 e 9.

Tabela 6

Número mínimo de amostras para o controle da qualidade da água de **sistema de abastecimento**, para fins de análises físicas, químicas e de radioatividade, em função do ponto de amostragem, da população abastecida e do tipo de manancial

Parâmetro	**Tipo de manancial**	**Saída do tratamento (número de amostras por unidade de tratamento)**	**Sistema de distribuição (reservatórios e rede)**		
			População abastecida		
			< 50.000 hab.	50.000 a 250.000 hab.	> 250.000 hab.
Cor Turbidez pH	Superficial	1	10	1 para cada 5.000 hab.	40 + (1 para cada 25.000 hab.)
	Subterrâneo	1	5	1 para cada 10.000 hab.	20 + (1 para cada 50.000 hab.)
CRL[*]	Superficial	1	(Conforme § 3º do art. 18)		
	Subterrâneo	1			
Fluoreto	Superficial ou Subterrâneo	1	5	1 para cada 10.000 hab.	20 + (1 para cada 50.000 hab.)

(cont.)

Parâmetro	Tipo de manancial	Saída do tratamento (número de amostras por unidade de tratamento)	Sistema de distribuição (reservatórios e rede)		
			População abastecida		
			< 50.000 hab.	50.000 a 250.000 hab.	> 250.000 hab.
Cianotoxinas	Superficial	1 (Conforme § 5º do art. 18)	-	-	-
Trihalometanos	Superficial	1	1**	4**	4**
	Subterrâneo	-	1**	1**	1**
Demais parâmetros***	Superficial ou Subterrâneo	1	1****	1****	1****

* Cloro residual livre.

** As amostras devem ser coletadas, preferencialmente, em pontos de maior tempo de detenção da água no sistema de distribuição.

*** Apenas será exigida obrigatoriedade de investigação dos parâmetros radioativos quando da evidência de causas de radiação natural ou artificial.

**** Dispensada análise na rede de distribuição quando o parâmetro não for detectado na saída do tratamento e/ou no manancial, à exceção de substâncias que potencialmente possam ser introduzidas no sistema ao longo da distribuição.

Tabela 7

Frequência mínima de amostragem para o controle da qualidade da água de **sistema de abastecimento**, para fins de análises físicas, químicas e de radioatividade, em função do ponto de amostragem, da população abastecida e do tipo de manancial.

Parâmetro	Tipo de manancial	Saída do tratamento (frequência por unidade de tratamento)	Sistema de distribuição (reservatórios e rede)		
			População abastecida		
			< 50.000 hab.	50.000 a 250.000 hab.	> 250.000 hab.
Cor Turbidez pH Fluoreto	Superficial	A cada 2 horas	Mensal	Mensal	Mensal
	Subterrâneo	Diária			
CRL*	Superficial	A cada 2 horas	(Conforme § 3º do art. 18)		
	Subterrâneo	Diária			

(cont.)

Parâmetro	Tipo de manancial	Saída do tratamento (frequência por unidade de tratamento)	Sistema de distribuição (reservatórios e rede)		
			População abastecida		
			< 50.000 hab.	50.000 a 250.000 hab.	> 250.000 hab.
Cianotoxinas	Superficial	Semanal (Conforme § 5º do art. 18)	-	-	-
Trihalometanos	Superficial	Trimestral	Trimestral	Trimestral	Trimestral
	Subterrâneo	-	Anual	Semestral	Semestral
Demais parâmetros**	Superficial ou Subterrâneo	Semestral	Semestral***	Semestral***	Semestral***

* Cloro residual livre.

** Apenas será exigida obrigatoriedade de investigação dos parâmetros radioativos quando da evidência de causas de radiação natural ou artificial.

*** Dispensada análise na rede de distribuição quando o parâmetro não for detectado na saída do tratamento e/ou no manancial, à exceção de substâncias que potencialmente possam ser introduzidas no sistema ao longo da distribuição.

Tabela 8

Número mínimo de amostras mensais para o controle da qualidade da água de **sistema de abastecimento**, para fins de análises microbiológicas, em função da população abastecida

Parâmetro	Sistema de distribuição (reservatórios e rede)			
	População abastecida			
	< 5.000 hab.	5.000 a 20.000 hab.	20.000 a 250.000 hab.	> 250.000 hab.
Coliformes totais	10	1 para cada 500 hab.	30 + (1 para cada 2.000 hab.)	105 + (1 para cada 5.000 hab.) Máximo de 1.000

NOTA: Na saída de cada unidade de tratamento devem ser coletadas, no mínimo, 2 (duas) amostras semanais, recomendando-se a coleta de, pelo menos, 4 (quatro) amostras semanais.

Tabela 9

Número mínimo de amostras e frequência mínima de amostragem para o controle da qualidade da água de **solução alternativa**, para fins de análises físicas, químicas e microbiológicas, em função do tipo de manancial e do ponto de amostragem

Parâmetro	Tipo de manancial	Saída do tratamento (para água canalizada)	Número de amostras retiradas no ponto de consumo* (para cada 500 hab.)	Frequência de amostragem
Cor, turbidez, pH e coliformes totais**	Superficial	1	1	Semanal
	Subterrâneo	1	1	Mensal
CRL** e ***	Superficial ou subterrâneo	1	1	Diário

* Devem ser retiradas amostras em, no mínimo, 3 (três) pontos de consumo de água.
** Para veículos transportadores de água para consumo humano, deve ser realizada 1 (uma) análise de CRL em cada carga e 1 (uma) análise, na fonte de fornecimento, de cor, turbidez, pH e coliformes totais com frequência mensal, ou outra amostragem determinada pela autoridade de saúde pública.
*** Cloro residual livre.

§ 1º A amostragem deve obedecer aos seguintes requisitos:

I - distribuição uniforme das coletas ao longo do período; e

II - representatividade dos pontos de coleta no sistema de distribuição (reservatórios e rede), combinando critérios de abrangência espacial e pontos estratégicos, entendidos como aqueles próximos a grande circulação de pessoas (terminais rodoviários, terminais ferroviários, etc.) ou edifícios que alberguem grupos populacionais de risco (hospitais, creches, asilos, etc.), aqueles localizados em trechos vulneráveis do sistema de distribuição (pontas de rede, pontos de queda de pressão, locais afetados por manobras, sujeitos à intermitência de abastecimento, reservatórios, etc.) e locais com sistemáticas notificações de agravos à saúde, tendo como possíveis causas agentes de veiculação hídrica.

§ 2º No número mínimo de amostras coletadas na rede de distribuição, previsto na Tabela 8, não se incluem as amostras extras (recoletas).

§ 3º Em todas as amostras coletadas para análises microbiológicas deve ser efetuada, no momento da coleta, medição de cloro residual livre ou de outro composto residual ativo, caso o agente desinfetante utilizado não seja o cloro.

§ 4º Para uma melhor avaliação da qualidade da água distribuída, recomenda-se que, em todas as amostras referidas no § 3º deste artigo, seja efetuada a determinação de turbidez.

§ 5º Sempre que o número de cianobactérias na água do manancial, no ponto de captação, exceder 20.000 células/ml (2 mm^3/L de biovolume), durante o monitoramento de que trata o § 1º do artigo 19, será exigida a análise semanal de cianotoxinas na água na saída do tratamento e nas entradas (hidrômetros) das clínicas de hemodiálise e indústrias de injetáveis, sendo que esta análise pode ser dispensada quando não houver comprovação de toxicidade na água bruta por meio da realização semanal de bioensaios em camundongos.

Art. 19. Os responsáveis pelo controle da qualidade da água de sistemas e de soluções alternativas de abastecimento supridos por manancial superficial devem coletar amostras semestrais da água bruta, junto do ponto de captação, para análise de acordo com os parâmetros exigidos na legislação vigente de classificação e enquadramento de águas superficiais, avaliando a compatibilidade entre as características da água bruta e o tipo de tratamento existente.

§ 1º O monitoramento de cianobactérias na água do manancial, no ponto de captação, deve obedecer frequência mensal, quando o número de cianobactérias não exceder 10.000 células/ml (ou 1 mm^3/L de biovolume), e semanal, quando o número de cianobactérias exceder este valor.

§ 2º É vedado o uso de algicidas para o controle do crescimento de cianobactérias ou qualquer intervenção no manancial que provoque a lise das células desses microrganismos, quando a densidade das cianobactérias exceder 20.000 células/ml (ou 2 mm^3/L de biovolume), sob pena de comprometimento da avaliação de riscos à saúde associados às cianotoxinas.

Art. 20. A autoridade de saúde pública, no exercício das atividades de vigilância da qualidade da água, deve implementar um plano próprio de amostragem, consoante diretrizes específicas elaboradas no âmbito do Sistema Único de Saúde (SUS).

Capítulo VI
DAS EXIGÊNCIAS APLICÁVEIS AOS SISTEMAS E SOLUÇÕES ALTERNATIVAS DE ABASTECIMENTO DE ÁGUA

Art. 21. O sistema de abastecimento de água deve contar com responsável técnico, profissionalmente habilitado.

Art. 22. Toda água fornecida coletivamente deve ser submetida a processo de desinfecção, concebido e operado de forma a garantir o atendimento ao padrão microbiológico desta Norma.

Art. 23. Toda água para consumo humano suprida por manancial superficial e distribuída por meio de canalização deve incluir tratamento por filtração.

Art. 24. Em todos os momentos e em toda sua extensão, a rede de distribuição de água deve ser operada com pressão superior à atmosférica.

§ 1º Caso esta situação não seja observada, fica o responsável pela operação do serviço de abastecimento de água obrigado a notificar a autoridade de saúde pública e informar à população, identificando períodos e locais de ocorrência de pressão inferior à atmosférica.

§ 2º Excepcionalmente, caso o serviço de abastecimento de água necessite realizar programa de manobras na rede de distribuição, que possa submeter trechos a pressão inferior à atmosférica, o referido programa deve ser previamente comunicado à autoridade de saúde pública.

Art. 25. O responsável pelo fornecimento de água por meio de veículos deve:

I - garantir o uso exclusivo do veículo para este fim;

II - manter registro com dados atualizados sobre o fornecedor e/ou sobre a fonte de água; e

III - manter registro atualizado das análises de controle da qualidade da água.

§ 1º A água fornecida para consumo humano por meio de veículos deve conter um teor mínimo de cloro residual livre de 0,5 mg/L.

§ 2º O veículo utilizado para fornecimento de água deve conter, de forma visível, em sua carroceria, a inscrição: "ÁGUA POTÁVEL".

Capítulo VII
DAS PENALIDADES

Art. 26. Serão aplicadas as sanções administrativas cabíveis aos responsáveis pela operação dos sistemas ou soluções alternativas de abastecimento de água que não observarem as determinações constantes desta Portaria.

Art. 27. As Secretarias de Saúde dos Estados, do Distrito Federal e dos Municípios estarão sujeitas a suspensão de repasse de recursos do Ministério da Saúde e órgãos ligados, diante da inobservância do contido nesta Portaria.

Art. 28. Cabe ao Ministério da Saúde, por intermédio da SVS/MS, e às autoridades de saúde pública dos Estados, do Distrito Federal e dos Municípios, representadas pelas respectivas Secretarias de Saúde ou órgãos equivalentes, fazer observar o fiel cumprimento desta Norma, nos termos da legislação que regulamenta o Sistema Único de Saúde (SUS).

Capítulo VIII
DAS DISPOSIÇÕES FINAIS

Art. 29. Sempre que forem identificadas situações de risco à saúde, o responsável pela operação do sistema ou solução alternativa de abastecimento de água e as autoridades de saúde pública devem estabelecer entendimentos para a elaboração de um plano de ação e tomada das medidas cabíveis, incluindo a eficaz comunicação à população, sem prejuízo das providências imediatas para a correção da anormalidade.

Art. 30. O responsável pela operação do sistema ou solução alternativa de abastecimento de água pode solicitar à autoridade de saúde pública a alteração na frequência mínima de amostragem de determinados parâmetros estabelecidos nesta Norma.

Parágrafo único. Após avaliação criteriosa, fundamentada em inspeções sanitárias e/ou em histórico mínimo de dois anos do controle e da vigilância da qualidade da água, a autoridade de saúde pública decidirá quanto ao deferimento da solicitação, mediante emissão de documento específico.

Art. 31. Em função de características não conformes com o padrão de potabilidade da água ou de outros fatores de risco, a autoridade de saúde pública competente, com fundamento em relatório técnico, determinará ao responsável pela operação do sistema ou solução alternativa de abastecimento de água que amplie o número mínimo de amostras, aumente a frequência de amostragem ou realize análises laboratoriais de parâmetros adicionais ao estabelecido na presente Norma.

Art. 32. Quando não existir na estrutura administrativa do Estado a unidade da Secretaria de Saúde, os deveres e responsabilidades previstos no artigo 6º desta Norma serão cumpridos pelo órgão equivalente.

SOS planeta Terra

Vejamos alguns dos problemas do meio ambiente em diferentes regiões do nosso planeta.

Países escandinavos

- Aparecimento de manchas de petróleo que parecem ter vindo do mar do Norte.
- Pesca predatória de baleias na Noruega.

Europa ocidental

- Queima de derivados de petróleo.
- Poluição de áreas portuárias por causa do derramamento de petróleo (Holanda, Inglaterra e sul da França).
- Poluição do mar do Norte em razão da grande exploração de petróleo em poços submarinos (Escócia, Irlanda).
- Destruição de florestas temperadas por chuva ácida (Alemanha).
- Emissão de gás carbônico por queima de combustíveis fósseis (petróleo).

Leste Europeu

- Nuvem de poeira sobre a usina de Chernobyl (Ucrânia).
- Proliferação de reatores nucleares (Ucrânia, Rússia).
- Existência de submarinos nucleares (Rússia).
- Despejos de lixo radioativo no mar (Rússia).
- Falta de segurança em usinas que operam reatores nucleares (em toda a região).
- Importação de lixo tóxico de países da Europa ocidental.
- Emissão de gás carbônico por queima de combustíveis fósseis (petróleo).

Ásia

- Proliferação de usinas nucleares.
- Destruição da floresta tropical.
- Emissão de gás carbônico por queimadas.
- Várias espécies animais em extinção.

Japão

- Grande número de usinas nucleares.
- Destruição de fontes fósseis de energia (carvão e petróleo).
- Falta de recursos renováveis de energia.
- Problemas ligados à mineração de carvão.
- Pesca predatória da baleia.

Austrália

- Problemas de poluição urbana na cidade de Sydney.
- Falta de recursos renováveis.
- Emissão de gás carbônico por queima de combustíveis fósseis e também por queimadas.

Norte da África

- Extração de petróleo que polui toda a área do estreito de Áden.

África

- Importação de lixos tóxicos por países como a Somália, na África Subsaariana.
- Caça indiscriminada para extração de peles e de marfim de elefantes (África do Sul).
- Mineração de carvão poluidora (África do Sul).
- Destruição da floresta tropical.
- Desertificação do solo.
- Emissão de gás carbônico por queimadas.
- Várias espécies animais em extinção.

Antártida

- Aparecimento do buraco na camada de ozônio, com quatro vezes o tamanho do Brasil. A destruição da camada de ozônio é causada pela emissão de CFC por países industrializados de todo o mundo e afeta toda a vida no planeta.

América do Norte

- Queima de petróleo e derivados (Canadá, Estados Unidos).
- Destruição de florestas temperadas (Canadá).
- Poluição de grandes lagos por agrotóxicos e chuva ácida (Canadá, Estados Unidos).
- Pesca predatória na costa do oceano Pacífico (Estados Unidos).
- Poluição de rios da Costa Leste que causa mortandade de salmões (Estados Unidos).
- Grande emissão de gás carbônico por queima de combustíveis fósseis (Estados Unidos).
- Algumas espécies animais em extinção (Estados Unidos).

América Central e Caribe

- Pesca predatória na costa (México).

- Poluição da Cidade do México (é a metrópole mais poluída do planeta).
- Falta de sistema de esgoto e de saneamento básico na Cidade do México.
- Importação de lixo tóxico.
- Destruição de manguezais.
- Exploração predatória de corais (ilhas do Caribe).
- Aquecimento global aumenta o nível das marés no Caribe.

América do Sul

- Destruição da Floresta Amazônica.
- Exploração do garimpo.
- Exploração do petróleo (Colômbia).
- Várias espécies animais em extinção.
- Emissão de gás carbônico por queimadas e também por combustíveis fósseis.
- Pesca predatória na costa do Pacífico (Chile, Peru).
- Pesca predatória de baleias (Chile, Peru).
- Destruição da camada de ozônio (Chile).
- Destruição de florestas temperadas (Chile).
- Poluição da cidade de Santiago (Chile).

Brasil

- Destruição da floresta tropical.
- Destruição de manguezais por especulação imobiliária e poluição industrial e doméstica.
- Poluição de áreas urbanas (São Paulo é uma das cidades mais poluídas do mundo).
- Exploração predatória de corais.
- Várias espécies animais em extinção.
- Emissão de gás carbônico por queimadas e por queima de combustíveis fósseis.

Estudo de caso

Memorial de cálculo para instalação de fossa séptica e sumidouro.

Norma Brasileira: NBR 7.229/82, atualizada em setembro de 1993

Construção e instalação de fossas sépticas e disposição dos efluentes finais

Proprietário: José da Silva

Usuário: Silva – Ind. e Com., Importação e Exportação Ltda.

Endereço: Av. Brasil, 777 (antiga R. 2; quadra B; lote 2)

Centro Industrial de São Geraldo

Município de São Paulo-SP

1. Número de pessoas a serem atendidas

- **Fossa nº 1** – Sanitário e vestiário masculino da produção para 95 pessoas. Efluentes industriais após tratamento.
- **Fossa nº 2** – Sanitário e vestiário feminino da produção para 45 pessoas.

- **Fossa nº 3** – Sanitário masculino e feminino da administração para sessenta pessoas. Restaurante para duzentas refeições/dia.

2. Período de armazenamento de lodo digerido

As fossas sépticas têm capacidade para armazenamento de lodo digerido pelo período mínimo de dez meses ou trezentos dias, a partir do qual deverão ser limpas, com a remoção do lodo.

3. Período de digestão de lodo

Considera-se de cinquenta dias o período de digestão de lodo.

4. Despejos encaminhados às fossas sépticas

Serão encaminhados às fossas sépticas todos os despejos domésticos oriundos de cozinha, chuveiros, lavatórios, bacias sanitárias, bidês, banheiras, mictórios e ralos de pisos de compartimentos internos.

5. Determinação da capacidade de absorção do solo

Ensaios realizados de acordo com a NBR 7.229, item 5.2.1, resultaram no seguinte quadro:

Quadro 30

Poço	Tempo/min	h/cm	$\ell/m^2 \times$ dia
1	1,45	1,0	90
2	3,00	1,0	80
3	2,60	1,0	85

Conforme determina a norma, entre os resultados conseguidos deve-se utilizar o menor coeficiente obtido no ensaio, ou seja, 80 $\ell/m^2 \times$ dia.

6. Dimensionamento das fossas sépticas

Fossa séptica cilíndrica de câmara única

Fórmula:

$V = N\,(CT + 100\,Lf)$

onde:

V = volume útil em litros

N = número de contribuintes

C = contribuição de despejos (litros/pessoa × dia)

Lf = contribuição de lodos frescos (litros/pessoa × dia)

T = período de detenção em dias

Fossa nº 1

Receberá o esgoto produzido por 95 operários do sexo masculino.

a) Cálculo do volume útil:

$V = 95\,(70 \times 0{,}875 + 100 \times 0{,}30)$

$V = 8.670\ \ell = 8{,}70\ m^3$

b) Dimensionamento da fossa (já existente no local):

$\varnothing = 1{,}50\ m$

$h = 7{,}00\ m$

$$V = \frac{3{,}14 \times (1{,}50)^2 \times 7{,}00}{4}$$

$V = 12{,}30\ m^3$

Como o volume existente é maior que o volume necessário, essa fossa atende às necessidades.

Fossa nº 2

Receberá o esgoto produzido por 45 operários do sexo feminino.

a) Cálculo do volume útil:

$V = 45\ (70 \times 1{,}0 + 100 \times 0{,}30)$

$V = 4.500\ \ell = 4{,}50\ m^3$

b) Dimensionamento da fossa (já existente no local):

$\varnothing = 1{,}50\ m$

$h = 7{,}00\ m$

$$V = \frac{3{,}14 \times (1{,}50)^2 \times 7{,}00}{4}$$

$V = 12{,}30\ m^3$

Como o volume existente é maior que o necessário, essa fossa atende às necessidades.

Fossa nº 3

Receberá o esgoto produzido por sessenta funcionários da área administrativa, além dos despejos do restaurante, que atende a duzentas pessoas.

a) Cálculo do volume útil:

$V = 60\ (50 \times 0{,}79 + 100 \times 0{,}20) + 200\ (25 \times 0{,}79 + 100 \times 0{,}10)$

$V = 60\ (39{,}50 + 20) + 200\ (19{,}75 + 10)$

$V = 3.570 + 5.959$

$V = 9.520\ \ell = 9{,}52\ m^3$

b) Dimensionamento da fossa (já existente no local):

$\varnothing = 1{,}50\ m$

$h = 8{,}00\ m$

$$V = \frac{3{,}14 \times (1{,}50)^2 \times 0{,}80}{4}$$

$V = 14{,}13\ m^3$

Como o volume existente é maior que o necessário, essa fossa atende às necessidades.

7. Dimensionamento dos sumidouros

Sumidouro cilíndrico sem enchimento

Fórmula:

$$A = \frac{V}{C_i}$$

$$V = N \times C$$

sendo:

A = área de infiltração em m^2

V = volume de contribuição diária ℓ/dia

C_i = coeficiente de infiltração $\ell/m^2 \times$ dia

N = número de contribuintes

C = contribuição unitária de esgotos – quadro 16

Sumidouro nº 1

Atenderá à fossa nº 1.

V_1 = relativo aos sanitários

$V_1 = 95 \times 70$

$V_1 = 6.650\ \ell$

V_2 = relativo aos despejos líquidos industriais após tratamento

$V_2 = 3.500\ \ell$

$V_{total} = 6.650 + 3.500 = 10.150\ \ell/dia$

$$A = \frac{10.150}{80}$$

$A = 127\ m^2$

Portanto, serão necessários dois sumidouros:

- sumidouro nº 1a: Ø = 2,35 m; h = 8,60 m;
- sumidouro nº 1b: Ø = 2,35 m; h = 8,60 m.

Sumidouro nº 2

Atenderá à fossa nº 2.

$V = 45 \times 70$

$V = 3.150\ \ell$

$$A = \frac{3.150}{80}$$

$A = 39,40\ m^2$

$$h = \frac{39,40}{2 \times 3,14 \times 1,175}$$

$h = 5,40\ m$

Portanto, será necessário um sumidouro:

- sumidouro nº 2: Ø = 2,35 m; h = 5,40 m.

Sumidouro nº 3

Atenderá à fossa nº 3.

V_1 = relativo aos sanitários

$V_1 = 60 \times 50$

$V_1 = 3.000\ \ell$

V_2 = relativo aos restaurantes

$V_2 = 200 \times 25$

$V_2 = 5.000\ \ell$

$V_{total} = 3.000 + 5.000 = 8.000\ \ell/dia$

$$A = \frac{8.000}{80}$$

$A = 100\ m^2$

Portanto, serão necessários dois sumidouros:

- sumidouro no 3a: Ø = 2,35 m; h = 6,80 m;
- sumidouro no 3b: Ø = 2,35 m; h = 6,80 m.

Quadro 31 – Resumo das dimensões de fossas e sumidouros

	Diâmetro (m)	Profundidade (m)	Observação
Fossa séptica nº 1	1,50	7,00	já existente
Fossa séptica nº 2	1,50	7,00	já existente
Fossa séptica nº 3	1,50	8,00	já existente
Sumidouro nº 1a	2,35	8,60	novo
Sumidouro nº 1b	2,35	8,60	novo
Sumidouro nº 2	2,35	5,40	novo
Sumidouro nº 3a	2,35	6,80	novo
Sumidouro nº 3b	2,35	6,80	novo

8. Condições gerais e manutenção

As fossas existentes que receberão os despejos, conforme descrito neste projeto, serão totalmente esvaziadas e limpas.

Conforme o item 3.1.2 da NBR 7.229/82, as instalações de fossas sépticas e sumidouros são consideradas soluções provisórias para áreas urbanas, devendo ser substituídas por rede pública tão logo esta seja instalada.

As fossas sépticas têm capacidade para armazenamento do lodo digerido pelo período mínimo de dez meses ou trezentos dias. Após esse prazo, deverão ser limpas.

Nas fossas sépticas devem constar as seguintes informações em lugar visível:

Fossa nº 1

Volume útil: 12,30 m^3

Período de limpeza: dez meses

Fossa nº 2

Volume útil: 12,30 m^3

Período de limpeza: dez meses

Fossa nº 3

Volume útil: 14,00 m^3

Período de limpeza: dez meses

O lodo digerido será removido e disposto em aterro sanitário ou em estação de tratamento de esgotos sanitários.

Bibliografia

ABNT. Normas técnicas e especificações.

A ENERGIA NUCLEAR e seus usos na sociedade. Em: *Ciência hoje*, nº 220, outubro de 2005.

ALMEIDA, Cecília M. V. B. & GIANNETTI, Biagio F. *Ecologia industrial: conceitos, ferramentas e aplicações*. São Paulo: Edgard Blücher, 2006.

AZEVEDO NETTO, José M. de & ALVARES, Guillermo A. *Manual de hidráulica*. São Paulo: Edgard Blücher, 1977.

BARBIERI, José C. *Gestão ambiental empresarial: conceitos, modelos e instrumentos*. 2ª ed. São Paulo: Saraiva , 2007.

BARBOSA FILHO, Antonio N. *Segurança do trabalho e gestão ambiental*. São Paulo: Atlas, 2001.

BIDONE, F. R. A. & POVINELLI, J. *Conceitos básicos de resíduos sólidos*. São Carlos: EESS/USP, 1999.

BRAGA, Benedito *et.al*. *Introdução à engenharia ambiental*. 2ª ed. São Paulo: Pearson Prentice Hall, 2005.

BRANCO, Samuel Murgel. *Ecologia da cidade*. São Paulo: Moderna, 1991.

__________. *O meio ambiente em debate*. 3ª ed. rev. e ampl. São Paulo: Moderna, 2004.

BRICKUS, Leila S. R. & AQUINO NETO, Francisco R. *A qualidade do ar de interiores e a química*. Rio de Janeiro: Ladetec/Instituto de Química – UFRJ, 1999.

CABES XVII. *Catálogo Brasileiro de Engenharia Sanitária*. Rio de Janeiro: Abes, 1992-1993.

CARVALHO, Elizabeth R. & IGNATI, Carmencita. *Enfermagem em saúde pública*. Série Textos de Referência. São Paulo: Editora Senac São Paulo, 1987.

CAVINATTO, Vilma Maria. *Saneamento básico*. São Paulo: Moderna, 1993.

CÓDIGO SANITÁRIO. Decreto nº 12.342, de 27 de setembro de 1978: regulamento da promoção, prevenção e recuperação da saúde no campo de competência da Secretaria de Estado da Saúde (revisto e atualizado até dezembro de 1990). 5 ed. São Paulo: Imprensa Oficial do Estado, 1992.

DAVER, V. "Plasma térmico: solução ecológica para o lixo". Em *Ciência Hoje*, Tecnologia. Sebrae, 1997.

DERISIO, José Carlos. *Introdução ao controle de poluição ambiental*. 2ª ed. São Paulo: Signus, 2000.

DOWBOR, Ladislau & TAGNIN, Renato A. (orgs.). *Administrando a água como se fosse importante: gestão ambiental e sustentabilidade*. São Paulo: Editora Senac São Paulo, 2005.

FARIAS, Leila M. M. *Impasses e possibilidades do gerenciamento de resíduos de serviços de saúde no Brasil: um estudo de caso no Centro de Saúde Escola Germano Sinval*. Dissertação de mestrado. Rio de Janeiro: Escola Nacional de Saúde Pública, ENSP/Fiocruz, 2005.

GARCEZ, Lucas Nogueira. *Construções hidráulicas*. São Paulo: Edgard Blücher, 1963.

GUENTHER, Riedel. *Controle sanitário dos alimentos*. São Paulo: Loyola, 1997.

IBASE. *Saúde e trabalho no Brasil*. Petrópolis: Vozes, 1982.

KAWAMOTO, Emilia E. *et al*. *Enfermagem comunitária*. São Paulo: EPU, 1995.

KLOTZEL, Kurt. *Temas de saúde: higiene física e do ambiente*. São Paulo: EPU, 1980.

KURCGANT, Paulina (org.). *Gerenciamento de enfermagem*. Rio de Janeiro: Guanabara Koogan, 2005.

LEDERER, Jean. *Enciclopédia moderna de higiene alimentar; tecnologia e higiene alimentar*. t. III. São Paulo: Manoel Dois, 1991.

LOMBORG, Bjorn. *O ambientalista cético: medindo o verdadeiro estado do mundo*. Trad. Ivo Korytowski & Ana Beatriz Rodrigues. Rio de Janeiro: Campus, 2002.

LORA, Electo Silva. *Prevenção e controle da poluição nos setores energéticos, industrial e de transporte*. Brasília: Aneel, 2000.

MACHADO, N. L. *Estudo comparativo de soluções adotadas para o tratamento e destino final de resíduos sólidos de serviços de saúde*. Dissertação de mestrado. Salvador: Escola Politécnica – UFBA, 2002.

MANUAIS DE LEGISLAÇÃO ATLAS. *Segurança e medicina do trabalho*. Coordenação e supervisão da Equipe Atlas. 62. 2ª ed. reimpr. São Paulo: Atlas, 2008.

MENDES, René. *Patologia do trabalho*. Rio de Janeiro: Atheneu, 1995.

MILANEZ, Álvaro. *A higiene da habitação*. Rio de Janeiro: Record, 1967.

MOREIRA, Igor A. G. *O espaço geográfico*. São Paulo: Ática, 1992.

MOTA, Suetônio. *Introdução à engenharia ambiental*. 4ª ed. Rio de Janeiro: Abes , 2006.

MOURA, Luiz A. A. *Qualidade e gestão ambiental*. 4ª ed. São Paulo: Juarez de Oliveira, 2004.

NERY, Maria Elena da Silva & VANZIM, Arlete Spencer. *Enfermagem em saúde pública: fundamentação para o exercício do enfermeiro na comunidade*. Porto Alegre: Sagra/D. C. Luzzatto, 1994.

PHILIPPI Jr., Arlindo. *Saneamento do meio*. São Paulo: Fundacentro/Departamento de Saúde Ambiental – Faculdade de Saúde Pública-USP, 1985. *Revista Cipa*, ano XVI, nº 187, 1995.

__________; ROMÉRO, Marcelo A. & BRUNA, Gilda Collet (editores). *Curso de gestão ambiental*. Barueri: Manole, 2004.

QUÍMICA NOVA. vol. 22, nº 1, São Paulo. jan./fev., 1999.

ROSS, R. P.; MORGAN, S. & HILL, C. "Preservation and Fermentation: Past, Present and Future". Em *International Journal of Food Microbiology*, Amsterdam, v. 79, nº 1/2, p. 3-16, 2002.

SABESP. *Estação de tratamento de água*. São Paulo: Secretaria de Energia e Saneamento, s/d.

SHIMA, E. & BECARRI, A. "Os perigos do lixo hospitalar". Em *Globo Ciência*, agosto de 1996.

SILVA JUNIOR, E. O. *Manual de controle higiênico-sanitário em alimentos*. 5ª ed. São Paulo: Varela. 2002.

SOUZA, Mônica R. & SILVA, Rogério J. *A geração de resíduos industriais e sua destinação final*. Itajubá: Departamento de Produção – Escola Federal de Engenharia de Itajubá.

TORRE, Haroldo & COSTA, Heloisa (orgs.). *População e meio ambiente: debates e desafios*. 2ª ed. São Paulo: Editora Senac São Paulo, 1999.

TUTIDA, Diogo & FOGAÇA, Rafaela. *"How Stuff Works – Como funciona a contaminação dos solos"*. Publicado em 6 de novembro de 2007 (atualizado em 19 de junho de 2008). http://ambiente.hsw.uol.com.br/contaminacao-dos-solos6.htm (acesso em 2-10-2009).

VERNIER, Jacques. *O meio ambiente.* Trad. Marina Appenzeller. Campinas: Papirus, 1994.

Von SPERLING, Marcos. *Introdução à qualidade das águas e ao tratamento de esgotos*. 3ª ed. Belo Horizonte: Departamento de Engenharia Sanitária e Ambiental – UFMG, 2005.

ZOCCHIO, Álvaro. *Prática e prevenção de acidentes: ABC da segurança do trabalho*. 5ª ed. São Paulo: Atlas, 1992.

http://www.cnen.gov.br/ensino/apostilas/aplica.pdf (acesso em 19-9-2009).

http://www.cetesb.sp.gov.br/Tecnologia/producao_limpa/programa.asp (acesso em 3-10-2009).

http://www.ipen.br/sitio/?idm=133 (acesso em 20-9-2009).

http://www.abepro.org.br/biblioteca/ENEGEP2003_TR1005_0001.pdf (acesso em 2-10-2009).

http://www.cena.usp.br/irradiacao/cons_alim.html (acesso em 24-9-2009).

Índice geral

Giovanna Fernandes

O REVERSO DA MOEDA

novo século

São Paulo 2008

Produção Editorial: Equipe Novo Século
Editoração Eletrônica: Fama Editora
Capa: Reinaldo Feurhuber
Revisão: Vera Lúcia Quintanilha
Salete Milanesi

Dados Internacionais de Catalogação na Publicação (CIP)
(Câmara Brasileira do Livro, SP, Brasil)

Fernandes, Giovanna Vieira
O reverso da moeda / Giovanna Vieira Fernandes. — Osasco, SP : Novo Século Editora, 2008.
1. Romance brasileiro I. Título.

07-10279 CDD-869.93

Índices para catálogo sistemático:
1. Romances : Literatura brasileira 869.93

2008

Novo Século Editora Ltda.
Rua Aurora Soares Barbosa, 405 – 2º andar
Osasco – SP – CEP 06023-010
Tel. (11) 3699-7107
www.novoseculo.com.br
atendimento@novoseculo.com.br

A Deus, que me permitiu viver em um mundo
de mágica e fantasia.

Giovanna

SUMÁRIO

1

A nova cidade

Nas paredes da sala da casa só ficaram os pregos. Em sua volta uma pintura gasta dava lugar aos formatos dos quadros que um dia ali estiveram pendurados. Eram grandes, pequenos, redondos, quadrados, retangulares e, até mesmo, triangulares. O chão guardava uma certa poeira fina, não era sujeira, era a marca deixada pela retirada dos móveis. Alguns livros e revistas antigas ficavam para trás, já não tinham mais importância. Pedaços de jornal que serviram para embalar objetos também estavam sobre o chão que, com a poeira, compunham um cenário melancólico. Nos quartos a aparência não era diferente, com exceção de um velho carrinho encostado na quina de uma parede azul. A cor contribuía na construção do ambiente que lembrava o fundo do mar. Era lindo, parecia um aquário. Os motivos haviam sido escolhidos por Iago, o dono do quarto. Não era difícil entender a escolha. Dentro daquele mundo ele conseguia se aproximar do pai falecido durante uma batalha com um pirata. Aquela morte prematura, não o deixava triste, já que o pai havia morrido como um herói, lutando para defender toda a comunidade de uma pequena cidade à beira do mar. Apesar de estar deixando um quarto que lhe trazia apenas boas lembranças, não estava infeliz. A alegria de poder morar onde o pai vivera por anos era maior do que qualquer coisa. Iago queria poder senti-lo próximo, já que seu falecimento ocorreu antes mesmo que ele pudesse vir ao mundo. Na época, sua mãe estava grávida de sete meses, e com a tragédia não conseguiu impedir a sua pressa de vir ao mundo. Parecia querer conhecer o pai. Mas não houve tempo. Ele morreu afogado no mar quando caiu de um penhasco e nunca mais foi achado. As águas o levaram. Mas Iago tinha certeza de que para um bom lugar.

O carrinho permanecia no cantinho, mas Iago o viu e se abaixou para pegá-lo. Agora, só lhe restavam duas rodas, mas ainda era o seu predileto, tinha sido o primeiro e único presente comprado por seu pai. Ele tinha certeza de que seria um menino.

— Iago, Iago!! — gritava a mãe insistentemente. Parecia estar nervosa.

— Calma, mãe! Estou aqui. — Iago correu ao encontro dela.

Passando a mão na testa para enxugar o suor, Estela falou: — Já passou da hora de irmos embora.

— Por que tanta pressa, mãe?

— Não quero pegar a estrada cheia. Detesto engarrafamento.

Iago desconfiava de que aquele não era o verdadeiro motivo de sua aflição. Mas aceitava com resignação o desejo dela.

— Pronto! — falou Iago, terminando de colocar sua bagagem no carro.

Estela olhou para a casa branca, que não era grande, mas também não era pequena. Seguiu em sua direção.

— Mãe? O que foi agora? Não está tudo dentro do carro? — Iago não entendia.

— As janelas estão abertas — ela respondeu.

Parecia uma desculpa para que Estela voltasse àquela casa que tinha presenciado grande parte de sua vida.

Era uma despedida, mas Iago não sabia.

Lentamente, Estela dava pequenos passos até chegar à soleira. Olhando para as grandes janelas marrons, entrou novamente na casa.

Ela sabia que tudo aquilo já não mais lhe pertencia. Mas era difícil aceitar aquela verdade. Não queria ir embora, mas a doença de Iago a forçava a procurar um lugar que ajudasse a amenizar o sofrimento que ele sentia por causa da asma. Não tinha opção, a não ser morar à beira-mar. Lugar desejado por todos, menos por Estela que de lá não guardava boas recordações. Mas seu sogro, Antoninho, ainda morava na mesma praia e dentro dele uma intensa alegria tomava conta de seu coração ao saber que seu neto e sua nora morariam com ele.

Era chegada a hora, Estela de pé na porta de sua casa conseguia olhar todos os cômodos da parte de baixo da casa. A sala de visitas era uma de suas preferidas, parecia que ainda escutava os barulhos das grandes festas.

Virando o rosto um pouco para o lado, conseguia enxergar uma parte da cozinha pela porta entreaberta. Lembrava-se como se fosse hoje de Iago puxando a barra de seu vestido para lhe ver batendo um bolo de chocolate. Como ele era curioso, sempre queria saber, ver e entender tudo. Estela gostava disso, mas às vezes a incomodava um pouco.

— Mãe? — era a voz de Iago vindo detrás.

— Estou indo! — sorriu Estela, fechando as janelas.

Passando a mão sobre o ombro de Iago, Estela falou: — Vamos! A casa já está vazia e fechada. Agora é só o corretor vender.

Estela bateu a porta com uma pequena plaqueta pendurada em que estava escrito: Vende-se.

Entrando no carro, Iago ainda olhava para a casa. Era como se estivesse deixando para trás uma importante parte de sua vida. Mas não como seria a partir daquele momento. Ele sabia que se aproximava de lembranças deixadas pelo seu pai, coisas que só lhe eram permitidas ouvir. Agora seria diferente, ele poderia vivenciá-las. Não mais importava a sua casa, ela já fazia parte de seu passado.

Estela ligou o carro, o motor roncou, e o sorriso de Iago veio de imediato. Ele olhava para cada canto da cidade como se nunca mais fosse voltar àquele lugar. Por isso não poderia perder nenhum detalhe, queria gravar tudo em sua mente. Afinal, foi uma boa época.

Quanto à Estela, parecia estar hipnotizada, não olhava para os lados. Era como se alguma coisa não saísse de sua mente, algo que a fazia franzir a testa. Mas Iago que não percebia, perguntou: — Mãe! Posso ligar o rádio?

— Para ajudar o tempo a passar mais rápido? — Estela perguntou sorrindo. Ela conhecia a ansiedade de seu filho.

Mas, para sua surpresa, Iago respondeu: — Não! É que com a música a paisagem fica mais bonita.

— Tudo bem! Mas é melhor colocar um CD, na estrada o rádio não pega.

Saíram deixando uma cidade ainda dormindo. Estava tudo tão quieto, que o carro parecia se mover em um cenário estático.

Ao som de uma música tranqüila, seguiram viagem. Mas ao deixarem a cidade e pegarem a estrada, a inquietude de Iago deu lugar ao sono.

Estela abaixou um pouco o som e, vendo a tranqüilidade de seu filho, abriu a janela e deixou o vento bater no seu rosto, esquecendo de franzir a testa por um instante.

O destino não era longe, mas também não era perto e tinha um nome engraçado: Coroinha. Esse nome não tinha lhe sido dado à toa. Era uma pequena cidade à beira-mar que, agregada a ele, formava um círculo. Se fosse vista de cima, lembrava uma coroa. Era uma cidade que um dia teve sua paz e tranqüilidade roubadas. E nunca mais fora a mesma.

Iago não demorou a perceber isso. Ainda no carro, Estela tocou o seu ombro quando lá chegaram. Ela sabia que ele não a perdoaria se não o acordasse para contemplar a chegada em Coroinha.

Esfregando os olhos para admirar as minúcias de sua nova cidade, Iago foi percebendo algo estranho: as pessoas.

Depois de alguns minutos olhando pela janela do carro, Iago comentou: — Que esquisito!

— O quê? — Estela não tinha observado o mesmo que seu filho.

— As pessoas não sorriem. Elas têm uma feição triste.

Estela ficou sem saber o que responder e comentou: — Deve ser porque elas acabaram de acordar. Com certeza ainda estão com sono.

— É! Deve ser isso! — Iago deixou de lado aquela observação ao se deparar com outra visão. — Olha o mar! Olha o mar! — apontava Iago. — Pára o carro, mãe! — ele pedia.

Mas já estava perto da casa de seu avô, Antoninho. Estela sorriu e pediu calma: — Estamos chegando, só mais um pouquinho de paciência.

O carro mal parava quando Iago já abria a porta para sair dali. Eles chegavam na porta da casa do avô que o esperava do lado de fora.

— Meu netinho! — Antoninho tentava segurar a emoção ao abraçá-lo. Há muito tempo não se viam, apesar de morarem perto.

Largando Iago, Antoninho olhou para Estela.

— Como vai? — ela perguntou com uma expressão de resignação.

— Eu vou bem e você? Minha nora preferida.

Estela sorriu. Ela era a única. O abraço foi forte e emocionado. Mas Iago não esperou os cumprimentos e correu para a parte da frente da casa. Era lá que estava o mar tão desejado e amado por ele. Mal acreditava que agora moraria em um lugar que fora evitado pela mãe durante toda a sua vida.

Estela e Antoninho o seguiram, enquanto à beira do mar Iago parecia em êxtase com a brisa batendo em seu rosto. Era diferente do vento da cidade, nunca havia sentido algo igual. Fechou os olhos e abriu os braços. Ele tinha realizado um sonho. Afinal, era a primeira vez que via o mar de tão pertinho.

— Por que ele gosta tanto do mar? — perguntou Estela baixinho para si mesma.

Ainda assim, Antoninho ouviu e respondeu: — É a mesma adoração que meu filho tinha.

— Eu não queria isso — reclamou Estela.

— Você não pode mudar os sentimentos das pessoas.

Estela controlou a angústia e chamou Iago.

— Calma, mamãe! Quero ficar mais um pouquinho aqui! — ele pediu com tanto carinho que foi impossível lhe negar.

Estela resolveu sentar-se na areia, até que Iago decidisse entrar em casa. Antoninho lhe fez companhia. Alguns minutos se passaram sem que nenhum dos dois pronunciasse uma palavra sequer. Mas Antoninho deu um fim ao silêncio.

— Você não gosta daqui, não é mesmo?

Abaixando o rosto e tocando a areia, Estela balançava a cabeça como quem não soubesse a resposta.

— Não sei o que se passa na sua mente, mas queria poder ajudá-la.

Estela permaneceu calada.

— Por que essa agonia? — Antoninho insistia, argumentando: — Pelo bem da saúde de Iago, vocês terão que morar aqui a partir de agora.

Estela abaixou a cabeça novamente.

Antoninho continuou: — De nada vai adiantar essa aflição.

Finalmente, Estela expressou algumas palavras: — Às vezes me sinto feliz lembrando de momentos que nunca sairão da minha memória. Mas... — Estela se calou.

— Mas... — Antoninho pedia que ela completasse o pensamento.

— Mas existem lembranças que me fazem querer sair correndo deste lugar — ela falou olhando para Antoninho, e com os olhos marejados continuou: — Tenho medo de não conseguir.

— De não conseguir o quê? Iago melhorará da asma aqui. — Antoninho tentava confortar o coração de Estela.

— E eu?

Antoninho não respondeu nada.

Estela continuou: — Será que eu conseguirei ser feliz aqui? Ou pelo menos não lembrar de coisas que não quero? Ai... eu não sei!

Antoninho pegou na mão dela e disse: — Vamos! Está na hora de vocês entrarem enquanto eu descarrego as bagagens. Com um bom banho e a barriga cheia essa angústia passará. E o resto... o resto nós descobriremos com o tempo.

— O tempo? — Estela olhou para Antoninho.

— É! Na vida temos que dar um passo de cada vez. Se tentar andar rápido, a vida acaba te atropelando.

Estela aceita a sugestão de seu sogro e chama Iago sem lhe dar mais uma chance de ficar ali. — Vamos! Você terá uma vida toda para aproveitar essa paisagem.

Iago sorri com a certeza de que aquela realidade agora lhe pertencia e, tranqüilo, vai para casa com sua mãe e seu avô.

Para trás deixa um cenário inesquecível, mas não sozinho. Betina se aproxima das ondas do mar que não se fazem de rogadas em vir com violência ao encontro da areia e esparramar sobre ela sua branca espuma que se desfaz aos poucos. E, quando vão embora, deixam milhares de conchinhas sobre a areia, cada uma com sua particularidade. E é à procura delas que vem Betina.

— Só dez... — reclamou baixinho, enquanto contava e olhava as minúcias de cada concha que guardava dentro de sua *pochette*.

Elas precisavam ser perfeitas para o trabalho que Betina fazia, já que era dele o dinheiro que tirava para ajudar o avô nas despesas da casa. Apesar das longas caminhadas, elas não significavam sacrifício para Betina. Era um trabalho divertido para uma menina de apenas dez anos de idade.

Na areia ela catava as conchinhas que usaria em artesanatos para vender no Mercado dos Pescadores. Mas não era só isso, Betina aproveitava do momento de trabalho para brincar na areia e entrar no mar, já que era a única oportunidade de estar no lugar proibido pelo avô, Seu Teófilo.

Era um velho e rabugento marujo de bom coração, mas que parecia esconder um certo medo nos olhos. Quando alguém percebia, ele tentava disfarçar baixando os olhos, trazendo para a frente as grandes sobrancelhas. Era assim que ele fazia quando descobria as fugas de Betina até o mar. Ela achava graça da proibição vir da existência de piratas. Seu avô falava que seus pais tinham sido levados por eles quando ela acabara de nascer. E agora ele sabia que o seu velho coração não suportaria se os piratas a levassem também. Betina, apesar de achar aquela história meio fantasiosa, preferia fingir que obedecia ao avô e entrava no mar escondida para não preocupá-lo.

A roupa ajudava na peraltice. Não usava vestidos, nem fitinhas como as meninas de sua idade. Uma bermuda e uma camiseta já eram suficientes para trabalhar e, ao mesmo tempo, brincar na praia. Nunca deixando para trás a *pochette* usada para guardar as conchinhas catadas. Não era difícil entender o motivo dos seus trajes. Betina fora criada por seu avô desde que seus pais sumiram de Coroinha sem deixar notícias.

— Ah! Que concha grande! Era tudo que eu precisava — Betina vibrou, mas não por muito tempo.

Ela logo percebeu a presença de Iago e Estela no jardim da frente da casa de Antoninho e ficou curiosa para saber quem eles eram. Nunca havia visto uma criança naquela casa, nem mesmo outro adulto que não fosse Antoninho. Mas, rapidamente, deixou aquilo de lado, achou melhor buscar mais conchinhas e seguiu caminhando em frente pela margem da praia. Afinal, muito trabalho deveria ser feito se quisesse ajudar seu avô.

Para trás ficou a nova casa de Iago que, por segurança, contava apenas com uma cerca baixa e um cachorro vira-lata. O jardim não era grande, apenas o suficiente para as brincadeiras de Iago. Espaçosa era a varanda de Antoninho, mas nela só havia uma cadeira de balanço. Ele gostava de espaço para sentar e admirar o mar: o responsável pelas suas incertezas. Era como se Antoninho quisesse saber para onde o mar havia levado seu filho Noah. Aquela velha cadeira de balanço não sairia dali enquanto ele não soubesse a resposta.

Dentro de casa, Iago aproveitava para conhecer cada cantinho. Nada podia passar despercebido. A parte inferior da casa não o interessava muito, só havia a sala de visitas, copa, lavabo, cozinha e a área de serviço, nada que chamasse atenção. O que Iago queria mesmo era ver o quarto que o avô havia montado especialmente para ele.

Correndo para a escada que ficava no fundo da sala, ele pegou no corrimão com forma, e subiu rapidamente. Ofegante chegou na parte superior da casa e o primeiro lugar que viu foi o escritório. Nele tinha uma escrivaninha antiga que ficava de frente para a janela com vista para o mar. Atrás dela uma parede com cinco prateleiras de madeira uma embaixo da outra. Em cima delas, só havia pequenos navios guardados dentro de garrafas. Iago gostou, mas deixou para vê-los melhor mais tarde. Agora ele queria chegar ao seu quarto que era próximo do corredor e que ficava de frente para o de sua mãe. No fundo ficava o quarto de Antoninho. Iago não foi até lá, mas dava para perceber que era enorme.

Finalmente, ele entrou no seu quarto. Não era grande, mas também não era pequeno. A imaginação do avô foi igual à da mãe. Iago sorriu, o quarto tinha motivos de mar. Não importava a falta de criatividade, ele adorava o que via. A cama encostada na parede era pequena e com três gavetões na parte inferior. Na parede ao lado havia uma pequena escrivaninha com alguns brinquedos em cima. Na sua frente, uma janela com vista para o mar. A disposição lembrava a do escritório se não fosse pelo armário azul que ficava na parede paralela à cama. Ao seu lado uma porta fechada que levava ao banheiro. E envolvendo todo esse ambiente, predominava a cor azul, tanto nas paredes quanto nos móveis. Era o fundo do mar próximo novamente de Iago.

— Iago! — gritou Antoninho. — Onde você está?

— Estou aqui no quarto, vovô! — respondeu Iago.

— Venha aqui embaixo na sala.

Iago desceu as escadas e foi correndo em direção ao avô que, o abraçando, abaixou-se e disse: — Calma, rapaz, você pode se machucar assim.

— Você quer ir ao centro de Coroinha? — perguntou Antoninho.

— O que tem lá? — Iago ficou curioso.

— Nada de mais. É uma pequena cidade. Mas tem o Mercado dos Pescadores.

— Ih! Só deve ter peixe. Não é fedido? — Iago estava desconfiado.

Antoninho riu e falou que não. Era um lugar que, além de vender peixes, tinha lojinhas de artesanatos de praia, além de lanchonetes e uma famosa taberna.

— Taberna? O que é isso? — Iago desconhecia a palavra.

— É um lugar onde se vende vinho.

— Só para isso? — Iago achou aquilo esquisito.

Antoninho sorriu e falou: — Os pescadores desta região também aproveitam para lá fazer festas quase todas as noites.

— Legal! — gritou Iago levantando os braços.

— Só que esse lugar é só para adulto. Vai demorar um pouco para você poder freqüentá-lo — alertou Antoninho.

— Tudo bem! Então eu fico com o resto — respondeu Iago.

Antoninho sorriu e chamou Dona Joana.

— Quem é Dona Joana? — perguntou Iago.

Antoninho, então, apresentou o neto para a empregada que há tantos anos trabalhava com ele. Uma senhora negra, estatura mediana, um pouco gorda, mas não obesa, e com um rosto que traduzia ternura. Iago sentiu-se confortável e lhe dando a mão disse: — Vamos!

— Agora! — respondeu Dona Joana.

Iago adorava a sensação de estar em outra cidade, onde podia conhecer lugares e pessoas diferentes. E sua mente, rápida como sempre, tratava de decorar o caminho para o Mercado.

A cidade era muito pequena e por isso, não demorou para que os dois chegassem ao destino. Diferente do que Iago pensava, o mercado não fedia. Os pescadores armazenavam bem seus peixes, já que o lugar se destinava também a outras atividades. Tinham que fazer isso para não espantar a freguesia.

De longe, a agitação do Mercado fascinava Iago. Ele era grande e redondo, e as barracas estavam dispostas lado a lado até completar o círculo. Os pescadores tentavam atrair as pessoas com preços baixos, mas a concorrência era grande.

Ainda do lado de fora, Iago olhou para a direita do Mercado e viu a taberna. Mas não entendeu por que estava fechada. Dona Joana, percebendo sua curiosidade, explicou que ali era o lugar onde os pescadores se reuniam para fazer festas e tomar vinho, e por isso só abria à noite.

— Ah! O lugar que eu só posso vir quando crescer, não é? — perguntou Iago.

— Isso mesmo — respondeu Dona Joana, andando um pouco mais.

Do lado esquerdo do mercado havia um outro espaço, também redondo, onde outros feirantes vendiam artesanatos. Iago queria olhar cada barraquinha. Ele adorou ver dezenas daqueles pequenos navios engarrafados, iguais aos da biblioteca de seu avô.

Mas Dona Joana estava com pressa, precisava preparar o jantar.

— Vamos comprar o peixe senão vai ficar tarde demais — Dona Joana falou puxando Iago pela mão.

— Tá bom! — respondeu Iago olhando para trás, tentando observar as minúcias dos navios engarrafados.

— Eu juro que depois te trago aqui com mais calma — prometeu Dona Joana.

Iago aceitou e a seguiu sem reclamar até as barracas dos peixes.

2

Os pescadores

— Olá, Miguel! — Dona Joana cumprimentou o pescador.

— Você sumiu essa semana? O que foi? Enjoou dos meus peixes? — brincou Miguel, o dono da barraca em que Dona Joana sempre fazia a feira.

A opção pela barraca não era aleatória, ela falava que os melhores peixes do mar de Coroinha sempre escolhiam a rede de Miguel para serem fisgados. Realmente eram sempre os maiores, mais gostosos e que tinham menos espinhas. E diante do prazer que Antoninho sentia ao comer aqueles peixes, não restava alternativa à Dona Joana a não ser comprá-los com Miguel.

Ele atendia todos os clientes com muita presteza e alegria. Apesar de estar há pouco mais de cinco anos na cidade, parecia ter nascido para aquilo. Tinha jeito e personalidade de pescador maduro. Do alto de seus trinta e cinco anos, era alto, moreno e com o rosto marcante. Nele um detalhe chamava a atenção, uma cicatriz no lado esquerdo de seu rosto, mas que não era suficiente para lhe roubar a beleza. Os braços fortes deviam vir da força que fazia ao puxar a rede durante a pescaria, afinal, ela nunca ficava vazia. O sorriso era largo, nunca ninguém o vira triste ou reclamando, pelo contrário, sempre disposto a trabalhar e a ajudar os pescadores da cidade. Uma barba cerrada e meio grisalha ajudava a finalizar o sorriso. O toque final ficava para o cabelo liso que compunha o rosto, fazendo-o ser comparado a um artista de cinema. Não era curto nem grande, mas o suficiente para o vento fazê-lo balançar a cada segundo. Miguel era isso, pura descontração e generosidade.

— Quem é esse garotão? — perguntou Miguel, olhando para Iago que demonstrava timidez.

— É o filho de Estela, neto de Seu Antoninho — respondeu Dona Joana passando a mão na cabeça de Iago.

Nessa hora, o silêncio tomou conta dos pescadores que ouviram a resposta de Dona Joana. Iago se assustou. Também não era para menos, todos o olharam, e ele não conseguia. Não conseguia entender o que acontecia. Será que tinha feito alguma coisa errada? Mas Miguel, percebendo que Iago estava assustado com a reação dos pescadores ao lado, chamou a atenção deles baixinho. E para isso teve a ajuda de Carlão, seu grande amigo e companheiro de trabalho. Eles mantinham uma sociedade de pescaria, e além disso, ainda dividiam um quarto na pensão de Dona Milinha.

— Acho que eles ficaram com inveja do seu nome. Muito bonito! — Miguel disfarçou.

Iago não respondeu, apenas olhou nos olhos de Miguel que tinha se agachado para falar com ele.

— Quem escolheu seu nome? — Miguel tentava um diálogo com Iago que, ainda meio ressabiado, respondeu: — Meu pai, antes de morrer.

Miguel, espantado, perguntou: — Seu pai faleceu?

— No mar. Ele caiu de um penhasco lutando com um pirata malvado.

— Pirata malvado? — Miguel se espantou.

— É! — Iago já começava a gostar da conversa.

— Essa história é interessante! — comentou Miguel.

— Meu pai foi um herói. Salvou muitas pessoas desta cidade dos ataques dos piratas — Iago se empolgava.

Miguel sorria olhando para Iago que relatava a história a seu modo, sem ordem cronológica. Estava ansioso ao contá-la. Parecia ser muito importante para ele.

— O que foi? Você não acredita que meu pai foi um herói? — Iago se irritou.

— Lógico que acredito, garotão — Miguel mexeu no cabelo de Iago, tentando descontraí-lo.

Iago se acalmou, mas parou de contar a história. Miguel não se deu por vencido e tentou recuperar a confiança do garoto.

— O filho de um herói que lutou contra piratas merece um presente — Miguel falou.

— Presente? Que presente? — Iago se empolgou.

Miguel se levantou e pediu para Iago esperar um pouquinho. Enquanto isso, ele foi para dentro da barraca e, abrindo uma gaveta, pegou uma pequena caixa.

Iago, curioso, não conseguia tirar os olhos daquela caixinha. Miguel tirou de dentro dela um pingente em forma de leme. Era de ouro, mas era sutil, parecia um anel.

— É ouro? — Iago quis saber.

— Isso mesmo! E é seu! — Miguel colocou o pequeno leme na mão de Iago.

— Eu não posso aceitar. Deve ter sido caro — disse Iago.

— Não foi caro. O pingente é pequeno e além do mais eu queria ter dado ao meu filho, mas não consegui.

— Por quê? O que aconteceu? — Iago quis saber.

Miguel deu um sorriso, pegou na mão de Iago e a fechou com o pingente lá dentro e disse: — Com certeza o pingente está em boas mãos.

A feição de Iago era o suficiente para demonstrar a satisfação pelo presente recebido.

Já de pé, Miguel falou: — Agora é sua vez não é, Dona Joana? Tenho um peixe que guardei especialmente para você.

— Hoje eu preciso de dois peixes! Temos novos moradores em casa — contou Dona Joana.

— Novos moradores? — Miguel ficou surpreso.

— Isso! Estela e Iago vieram morar com Seu Antoninho e parece que é para sempre — Dona Joana comentou radiante.

— Que bom! Quer dizer que a partir de agora vou vender mais peixes? — Miguel brincou.

— Com certeza — respondeu Dona Joana pegando a sacola dos peixes em uma das mãos e Iago pela outra. E, agradecendo Miguel, os dois voltaram para casa, enquanto da mente de Iago não saíam os olhares esquisitos dos pescadores.

Mas ao chegar em casa com o presente dado por Miguel, Iago se esqueceu do que acontecera no Mercado dos Pescadores e procurou a mãe.

— Mamãe! Mamãe!

— Estou aqui no meu quarto, filho! — Estela avisou.

Iago entrou ofegante no quarto da mãe para lhe mostrar o presente.

— Que coisa mais linda! Quem te deu? — Estela achou estranho.

— Foi o Miguel.

— Quem é Miguel?

— Um pescador que trabalha no mercado — Iago respondeu.

— Da onde você o conhece? — Estela insistiu. Ela não entendia aquele presente caro.

— Ele é amigo da Dona Joana e gostou de mim — Iago estava irritado.

— E só por isso ele lhe deu uma jóia? — Estela desconfiou do presente.

— O que você está pensando, mãe? Que eu roubei? — Iago já chorava.

— Não, meu filho! Calma!

Dona Joana que subia a escada para perguntar como Estela gostava do peixe ouviu a discussão e explicou: — Desculpe, Dona Estela, mas eu não pude deixar de ouvir a conversa de vocês. A senhora não precisa se preocupar. Miguel é pescador há alguns anos na vila e sofre muito por ter perdido um filho. Acho que deve ter sido por isso que presenteou Iago.

Chomoramingando, Iago reclamou: — Viu? — e saiu bravo.

No mesmo instante, Estela olhou para Dona Joana e pôs a mão na testa percebendo que havia feito uma besteira.

Enquanto Iago tentava se consolar sozinho no seu quarto azul, Estela entrou bem devagar. Ele olhou desconfiado para ela, mas não falou nada.

— Trouxe um presente para você — Estela tentava consertar a situação.

— O que é? — Iago enxugou as lágrimas com o antebraço.

— É um cordão de ouro para você colocar o seu novo pingente.

Pronto. Bastou aquilo para Estela reparar o mal-entendido. Iago já estava feliz de novo e ansioso para ver o cordão.

— Ele é um pouco grande, porque é meu. Mas enquanto não compro outro para o seu tamanho você usa este para não perder o pingente — Estela falou enquanto tirava os nós do cordão há muito tempo não usado.

— Está bem, me dá logo! — Iago estava afoito.

Um pouco desajeitado, ele colocou o pingente no cordão, mas ficou muito grande. Iago preferiu tirar e guardá-lo no bolso da bermuda, até Estela comprar um menor. Teve medo de perder quando entrasse no mar. Afinal, o bolso com zíper era um lugar bem mais seguro.

— Que bom que você gostou do presente — Estela estava aliviada.

Iago não respondeu nada, mas também não precisava, seu rosto era pura alegria.

— Então, agora eu vou para a cozinha ajudar Dona Joana com o jantar — Estela deu um beijo na cabeça de Iago e perguntou se ele queria ir junto.

— Quero sim! — Iago seguiu a mãe.

Mas, ainda, no corredor perceberam que a biblioteca que ficava ao lado do quarto de Iago estava com a luz acesa. Quando Estela foi apagar, ouviu um grito.

— Ei! Tem gente aqui! — era Antoninho.

— Ai, Antoninho, desculpa! Não pensei que tivesse alguém aí dentro.

— Estou lembrando do passado. Adoro fazer isso. Ele me traz alegria... conforto... esperança.

Estela, sem suportar o que ouvia, notou que Antoninho ainda esperava reencontrar o seu filho, Noah. E apenas com o olhar pediu para que ele não desse a mesma esperança a Iago. Muito menos que lhe contasse histórias de piratas, principalmente as que envolvessem Noah.

Mas Iago não conseguia parar quieto diante daquelas cinco prateleiras abarrotadas de navios engarrafados. Eram muitos, e cada um deles com sua particularidade, cores e tamanhos diferentes.

A tranqüilidade de Estela parecia que não duraria muito tempo. De repente, ela escutou uma pergunta de Iago para Antoninho.

— Meu pai já lutou com piratas em navios desse tipo?

E, ao que parece, Antoninho não havia entendido o pedido que Estela havia feito com o olhar e respondeu: — Lógico que sim!

— Conta, conta! Quero saber sobre as lutas do meu pai! — suplicou Iago.

— Senta aqui! — falou Antoninho, esfuziante, sentado num sofá de dois lugares que ficava encostado na parede ao lado da escrivaninha.

Estela desistiu e desceu para ajudar Dona Joana na cozinha, enquanto Antoninho e Iago ficaram conversando sobre o heroísmo de Noah na biblioteca.

Enquanto isso, num casebre também na praia, jantava um velho pescador, Seu Teófilo, e a neta, Betina. A sopa era rala, mas o suficiente para matar a fome dos dois.

— Você demorou hoje na praia — Seu Teófilo reclamou.

— Estava procurando a sua pérola negra — Betina respondeu.

O ranzinza Teófilo sempre sorria quando escutava da sua neta a mesma resposta para a sua eterna reclamação.

— Não sei por que o senhor sorri. Eu prometi que um dia ainda vou achar e lhe dar uma concha com uma pérola negra dentro. Aí nunca mais tomaremos sopa — Betina não se cansava de lembrar a promessa feita, só que desta vez ela respondia com um olhar de curiosidade.

— Que olhar é esse? — perguntou Seu Teófilo para a neta.

— Nada — Betina gaguejou.

— Você não me engana — ele riu.

— É que...

— Que... — ele olhava para Betina pedindo para que completasse a frase.

— Hoje catando conchinhas eu vi umas pessoas diferentes na casa do Seu Antoninho.

— Pessoas diferentes?

— É! Uma mulher e um menino mais ou menos do meu tamanho.

Seu Teófilo parou a colher quase à beira da boca e ficou inerte por alguns segundos.

— O que foi, vovô? — Betina ficou assustada. — O senhor sabe quem são essas pessoas?

— Desconfio — ele terminou a colherada de sopa.

— Quem são? — Betina estava muito curiosa.

— Pelo tamanho do menino, eles devem ser a família de Noah.

— Quem é esse Noah?

— Era um pescador da região que morreu há dez anos.

— Morreu de quê? — Betina não deixava escapar um só detalhe.

— Por causa dos piratas. — Seu Teófilo olhou bem nos olhos da neta.

Betina se segurou para não rir, mas o avô percebeu e disse: — Você não acredita em mim, não é mesmo?

Ela ficou sem graça e falou: — Que é isso, vovô! Eu só acho esquisita essa história de piratas.

— Pois você não deveria achá-la esquisita, deveria temê-la — e com o punho fechado, o bateu fortemente na mesa.

Diante daquela reação, Betina pela primeira vez começou a acreditar em seu avô e ficou muda.

— E escute bem o que vou lhe falar, mocinha. Não quero que você se aproxime dessas pessoas, muito menos do mar.

— O senhor sabe que preciso catar conchinhas! — Betina implorava para que ele não a proibisse de sair.

— Se der um passo em falso eu te prendo em casa. E não pense que não terei coragem de fazê-lo — Seu Teófilo levantou-se da mesa e foi para o quarto.

Betina, paralisada em frente ao prato de sopa, disse baixinho: — Será?... Piratas? — pela janela da sala, ela olhou para o mar que parecia aterrorizante naquela noite e perdeu a vontade de jantar.

Na casa de Antoninho também era hora do jantar.

— Finalmente! Resolveram descer — Estela comentou rindo enquanto colocava os pratos na mesa.

— A fome bateu! — Iago ria muito.

— Parece que as histórias que seu avô lhe contou foram boas, não é? — um tom de ironia saía do comentário de Estela.

Antoninho ficou sem graça, abaixou a cabeça e procurou sua cadeira para sentar-se rapidamente.

— Eu adorei, mamãe! Não sei por que a senhora nunca me conta as aventuras do papai.

— De repente porque eu não tenha tempo para essas bobagens — respondeu olhando feio para Antoninho que se fazia de desentendido.

— Bobagens! — Iago não gostou do que ouviu. — Como a senhora pode pensar assim?

— Chega de histórias de piratas por hoje, Iago. Está na hora do jantar — Estela cortou o assunto.

— Obedeça sua mãe — Antoninho pegou na mão de Iago carinhosamente.

Iago não falou mais nada e começou a comer.

O constrangimento havia tomado conta da sala, mas não por muito tempo. O silêncio imposto desconfortavelmente entre os três foi quebrado pelo som de uma música que vinha ao longe.

— Música — Iago ficou animado.

— Nunca ouvi música por aqui — comentou Estela.

— São os pescadores na taberna — contou Antoninho.

— Ah! Aquele lugar que eu só poderei ir quando for adulto.

Finalmente, o silêncio deu lugar às gargalhadas.

Não era só na casa de Seu Antoninho que as pessoas se divertiam, mas também na taberna. Os pescadores relaxavam depois de muito trabalho, já que no outro dia a maioria não sairia para pescar. Com os refrigeradores abarrotados de peixes, resolveram tirar a noite para uma merecida folga.

Miguel e Carlão se divertiam muito, sempre os mais descontraídos. Mexiam com todo mundo, principalmente com as mulheres. Mas tudo não passava de brincadeira. Afinal, eles eram os pescadores mais conhecidos e respeitados na região.

Não havia quem nunca tivesse precisado da ajuda de Miguel ou de Carlão. Eram solícitos. Não era preciso chamar duas vezes, se deles precisassem, lá estavam os dois.

Miguel era um solteirão convicto, dizia que não queria saber de casar. Queria apenas aproveitar a vida fazendo o que mais gostava: trabalhar no mar. Não importava se era como pescador ou como marujo, o que não poderia faltar na sua vida era o mar como companheiro.

Já Carlão era muito parecido com Miguel, apenas sobre um aspecto se diferenciavam. Carlão era apaixonado por uma bela mulher. Mas era uma paixão enrustida, também não era para menos, apesar de seu jeito brincalhão, quando se tratava de amor Carlão ficava muito tímido. Trocava os pés pelas mãos, não sabia o que fazer, chegava até mesmo a gaguejar. Era engraçado, um pescador forte, bonito e gago. Qualquer mulher se apaixonaria por ele, menos a que ele desejava há meses.

Carlão cutucou Miguel disfarçadamente e falou: — Olha quem veio hoje!

Miguel procurou, mas não achando ninguém, perguntou: — Quem?

— É ela! É ela! — Carlão sorriu com o canto da boca.

— Finalmente, hein? Há muito tempo ela não aparecia por aqui — comentou Miguel.

— É... — Carlão suspirou.

Miguel riu e saiu dali, enquanto Carlão observava o seu amor a dançar. Ela era morena, alta, cabelos ondulados, longos e pretos. Os olhos pareciam duas jabuticabas, a boca carnuda dava espaço a um sorriso cintilante. Era pura alegria enquanto dançava. Soltava os cabelos e batia palmas com as mãos para cima. Lembrava uma cigana com sua longa saia rodada. Mas parecia estar ali somente para se divertir, não procurava nada, nem ninguém, apenas alegria. Só que essa noite foi diferente: enquanto ela dançava, Carlão resolveu parar bem à sua frente. Ela ficou sem graça e parou de dançar.

— Boa-noite! — Carlão a cumprimentou sem graça, parecendo uma criança.

— Boa-noite — ela abaixou rapidamente o olhar, mas logo retornou para os olhos dele.

— Não é a primeira vez que te vejo aqui — ele arriscou uma conversa.

Ela parecia um pouco arredia, mas respondeu: — Eu venho poucas vezes aqui. Não conheço ninguém na cidade.

— Não seja por isso. Posso te apresentar ao pessoal, são todos muito legais — Carlão ficou animado.

— Não! Não! Não precisa — ela ficou assustada e olhou para os lados.

Carlão não entendeu aquela reação, mas arriscou outra e importantíssima pergunta: — Posso saber uma coisa?

Ela se inclinou para trás e o olhou ressabiada, com medo da pergunta.

— Qual é o seu nome?

Aliviada, ela sorriu e respondeu: — Madelene.

— Aceita uma caneca de vinho? — Carlão arriscou-se outra vez. Parecia estar ficando fácil.

Ela apenas balançou a cabeça fazendo sinal positivo.

Carlão saiu dali animadíssimo para providenciar a bebida, mas Madelene aproveitou aquele momento para sair de mansinho da festa. Quando ele voltou com as duas canecas de vinho, já não mais a encontrou ali. Ele começou a olhar de um lado para o outro, até ficar tonto, e não viu nenhum sinal sequer de Madelene.

— O que foi? — era Miguel atrás dele.

— Cadê a moça? — Carlão estava ansioso e saiu da taberna à procura dela.

— Que moça? — perguntou Miguel indo atrás do amigo.

— Madelene — disse Carlão

— A morena? É esse o nome dela? — Miguel sorriu.

— Ela mesma! Estava aqui agora mesmo — Carlão ficou decepcionado.

— Eu não a vi — Miguel comentou.

— Não acredito... — Carlão suspirou.

— O que foi? — Miguel queria saber.

— Ela foi embora! — Carlão viu de longe os longos cabelos de Madelene balançando, enquanto corria para longe dali.

O silêncio imperava naquele instante até ser quebrado por Miguel: — Não adianta ficar com essa cara de bobo — e puxou o amigo de volta para a festa.

A música e a alegria continuaram sem dar pausa para a cidade de Coroinha que dormiu mais uma noite embalada ao som da festa dos pescadores. Até mesmo Iago que estava adorando o ritmo que vinha da taberna acabou caindo no sono antes mesmo que pudesse ouvir a última nota musical.

Mas a manhã que se aproximava não permitia que a festa se prolongasse por muito tempo, o dever chamava os pescadores logo cedo. Fizesse sol ou chuva, o Mercado sempre abria ainda com o sol raiando.

— Por que a madrugada passa tão rápido? Mal fechei os olhos e já é dia de novo?! — comentou Carlão que dormia no mesmo quarto que Miguel.

Sempre debochado e brincalhão, Miguel respondeu gargalhando: — A madrugada só passa rápido para os apaixonados insoniosos.

Apesar de Carlão saber que seu amigo falava a verdade, arremessou um travesseiro bem na cara dele, mas não foi o suficiente para que Miguel parasse de rir. E com a risada de Miguel, o sol se preparava para aparecer e iluminar mais um dia em Coroinha.

Enquanto isso, na casa de Antoninho, Iago se levantou cedo e louco para ir à praia. Quando desceu correndo as escadas de calção de banho, Estela que tomava café na copa ao lado perguntou: — Aonde você vai com tanta pressa?

— Vou à praia — respondeu Iago com a maior naturalidade.

— Primeiro você vai tomar o café-da-manhã. Depois, vai me esperar para ir junto, ou pensa que já é adulto para sair sozinho?

— Para tudo na vida eu tenho que ser adulto? — Iago ficou nervoso.

Estela riu e disse: — Para tudo não, mas para quase tudo. Sente-se e tome o café sem reclamar.

— Tudo bem! Tudo bem! — Iago aceitou.

Não demorou muito e Antoninho também desceu para tomar o café com a família.

— Não acredito! Vocês conseguiram levantar antes de mim? — ele brincou.

— Estou louco para ir à praia — Iago falou comendo.

— É feio falar com a boca cheia — Estela chamou a atenção de Iago.

— Estou com pressa, mamãe. Vamos logo!

A pressão do filho era tão grande que Estela resolveu se levantar logo e ir à praia. Iago animadíssimo pegou alguns brinquedos e correu para a porta da frente. Estela gritou: — Espera!

Iago já não escutava mais nada. Estela corria atrás dele. Antoninho sorria.

Com a brisa batendo no rosto, Estela, que não estava com roupa de banho, resolveu sentar-se com sua calça *jeans* na areia da praia e cuidar de Iago que já estava no mar. A presença física de Estela na praia não disfarçava que sua mente estava bem longe dali. O vento estava muito forte, seu cabelo batia no rosto e por mais que tentasse tirar com a mão, não conseguia. Estela pegou uma liga para amarrar o cabelo. E quando virou o rosto para o lado, para ir ao encontro do vento para fazer um rabo-de-cavalo, percebeu um homem um pouco distante dali olhando para Iago. Ela ficou intrigada, mas não conseguiu reconhecer aquela pessoa que se mantinha ao longe, sem se aproximar da areia da praia. E quando ele percebeu que Estela já tinha notado sua presença, virou-se de costas e saiu dali. Estela não entendeu, mas também não se preocupou e voltou a cuidar de Iago.

Mesmo assim, a curiosidade falou mais alto e Estela olhou para trás mais uma vez. Ela tentava reconhecer algum traço naquele homem, mas ele já estava longe demais para isso. Em compensação, ao voltar o rosto para a frente, sua visão alcançou algo que há muito tempo não via. Era uma ilha que ficava à direita da casa de Antoninho. Ela era tão pequena e tão perto da margem, que com um bote podia-se chegar lá em cinco minutos. Mas ninguém gostava de se aproximar daquele lugar. Estela olhava para a ilha, como se tentasse decifrá-la, mas se assustou ao sentir uma mão em seu ombro.

— Ai! — Estela levantou-se rapidamente.

— Calma! — pediu Antoninho.

Tensa, ela disse: — Desculpe, só me assustei um pouquinho.

— Com o quê? — perguntou Antoninho.

Ela olhou para trás novamente, mas não viu nem rastro do homem. Por isso preferiu não tocar no assunto com o sogro, e perguntou: — A bruxa?

3

A bruxa

— Bruxa...? — Antoninho esperava Estela terminar de falar.

— A bruxa que morava naquela ilha — Estela olhou na direção.

— O que tem ela? — perguntou Antoninho.

— Ela já morreu?

— Não, ela não morreu — Antoninho deu uma pausa e continuou: — Dizem que ela é imortal.

— Imortal? — Estela sorriu e comentou: — Isso não existe.

Antoninho tentava entender o ceticismo da nora, e por isso não desistia de explicar: — Até hoje ainda se pode ver uma pessoa com uma capa preta andando naquela ilha.

— E daí? — só por isso ela é imortal? Não é mais fácil aceitar o fato de ela ainda estar viva? — Estela sempre se irritava com os sonhos de Antoninho. Ela dizia que era delírio demais.

— Não! Ela não poderia estar viva até hoje — Antoninho tentou manter-se calmo.

Estela apenas olhou para Antoninho e esperou que ele continuasse com a explicação: — Não seria lógico ela ainda estar viva.

— Por que não? — perguntou Estela.

— Quando eu tinha apenas dez anos, ela estava com pelo menos sessenta. E hoje eu já estou com setenta e um.

Estela tentou fazer as contas mentalmente, mas Antoninho respondeu antes que ela pudesse terminar: — Hoje ela deveria ter mais de cento e vinte anos.

Meio sem jeito, Estela sentou-se novamente na areia. Antoninho não se fez de rogado e ficou ao seu lado.

— Ela nunca sai da ilha? — Estela insistia no assunto.

— Não. Os moradores da cidade são preconceituosos — Antoninho começava a revelar a história da bruxa.

— Preconceituosos?

— Todos acham que, por ela ser uma bruxa e ter poderes paranormais, lhes pode fazer algum mal — Antoninho explicava.

— Ela nunca foi à cidade? — Estela achava aquilo esquisito.

— Foi sim. Uma vez, mas sua vida foi ameaçada pelos moradores e ela nunca mais voltou.

— E como ela sobrevive? — Estela não encerrava o assunto.

— Vive do mar e da bondade de Seu Teófilo que já não tem muito, mas sempre coloca o que lhe sobra num bote e manda para ela.

— Seu Teófilo ajuda a bruxa? — Estela se surpreendeu.

— Sim. Ele faz isso há muito tempo. Ele diz que a bruxa é uma vítima dos piratas, assim como ele.

— Vítima? — Estela não compreendeu aquela colocação.

— Isso mesmo, vítima. E eu concordo com ele — Antoninho respondeu.

— Como assim? Não estou entendendo mais nada — Estela franziu a testa.

Antoninho, que respondia todas as perguntas olhando para Iago no mar, parou por um instante e se virou para Estela, dizendo: — Eu conheci a bruxa.

Aquela revelação despertou um interesse tão grande em Estela, que ela levantou as sobrancelhas imediatamente e pediu como uma criança: — Você pode me contar?

Para Antoninho não era nada tormentoso relembrar aquela história. Afinal, parecia que sua vida circulava em torno de mistérios e aventuras que se mantinham escondidos a sete chaves.

— Foi há muito tempo — Antoninho tinha um semblante sereno.

Estela se acomodava melhor, enquanto esperava ansiosamente.

— Eu era uma criança travessa e curiosa que adorava qualquer assunto relacionado ao sobrenatural. E naquela época o povo da cidade já tinha medo da bruxa, mas eu não, eu queria conhecê-la.

— Conhecer a bruxa? Uma criança? — Estela adorava a história.

— Eu não tinha medo. Um dia me levantei bem cedo, peguei uma canoa e fui sozinho até a ilha ver se realmente era verdade que lá vivia uma bruxa.

— Por que tanta curiosidade? — Estela perguntou.

— Eu precisava saber se a mágica realmente existia — Antoninho explicou.

— E você encontrou a bruxa? — os olhos de Estela brilhavam como os de uma criança esperando o resto da história.

Antoninho continuou: — Eu encostei a canoa à margem da ilha e comecei a andar. Dei alguns passos para dentro da ilha. A cada passo que eu dava, ia ficando escuro, cada vez mais escuro.

— Você não ficou com medo? — Estela queria saber como uma criança tinha coragem para fazer tal proeza.

— Eu fiquei amedrontado, mas não o suficiente para acabar com a minha curiosidade em conhecer a bruxa.

Estela não fez mais perguntas e resolveu apenas ouvir, como se Antoninho fosse um contador de historinhas.

— Eu andei muito, passei por várias árvores e vi dezenas de galhos secos caídos no chão, mas tive força para ultrapassá-los. Depois escutei alguns barulhos esquisitos de bichos, mas não soube identificá-los. O meu coração começou a bater muito forte, pensei em ir embora, mas as minhas canelas ficaram tão fracas que não consegui voltar. Porém, quando uma folha caiu de uma árvore e bateu no meu braço, eu me assustei tanto que saí dali aos prantos. Eu corri tanto que não consegui ver qual direção eu estava tomando, até que...

Estela continuava em silêncio aguardando o desfecho da história.

— Até que trombei com a bruxa. Eu fiquei paralisado. Na linha dos meus olhos eu só via a escuridão do capão. Mas eu precisava ver o seu rosto e para isso enfrentei o medo e olhei para cima bem devagar. Mesmo assim, só consegui ver uma sombra. Um capuz gigante encobria sua cabeça.

— E o que você falou para ela nessa hora? — Estela estava empolgada com a narração da história.

— Nada, eu não conseguia falar nada — Antoninho lembrava.

— E ela? Falou alguma coisa? — Estela queria saber.

— Ela levantou a mão para me tocar. Eu pensei que ela fosse me matar — Antoninho riu muito nessa hora.

— E o que ela fez? — Estela era pura curiosidade.

— Ela tocou meu ombro com tanta ternura que as batidas do meu coração voltaram ao normal. Minhas pernas já não estavam mais moles e minha voz havia voltado.

— Não acredito! Uma bruxa boa — concluiu Estela.

— Isso mesmo! — Antoninho confirmou.

— Continua — Estela pediu.

— A bruxa me perguntou o que eu estava fazendo ali.

— E o que você respondeu? — Estela tentava desvendar cada detalhe daquela fabulosa história real.

— Eu falei que queria conhecê-la.

— E ela? Gostou disso? — Estela estava ressabiada quanto à reação da bruxa.

— Ahhh! Eu me lembro daquele dia como se fosse hoje. A voz da bruxa era muito confortante. Mesmo assim, ela disse: — Você deve ir embora daqui.

— Por quê? Eu queria tanto te conhecer. Não posso ficar um pouquinho mais?

— É muito perigoso você ficar aqui — a bruxa respondeu.

— Por quê? A senhora faz maldades com crianças? — eu perguntei.

— Não! — ela respondeu sorrindo, e explicou: — Se as pessoas da cidade descobrirem que você está aqui, com certeza tentarão me matar.

— Por que eles fariam isso? — eu ainda não conhecia o preconceito do povo de Coroinha.

— Assim como você pensou que eu poderia fazer maldades, eles também pensam — ela tentava me convencer a ir embora dali.

Eu fiquei quieto prestando atenção naquilo, mas meus pensamentos foram interrompidos quando ela falou: — Pronto! Agora que está tudo explicado, que você já me conheceu, está na hora de ir embora.

E sem me dar tempo para pedir mais nada, a bruxa me conduziu até a saída da ilha com seu braço esquerdo por cima dos meus ombros. Mesmo assim, ainda tive chance de lhe fazer uma pergunta: — Posso saber seu nome?

— Ela sorriu com suavidade e respondeu: — Pode sim. Eu me chamo Matilde.

E sem voltar atrás, ela continuou me guiando até a margem da ilha onde estava a minha canoa. Quando lá chegamos, eu não resisti e perguntei o que tanto queria saber: — Se a senhora não faz maldades, o que uma bruxa faz? Mágicas?

Foi nessa hora que Matilde se abaixou e tirou o capuz, me permitindo conhecer seu velho rosto. E, pacientemente, ela me revelou o seu segredo: — Eu transformo sonhos em realidade.

A minha primeira reação foi desconfiar daquilo. Parecia surreal, mas eu não podia ser tão descrente. Afinal, estava na frente de uma bruxa.

— Sonhos podem se tornar reais? — eu duvidei.

A bruxa percebeu o meu ceticismo e me explicou: — Cuidado! As palavras têm poder. E qualquer coisa que você peça pode se tornar realidade.

— Qualquer sonho? — eu começava a amar aquela possibilidade.

— Isso mesmo! Sem exceção — a bruxa confirmou, mas me alertou: — Por isso é muito importante ter cuidado com o que se deseja.

Eu fiquei preocupado com a recomendação de Matilde e me pus apenas a escutar.

— Tudo na vida traz conseqüências. E quando não sabemos fazer escolhas, o resultado pode ser desastroso.

— Como vou saber que fiz a escolha certa? — eu estava arrepiado naquela hora.

— Ninguém sabe o que é o certo ou errado, por isso é muito perigoso. Diante disso, o melhor é deixar a vida seguir seu curso normal e não tentar escrever um destino diferente do que Deus traçou para você.

— Mas e se eu quiser? — eu insistia porque no fundo não acreditava nela e queria testá-la.

— Você pode teimar em puxar da mão de Deus a folha de papel em que ele escreve o seu destino em linhas retas. A única diferença é que você percorrerá o mesmo caminho, só que por linhas tortas.

Naquela hora, eu não entendi o que ela quis dizer com aquilo, mas depois eu nunca mais esqueci a lição.

— Você pediu alguma coisa? — Estela ficou assustada com a sobriedade que Antoninho terminou de contar a sua experiência com a bruxa.

Com firmeza ele respondeu: — Você sabe muito bem o que eu pedi.

Ao ouvir a resposta de Antoninho, todo o clima de fantasia que cercava Estela foi por água abaixo. Ela já sabia onde ele queria chegar e reclamou: — Ah, não! Não acredito! De novo a história maluca de que aqueles malditos piratas foram trazidos por você? Não é possível que depois de tanto tempo você ainda continua com esses delírios.

— Pois você deveria acreditar em mim — Antoninho se enraiveceu.

— Ah, é? Como? Com histórias, fantasias, sonhos e devaneios? De concreto não há nada. Como posso acreditar em você? — Estela reclamou.

Antoninho olhou bem nos olhos de Estela e disse: — Eu tenho certeza de que a bruxa sabe o que aconteceu com Noah.

Mesmo irritada com a esperança do sogro, Estela tentava entender o seu raciocínio e lhe perguntou: — Por que você acha isso?

Antoninho não se fez de rogado e explicou seus motivos: — Na noite em que Noah morreu, eu vi a bruxa deixando alguma coisa na porta da minha casa. Você não teve chance de ver porque ainda estava internada no hospital com Iago que havia nascido prematuro naquela semana. Mas ela deixou um navio engarrafado com um bilhete escrito: — SALVE A VIDA DE SEU FILHO, MANTENHA ESSE NAVIO FORA DO MAR.

— Não acredito! Outra fantasia. Será que você nunca vai aceitar a verdade? — Estela se levantou da areia, chamou Iago e disse que já estava na hora de ir embora.

Antoninho respeitou a reação de Estela e continuou na praia enquanto ela e Iago entravam em casa. Com o assunto de volta à tona, ele olhou fixamente para a ilha. E não demorou muito para que visse um vulto passando por entre as árvores. Isso foi o suficiente para ele falar baixinho para si mesmo: — Ela ainda está lá. Um dia ainda conseguirei falar com ela, sem que fuja de mim.

Enquanto a manhã passava um pouco tensa na praia entre Antoninho e Estela, a tarde transcorria calmamente no Mercado de Pescadores. Poucos foram os pescadores que saíram de madrugada para pescar, mas os que pescaram trouxeram as redes abarrotadas de peixes.

O clima no Mercado era tranqüilo. A dificuldade econômica que os pescadores passavam não era o suficiente para lhes tirar a garra e a confiança de que o trabalho era o seu grande aliado na batalha da sobrevivência. A maioria deles eram humildes, mas havia diferenças, enquanto alguns puderam estudar, outros não tiveram a mesma sorte. Mesmo assim, o companheirismo e a união não faltavam a nenhum deles. Isso era evidente, principalmente em um dos piores momentos de seu trabalho: quando os fiscais da prefeitura apareciam para cobrar os impostos.

Esse era um dos momentos de maior angústia para os pescadores. O dinheiro ganho com tanta dificuldade e suor não era só deles, uma porcentagem devia ser repassada à prefeitura. O valor não era pequeno e correspondia a vinte por cento do total da venda do mês de cada pescador. O motivo para a cobrança era um só: manter o Mercado de Pescadores. Mas o montante arrecadado era exorbitante para o destino dado. Todos eles sabiam que o prefeito era corrupto, mas eles eram impotentes diante de sua soberania e nada podiam fazer.

Hoje era dia de cobrança. A cena começou, como sempre, no corredor cheio de pescadores e de clientes que davam espaço aos fiscais que se aproximavam. Eram somente três, mas já era o suficiente para afastar todos do corredor. Isso não acontecia por respeito e sim por desprezo, pois ninguém tolerava a arrogância daqueles homens, muito menos o que eles faziam ali todo mês. Mas o que os pescadores não imaginavam é que hoje seria diferente.

Com o corredor já livre para os fiscais, eles procuravam Carlão, que era o administrador do Mercado. Ele estava em sua barraca preparando o envelope com o imposto de cada pescador. Era com muita indignação que Carlão desenvolvia esse trabalho todo mês.

— Está aqui o imposto deste mês — Carlão entregou o envelope.

Os fiscais nada falaram, apenas contavam o dinheiro. E para isso ainda usavam o banco e o balcão da barraca de Carlão.

— Está tudo certo? — perguntou Carlão, enquanto um dos fiscais verificava o valor.

— Para este mês está — o fiscal respondeu sorrindo de canto de boca.

— Para este mês? O que você quis dizer com isso? — Carlão já estava enfezado.

— Quero dizer que o prefeito baixou um novo decreto. A partir do próximo mês, o imposto não será mais de vinte por cento sobre o valor das vendas e sim de vinte e cinco.

A notícia caiu como uma bomba sobre os pescadores que estavam por perto. E a balbúrdia tomou conta do Mercado. Todos gritavam e protestavam ao mesmo tempo. Mas teve um pescador que se sobressaiu: Miguel. Ele não se conteve e pegou um dos fiscais pela gola da blusa e falou que aquilo era um roubo e que ninguém pagaria por aquele aumento.

Miguel só pensava em desabafar e falar tudo o que lhe passava pela mente. O fiscal pedia para que Miguel o largasse, mas era em vão. A fúria do pescador era tão grande que o impedia de perceber que o pescoço do fiscal já estava muito vermelho. Quase sufocado, o fiscal não teve outra alternativa a não ser ordenar aos outros dois fiscais: — Prendam-no por desacato.

— O quê? — Miguel soltou o fiscal, mas preferiu ficar quieto. Sua raiva era grande demais e ele tentava evitar mais confusão, só que era tarde para isso. Os fiscais se preparavam para prendê-lo.

Os pescadores protestavam contra a prisão de Miguel, mas não adiantava, as algemas já tinham sido colocadas em seus pulsos.

— Isso é um absurdo! — reclamou Carlão. — Ele não está resistindo à prisão, não precisa das algemas.

Miguel pediu calma aos pescadores e acompanhou os fiscais. Carlão gritou ao amigo avisando que procuraria um advogado para ajudá-lo.

Um dos pescadores perguntou para Carlão: — Advogado? Com que dinheiro?

— Seu Antoninho é advogado e tenho certeza de que ele nos ajudará.

— Esse daí não é o pai daquele que morreu afogado? O Noah? — perguntou um pescador.

— É ele mesmo! É uma pessoa muito boa e sempre que preciso de qualquer coisa ele me ajuda ou pelo menos tenta — Carlão contou esperançoso.

— Deve ser de vergonha pelo o que o filho fez — criticou o pescador.

— Eu não posso falar nada sobre esse tal de Noah — gritou Carlão que continuou falando: — Eu não o conheci, mas o Miguel eu conheço muito bem, e ele está precisando de mim. Se você não quer ajudar, pelo menos não atrapalha.

— Eu hein? — reclamou o pescador. — Estou indo embora.

Carlão passou as duas mãos no rosto e levando-as para trás puxou os cabelos, como uma forma de tentar se acalmar. Respirou fundo e seguiu em busca de ajuda.

Em casa, Antoninho estava no escritório sentado na cadeira de sua escrivaninha com uma pequena chave entre os dedos. Ele a tocava como se fosse um diamante. Pensativo, olhou para a porta da lateral esquerda da sua escrivaninha e resolveu destrancá-la. A porta estava um pouco emperrada, já que há anos não era aberta. Dali de dentro ele retirou um navio engarrafado igual aos demais que estavam na prateleira. E com um semblante enigmático, olhava fixamente para o navio.

Mas ele não estava sozinho. Estela que esperava Iago sair do banho passou pelo corredor e viu o sogro sentado com o navio engarrafado sobre o colo. Mesmo não gostando do que via, ela parou para observá-lo. Estela não suportava a idéia de que Antoninho ainda depositasse naquele brinquedo a esperança de ter notícias de Noah. Tentando pôr um fim naquilo, ela entrou no escritório sem que sua presença fosse notada e comentou:
— Você prefere acreditar em um sonho ao aceitar a realidade, não é?

4

A decepção de Iago

Iago saiu do banho e ainda com a toalha amarrada na cintura procurava a mãe. Não a encontrou, mas ouviu vozes que vinham do escritório que estava com a porta entreaberta. Ele se aproximou sem imaginar que o avô e a mãe discutiam. Preocupado com o alto tom de voz, preferiu não entrar, mesmo assim conseguiu escutar Estela falar: — Por que você insiste em dizer que esse navio trará a verdade sobre Noah? É apenas um brinquedo colocado dentro de uma garrafa.

Estela não conseguia mais se conter diante dos devaneios de Antoninho e no ímpeto acabou jogando toda a verdade na cara dele, sem dó nem piedade.

— Aqueles piratas eram reais sim, mas não fizeram nenhum mal às pessoas desta cidade. Além do mais, eles já foram embora daqui há muito tempo.

As palavras de Estela pareciam um trator que passava por cima de Antoninho sem lhe dar chance de exprimir uma palavra sequer. E ela não parava por aí: — Além de você acreditar que Noah foi um herói, ainda quer que meu filho passe a vida inteira acreditando nessa mentira.

Iago, assustado com o que ouviu, resolveu se esconder atrás da porta e escutar toda a conversa.

— Ele não é, e nem nunca foi um herói. Além de ter me traído com outra mulher enquanto eu estava grávida de sete meses de Iago, Noah ainda foi capaz de roubar todas as economias do povo desta cidade.

Com lágrimas nos olhos Antoninho sussurrou: — Não foi ele, não foi ele. Eu conheço meu filho. E tenho certeza de que ele seria incapaz de fazer isso.

— E quanto à coroa de brilhantes? Hein? Ele teve coragem de roubar a coroa que minha mãe me deu para usar no dia do meu casamento com ele.

Antoninho choramingava como uma criança e Estela não aliviava e continuava a falar: — Tenha a certeza de que eu sofro como você, só que com os pés no chão.

Ao ouvir toda aquela história, Iago ficou transtornado e só pensou em sair dali. Mas, quando se afastou da porta, ele tropeçou em um aparador que estava no corredor e deixou um porta-retrato cair. Estela e Antoninho preocupados com o barulho saíram do escritório para saber o que havia acontecido. Era Iago se abaixando para pegar alguma coisa do chão e, quando se levantou, estava com o porta-retrato nas mãos. Era a foto do casamento de seus pais. E lá estava a prova do que a sua mãe acabara de falar: ao lado de seu pai na foto, Estela usava uma coroa de brilhantes na cabeça. Ansioso para sair dali, Iago recolocou o porta-retrato rapidamente no aparador e disse que iria para o quarto colocar uma roupa.

— Será que ele ouviu alguma coisa? — perguntou Estela para Antoninho, que tentava disfarçar as lágrimas.

— Acho que não, a porta não estava fechada? — perguntou Antoninho.

— Não sei! Não me lembro — Estela estava um pouco desnorteada.

— Fique calma. Ele não ouviu nada, senão já teria perguntado alguma coisa. Iago é muito curioso — comentou Antoninho dando um tapinha no ombro de Estela e voltando para o escritório.

Estela falou baixinho: — Deus lhe ouça. Essa não é a melhor maneira de se descobrir que o pai não prestava.

Iago, sabendo de toda a história, entrou no quarto desorientado. Agora já entendia os olhares dos pescadores no Mercado. Sem saber o que fazer, sentou-se na cama ainda com a toalha amarrada na cintura. Parecia não acreditar no que acabara de ouvir. O seu mundo de amor e idolatria começava a perder o sentido. Isso era a única coisa que havia sobrado do pai. E agora? Transformaram o seu herói em bandido.

Um misto de sentimentos se confundia no coração de Iago. Por alguns segundos ele se sentiu triste, mas logo em seguida a ira veio com tamanha intensidade que só havia um modo de controlá-la. Iago tinha um boneco de pano que ele chamava de "piratinha". Ele o pendurava no lustre de seu quarto e com uma espada de plástico lutava incansavelmente com seu adversário desengonçado. Iago fazia aquilo há anos. Era sobre aquele pirata de pano que ele descarregava todas as suas dores.

E era o que Iago fazia naquela hora em que Estela tentava descobrir se ele havia ou não escutado a história. Mas ela não podia fazer isso sozinha, pois, se Iago tivesse descoberto a verdade, ela não conseguiria explicar tudo. Estela precisava da ajuda de Antoninho e, por isso foi até o escritório à procura dele. Mas, nesse momento, alguém começou a tocar a campainha várias vezes.

Diante daquele toque insistente, Antoninho ficou preocupado e não esperou que Dona Joana atendesse à porta. Ele guardou o navio no mesmo lugar e saiu dali. Mas, ao bater a porta da escrivaninha rapidamente, ele se esqueceu de trancá-la, e ela acabou voltando e ficando entreaberta.

— Quem é? — perguntou Antoninho antes mesmo de chegar à porta.

— Sou eu! Carlão! O pescador — ele respondeu muito alto.

— O que está acontecendo? — Antoninho queria saber, enquanto ainda abria a porta.

Carlão, ofegante, contou sobre a confusão com os fiscais no Mercado e pediu ajuda para tirar Miguel da cadeia.

— Vá indo na frente e acalme seu amigo. Vou me trocar e chego em seguida — mandou Antoninho.

Carlão obedeceu e saiu dali correndo para a delegacia.

Vendo todo o tumulto, Estela percebeu que Antoninho não poderia ajudá-la naquela hora e resolveu falar com Iago sozinha.

— Oi, meu amor! — falou Estela baixinho, entrando no quarto.

— Oi! — Iago foi breve em sua resposta.

— Eu não sabia que você tinha trazido esse boneco — Estela comentou, olhando para o piratinha pendurado no lustre.

— Eu gosto de lutar — Iago tentava disfarçar.

— Está tudo bem com você? — perguntou Estela desconfiada.

— Tudo bem. Só estou um pouco cansado. Acho que já lutei muito por hoje. Vou dormir um pouquinho — Iago respondeu calmamente indo para a cama.

Estela ficou aliviada ao ver a tranqüilidade de Iago e, sem fazer mais perguntas, saiu do quarto fechando a porta bem devagar.

O que ela não sabia é que Iago estava atônito com a descoberta. A palavra traidor não saía de sua cabeça. Ele se virava de um lado para o outro na cama, não conseguia ficar quieto. Por mais que tentasse não encontrava uma posição confortável. E, bem da verdade, ele sabia que não encontraria. O seu problema não era físico e sim emocional. Iago levantou-se da cama e foi em direção à porta do quarto. Ele a abriu bem devagar, olhou para os lados e, não vendo ninguém, fechou a porta e foi para o escritório.

Lá, ele parou em frente às prateleiras e ficou observando os navios engarrafados. Iago tentava descobrir qual deles estava nas mãos do avô durante a conversa com sua mãe. Eram muitos navios e todos pareciam iguais. Ele tentava observar as minúcias de cada um deles e se aproximou das prateleiras que ficavam atrás da escrivaninha. Foi nessa hora que Iago bateu o joelho na porta da escrivaninha deixada entreaberta pelo avô e se machucou.

Quando ele se abaixou para soprar o joelho viu pela fresta um navio engarrafado. Os seus olhos brilharam. Ele já tinha certeza de que aquele era o navio certo. Iago se levantou e foi até a porta do escritório. De lá, olhou para o corredor e, vendo que não havia ninguém por perto, fechou a porta bem devagar para não fazer barulho e voltou para a escrivaninha.

Com muito cuidado, Iago pegou o pequeno navio engarrafado em suas mãos e falou baixinho: — Era esse o navio que estava com meu avô! Mas o que ele tem de diferente? — Iago tentava descobrir.

Ele analisava cada detalhe daquele brinquedo, mas não viu nada de diferente dos que estavam na prateleira. Aquilo era muito intrigante. Mas Iago não desistia fácil de seus desafios. Ele não sossegaria até desvendar o que havia de especial naquele navio. E de tanto remexê-lo, não demorou muito para encontrar uma sutil diferença.

— Ué? — estranhou Iago que falou baixinho: — Essa garrafa tem uma abertura na parte de trás.

Ele havia decifrado o segredo. O navio não havia sido construído dentro da garrafa como os outros, e sim colocado ali já pronto.

Olhando para a garrafa, a primeira coisa que passou na mente de Iago foi abri-la. Só assim ele poderia ver de perto aquele navio. Com dificuldade, começou a tentar desatarraxar a parte de trás da garrafa. Mas estava muito dura, parecia que não era aberta há anos. Estava cheia de areia, o que dificultava o trabalho. Mas após alguns minutos e com a mão já suada e deslizando pela garrafa, Iago conseguiu abri-la. A primeira reação foi de entusiasmo, mas em seguida veio o susto ao sentir um vento frio que saía de dentro da garrafa.

— O que é isso? — Iago ficou perplexo.

— Acho que estou ficando doido — falou sozinho.

Passado o susto de sentir o vento frio em suas mãos, Iago tirou o navio de dentro da garrafa e com cuidado o colocou no chão. Depois do trabalho pronto, atarraxou novamente a garrafa e a devolveu vazia para dentro da escrivaninha. Ele sabia que estava fazendo coisa errada, mas aquele novo brinquedo misterioso era capaz de fazê-lo esquecer por um instante o que havia escutado sobre o pai. E, sorrateiramente, saiu dali levando o navio com ele.

Estela, que tinha se acalmado, foi para o banho sem imaginar que seu filho já não estava mais na cama e sim caminhando em direção à praia. E Antoninho, que tinha pressa em se encontrar com Carlão, também não percebeu a saída do neto.

Enquanto isso, na delegacia, Carlão acabava de chegar e tentava falar com Miguel. Mas os policiais encrenqueiros o impediam, alegando que ele não era advogado. Só que a insistência do pescador era tão grande que acabou conseguindo, mas foi advertido: — Seja breve, porque isto aqui é uma delegacia e não um hotel.

Carlão agradecido foi levado por um policial até um corredor imundo onde havia quatro celas dispostas lado a lado. Miguel, desconsolado, estava na última delas sentado em um colchão imundo. Mas, ao ver o amigo chegando, sua feição se transformou. Ele estava aliviado.

— Carlão! Que bom te ver aqui! — Miguel estendeu a mão por entre as grades.

— Desculpa a demora. Mas não precisa se preocupar, antes de vir para cá eu já chamei um advogado para te tirar daqui — Carlão tentava tranqüilizar Miguel.

— Advogado? Mas como? Nós não temos dinheiro para isso — Miguel ficou preocupado.

— Calma! Eu chamei um advogado que sempre ajuda os pescadores necessitados sem pedir nada em troca — Carlão explicou.

— Quem é esse advogado? — Miguel parecia não acreditar em tamanha bondade.

— É o Seu Antoninho — respondeu Carlão calmamente.

— Quem??? — Miguel gritou.

— Que é isso, cara? Está chamando a atenção dos policiais! — alertou Carlão.

Miguel ficou nervoso e mandou que o amigo não chamasse o advogado.

— Nem pensar! Esse é o único jeito de você sair daqui — respondeu Carlão.

Miguel passou seu braço por entre as grades da cela, puxou Carlão pela camiseta e disse: — Eu não quero o Seu Antoninho aqui.

Carlão ficou espantado com a reação de Miguel e perguntou o que estava acontecendo. Como ele poderia ter uma reação tão negativa diante de uma ajuda indispensável.

Miguel, ainda segurando o amigo pela camiseta, o trouxe para mais perto da cela e lhe pediu olhando para os lados: — Apesar dessa não ser a melhor maneira, nem o melhor momento, eu preciso lhe contar algo.

— Do quê você está falando? — Carlão não entendia nada.

— Eu preciso que você me prometa que seja o que for que eu te fale agora não contará nada para ninguém e confiará em mim. Se você não fizer isso, eu estou perdido — Miguel implorou.

— Tudo bem! É melhor contar logo. Eu nunca te vi tão apavorado — Carlão falou sem conseguir parar de suar frio.

Miguel olhou bem nos olhos de Carlão, deu uma pausa, puxou um pouco de ar e revelou bem baixinho e devagar: — Eu sou o Noah.

O olhar assustado de Carlão se paralisou por um momento. Ele emudeceu. As palavras demoraram a vir. Mas, após alguns segundos, perguntou: — O quê? Acho que não entendi muito bem.

Miguel também transpirava muito. O suor escorria pelo rosto. Mas ele continuava explicando baixinho para Carlão: — Meu nome é Noah, e o advogado aí fora é meu pai, e ele pensa que eu estou morto. Entendeu agora? — Miguel estava muito nervoso.

Carlão emudeceu mais uma vez, mas continuava tentando compreender o que o amigo lhe contava.

— Você é filho do Seu Antoninho? — Carlão estava chocado.

— Isso mesmo. E ele não pode saber que estou aqui. Antes eu preciso provar a todos da cidade que eu não sou culpado por tudo o que aconteceu há dez anos.

— Você é um ladrão! — Carlão tentava insultar Noah.

— Eu não sou ladrão, muito menos traidor e vou provar tudo isso. Mas preciso da sua ajuda — Noah imprensava Carlão: — Você tem que me falar agora se está ou não do meu lado.

Um policial percebeu que algo de esquisito acontecia entre os dois e resolveu se aproximar da cela para checar a situação.

— Vamos! Fala rápido! Decida-se — Noah falou largando a camiseta de Carlão para que o policial não percebesse o clima de tensão entre os dois.

— O tempo da visita já acabou — avisou o policial.

— Eu já estou saindo. Preciso só de mais um minutinho — Carlão pediu com tanta humildade, que conseguiu.

Carlão esperou o policial se afastar da cela e falou ressabiado: — Eu não sei se acredito ou não em você.

— Por quê? Nos conhecemos há tanto tempo! — Noah implorava uma chance.

— Exatamente por isso. Por que nunca me contou a verdade? Eu poderia ter lhe ajudado antes — Carlão reclamou.

Um misto de ressentimento e desconfiança estampado no rosto de Carlão fez com que Noah tentasse resumir rapidamente a história. Ele contou que, durante uma luta com um pirata, acabou caindo de um penhasco no mar ficando desmemoriado. A partir daí, ficou perdido e sem saber o que fazer. Além do mais, estava muito machucado e não tinha dinheiro para nada. E foi somente quando se sentiu mais forte fisicamente e emocionalmente que resolveu voltar à Coroinha, após cinco anos, para desvendar tudo o que havia acontecido naquela época. O problema é que ele não tinha nenhuma prova da verdade. Por isso não tinha se revelado até agora. Ele temia a reação dos pescadores. Com certeza, eles não o perdoariam.

— Por favor, me ajuda a resgatar a vida que aqueles malditos piratas me roubaram! — Noah implorou.

Após alguns tenebrosos segundos de silêncio, Carlão respondeu: — Tudo bem! Eu vou te ajudar.

Mas já era tarde demais, do fundo do corredor um policial se aproximava falando em tom de deboche: — Miguel você é sortudo, hein?

— Por quê? — Miguel tentava entender o motivo do deboche.

— Seu advogado já está aqui — respondeu o policial.

Noah e Carlão se entreolharam.

— Eu vou até lá conversar com Seu Antoninho — disse Carlão correndo para evitar o pior.

Enquanto isso, Noah ficou na cela com medo de não conseguir evitar o reencontro com seu velho pai. Ele temia que, se Antoninho o visse ali, poderia odiá-lo por pensar que além de ladrão, ainda estava vivo durante todo esse tempo, sem lhe dar uma notícia sequer.

Mas o odiando por ele ser ladrão estava Iago, que caminhava à beira-mar em direção ao litoral direito da praia. Com o pequeno navio na mão, tentava entender por que o avô havia dito à sua mãe que aquele artefato poderia trazer a verdade sobre seu pai. Por mais que Iago revirasse o navio, não encontrava nada de diferente nele, nada que pudesse justificar o destino de Noah. Ele já começava a pensar como Estela: o avô devia estar delirando ao tentar se enganar sobre a verdadeira história de seu pai.

Iago já estava certo de que aquele navio não guardava nenhum segredo e desconsolado o colocou na beira do mar e ficou observando as ondas arrebentarem nele. Aquela contemplação conseguia acalmá-lo. Mas sua atenção foi desviada quando escutou uma voz dizendo: — Oi!

Iago, que estava com a atenção presa no navio, levou um susto e olhou para trás.

— Oi! Você se assustou comigo? — Betina riu.

— É! Eu estava distraído — Iago respondeu.

— Você estava muito concentrado com seu barquinho, né?

— Não é barquinho, é navio! Ah! Meninas! — debochou Iago.

— Machista! — Betina respondeu na mesma hora.

— O que é machista? — perguntou Iago.

— Eu não sei! Só sei que é o que toda mulher fala quando fica com raiva de um homem — respondeu Betina, irada.

Rindo, Iago perguntou: — Você é sempre enfezadinha assim?

— Não! Só com garotos chatos — respondeu Betina, colocando as mãos na cintura.

— Você fica bonitinha irritada!

Betina ficou vermelha de vergonha.

— É tão bonitinha que se quiser eu até deixo você namorar comigo — Iago prestava atenção no jeito dela.

— E quem disse que eu quero namorar você? — Betina colocou de novo as mãos na cintura.

— Então está bem. Nós não vamos namorar — Iago lhe deu as costas.

Betina se arrependeu. Mas não deu o braço a torcer.

— Meu Deus! — Iago levou as mãos à cabeça.

— O que foi? — Betina perguntou, assustada.

— O navio! O navio está sendo levado pelas ondas — Iago se desesperou.

— Não precisa ficar assim. É só um brinquedo — ela estranhou a reação de Iago.

— Mas não é meu, é do meu avô. E eu acho que é muito importante para ele. Se ele descobrir que eu o perdi vai brigar comigo. Eu preciso tentar pegá-lo.

— Não faça isso. Você é pequeno e o navio já está longe — Betina ponderava. Mas era em vão. Iago já estava no mar.

Betina ficou preocupada diante do perigo e correu para sua casa, que ficava na areia da praia, e chamou o avô.

— Vovô! Vovô! — Betina entrou em casa gritando.

— Que gritaria é essa? — perguntou Teófilo.

— Vovô! É aquele menino! Ele entrou no mar — Betina apontou pela janela.

O nervosismo de Betina tinha razão de ser, Iago já estava se afogando.

A cena era aterrorizante. Ondas enormes passavam por cima de Iago que não tinha força nem tamanho para lutar contra o mar.

Seu Teófilo, apesar de velho, não pensou duas vezes em salvar a vida daquele menino desconhecido. Saiu de casa correndo e, arrancando sua camiseta, entrou no mar, mas Iago já estava desacordado.

O resgate não demorou muito, Iago estava próximo da margem da praia. O problema era que tinha engolido muita água. Mas nada que Seu Teófilo não pudesse ajudar. Afinal, ele já tinha salvado muita gente de afogamentos como aquele. E com uma respiração boca a boca e uma massagem no peito, Seu Teófilo tentava trazer Iago de volta.

A tensão e a expectativa de Betina eram muito fortes. Mas esses sentimentos não se prolongaram por muito tempo, só até Iago voltar a si e começar a tossir e cuspir toda a água que havia entrado em seus pulmões. O seu estado não era bom, mas não o impediu de levar uma bronca de Seu Teófilo.

— Ô menino! Você está doido? Entrar desse jeito no mar?

— Eu só queria pegar meu navio — respondeu Iago sem graça.

— E para isso quase morreu, não é? — Seu Teófilo continuava a lhe dar bronca.

Iago achou melhor ficar calado, afinal ele estava com a razão.

— Você vai para a minha casa tomar um copo de leite quente para não pegar um resfriado — Teófilo levantou Iago.

Betina caminhou na frente para abrir a porta de casa. Lá dentro, Iago ainda estava um pouco sem graça por ter causado tamanho transtorno. Mesmo assim, sentou-se à mesa ao lado de Betina, enquanto Seu Teófilo preparava o leite.

Iago olhava para todos os cantos da casa. Ele observava cada detalhe. Era a primeira vez que entrava em um casebre de pescador. Era no mínimo curioso. Mas não era só Iago que estava atento ali. Seu Teófilo também o examinava minuciosamente. Nunca havia visto aquele menino em Coroinha.

— Eu nunca te vi por aqui — Seu Teófilo comentou, colocando o copo de leite quente na mesa.

Iago, que já sabia a verdade sobre o pai, preferiu ficar calado. Ele não sabia qual seria a reação de Seu Teófilo. Apenas disse que morava por perto.

— Mas é preciso avisar seus pais. Eles devem estar preocupados com você — Betina se intrometeu.

— Não precisa. Eu vou tomar o leite e voltar para casa — Iago não dava muita conversa.

— Tudo bem! — Seu Teófilo respeitava momentaneamente o desejo de Iago. Ele percebeu que o menino estava assustado e preferiu confortá-lo: — Tire essa camisa e o calção para eu secá-los, senão você vai acabar ficando doente.

Iago ficou sem graça. E Seu Teófilo sabia o porquê ele não queria ficar nu na frente de desconhecidos.

— Eu vou pegar um camisão pra você usar, enquanto sua roupa seca — Seu Teófilo saiu dali.

Mas Iago continuava paralisado. Betina logo percebeu que ela era o motivo de sua timidez e saiu da sala para não vê-lo trocar de roupa.

O recato daquela criança de apenas dez anos divertia Seu Teófilo. Mas a distração não durou muito tempo, só até Iago tirar a camiseta. Ele reconheceu uma marca de nascença em Iago. Era idêntica à de Noah. E ainda por cima ficava no mesmo lugar: do lado direito da cintura.

Não havia mais como Iago esconder sua identidade, Seu Teófilo já sabia que estava frente a frente com o filho do pescador mais odiado de Coroinha.

Mas Seu Teófilo respeitou a vontade de Iago e não demonstrou que já sabia de quem ele era filho. Além do mais, ele não tinha raiva de Noah, pois assim como Antoninho sabia que havia algo de estranho naquela história. O passado voltava à sua mente por um instante.

Enquanto Seu Teófilo divagava mentalmente sobre o passado, Iago se deu conta de que já estava há muito tempo fora de casa e disse: — Preciso ir embora.

— Calminha, menino! Você ainda está fraco e suas roupas estão molhadas. É melhor esperar um pouco mais — Teófilo aconselhou.

— Minha mãe deve estar preocupada — Iago retrucou.

— Você é filho de Estela, não é? — Teófilo perguntou.

— Como o senhor sabe? — Iago ficou ressabiado.

— Isso não tem importância agora.

Iago preferiu se calar.

— Posso mandar Betina avisar seu avô de que você está aqui? — Seu Teófilo tentava resolver o problema.

— Meu avô não está em casa. Ele estava se arrumando para sair antes de eu vir para a praia.

E realmente Iago estava certo, Antoninho estava na delegacia tentando resolver o problema da prisão de Miguel em uma conversa com o delegado.

Enquanto isso, Carlão, que escutou com atenção o resumo da história da vida de Noah, sabia que deveria impedir o reencontro com Antoninho. Ele tinha que agir rápido, por isso saiu de perto da cela rapidamente e entrou correndo na sala do delegado, mas era tarde demais.

— Tudo pronto! O caso está resolvido — disse o delegado.

— Resolvido?!?!?! — Carlão se assustou.

— Não era isso que queríamos? — Antoninho sorriu desentendido.

— É. É isso mesmo! — Carlão estava gago, mas ainda assim conseguiu falar: — Já que está tudo resolvido, podemor ir embora!

— Calma, rapaz! Eu faço questão de conhecer seu amigo, Miguel — falou Antoninho.

— Essa não é uma boa hora — Carlão sorriu sem graça. — Ele está sujo e fedido. Passou praticamente o dia inteiro preso em uma cela imunda.

— De jeito nenhum! Eu quero conhecê-lo agora e não abro mão disso — Antoninho estava determinado.

Carlão, percebendo que ele estava irredutível, pensou em algo que lhe pudesse dar tempo e disse: — Eu trago o Miguel até aqui.

Durante o caminho até a cela em que Noah estava preso, Carlão se sentia impotente diante da situação e já não tinha mais esperança de conseguir evitar o reencontro entre os dois. Mesmo assim, enquanto acompanhava o policial, tentava pensar em algum plano, mas nada vinha à sua mente, apenas a certeza de que tinha fracassado na missão de ajudar o amigo.

Quando Carlão encontrou Noah ainda atrás das grades, contou-lhe a desagradável notícia: — Desculpa! Eu não consegui fazê-lo ir embora, ele quer te conhecer de qualquer jeito.

— Como que é? — o policial criticou: — O bonitão quer continuar preso?

— Não! — falou Miguel tentando pegar fôlego para o inevitável reencontro.

Após alguns segundos de silêncio, Carlão e Miguel não tinham mais nada a fazer, a não ser acompanhar o policial até a sala do delegado, onde Antoninho esperava ansioso o encontro com o pescador que havia ajudado.

Enquanto ainda seguiam pelo corredor sujo que ficava na frente das celas, eles escutaram a voz de Estela. O tom dela era de desespero: — Antoninho! Antoninho! Preciso da sua ajuda agora! O Iago sumiu de casa!

— Calma, Estela! Ele deve estar na praia — Antoninho tentava acalmar a nora.

Mas era em vão, aos prantos ela contava que já tinha andado por toda a praia e não havia visto nenhum sinal dele.

Noah escutou a conversa e ficou aliviado por seu pai abandonar a delegacia para ajudar Estela, mas por outro lado ficou preocupado com o sumiço de Iago, seu filho. Diante desta situação, ele não pensou duas vezes em pedir para Carlão ir até o Mercado dos Pescadores e avisar a todos que ele estava solto e bem. Enquanto isso, iria até a praia tentar encontrar Iago.

A correria nessa hora era muito grande e a distância entre a delegacia e a praia parecia ter dobrado. Mas finalmente Noah chegou à praia. Ele viu que Estela e Antoninho seguiam juntos para o lado esquerdo, então resolveu ir para a direita, assim eles teriam mais chances de encontrar Iago.

Mas essa idéia não foi privilégio de Noah. No meio do caminho Estela percebeu a besteira que estavam fazendo e resolveu dividir esforços com Antoninho e disse que iria para o outro lado da praia.

Noah a essa altura já estava longe, quase na frente da casa de Seu Teófilo. Mas não havia encontrado Iago. Ele resolveu parar um pouco e raciocinar. E, olhando para a ilha da bruxa, pensou: — Será que Iago teve coragem de ir até lá?

Estela, que havia se separado de Antoninho, já caminhava para o lado direito da praia. Ela andava muito rápido e apressava o passo o máximo que podia. Mas, de repente, algo a fez diminuir a velocidade. Foi quando ela se aproximou de Noah por trás. Aquele homem, mesmo de costas, não lhe era estranho. E aos poucos ela começou a reconhecer o seu formato, a sua largura e a sua estatura. Era o desenho de um corpo familiar para ela. Estela ficou estática.

"Não! Não pode ser", ela pensava.

Mas enquanto Noah pensava sobre a possibilidade de Iago ter ido para a ilha, fez um movimento familiar: passou levemente a mão na nunca, e segurou fortemente o cabelo ligeiramente grande.

Estela, tremendo, levou as mãos à boca e seus olhos se encheram de lágrimas. Continuava sem acreditar no que via e preferiu observar um pouco mais cada detalhe daquele homem. Ela descia o olhar pelo corpo dele e realmente não poderia ser outra pessoa. Os pés abertos, os dedos desalinhados, as pernas um pouco emborcadas, costas largas e a cabeça acompanhando proporcionalmente o tamanho do corpo. O cabelo estava diferente; grisalho, um pouco abaixo da orelha e livre para balançar com o vento. Mas isso não era o suficiente para lhe tirar a certeza de quem era aquele homem. E, com os olhos marejados, disse baixinho: — Noah.

Apesar de Estela não ter falado alto, Noah conseguiu ouvi-la. E reconheceu imediatamente a suavidade do tom da sua voz. Ele temeu o reencontro e relutou em olhar para trás. Mas o medo não foi suficiente para conter o desejo que Noah sufocava por anos de rever seu grande amor. E lentamente ele se virou e olhou direto nos olhos dela.

O susto de Estela foi indescritível, pois se ela não conhecesse bem cada detalhe do corpo de Noah, assim como sua mania de passar a mão na nuca quando estava preocupado com alguma coisa, não seria capaz de reconhecê-lo. As marcas do tempo haviam modificado o seu rosto, assim como uma barba cerrada nunca antes usada por ele. E para compor o novo visual, ainda havia uma cicatriz na bochecha esquerda que ela não conhecia e o cabelo caído sobre os olhos. Era como se ele quisesse ficar escondido por trás de uma máscara.

— Não! Não! — Estela falou com os olhos marejados. E sem força emocional suficiente para enfrentar aquele reencontro, virou as costas para dali sair correndo. Mas Noah não a deixou ir e a segurou pelo braço. Nem foi preciso que Noah colocasse força no braço, Estela parecia não querer sair dali. A dúvida em seu coração era imensa. Ao mesmo tempo em que queria ir embora, também desejava ficar ali. Ela não se compreendia. A raiva não era suficiente para se desvencilhar dos braços fortes de seu amor.

Ele sabia que ela o odiava, mas não podia deixar aquele momento passar sem nenhuma explicação. Se isso acontecesse, ele tinha certeza de que nunca mais teria uma outra oportunidade, apesar daquela não ser a melhor.

Estela começou a gritar como se no mundo só houvesse os dois: — Você está vivo! Vivooo! — ela gritava e não parava de falar: — Por que não contou para ninguém? Por que nunca apareceu para ninguém? — era uma pergunta atrás da outra. Ela não dava tempo para que ele respondesse.

Noah pedia para ela se acalmar, que ele explicaria tudo.

— Não! Isso não tem explicação — ela chorava.

— Eu voltei para esclarecer todo aquele mal-entendido.

— Mal-entendido? Traição agora mudou de nome?

Noah abaixou a cabeça e desistiu de tentar explicar qualquer coisa, Estela estava muito nervosa para escutar o que quer que fosse.

Ela parou de chorar por alguns segundos e pensou com uma feição estranha. Em seguida olhou para Noah e perguntou: — Você voltou para levar Iago?

— Não! Eu nunca faria isso com você — Noah tentava mostrar à Estela que aquilo era um absurdo.

— Era você! Era você que estava ontem observando meu filho no mar. — Estela berrou tanto que Iago, que estava na casa de Seu Teófilo ali perto, escutou sua voz.

— É a voz da minha mãe. Ela deve estar me procurando — Iago agradeceu Betina e Seu Teófilo, mas tratou de colocar rapidamente a roupa seca e sair dali correndo atrás de Estela.

Ele tinha razão. Era sua mãe e Noah conversando na praia. Mas, para Iago, era Miguel o pescador.

— Oi! — Iago chegou ressabiado com medo de levar uma bronca da mãe.

— Olá — respondeu Noah.

— Você conhece o Miguel? — Iago perguntou para Estela.

— Miguel? — ela não entendeu.

— Foi ele que me deu o pingente, mãe! — Iago contou.

— Ah! Foi ele! — Estela se preocupou ao saber que os dois já tinham se encontrado.

— Eu fui apresentado a ele ontem lá no Mercado — Noah passou a mão na cabeça de Iago.

— Eu não sabia que vocês se conheciam — Iago comentou.

— Nós nos conhecemos sim — Estela respondeu enxugando as lágrimas.

— Você está chorando mamãe! Por quê? — Iago queria saber.

Estela tentou disfarçar e respondeu: — Por sua causa que some sem avisar.

Iago abaixou a cabeça e pediu desculpas. Ele sabia que estava errado.

— É melhor voltarmos para casa — Estela brigava com o filho.

Iago percebeu que ela estava tremendo, mas preferiu não falar mais nada, afinal estava muito nervosa com a sua peraltice.

— Estela! — Era Antoninho se aproximando.

— Meu Deus! — sussurrou Noah.

— Vamos embora! — Estela também queria evitar o reencontro de Noah com Antoninho.

Enquanto se virava para ir em direção ao sogro, Estela falou baixinho para Noah: — Fique com seu tesouro e sua amante. Não se aproxime da minha família. Nunca mais! — e saiu dali sem dizer mais uma palavra.

— Menino levado! — Antoninho brigou com Iago. — Como você some desse jeito?

— Já está tudo bem! — Estela tentou disfarçar e inventou: — Ele estava brincando e acabou se afastando sem perceber.

Mas Antoninho ficou curioso com o homem que conversava com Estela e perguntou: — Quem é aquele homem?

Era um pescador que estava me ajudando a procurar Iago.

— Antoninho, que estava muito cansado com os acontecimentos do dia, não fez mais comentários. Apenas pegou Iago no colo e falou: — Chega de travessura por hoje! Vamos para casa, que já está tarde demais.

Noah ficou parado apenas observando sua família se afastar dele. Era desconsolador, mas ele não tinha nada a fazer, pelo menos por enquanto, a não ser sentar na areia da praia e se lamentar na companhia do pôr-do-sol.

Era o aviso de que mais um dia se acabava e de que mais uma noite se iniciava, apesar de um pouco diferente. Ela vinha acompanhada com um frio inesperado. Antoninho não entendia aquela reviravolta do tempo, já que era verão. Mas de qualquer forma resolveu pegar alguns cobertores guardados na parte superior do armário de roupas de cama.

A tranqüilidade do sono só chegava para Antoninho que não sabia da volta de Noah. No quarto, Estela não conseguia segurar as lágrimas nem pregar os olhos por um segundo sequer, seu amor não saía de sua mente. Diferente não ocorria na pensão de Dona Milinha, onde a noite também passava em claro para Noah, que não parava de pensar em Estela. Para Carlão, o sono não era seu aliado, afinal estava ao lado do homem mais odiado da cidade, sem ter certeza de que o que ele havia lhe contado era realmente verdade. Mas a pior parte ficava para Iago que, além de ter descoberto a verdade sobre o pai, ainda tinha perdido o importante navio do avô. Ele sabia que com certeza amanheceria, e não demoraria muito para o avô descobrir o sumiço do navio. Isso era o suficiente para lhe tirar o sono e trazer a insônia como presente.

5

O retorno do galeão

A madrugada passou como um sopro. Na casa de Antoninho, a insônia de Iago não foi capaz de lhe tirar o apetite. Logo pela manhã, correu faminto para a copa e não viu ninguém, apenas Dona Joana estava de pé esperando todos se levantarem. Sem agüentar esperar por ninguém, Iago subiu as escadas correndo em direção ao quarto do avô e deu uma batidinha na porta.

— Quem é? — perguntou Antoninho ainda sonolento.

— Sou eu vovô! Iago.

— Pode entrar.

— O que aconteceu? Já é tarde e o senhor ainda não se levantou. Eu estou morto de fome — Iago reclamou.

Antoninho caiu na gargalhada e perguntou: — Você está preocupado comigo ou com o seu estômago.

— Com os dois — respondeu Iago com um sorrisinho sem graça.

— Tudo bem! Vamos logo tomar esse café-da-manhã — falou Antoninho, levantando-se da cama.

Mas antes de descerem, Antoninho mandou Iago lavar o rosto e chamar Estela para que o café não esfriasse. Iago obedeceu o avô e entrou bem devagar no quarto da mãe, mas percebeu que ela não dormia, estava apenas deitada.

— Você está acordada? — Iago perguntou baixinho para não assustá-la.

— Pode entrar, filho. Estou acordada — Estela estendeu a mão para o filho.

— Que bom! — Iago deu um pulo na cama.

— Ai! — Estela reclamou baixinho. — Não pula assim, estou morrendo de dor de cabeça.

— Dor de cabeça, mãe? Por quê?

Estela lhe deu uma fulminada com os olhos, que não demorou muito para ele se lembrar do seu sumiço no dia anterior. Mas Iago não sabia que ele não era o único motivo da dor de cabeça da mãe, mesmo assim preferiu ficar quietinho.

Estela recostou-se na cama e olhou para Iago perguntando as horas.

— São oito horas, mãe, e eu estou com muita fome — ele colocava a mão no estômago.

Sorrindo, ela pediu para ele descer, que ela iria em seguida.

— Tudo bem! — Iago deu um pulo da cama.

— Ai! Minha cabeça — Estela reclamou.

— Desculpa. Esqueci — Iago ficou sem graça e saiu logo dali.

Ele já tinha cumprido sua missão: levantado todos da cama. Agora só faltava correr para a copa. A mesa do café-da-manhã trazia a sensação de se estar em uma fazenda. Na sua extensão não havia um espaço sequer que ficasse sem uma guloseima, um quitute, uma fruta, um pão fresquinho ou uma rosquinha bem gordinha.

Quando Iago desceu, o avô não estava sentado à mesa do café e sim de pé em frente à janela da sala olhando para a praia.

— O que foi, vovô?

— Nada de mais! Só estou achando o tempo muito esquisito.

— Esquisito por quê? — Iago não entendeu o avô.

— Estamos em pleno verão e o céu parece anunciar que um temporal está vindo por aí — Antoninho explicou.

— E isso não é normal? — perguntou Iago.

— Deve ser! Eu que estou virando um velho ranzinza — Antoninho riu.

Estela desceu tentando disfarçar a noite maldormida e sentou-se à mesa chamando os dois para virem também.

— Finalmente! — resmungou Iago.

A fome dele era tão grande que não precisou Estela chamar duas vezes para chegar rapidamente à copa. Os seus olhos percorriam aquela mesa colorida, sem saber o que comer primeiro. E quando finalmente escolheu o primeiro pedaço de bolo, Iago levou um susto com o barulho ensurdecedor de um trovão. Foi tão forte que pareceu tremer a mesa.

— O que foi isso? — Estela ficou muito espantada e completou o pensamento: — Eu nunca ouvi um trovão tão alto.

Tentando trazer a tranqüilidade de volta, Antoninho disse que aquilo era apenas um aviso de uma tormenta que estava por vir. Assim, resolveram prosseguir com o café. Mas os fenômenos da natureza resolveram não dar descanso naquela manhã. O forte trovão foi seguido por outros mais baixos que ele, mas não menos assustadores. Os raios faziam uma verdadeira festa no céu, como se fossem luzes iluminando uma pista de dança. E em seguida uma ventania chegou com tanta força, mas com tanta força, que fez as janelas da casa tremerem.

— Isso sempre acontece quando vai chover em Coroinha? — perguntou Iago para Antoninho.

— Até hoje só vi isso acontecer uma vez na vida — ele respondeu muito sério.

A sisudez de Antoninho acabou deixando Estela e Iago ainda mais assustados. Mas após alguns segundos o tempo suavizou e trouxe a serenidade de volta.

— Deve ser coisa da minha cabeça — falou Antoninho.

Estela pensou que o sogro devia estar tendo um daqueles delírios que lhe eram de costume. Ela preferiu deixar a tempestade para lá e terminar de tomar o seu café, sossegada.

Quando se retiraram da mesa, Antoninho foi ler o jornal do dia na sala de visitas enquanto Estela e Iago subiram para terminar de desfazer as malas. Mas a tranqüilidade durante a leitura do jornal não durou muito tempo, só até uma janela ser aberta abruptamente pela força do vento. Ele correu para fechá-la, mas sozinho não conseguia e gritou pela ajuda de Dona Joana. Era preciso muita força para empurrá-la, era uma luta contra a força do vento. Mas, finalmente, os dois juntos conseguiram, só que na mesma hora outras duas janelas ao lado se abriram e as cortinas voaram muito alto. Antoninho e Dona Joana correram cada um para uma das janelas abertas e as fecharam. Não foi fácil, mas conseguiram, apesar da areia que entrava nos olhos dos dois.

Um pouco sem fôlego e com a mão recostada no alizar da janela de vidro, Antoninho olhava a fúria do mar e a violência das ondas batendo nas pedras. O que mais o espantava era a tonalidade azul-clara do mar dando lugar a um cinza aterrorizante.

Estela e Iago resolveram descer para entender o que estava acontecendo, mas Antoninho os surpreendeu na escada e mandou que subissem de volta com Dona Joana.

— Voltem para cima! As janelas dos quartos são de ferro e não de vidro. É mais seguro ficar nos quartos. E não saiam de lá — mandou Antoninho, empurrando os três pelo corredor enquanto ele ficou na frente do escritório.

Sozinho, ele pensou: — Só tem uma forma de isso ter acontecido de novo.

Antoninho entrou no escritório e seguiu em direção à escrivaninha. Quando ele se aproximou, percebeu que a porta estava entreaberta.

— Meu Deus! Esqueci de trancar a porta ontem quando fui para a delegacia — Antoninho levou as mãos à cabeça, pensando que o pior pudesse ter acontecido.

Ele teve medo de se certificar, mas não havia outro jeito. Abaixando-se bem devagar, olhou para dentro da porta deixada aberta na escrivaninha e para seu desespero deparou-se com a garrafa do navio vazia.

— Não acredito! — Antoninho abaixou a cabeça e murmurou: — Eles estão voltando.

Nervoso e afoito, Antoninho pegou a garrafa vazia e saiu do escritório a procura de Iago. Em cima da cama e em companhia da mãe, Iago tremia de medo. E o responsável por tamanho pânico era o vento. Ele não perdoava nem mesmo a janela de ferro do quarto, que mais parecia de plástico de tanto que balançava.

Não eram só as janelas que balançavam. Do quarto podia-se ouvir o barulho de vidros se estilhaçando na sala.

— Meu Deus! Deve estar quebrando tudo! — Dona Joana, que também estava no quarto, falou desesperada com as mãos na cabeça.

Antoninho não parecia se importar com o estrago que a ventania provocava. Ele apenas queria ter uma resposta.

Iago viu a garrafa vazia na mão do avô e ficou assustado. Ele não sabia se sentia mais medo de Antoninho ou da tempestade que se aproximava.

— Quem tirou o navio desta garrafa? — Antoninho perguntou muito bravo.

Ninguém respondeu a pergunta. Na verdade, Estela e Dona Joana não entendiam aquela reação despropositada de Antoninho. Diferente acontecia com Iago, que já se sentia culpado, apesar de não saber muito bem o que o sumiço do navio poderia ter causado, mas de uma coisa tinha certeza: ele era o único responsável. Iago queria contar a verdade, no entanto a braveza do avô não lhe permitia. Ele temia pelo castigo.

Antoninho esperava a resposta, nervoso, e como ela não vinha, continuou esbravejando: — Quem fez isso? O navio não pode ter saído da garrafa sozinho!

Com as pernas tremendo de tanto medo, Iago acabou se entregando: — Fui eu, vovô. Mas eu só queria vê-lo de perto e brincar um pouquinho — ele tentava se explicar.

— Isso não é brinquedo! — Antoninho estava transtornado e não conseguia manter baixo o tom da voz.

— Pára de gritar! — pediu Estela.

Suando frio e com os olhos arregalados, Antoninho passou a mão no resto do cabelo que ainda lhe restava e tentou se acalmar perguntando a Iago: — Onde está o navio?

Iago, amedrontado, não conseguia responder.

— Responda, por favor, responda — Antoninho implorava, quase se ajoelhando no chão.

Com a voz trêmula e engasgada, Iago arriscou a revelação: — Ontem quando peguei o navio eu fui até a praia.

Antoninho, preocupado, abaixou a cabeça e pediu que ele continuasse.

— Aí eu o coloquei no mar e....

— E.... — Antoninho pedia que ele terminasse a explicação.

— E ele foi levado pelas ondas e eu não consegui pegá-lo de volta.

Desesperado, Antoninho colocou as mãos à cabeça, mas não havia tempo para incredulidade.

Estela se irritou e falou: — Para que todo esse escândalo? Por causa de um navio de brinquedo? O senhor não está vendo que Iago já está assustado com essa tempestade? Precisa piorar a situação? Olha como ele está tremendo.

O barulho das ondas do mar começava a ficar mais alto, mas tão alto que eles não conseguiam mais conversar sem gritar. E Antoninho sabia que agora não havia mais tempo para discutir e pediu para que Dona Joana ficasse ali com Iago e Estela enquanto ele descia para ver o que estava acontecendo.

Preocupada com o sogro, Estela não quis ficar no quarto enquanto Antoninho se arriscava sozinho. Ela pediu que Dona Joana cuidasse de Iago e foi atrás dele.

— Por favor! É melhor a senhora ficar aqui com a gente — Dona Joana pedia.

Mas Estela não atendeu o apelo e disse que precisava saber o que estava acontecendo, e seguiu Antoninho sem que ele percebesse.

Ao descer as escadas, Estela se assustou com a quantidade de objetos quebrados. Não eram somente os vidros das janelas que estavam estilhaçados no chão, mas também todos os enfeites da sala. Não foi difícil notar que a ventania que invadiu a casa havia sido intensa. Finalmente, agora a trégua reinava. E quando Estela chegou na sala de visitas e viu o sogro abrindo a porta principal da casa e saindo em direção à praia, ficou preocupada e correu atrás dele.

Antoninho desprezava o perigo da tempestade e caminhava de peito aberto em direção ao mar. Nem mesmo o forte vento era capaz de impedi-lo. A raiva vencia a força da areia que voava em sua direção. Nenhum desses obstáculos eram suficientes para lhe proibir de se aproximar do mar.

Estela, ainda da porta de casa e apavorada com a situação, tentava evitar que ele continuasse caminhando para o mar debaixo daquela chuva e gritava: — Volta para casa! Volta!

Antoninho não respondia, e também não era para menos: o barulho dos fenômenos da natureza não lhe permitia ouvir qualquer coisa. E, assim, ele continuava andando.

— Ele deve estar louco! — Estela pensou ao perceber que ele não voltaria. E sem lhe restar outra coisa a fazer, foi atrás dele.

— Antoninho! Antoninho! — ela gritava enquanto o seguia.

Estela fez tanta força para alcançá-lo que não demorou muito para que Antoninho a ouvisse. Ele se assustou e se virou para trás lhe dando uma bronca: — Eu não te mandei ficar no quarto?

— E te deixar sozinho enfrentando essa tormenta? Nunca! — Estela estava determinada.

Mas o que ela queria mesmo era voltar para casa com o sogro. Ela pedia, ela implorava, mas ele não lhe deu importância e continuou caminhando em direção ao mar.

— Pára! Pára já com isso! — Estela chorava desesperada e falava baixinho: — O senhor vai acabar morrendo!

Antoninho já não ouvia mais nada, o estrondo das ondas arrebentando na praia e nas pedras era tão alto que não permitia que a voz de Estela se sobressaísse.

Sem ter mais o que fazer, nem o que falar, nem o que pedir, Estela se ajoelhou na areia e, juntando as palmas das mãos, começou a rezar. Era a única coisa que ela ainda podia fazer. Clamar a ajuda de Deus para cuidar do sogro inconseqüente.

Enquanto Estela rezava, Antoninho estava parado à beira do mar observando aquele fenômeno que mesmo aterrorizante não era capaz de afastá-lo dali. Era como se ele soubesse que aquele espetáculo não viria sozinho.

Tudo aquilo era apenas um prenúncio de algo grandioso que estava por vir. E Antoninho queria estar presente quando acontecesse.

E ele não estava errado. De repente, as águas no meio do mar começaram a se movimentar, como se alguma coisa quisesse sair de dentro delas. Mas antes que qualquer coisa pudesse aparecer, as borbulhas anunciavam a sua chegada. E em seguida as águas começaram a se movimentar como um vulcão em erupção.

Antoninho apenas olhava para aquela cena como se aquilo não lhe significasse nenhuma novidade, mas para Estela era diferente. Ela não conseguia entender como as águas do mar podiam se levantar cada vez mais alto e abrir espaço para um objeto esquisito que ela ainda não conseguia identifcar. A sua visão só percebia que se tratava de algo gigantesco, escuro e meio arredondado, transpondo as águas do mar aos poucos e em câmara lenta.

Enquanto Antoninho continuava paralisado apenas esperando o que ele já sabia que aconteceria, Estela notou que o que ela estava vendo era a parte traseira de alguma coisa muito grande. Mas ainda não tinha certeza do que se tratava. Mesmo assustada, Estela se manteve na praia para ver o que estava para sair de dentro do mar. E não foi preciso esperar muito tempo, com apenas mais alguns minutos, ela ficou atônita: — Meu Deus! É a popa de um navio!

E aquilo era apenas o começo de um espetáculo inesquecível e gigantesco, do qual os fenêmenos da natureza não abriam mão de participar. Não só o vento se fazia presente, como os raios, os relâmpagos, os trovões e a chuva que mais lembrava uma tempestade. A cada segundo que passava a agitação do mar se tornava ainda mais violenta.

E tudo isso era para trazer um galeão de volta. Um grande navio de piratas. Ele surgia fazendo o movimento contrário ao de um naufrágio e retornava com muita força para a superfície do mar. Estela mal acreditava no que via e tremia de medo, mas não conseguia sair dali.

As ondas pareciam insistir que o galeão continuasse submerso, mas era tarde demais. O seu retorno era inevitável. Da popa ele já havia se levantado até o meio. O mar não conseguia mais encobrir seus altos mastros com suas velas enroladas. E não demorou muito para que de dentro do mar saísse a sua proa imponente, majestosa e tão arrogante que teve a capacidade de se levantar além da superfície do mar, como se quisesse tocar o céu. E quando voltou à superfície, bateu de uma só vez no mar fazendo jorrar água para todos os lados. Pronto! O espetáuclo terminava com o seu casco todo à mostra. Era como se o galeão avisasse: — Eu voltei para ficar!

— Não pode ser! — Estela não queria acreditar no que via, mas não podia ir contra os fatos. Ela que durante tanto tempo criticou os devaneios do sogro, agora tinha certeza de que ele nunca esteve errado.

Antoninho olhou com ódio para o navio e disse: — Desta vez vocês não levarão nada de mim! Eu não deixarei — e, virando-se para trás, chamou Estela: — Vamos para casa!

— Eu.... — Estela tentava falar alguma coisa, mas foi interrompida pelo sogro que a pegou pelo braço sem lhe dar chance de ficar ali mais um segundo sequer.

— Vamos! Agora! — gritava Antoninho que andava contra a força do vento que insistia em contribuir para a volta daqueles personagens grotescos.

Enquanto isso, na mesma praia, Seu Teófilo também observava o retorno daquele navio, dizendo: — É bom! É muito bom que vocês voltem mesmo, seus malditos. E que tragam com vocês a verdade.

Seu Teófilo só saiu dali quando foi interrompido por Betina que puxou sua bermuda e perguntou: — Que navio é esse, vovô? São os piratas?

— O que você está fazendo aqui? Não mandei ficar em casa? — Seu Teófilo ficou nervoso e saiu dali deixando apenas o céu como espectador do regresso daquele navio.

Já dentro de casa, Estela assustada com tudo o que tinha visto perguntou para Antoninho: — Que navio é aquele?

Irritado por ela nunca ter acreditado nele, respondeu bruscamente: — É o navio de brinquedo! Você não se lembra dele?

Estela só o olhava como quem não entendesse o que ele tentava dizer com tanta rispidez.

— Era o navio que eu segurava ontem nas mãos, enquanto você me criticava — Antoninho não conseguia segurar a raiva.

— Não pode ser! — Aquele navio era só um brinquedo.

Antoninho pegou Estela pelo braço, levou-a para o escritório, e mostrou a garrafa vazia e perguntou, gritando: — Entendeu agora por que eu fui severo com Iago hoje pela manhã?

— Esse navio é aquele de dez anos atrás? O do Capitão George? — Estela perguntou estupefata.

— Isso mesmo — Antoninho respondeu.

— Mas como isso pôde acontecer? Era só um brinquedo! — Estela se sentou em uma cadeira e levou as mãos à cabeça.

— Esse foi o pedido que fiz à bruxa quando eu ainda era uma criança — contou Antoninho.

A cada minuto que passava, a cada descoberta, a cada revelação, Estela ficava mais chocada.

— Aquela história de que você foi o responsável pela chegada dos piratas na cidade é verdade? — Estela perguntou.

— Sim, eu fui o responsável naquela época. E o responsável agora foi o Iago. Sem saber... mas foi ele.

— Que pedido maluco foi esse que você fez àquela bruxa? — Estela gritou.

— Era um pequeno navio que eu tinha quando criança. Eu fingia que dentro dele havia um monte de piratas. E um dia eu peguei o navio e fui até a ilha da bruxa e pedi para que ela transformasse aquele sonho em realidade.

— E é esse o navio que está agora no mar? — Estela perguntou finalmente acreditando no que Antoninho falava.

— É! Esse é o meu navio — respondeu Antoninho, sentando-se na cadeira.

Estela, boquiaberta diante da realidade que ela nunca quis acreditar, pediu desculpas.

Com apenas um sorriso, Antoninho perdoou Estela. E um clima de cumplicidade surgia entre os dois, mas foi interrompido por uma claridade repentina que adentrou no escritório.

— O que é isso agora? — Estela olhou para a janela de ferro que permitia a entrada da luz através de pequenos furos.

— Deve ser o verão voltando — Antoninho respondeu.

— O quê? E aqueles trovões, raios, céu cinzento... — Estela não entendia.

— Eles serviram apenas para avisar a volta dos piratas — Antoninho explicou.

— De qualquer forma, não quero que Iago vá hoje para a praia — avisou Estela abrindo a janela para olhar o sol brilhar como se dali nunca tivesse saído.

O vento que insistia em levantar a areia da praia e agitar violentamente as águas do mar agora já se acalmava. Aquele novo cenário de verão até poderia fazer Estela pensar que aquele início de manhã nunca havia acontecido, se não fosse por um detalhe: da janela ela via o navio dos piratas se deslocando para a Ilha Dourada que ficava mais ao fundo do mar, de onde se via o horizonte.

6

Noah e o reencontro com o passado

Na cidade, os moradores e os pescadores pensaram que o espetáculo dado pela natureza não passava de um prenúncio de tempestade e mal imaginavam que eram os piratas de volta. E sem nada a temer, continuaram cada qual com sua rotina. Mas, no Mercado dos Pescadores, Carlão que não tinha conseguido dormir a noite passada resolveu tirar a limpo toda a história da vida de Noah e o procurou na barraca, dizendo: — Eu preciso que você me conte a verdade com todos os detalhes. Agora! Caso contrário, eu não te ajudarei e ainda contarei para toda a cidade que você está de volta.

Noah, percebendo que Carlão não estava para brincadeira, o chamou para irem até a pensão de Dona Milinha. Lá eles teriam mais privacidade para conversar. Sem muitas palavras durante o caminho, em pouco tempo chegaram ao quarto que eles alugavam na pensão.

— Você está disposto a ouvir? A história é longa — Noah avisou.

— Temos o dia inteiro para isso — Carlão estava muito sério.

— Não se preocupe. Eu vou lhe contar tudo — Noah não temia contar o infortúnio de sua vida para o amigo.

Carlão balançou positivamente a cabeça, como se desse um sinal verde para uma longa explicação que não demorou muito a começar.

— Foi numa noite calma, como essa, que a minha vida se transformou em um inferno — Noah iniciou a conversa e se sentou. Ele dava sinais de que o seu relato seria longo. E, atendendo ao pedido de Carlão, partiu bem do início, quando os pescadores já sofriam na mão do prefeito corrupto: Normando.

— Àquela época, eles já eram obrigados a dar como pagamento de impostos um valor muito alto e acabava sobrando muito pouco do que arrecadavam com a pescaria. Com o dinheiro que restava não era possível comprar quase nada, muito menos um lugar para morar, coisa que nenhum deles tinha. A maioria dos pescadores ou morava na pensão da Dona Milinha, quando solteiros, ou alugavam casebres quando tinham família. Diante da dificuldade que passavam, todos resolveram burlar o prefeito lançando a menor o valor da venda dos peixes. Isso foi feito porque todos tinham de prestar contas mensalmente com a prefeitura por meio do livro que demonstrava o montante arrecadado com a pescaria. Dessa forma, eles diminuíam a quantidade de vendas no livro e com o dinheiro que sobrava compravam ouro, jóia ou qualquer coisa que pudessem investir o que ganhavam sem desvalorizar o dinheiro.

Mas depois de algum tempo praticando esse plano, um problema surgiu. Eles não tinham um lugar seguro para guardar todos aqueles objetos de valor que compravam. Foi aí que resolveram entregar tudo para mim — Noah foi interrompido.

— Por que justamente você foi o eleito para guardar as economias dos pescadores? — Carlão não entendeu aquela escolha.

Noah explicou: — Eu também era pescador e morava com a minha esposa, Estela, na casa do meu pai. Só que ao lado da casa em que eu morava, meu pai sempre manteve um pequeno estaleiro. E foi lá que nós, os pescadores, resolvemos guardar tudo o que comprávamos com o dinheiro do mês. Era um lugar seguro, discreto, e que só eu tinha a chave. Lá tudo ficaria escondido, até que se juntasse a quantia suficiente para que cada um comprasse a sua casa própria. Aí sim eu devolveria a parte de cada um.

— E foi tudo isso que você roubou? — perguntou Carlão com raiva.

— Você quer escutar a história inteira ou vai me interromper novamente? — Noah também ficou nervoso.

— Tudo bem! Pode continuar — permitiu Carlão.

Noah continuou explicando que o prefeito nunca desconfiou do que eles faziam, mas os piratas sim. Só que eles foram espertos demais e esperaram os pescadores encherem o estaleiro de ouro para só depois saqueá-los.

— Quer dizer que quem roubou as economias do povo foram os piratas? — Carlão não acreditava muito naquilo.

Noah percebia a desconfiança de Carlão, mas não se dava por vencido e continuou contando. Enquanto relembrava a história, Noah parecia ter entrado num túnel do tempo. Ele nunca havia contado a verdade para ninguém, mas, apesar de aquilo significar um verdadeiro martírio para Noah, o retrocesso era inevitável. Ele parecia estar revivendo tudo naquele exato instante.

— Foi durante uma noite em que eu dormia ao lado de Estela que tudo começou. Eu escutei um barulho esquisito que vinha do lado de fora da casa. Como o meu quarto ficava no andar superior da casa de meu pai, aproximei-me da janela e vi a luz do estaleiro acesa. Foi o suficiente para me preocupar, já que além de mim ninguém mais tinha a chave. Eu não pensei duas vezes, peguei um canivete e tratei de ir até lá para descobrir o que estava acontecendo. E quando entrei no estaleiro, imediatamente eu vi um pirata remexendo as jóias e os objetos de valores comprados pelos pescadores.

— Ei! — Noah gritou.

O pirata se assustou e puxou uma faca.

— Calma! — pediu Noah. — É melhor você sair daqui, esse ouro tem dono.

— E daí? Você não conhece o trabalho de um pirata? — perguntou Charles, um pirata debochado.

— Conheço bem o seu trabalho, mas aqui você não vai trabalhar — Noah avisou.

— Ah, não? Quem vai me impedir? Você? — Charles partiu pra cima de Noah com a faca.

Noah esquivou-se.

— Vamos! Você não é valentão? — afirmou o pirata que não esperou mais nenhum segundo para tentar acertá-lo.

Charles só não contava com uma coisa: Noah também estava armado. O canivete era pequeno, mas capaz de fazer grandes estragos. Ao ver a arma na mão de Noah, o pirata percebeu que a luta não seria fácil. Mas Charles era esperto e esperou Noah se distrair para com o pé chutar-lhe o peito e o fazer cair em cima de alguns objetos. A queda acabou causando um barulho tão alto que acordou Estela imediatamente. Ela abriu os olhos e viu que Noah não estava ao seu lado na cama. A sua primeira reação foi ir até a janela para saber de onde havia vindo o barulho. E assim como Noah, a luz acesa do estaleiro chamou sua atenção. Preocupada com aquilo, Estela colocou um roupão e saiu do quarto para procurar Noah no estaleiro.

Aproveitando-se da ausência de agilidade de Noah, que ainda estava caído em cima de um monte de quinquilharias, Charles não esperou mais um segundo e partiu para cima dele com a faca. Só que o pirata não contava com o bom reflexo de Noah que puxou o canivete no momento certo e cortou-lhe a bochecha. Noah ainda caído continuou a luta e não desperdiçou o momento em que o pirata se dispersou com o corte profundo no rosto e lhe deu um murro tão forte que o fez cair instantaneamente no chão. Era chegada a vez de Noah colocar o pé contra o peito de Charles e o canivete no seu pescoço e ordenar: — Solta a faca! Agora!

Sem alternativa, Charles largou a faca. E Noah com a outra mão pegou a arma do adversário e, com o canivete, colocou-a contra o pescoço do pirata e avisou: — Saia daqui agora, se não quiser morrer!

O pirata Charles correu dali o mais rápido que pôde, mas Noah não contava com uma coisa: a presença de Esmeralda, a namorada do pirata George, o filho do Capitão Bartolomeu, o que comandava a tripulação.

Ela chegou por trás de Noah com um lenço embebecido de éter e o colocou bem no seu nariz. Ele tentou se esquivar, mas já era tarde, não conseguia dar um passo sequer. Mesmo assim, Esmeralda só permitiu que ele ficasse um pouco tonto, não podia desmaiar. Ela o queria de pé para cumprir o plano traçado por George, seu namorado. Quando Noah, completamente zonzo, cambaleou se escorando na parede para não cair, Estela se aproximava do estaleiro para saber o que estava acontecendo. E quando ela entrou, viu Noah aos beijos com Esmeralda. Por um instante, Estela não acreditava no que via, aquilo parecia um pesadelo. Mas seus olhos não a enganavam e ela saiu dali chorando. Porém a verdade estava oculta por uma armação mirabolante bolada pelo pirata George. Na verdade, Noah tinha sido beijado à força por Esmeralda, já que a tontura provocada pelo éter não permitiu que ele se desvencilhasse daquela situação.

— Pronto! Missão cumprida! — falou Esmeralda chamando Charles, que tinha ficado do lado de fora do estaleiro esperando que ela cumprisse a sua parte no plano.

— Estou com o rosto sangrando muito — reclamou o pirata, tentando estancar o sangue com um lenço.

— Agora não é hora para um pirata choramingar por causa de um corte no rosto. Temos que terminar a nossa missão — avisou Esmeralda.

— Missão? — Noah balbuciou, ainda tonto, mas tentando entender o que os piratas faziam contra ele.

— Maldito! Ele ainda está acordado! — Charles reclamou.

Na mesma hora, Esmeralda pegou o lenço, derrubou o resto de éter do vidro nele e colocou-o novamente no nariz de Noah, que caiu instantaneamente. Ela se abaixou até Noah, pegou o braço dele, suspendeu-o no ar e o soltou de uma vez. Era como se soltasse um tijolo no chão. Pronto! Esmeralda já tinha se certificado de que Noah estava completamente inconsciente. Ele já não tinha mais como atrapalhar os piratas.

Era chegada a hora de cumprir a parte final do plano traçado por George. E, para isso, Esmeralda ordenou a Charles: — Chame o resto da tripulação para terminar o serviço.

Com Noah desmaiado, o caminho ficava livre e mais fácil para os piratas cumprirem as determinações de George. Eles entraram no estaleiro e foram tirando tudo o que lá havia de valor, e como formigas saíram com o produto do crime, formando uma fila reta, direto para os barcos atracados ali perto. Lá, as embarcações começavam a ficar lotadas de ouro, jóias e dinheiro que os pescadores haviam levado anos para juntar.

O roubo não foi testemunhado por ninguém, nem mesmo por Estela, que passou a madrugada em claro e aos prantos esperando por Noah. A única coisa que ela queria era uma explicação para aquela traição. Mas o que Estela não imaginava era que Noah estava desmaiado no estaleiro sob o efeito do éter, e quando ele acordou logo pela manhã já era tarde demais para tomar alguma atitude. Ainda mais porque ao abrir os olhos ele ficou estarrecido com o cenário ao seu redor. No chão do estaleiro, além de pau e ferro velho, só havia restado quinquilharias.

Noah se levantou imediatamente e ainda conseguiu avistar os últimos barcos carregados com o ouro rumo à Ilha Dourada. Impulsivo, como sempre, Noah não pensou duas vezes para ir atrás dos piratas. Mas ele não sabia que aquilo era exatamente o que George precisava para encerrar com chave de ouro o seu plano maquiavélico.

Ao ver Noah pegando um barco para seguir os piratas, Esmeralda disfarçada de boa moça foi até o Mercados dos Pescadores e gritou avisando a todos que Noah estava fugindo com tudo o que eles haviam economizado durante anos.

Pronto! O toque final do plano havia sido lançado e começava a dar certo. A arruaça estava armada na cidade de Coroinha. Esmeralda vibrava e Noah não imaginava o que o esperava. Todos os pescadores ficaram ressabiados com aquela notícia vinda de uma moça desconhecida, mas diante da gravidade precisavam se certificar. E do mercado todos saíram correndo em direção ao estaleiro. Para a surpresa e desespero de todos, a notícia era verdadeira: as portas abertas do estaleiro mostravam um lugar completamente vazio. Não havia restado um grama de ouro sequer. Os pescadores se revoltaram, afinal estavam na mais completa miséria. E tudo isso por terem confiado em um amigo que se dizia fiel.

Enquanto todos estavam reunidos na praia em frente do estaleiro pensando no que poderiam fazer, houve um pescador que avistou Noah de longe em um barquinho e gritou: — Olha lá! — ele avisou apontando para o mar. — É o Noah!

Não foi preciso mais nada para que todos os outros pescadores corressem até o cais e pegassem o máximo de barcos possível para capturar o traidor.

Já em alto mar, Noah tentava se aproximar dos barcos dos piratas, para saber onde eles descarregariam o roubo do estaleiro. Mas ele era um só e sabia que, por mais que tivesse coragem de enfrentar toda aquela tripulação, seria praticamente impossível levar a melhor.

Mas quando Noah percebeu que dezenas de barcos de pescadores estavam atrás dele, animou-se imediatamente e pensou: — Agora esses piratas não terão a mínima chance com a gente.

Empolgado com o reforço dos colegas, Noah gritava para eles: Vamos! Vamos logo!

Mas algo o intrigou. Ele percebeu que os pescadores o xingavam e o amaldiçoavam. A raiva que eles demonstravam era tão grande que Noah mesmo de longe notou que a situação não era boa para ele. E a confirmação veio quando conseguiu ouvir claramente os pescadores enlouquecidos de raiva gritando seu nome e dizendo que iriam matá-lo. Todos levantavam os braços e berravam: — Pega Noah ladrão! Pega Noah ladrão!

Sem entender o que acontecia, mas assustado com a ira do povo, Noah achou melhor colocar força no barco e puxou a corda do motor para chegar o mais rápido possível à terra firme. Tudo parecia dar certo, exceto por um detalhe: a gasolina chegava ao fim. Mas isso não atrapalhou os planos de Noah. Como faltava pouco para chegar à Ilha Dourada, assim que o barco parou, ele pulou no mar e nadou até alcançar a margem da ilha.

Ali, Noah estava a salvo da fúria dos pescadores, mas uma coisa ainda o perturbava. Mesmo estando na mesma ilha em que os piratas atracaram os barcos abarrotados com os produtos do roubo do estaleiro, ele não podia ficar ali para descobrir onde tudo aquilo seria descarregado. Ele precisava fugir dos pescadores que não desistiam de remar em direção à ilha. Apesar de não conhecer o motivo, sabia que estava prestes a sofrer uma retaliação.

Sem alternativa, Noah só pensava em se esconder, e para isso correu muito e se embrenhou dentro daquela ilha desconhecida. Os pescadores não o viram, mas Charles, que tinha muita familiaridade com a ilha, observou bem quando Noah entrou nela sorrateiramente. Era tudo o que aquele pirata precisava. Noah estava sem saída. E Charles poderia se vingar da facada que havia levado no rosto. A calma e o sarcasmo faziam parte da feição de Charles, que entrou na ilha a passos tranqüilos e vagarosos. Era como se ele tivesse certeza de que seu adversário não tinha escapatória.

Já dentro daquela ilha imensa e com uma densa vegetação, Noah corria sem rumo. Ele se movimentava rapidamente entre árvores tão parecidas que lhe causavam a impressão de estar sempre no mesmo lugar, o que não demorou muito a lhe dar a certeza de que estava perdido. E a situação não melhorava, pelo contrário, piorou ao escutar barulhos esquisitos de bichos que o assustavam ainda mais. Até certo ponto, até foi bom, porque ao ouvir aqueles sons estranhos, Noah correu tanto que achou uma trilha livre de árvores, onde ele podia seguir correndo livremente, sem nenhum obstáculo. Mas, ao chegar no fim da trilha, ele percebeu que estava no alto de um penhasco. Noah pensou em pular, porém quando se aproximou e olhou para baixo viu que era alto demais e não teve coragem para tanto. Ele tinha certeza de que se machucaria muito. Desistindo da malsucedida aventura, virou-se novamente para a frente e foi surpreendido pela faca que Charles apontava para o seu pescoço.

O pirata sem dó nem piedade deixou Noah encurralado entre o penhasco e sua faca. Era a vingança perfeita para um pirata inescrepuloso que adorava ver Noah naquela situação: — Sempre nos encontrando, não é mesmo?

Noah pediu para que ele parasse com aquilo, porque poderia ser muito perigoso. Mas Charles se parecia muito com os piratas dos séculos XVII e XVIII, que além de roubar a ainda tinham um fascínio especial em torturar e assassinar inocentes.

A intenção do pirata era exatamente essa: causar uma grande aflição em Noah. Era chegado o momento da revanche. E isso Charles não fazia questão esconder, principalmente quando falou: — Calminha, meu chapa! — o pirata percebeu que Noah tentava se esquivar da faca, mas ele não permitiu e explicou: — Eu só quero lhe devolver a mesma marca que você fez no meu rosto nessa madrugada.

E, lentamente, Charles fez um corte na bochecha esquerda de Noah que com sangue frio suportou aquela tortura. O pirata não se satisfazia apenas com aquilo. Ver o sangue escorrer no rosto de Noah era pouco para Charles, que resolveu abrir o jogo e falar: — Eu menti!

Noah, que estava com os pés na pontinha do penhasco, se espantou com aquela declaração de Charles. Mesmo assim, ainda conseguiu manter o equilíbrio necessário para esperar qualquer coisa daquele pirata. E realmente o que saiu da boca de Charles foi assustador, mas Noah já estava preparado quando o pirata falou claramente: — Eu quero te matar!

Com uma feição ensandecida, Charles mirou a faca no coração de Noah e deu um passo à frente para acertá-lo, mas não teve tempo para isso. Noah se jogou no mar antes que o pirata pudese fazer qualquer coisa contra ele.

E foi graças a esse pulo inesperado, porém inevitável, que Noah conseguiu salvar sua vida.

— Pronto! — disse Noah levantando-se da cadeira, após horas a fio contando a história para Carlão. — Depois disso, todos pensaram que eu havia morrido e sido levado pelo mar — Noah pensava ter esclarecido todas as dúvidas de Carlão, mas...

— Não entendi uma coisa — falou Carlão.

— Por que eles queriam tanto culpá-lo pelo roubo das economias dos pescadores e ainda por cima fazer sua mulher pensar que tinha sido traída? — Carlão achava aquela história mirabolante demais.

Noah mal sabia que ainda tinha uma árdua tarefa pela frente. Carlão que não estava totalmente convencido de sua inocência, insistiu: — Desde quando um pirata se preocupa com a própria reputação e procura um bode expiatório para colocar a culpa de seus delitos? Está me achando com cara de imbecil? — Carlão se levantou da cadeira muito nervoso e foi até a janela tomar um pouco de ar fresco para tentar se acalmar.

Noah abaixou a cabeça e percebeu que Carlão não acreditaria nele, se ele não fizesse mais uma revelação surpreendente. Era tudo o que Noah não queria fazer, mas diante da reação do amigo não lhe restou alternativa a não ser contar: — Eu matei o Capitão Bartolomeu.

Por alguns segundos, o silêncio absoluto imperou dentro daquele pequeno quarto. Mas Carlão recobrou a voz e olhando assustado para Noah, ainda tentava entender o que acabara de ouvir: — Você o quê?

— Isso mesmo que você ouviu. Eu matei o Capitão Bartolomeu! Por isso os piratas queriam que eu fosse odiado por toda a cidade. Foi uma retaliação — Noah explicou.

— Quem é esse Capitão Bartolomeu? — perguntou Carlão ainda muito espantado. Afinal, ele nunca pensou que Noah fosse capaz de matar alguém.

— Ele era o antigo Capitão do galeão Fortuna. Pai de George — Noah contou.

— Por que você o matou? — Carlão não conseguia imaginar o motivo para tamanha violência.

— Ele morreu numa noite em que resolveu sair para se divertir — Noah iniciava outra explicação.

— Se divertir? — Carlão não entendeu a relação entre diversão e morte.

— Todo mundo sabe que a diversão de qualquer pirata é roubar — Noah esclareceu.

— E... — Carlão esperava Noah completar a história.

— O Capitão Bartolomeu tinha saído sozinho para saquear o Mercado dos Pescadores — Noah retornou mais uma vez ao túnel do tempo e começou a relembrar outro trágico momento de sua vida.

Aquela noite tinha sido diferente. Eu havia ficado no Mercado até tarde para verificar se os livros de todos os pescadores estavam de acordo com o combinado. Pois na manhã do dia seguinte os fiscais da prefeitura apareceriam no Mercado para cobrar os impostos.

Mas eu não contava com a astúcia do Capitão Bartolomeu. Ele também conhecia a data da cobrança dos impostos. E apesar de ele já ser bilionário de tanto que roubava as pessoas, era ganacioso e nunca estava satisfeito com o que tinha. E além do mais, o seu maior prazer era causar mal ao próximo, roubando até mesmo o que não lhe tinha serventia. E tudo isso era muito bem guardado, ele não gastava com nada. Era mais conhecido como o pirata mão-de-vaca. O que ninguém sabia era onde ele escondia o seu tesouro, nem mesmo o filho George.

O objetivo do Capitão Bartolomeu naquele momento era roubar todo o dinheiro que os pescadores haviam juntado naquele mês. Ele tinha certeza de que aquela noite as caixas registradoras deviam estar abarrotadas de verdinhas. E para o Mercado ele seguiu sem maiores preocupações, já que era um mestre na arte de saquear. Ele só não contava com a minha presença, que assim que percebi a luz de uma lanterna apaguei a lamparina que usava para não chamar a atenção dos fiscais.

De longe, eu notei o vulto de um homem baixinho e gordinho. Eu me aproximei bem devagar daquela sombra para não chamar a atenção. E pé ante pé eu cheguei até a barraca que o Capitão saqueava. Vendo o que ele estava fazendo e sabendo da dificuldade dos pescadores, eu o enfrentei:
— O que você está fazendo? Roubando?

No mesmo instante, Bartolomeu puxou de seu bolso um canivete e partiu para cima de mim. Eu fiquei assustado e peguei uma faca de cima do balcão da barraca em que estávamos.

Apesar do meu tamanho, o pequeno Capitão travou uma luta comigo, mas não levava a melhor. Bartolomeu tentava me matar, mas a escuridão no Mercado não deu chance para que nenhum de nós dois enxergasse nada ali dentro. Foi aí que eu acabei levando vantagem e feri o pirata. O breu daquele lugar não me permitiu saber aonde eu o havia acertado.

Eu fiquei assustado e chocado por ter uma pessoa em meus braços, que eu não sabia se havia matado ou não. Apesar de ser um pirata que saqueava nosso dinheiro, a dor que eu sentia era muito grande. A sensação de acabar com a vida de uma pessoa é tão forte que é capaz de tirar a paz de qualquer um pelo resto de seus dias.

Eu tentei ajudá-lo, mas ele não aceitou e saiu dali cambaleando. E eu só soube da morte do Capitão Bartolomeu no momento em que tive que pular do penhasco. Charles queria que eu pagasse não só pelo corte no seu rosto, mas também pela morte do Capitão Bartolomeu. Era uma determinação de George, o filho do Capitão.

Ainda muito assustado com a tragédia que acabava de acontecer, permaneci no Mercado. Sem saber o que fazer, eu tremia muito. Mesmo assim, ainda consegui acender a luz da barraca onde eu estava. Foi ainda pior. Quando olhei para a faca ensangüentada que estava na minha mão, vi um cordão de ouro com um pingente em forma de leme pendurado no meu pulso. Devia estar no pescoço do pirata quando eu o esfaqueei. Foi só aí que descobri que o havia acertado bem no coração. Mas já era tarde demais.

Esse era o fim de uma trágica história. Noah se levantou da mesa onde estava sentado com Carlão e perguntou: — E agora? Você acredita em mim?

Com os olhos arregalados, Carlão respondeu: — Não tem como não acreditar nessa história.

— Finalmente! — Noah, além de aliviado, sentia-se mais seguro: — Eu precisava de alguém ao meu lado. É horrível ter que se passar por outra pessoa e não ter com quem contar — Noah suspirou.

— E o pingente? — Carlão interrompeu o desabafo de Noah.

— O pingente do Capitão Bartolomeu? — Noah achou esquisista a pergunta de Carlão.

— Esse mesmo! Ele não era de ouro? — perguntou Carlão.

— Era sim. Mas era pequeno. Mais lembrava um anel. Eu acabei ficando com ele por dez anos — Noah contou.

— Ficou com ele? Deixa eu ver? Sempre tive curiosidade em ver peças de piratas. Dizem que são belíssimas. E o ouro é puro? — Carlão não parava de falar.

— Não está mais comigo — Noah respondeu.

— Não? — Carlão não compreendia mais nada.

— Eu dei a Iago no dia em que ele esteve no Mercado com a Dona Joana.

— Por que você fez isso? — Carlão ficou chateado por não poder ver a jóia.

— Eu queria que meu filho tivesse algo meu com ele. E o pingente foi a primeira coisa que me veio à mente — Noah explicava o motivo de ter dado o pingente.

Carlão ficou decepcionado, mas aceitou. Mesmo assim, ainda fez um comentário: — Tem uma coisa que eu não entendi.

— Não é possível! Eu já te expliquei tudo! O que ainda pode faltar? — Noah reclamou. Mesmo assim, estava disposto a esclarecer qualquer dúvida.

— Eu entendo que você tenha se escondido dos pescadores. Afinal até hoje eles te odeiam e se souberem que você está na cidade eles te matam. Mas...

— Mas... — Noah queria responder.

— Mas e a sua família? Por que não a procurou? — Carlão precisava entender aquele último detalhe para poder ajudar o amigo.

Entendendo a dúvida do amigo, Noah se sentou novamente e continuou a relatar um pouco mais de sua aventura nada feliz.

Ele contou que, após a queda do penhasco, além de ter perdido momentaneamente a memória, ficou muito machucado. A sorte foi ter encontrado uma família que, apesar de pobre, não mediu esforços para ajudá-lo.

Após seis meses, quando se sentiu melhor fisicamente, resolveu voltar para Coroinha e procurar o pai e a esposa que na época da confusão estava grávida de sete meses. Para evitar o encontro com os pescadores, achou melhor voltar pela praia, de barco. Só que no momento em que chegou e puxou o barco para a areia e começou a andar em direção à casa de Antoninho, ouviu alguém chamando por ele. Noah teve receio de apanhar ou até mesmo ser morto, só que ele já tinha sido reconhecido e não havia mais como se esconder. Ele teve que se virar e enfrentar a pessoa que o chamava. Para sua sorte, era Seu Teófilo, que, além de não acreditar que Noah era um traidor, tinha apenas uma intenção: adverti-lo dos transtornos que a sua volta poderia trazer.

Havia muito a ser dito, mas Seu Teófilo receoso de serem vistos na praia convidou Noah para um café em sua casa. Lá, Teófilo, que era o amigo mais próximo de Antoninho, contou a Noah tudo o que havia acontecido na noite em que os piratas começaram a executar o plano traçado por George. E Seu Teófilo iniciou contando sobre o beijo que Estela presenciou entre Noah e Esmeralda.

A primeira reação de Noah foi de assombro. Ele não se recordava de beijo algum, ficou chocado com aquela armação bem planejada que os piratas haviam feito contra ele. Mas Seu Teófilo não dava tempo para que Noah administrasse suas emoções e continuou a contar tudo o que sabia, sem dar pausas.

As revelações eram tão bombásticas que Noah não conseguia distinguir qual era a pior. Porém aquela que ele acabava de ouvir lhe tirou todas as esperanças de reaver o amor de sua esposa. Ele soube que o choque de Estela foi tão grande com o flagrante do beijo que quase perdeu o filho. Ela teve que ser levada às pressas para o hospital, onde Iago acabou nascendo de sete meses.

A tristeza de Noah era indescritível, mas Seu Teófilo não teve como evitar o tiro de misericórdia ao contar da vergonha que Seu Antoninho sentiu depois do acontecido. Ele ficou por meses quase vegetando. Era pele e osso. Além de não falar com ninguém, também não esboçava nenhuma reação, com exceção do dia em que teve um infarto e quase morreu, tendo ficado por dias no hospital.

Quando Seu Teófilo acabou de contar tudo o que havia acontecido, Noah levou as mãos à cabeça e teve certeza de uma coisa: não podia voltar para Coroinha.

Diante daquele quadro irreparável, Noah temendo piorar a situação, acabou aceitando o conselho de Seu Teófilo e voltou a morar com a família que o havia ajudado depois do acidente.

Aqueles foram momentos difíceis e inconsoláveis para Noah, que por diversas vezes pensou que nunca mais veria sua família. Ele vivia cabisbaixo e sem ânimo para nada. Valia-se do trabalho como uma forma de esquecer, nem que fosse por alguns minutos, a desgraça que se abatera contra sua vida. E além do mais, tentava recompensar com trabalho toda a ajuda que aquela família lhe dava.

Mas, após dois anos, a saudade que Noah sentia de sua família, principalmente do filho que não havia nem mesmo chegado a conhecer, começou a lhe tornar um homem frio, rancoroso e triste, muito triste. Ele sabia que precisava mudar a sua vida, senão acabaria maluco.

Foi aí que Noah começou a pensar numa maneira de reparar tudo o que havia acontecido. E de tanto pensar, acabou tendo uma idéia que o fez ver uma luz no fim do túnel. Ele sabia que aquele velho navio havia sido um desejo realizado pelo seu pai com a ajuda da bruxa da ilha. E sem pensar duas vezes, Noah resolveu procurá-la.

Mas parecia que a sorte havia brigado definitivamente com Noah. Ao chegar na ilha procurando pela bruxa, ela não estava lá, e sim uma menina de mais ou menos quatorze anos de idade. Para sua tristeza, essa menina, que tinha sido adotada pela bruxa, lhe contou que ela havia morrido.

O desânimo de Noah foi instantâneo, mas não o suficiente para destruir sua última esperança. Ele sabia que na sua frente estava apenas uma criança, porém ela era a única pessoa que poderia lhe ajudar naquele momento. Por isso, resolveu prosseguir em seu plano e perguntou se ela sabia da existência de algum galeão de piratas ali por perto.

Percebendo o medo no rosto da menina, Noah explicou com delicadeza que há alguns anos os piratas haviam roubado algo muito valioso dos pescadores de Coroinha e que ele precisava descobrir onde eles tinham escondido.

Diante daquela menina, Noah ainda tinha esperança em devolver tudo aos pescadores e trazer à tona a verdade sobre a armação dos piratas. Mas a única coisa que ele conseguiu foi outra triste revelação. A menina contou que no dia do roubo, sua mãe, a bruxa, usou seu cajado e transformou o galeão dos piratas de novo em brinquedo, para salvar a vida do homem que tinha caído do penhasco.

Noah se espantou ao saber que a bruxa havia tentado ajudá-lo e ficou por alguns segundos calado, enquanto a menina concluía a história.

— Mas o que a minha mãe fez não adiantou nada. O homem nunca mais foi visto. Dizem por aí que ele morreu.

Noah preferiu silenciar e não contar que ele era o homem que tinha caído do penhasco. E continuou a perguntar: — E o navio? O que sua mãe fez com ele depois de transformá-lo em brinquedo?

— Eu não sei! — a menina não quis falar a verdade. Ela tinha medo de que aqueles piratas voltassem a viver e preferiu mentir. Afinal, ela não sabia quem era aquele homem que fazia tantas perguntas.

Noah abaixou a cabeça e perdeu a última esperança. Os piratas eram brinquedos novamente. Não havia mais como descobrir onde estava escondido o tesouro dos pescadores e, sem ele, Noah não poderia voltar a Coroinha sem que os moradores tentassem matá-lo. E o pior, também não conseguiria provar para Estela que ele não a tinha traído. Isso sem falar na saúde de Antoninho que precisava ser poupada.

Foi assim que Noah resolveu voltar para o lugar onde já vivia há quase três anos. Lá, ele tentaria construir uma nova vida. Ele sabia que o tempo não lhe ajudaria a apagar a saudade e o amor que sentia por sua família, muito menos a dor de não ter sido capaz de ajudar os pescadores de Coroinha, mas ele não tinha alternativa.

Em sua vida, não houve um dia sequer que não se lembrasse de tudo o que havia acontecido. Na sua companhia, estavam sempre presentes os sentimentos de raiva, de vingança, de amor, de saudade e tantos outros que se misturavam em seu coração, e que ao invés de diminuírem com o passar do tempo pareciam ganhar ainda mais força.

Diante dessa realidade cruel, Noah se encheu de coragem e após longos cinco anos do acidente decidiu partir em busca da verdade, nem que para isso fosse preciso enfrentar a fúria de todos os moradores de Coroinha. E consigo levou apenas uma trouxa de roupas e um plano na mente: disfarçar-se de pescador e descobrir onde estava escondido o tesouro dos pescadores. Assim, poderia revelar a verdade para toda a cidade sobre o plano de George contra ele.

De volta à cidade natal, Noah não teve maiores dificuldades para enganar os pescadores. Seu rosto estava transformado pelas marcas do tempo e pela cicatriz na bochecha esquerda deixada por Charles. Tudo estava diferente: o tamanho do cabelo, a barba cerrada e grisalha, além de um corpo mais forte. Noah havia feito muito exercício físico para recuperar todos os movimentos que tinha antes da queda do penhasco.

A volta para Coroinha já era uma vitória para Noah. Mesmo sabendo que não poderia se aproximar da família, inclusive porque Estela e Iago não moravam ali. As lembranças daquela cidade não eram boas para eles e por isso não permitiam que Estela voltasse sequer para passar as férias.

Quando Seu Antoninho queria vê-los, não tinha alternativa a não ser ir até a casa de Estela. Mesmo chateado com aquela situação, Noah ainda esperava ansiosamente pelo dia em que ela apareceria com Iago em Coroinha, para que ele pudesse conhecer o filho ao menos de longe.

Mas a infelicidade de Noah não era de tudo tão grande, vivendo ali novamente, ele via seu pai todos os dias, mesmo que a distância.

— Satisfeito? — Noah perguntou a Carlão ao terminar de contar definitivamente a história de sua vida.

— Sim. Acho que agora não falta mais nenhum detalhe — Carlão respondeu.

— E... — Noah pedia uma resposta.

— Pode contar comigo — Carlão estendeu a mão para o amigo.

— O problema é que não tenho nenhuma pista dos piratas nem do navio de brinquedo — Noah comentou desanimado.

— Não se preocupe. Nós vamos pensar em algo — respondeu Carlão, tentando encorajar o amigo.

Pronto! Estava selada uma aliança.

7

O galeão e as maldades de sua tripulação

Enquanto Noah e Carlão terminavam de conversar, mal podiam imaginar que, não muito distante dali, o navio dos piratas já havia voltado ao mar e seguia em direção à Ilha Dourada. Era um galeão que levava gravado o seu nome do lado esquerdo: *Fortuna*.

— Atracar! — gritou o Capitão George como se nunca tivesse saído dali.

Mas não demorou muito para que percebesse algo diferente. Uma sensação estranha tomava conta dele. A voz estava rouca, como se tivesse acabado de acordar. Não tinha lembranças recentes. A memória estava tão fraca que não o ajudava em nada. Ele se sentia perdido no tempo e no espaço.

Depois de tantos anos, adormecido como um brinquedo, a primeira visão de George foi o céu. Mas o sol, que já brilhava forte, o fez desviar o olhar para o chão. Aos poucos, o pirata começou a fazer o reconhecimento da área e viu que estava no convés do navio.

Lá estava a maioria da tripulação que ainda dormia como brinquedo. O Capitão George ainda pôde acompanhar a transformação de alguns deles de madeira à carne. Espantado e desnorteado com o que presenciava, tentava entender o que estava acontecendo.

E não demorou muito para que se lembrasse do galeão *Fortuna*, do assassinato de seu pai, do saqueamento contra os pescadores, da morte de

Noah ao cair do penhasco numa luta travada com Charles e do encantamento da bruxa contra o galeão.

Após se recordar com minúcias dos acontecimentos do passado, teve certeza de uma coisa: já não era mais um brinquedo. O Capitão George estava de volta ao mar de Coroinha que após a morte de seu pai, Bartolomeu, assumiu o posto de Capitão do *Fortuna*. Ele comandava a tripulação que não era numerosa, mas em compensação a personalidade e as feições de seus componentes eram capazes de assustar qualquer pessoa.

O *Fortuna* era uma embarcação, mais conhecida como galeão, de propulsão à vela, grande o suficiente para acomodar vinte canhões. Um navio longo e com mastros muito altos, capaz de deixar qualquer um tonto diante de sua imponência. Típico galeão utilizado pelos piratas que viveram entre os séculos XVI a XVIII, com uma única diferença: a atual tripulação era do século XX, mas que fazia questão de manter a tradição, não só no galeão como nas roupas e no modo de agir: saqueando sem dó nem piedade.

Os piratas eram tão conservadores que a bandeira utilizada no galeão é a *Jolly Roger*, com o fundo preto e uma caveira com dois ossos cruzados. Sempre hasteada para provocar o medo e o pavor das pessoas.

A tripulação do *Fortuna* era composta por temíveis e sanguinários piratas, todos com um aspecto repugnante, que pareciam não tomar banho há séculos. As barbas imundas compunham o visual. Não havia um pirata sequer que não tivesse uma barba longa ou cerrada. Tatuagem era a marca registrada daquela tripulação, que escolhia desenhos que lembrassem o horror ou a tortura. As roupas pareciam estar sempre sujas, mas as facas estavam sempre brilhando, prontas para um ataque. Os chapéus eram diversificados, alguns usavam uns triangulares, outros pontiagudos, havia também os que se contentavam com uma touca velha. Os calçados eram em sua maioria botas grosseiras, escuras e sujas.

Apesar de esses piratas horripilantes, a tripulação não era composta apenas de saqueadores e sanguinários. Dentre eles, um se destacava pela sua bondade e falta de vocação para a pirataria: Jonas. Era um pirata baixinho e gordinho. O único que não era balzaquiano. Devia estar pela casa dos setenta anos. Era um velhinho muito simpático que não aceitava ordem de ninguém daquela tripulação, mas em compensação fazia de tudo para agradar o Capitão George, assim como fez com o Capitão Bartolomeu. Mas a sua submissão lhe trouxe um outro problema: a gagueira, principalmente quando tentava, escondido, ir contra as ordens de George. Por isso, para se manter longe da pirataria e dos ataques que julgava selvagens, Jonas resolveu se tornar o empregado do navio. Ele fazia de tudo: lavava, passava, cozinhava, faxinava e tudo o mais que o Capitão George mandasse.

O serviço não era pouco e era exaustivo, mas pelo menos não lhe sobrava tempo para pilhagens.

Por seu temor, era zombado por todos os piratas, mas havia um em especial que fazia questão de maltratá-lo: Estevão. Era um pirata que se aproveitava de sua bela aparência e de sua jovialidade para debochar de Jonas em todo momento que o encontrasse. Os braços fortes de Estevão lhe davam oportunidade de suspendê-lo e ameaçá-lo de morte sem motivo algum. Jonas, baixinho, só balançava as perninhas no ar e pedia clemência com o coração aos pulos. Estevão soltava o pirata medroso e, rindo de sua cara, saía passando a mão nos cabelos pretos e lisos jogados ao vento. A beleza de Estevão não estava somente nos cabelos, mas também nos olhos azuis que compunham o seu rosto perfeito que causava inveja a qualquer pessoa, principalmente nos piratas do *Fortuna*, que odiavam a presença de um pirata bonito no galeão.

Em sua maioria os piratas eram realmente muito feios e horripilantes, ou seja, os verdadeiros bandidos do mar não faziam questão de boa aparência, com exceção de um deles: Capitão George. Seus trajes, além de finíssimos, eram sempre limpos, assim como seus longos cabelos encaracolados e sua barba cerrada. Lembrava realmente um pirata dos séculos passados. Se George não fosse um pirata, com certeza seria um lorde. Ele adorava pompa.

Geralmente usava um sobretudo de tecidos diferentes, que não podiam deixar de ser brilhosos e vistosos. Nas camisas que usava por baixo, os babados eram imprescindíveis, tanto nas mangas como na lapela. O brilho não era característica apenas de sua roupa, mas também dos anéis que tinha em quase todos os dedos e da enorme argola usada na orelha direita. Era ouro puro conjugado com pedras de diamante.

Capitão George era milionário, porém no galeão só estavam as jóias suficientes para lhe enfeitar, pois os tesouros que tinha não estavam ali. O primeiro dos tesouros era o do saqueamento feito contra os pescadores. Ele havia descarregado tudo dentro do esconderijo da Ilha Dourada. E o segundo tesouro, o do seu falecido pai, Capitão Bartolomeu, também estava na ilha, mas não como o outro tesouro, à vontade de quem conseguisse entrar no esconderijo. A fortuna deixada pelo pai estava no esconderijo, mas guardada dentro de um enorme salão que para adentrar precisava-se ultrapassar uma porta maciça de madeira, cuja chave somente o Capitão Bartolomeu sabia onde estava. Ele nunca confiou em ninguém, nem mesmo no próprio filho.

O sonho de George era conseguir abrir aquela porta e juntar a fortuna dos pescadores com a de seu pai. Assim, ele e sua tripulação poderiam dominar não só Coroinha, mas todas as cidades da redondeza.

A ganância de George era tão grande que mal acabava de voltar à vida e já pensava numa forma de tomar posse do tesouro do pai. Enquanto tentava bolar algum plano, observava aquela tripulação que ainda dormia e que mal podia imaginar que estava prestes a voltar a viver. Os piratas ainda estavam inertes e ainda eram de madeira, como haviam sido deixados há dez anos pelo cajado mágico da bruxa Matilde.

Diante daquela cena, o Capitão George se esqueceu um pouco do desejo de conquistar o tesouro do pai e relembrou inevitavelmente do instante em que havia sido transformado novamente em um brinquedo.

Os infortúnios dos piratas deviam-se a um encantamento. Tudo começou quando Matilde, a bruxa, estava no convés do *Fortuna* em confronto com George. Ali, ela presenciou a euforia de Charles ao voltar correndo para levar a notícia da morte de Noah para a tripulação. Revoltada com todas as atrocidades que os piratas cometiam há cinqüenta anos, resolveu dar um fim àqueles sanguinolentos e perversos bandidos do mar.

Matilde estava determinada a transformar novamente aquele galeão em um brinquedo. Com o cajado na mão travou uma luta com o Capitão George, que tentava impedir que ela fizesse tal feitiço. Mas, infelizmente, ela não teve força suficiente para levar a melhor, e George conseguiu tomar o cajado de suas mãos. Debochando da bruxa, o Capitão perguntou: — O que vale uma bruxa sem o seu cajado, hein? Você o quer de volta?

George tripudiava sobre Matilde, que nada podia fazer sem o cajado mágico. Indignada com a situação, ela se aproveitou da distração de George enquanto gargalhava e conseguiu segurar uma das pontas do cajado que estava nas mãos dele. Nessa hora, George ficou preocupado e agarrou fortemente a outra ponta do cajado. Certo de que queria acabar com a bruxa, puxou uma espada com a outra mão e com o pé empurrou uma portinhola que levava à prancha por onde eles jogavam suas vítimas ao mar. A bruxa foi obrigada a andar na prancha, mas não desistiu do cajado que também era disputado pelo Capitão. Quando chegou no final da prancha e com a espada em seu pescoço, Matilde, quase sem respirar, caiu no mar e não conseguiu levar consigo o cajado. Mas antes de cair, lançou o encantamento, falando: — Seja novamente um brinquedo. Apenas um BRINQUEDO!!!!!

Nessa hora o céu se fechou, as nuvens vieram carregadas de raios e acompanhadas de trovões. As águas se levantaram. O Capitão George ficou assustado e gritou: — O que está acontecendo? — e correu para o convés do navio. Mas percebeu que já não tinha mais a mesma agilidade de antes. E quando levantou a calça para ver o que acontecia com suas pernas, viu que elas estavam se transformando em madeira. Em seguida observou que sua mão já estava dura. Revoltado com o que acontecia, aproveitou que ainda tinha o movimento da boca para gritar: — Maldita seja você! BRUXA!!!!!!!

Sem saber nadar, a bruxa começou a bater os braços na água na tentativa de não afundar. Mas o tempo não colaborava. Não só as ondas passavam por cima dela, como aquela chuva que veio inesperadamente. A tempestade era tão grande que Matilde pensou que morreria ali mesmo. Para sua sorte, a tormenta só durou até que o galeão se transformasse definitivamente em brinquedo.

Depois da finalização do feitiço, tudo se acalmou e voltou ao normal. Mas era tarde demais para a bruxa que estava muito fraca e cansada de lutar contra as águas do mar. Mesmo assim, Matilde fez uma força tremenda até alcançar o navio que já era de brinquedo para colocá-lo dentro de seu capão, e embaixo dele a bruxa amarrou fortemente uma faixa para que ele não caísse dali enquanto ela nadava para sair do mar.

Mas a sua tentativa de sair dali foi em vão, ela começou a engolir muita água e não teve como evitar o afogamento. E quando já estava quase chegando ao fundo do mar, dois braços chegaram por baixo para segurá-la e trazê-la de volta à superfície.

Era Serena, uma sereia que também havia sido um brinquedo e passou a ter vida graças às mágicas do cajado. Matilde fazia esses encantamentos para alegrar um pouco a vida da filha adotiva. A ilha em que eram obrigadas a viver era deserta e sem graça.

Matilde, desacordada, foi levada até a margem de sua ilha. Lá, Serena a ajudava mais uma vez fazendo respiração boca a boca e massagens no peito. A bruxa acordou tossindo e cuspindo muita água. E ao abrir os olhos, falou: — Muito obrigada, Serena. Eu pensei que tivesse chegado a minha hora.

— Não enquanto eu estiver por perto — Serena respondeu sorrindo.

— Pelo menos eu consegui acabar com aqueles piratas — Matilde estava aliviada.

— Acho que agora Coroinha finalmente terá paz — Serena comentou.

— O único problema é que eles se foram sem que eu pudesse descobrir o segredo do labirinto para salvar os brinquedos aos quais minha filha deu vida — Matilde se lamentava.

Serena emudeceu. Ela também estava muito triste. Afinal, a sereia era um dos brinquedos e só não foi roubada porque precisa viver no mar. Mas os que estavam na ilha da bruxa foram levados pelos piratas no mesmo momento do roubo do tesouro dos pescadores. George tinha veneração por aqueles brinquedos. Dizia que eram outro tesouro. Brinquedos que tinham vida só poderiam trazer lucro.

— Agora foi a minha vida que ficou sem graça — a bruxa reclamava e não parava de falar: — Minha filha, com apenas doze anos, não tem mais nenhuma diversão. E ainda precisa ficar presa nesta maldita ilha. E o pior: agora só terá a companhia de uma velha bruxa.

— Não fale assim! A ilha não é maldita. É o lugar onde a senhora pode viver em segurança. E a sua companhia é maravilhosa — Serena tentava acalentar Matilde e sugestionou:

— Por que a senhora não dá vida a novos brinquedos?

A bruxa Matilde abaixou a cabeça e continuou a chorar.

— O que foi? O que está acontecendo? — Serena ficou aflita.

— Aquele maldito Capitão George roubou o meu cajado — Matilde estava nervosa.

— Roubou? — Serena mal acreditava no que ouvia.

— Isso mesmo. Agora, o meu cajado está aqui dentro desse galeão de brinquedo.

— Aqui? — Serena tocou o galeão.

— Sim. O Capitão George tomou o cajado de mim enquanto me fazia andar na prancha — contou a bruxa.

— Então é simples de resolver. É só trazer a vida de volta ao galeão e pegar novamente o cajado.

— Não! Isso nunca mais! É melhor morrer sem poder ter mais o prazer de fazer mágicas do que ter aqueles malditos piratas de volta.

— Tem certeza? — perguntou Serena.

— Tenho sim. Eles são a mais pura tradução da discórdia, da morte, do egoísmo e da desgraça. Precisamos que eles fiquem bem longe daqui, nem que para isso eu nunca mais possa me realizar como uma bruxa.

Serena, que era uma sereia de longos cabelos loiros e encaracolados, com dois olhos azuis da cor do mar, tentava aconchegar a bruxa Matilde. Ela nunca conseguia ficar muito tempo ao lado da bruxa, apenas por meia hora. Depois desse tempo, ela tinha que voltar para o mar, pois não conseguia mais respirar. Mesmo asim, isso não a impedia de aparecer sempre que podia. E quando aparecia transformava-se em um ser humano no mesmo instante. Era só sair da água para criar pernas.

Mas agora elas não tinham mais tempo para lamentações. Serena tinha que aproveitar o resto de tempo que ainda podia ficar fora do mar, para levar Matilde para casa. Lá, sua filha a esperava assustada. Nunca tinha presenciado tamanha tempestade.

— Mãe! Mãe! — a menina Madelene correu em direção à bruxa Matilde que estava sendo carregada pelos braços de Serena.

A cena era um pouco chocante, já que a impressão que se passava é de que a bruxa estava morrendo. Mas Serena, que percebeu o nervosismo de Madelene, falou: — Calma! Calma! Ela está bem! Apenas um pouco fraca, ela precisa descansar.

A menina enxugou as lágrimas e, botando um sorriso no rosto, segurou na mão da bruxa e relembrou: — Você disse que iria viver por muitos anos. Não pode me deixar agora!

Matilde não tinha força para responder, apenas deixou transparecer um sorriso que fosse o suficiente para acalmar sua filha.

Madelene levou a bruxa para a cama com a ajuda de Serena que, apesar de presenciar a sua preocupação com a mãe, não podia ficar ali por muito tempo para consolá-la, pois já começava a sentir falta de ar. Com muito esforço, disse: — Fique calma, sua mãe só precisa descansar. Nada de mal vai acontecer.

— É só o que quero — respondeu Madelene choramingando enquanto a bruxa já dormia.

Serena correu para o mar e nadou para longe, muito longe dali, enquanto Madelene não saía do lado da cama da mãe. Cuidava dela dia e noite. Mas não havia febre, nem dores, apenas tristeza. A bruxa Matilde não conseguia se esquecer do cajado nem dos brinquedos roubados. Era como se eles fizessem parte dela. E sem eles, perdia as forças.

Nem mesmo a tradição de que as bruxas podem viver por mais de cem anos foi capaz de impedir que a sua desolação a deixasse doente. Os dias e as noites passavam, mas não a tristeza de Matilde. Ao contrário, ela parecia cada vez mais fraca, o que deixava a filha inconsolável. Sem saber o que fazer para salvar a mãe, a menina Madelene se aproximou dela e pediu, chorando: — Por favor, não morra de tristeza!

A bruxa passando a mão na cabeça da menina disse: — Eu não devia ter permitido que você fugisse de sua verdadeira mãe.

— Não fale assim! Você é a minha verdadeira mãe! — Madelene já não conseguia mais segurar as lágrimas e choramingava.

— Eu lhe prometi um mundo de alegrias e só lhe dei o contrário. — Matilde se lamentava ao falar: — Os brinquedos que lhe dei foram roubados. E você ainda tem que ficar presa nesta ilha como se fosse uma criminosa.

— Não fale assim, mamãe! — pedia Madelene.

— Agora não posso lhe dar mais nada. Estou fraca, muito fraca — a voz de Matilde já não tinha mais vigor.

Madelene fechou os olhos e, segurando as mãos de sua mãe, colocou a cabeça no colo dela como se precisasse de um último carinho.

— Antes de partir preciso fazer uma coisa — falou a bruxa.

— O quê? — Madelene se espantou.

— Pegue uma caneta e uma folha de papel, rápido — Matilde pediu enquanto tossia muito.

Madelene preocupada correu para a estante onde elas guardavam alguns cadernos e trouxe um para a mãe.

Mas a bruxa, que já não tinha força para mais nada, pediu para que a filha escrevesse um bilhete dizendo: — SALVE A VIDA DE SEU FILHO! NÃO DEIXE ESSE BRINQUEDO VOLTAR PARA O MAR!

Essa mensagem era importantíssima, pois uma vez de volta ao mar o galeão ganharia vida novamente. E não havia como desfazer um desejo realizado. Por isso, a bruxa falou para Antoninho quando criança: — Cuidado com o que você pede, pois o seu desejo pode se tornar realidade!

Madelene, sem entender o motivo daquilo, queria uma explicação. A bruxa tentou contar a história, mas rapidamente. Matilde sabia que o tempo corria contra ela. E o mais importante naquele momento era colocar o bilhete escrito por sua filha dentro do galeão de brinquedo.

— Deixe isso na porta da casa de Seu Antoninho ainda hoje — Matilde falava com muita seriedade.

— Está bem! — Madelene não questionou as ordens da mãe.

Matilde se acalmou, como se tivesse cumprido a sua última missão. E olhando docemente para Madelene pediu: — Desculpa por morrer e deixá-la sozinha!

— Eu não vou ficar sozinha! Eu tenho o seu amor guardado dentro do meu coração para o resto da minha vida — respondeu Madelene, sentindo a mão da bruxa largar a sua lentamente. A força de Matilde acabou, sua vida também, e tudo passou como se fosse um sopro.

O vazio que Madelene sentiu dentro do peito foi grande demais e a raiva dos piratas ainda maior. E com aqueles sentimentos confusos, ainda segurava a mão de sua mãe, prometendo: — Eu não vou descansar enquanto não recuperar o cajado e os brinquedos. Eu prometo!

Apesar de sua pouca idade, apenas doze anos, foi forte o suficiente para cavar com a ajuda de uma pá velha e das próprias mãos a cova de sua mãe. O trabalho que fazia lhe trazia muita tristeza e lágrimas, mesmo assim era feito com amor. Madelene aproveitava aquele momento para chorar, pois sabia que depois o desânimo só poderia lhe atrapalhar a cumprir a promessa feita à sua mãe.

Com as mãos ainda sujas de terra, Madelene foi para a margem da ilha. Bem devagar, colocou as mãos nas águas do mar que lentamente as deixaram limpas novamente, mas não conseguiu levar consigo a tristeza que sentia em seu coração.

Serena, que nadava longe dali, conseguiu sentir a tristeza de Madelene quando foi lavar as mãos. Era assim que a bruxa e Madelene chamavam Serena quando precisam dela, através da água que lhes servia como um meio de comunicação.

Sentindo a emoção de Madelene, não demorou muito para Serena ter a notícia da morte da bruxa Matilde. A tristeza da sereia era inevitável, mas precisava ajudar a menina que pelo toque nas águas do mar estava sofrendo muito. Sem esperar mais um segundo, Serena nadou muito rápido até chegar à ilha da bruxa. Lá, ela teve a confirmação do que sentiu na água. A bruxa Matilde havia morrido. Madelene não chorava mais, estava apática. Serena saiu do mar e a abraçou, falando: — Vamos entrar um pouquinho em casa. Acho que você está febril.

— Não! Agora não! Preciso fazer algo antes — respondeu Madelene.

— O quê? — perguntou Serena espantada, já que não havia se passado muito tempo da morte da bruxa.

— Minha mãe me fez um pedido antes de morrer. Eu devo entregar aquele galeão a uma pessoa — contou Madelene.

— Faça isso outra hora. Você deve estar cansada. E além do mais já está tarde e muito escuro — pediu Serena.

— Minha mãe falou para eu fazer isso ainda hoje — explicou Madelene.

— Bom, nesse caso eu vou lhe ajudar — falou Serena.

— Tudo bem! Espere aqui! Eu vou até em casa pegar o galeão.

Não foi só o galeão que Madelene pegou, mas também um dos capões da mãe. Ela pretendia usá-lo, mesmo sendo grande demais para ela. Seu objetivo era se disfarçar, pois temia o encontro com algum pescador. Ela tinha certeza de que vestida com o capão seria confundida com a escuridão daquela noite sem lua cheia.

E prontas para cumprir o que Matilde havia pedido, rapidamente Madelene sentou nas costas de Serena que nadou pela superfície até alcançar o destino almejado, a casa de Seu Antoninho. Quando lá chegaram, Madelene disse: — Fique aqui na margem. Eu não vou demorar.

Olhando ao redor para se certificar de que não havia ninguém ali, Madelene não percebeu que Antoninho estava na janela. Era para o mar que ele sempre olhava quando algo lhe angustiava. Tentava entender o que tinha acontecido com Noah, enquanto Estela continuava internada no hospital com o prematuro Iago.

Mesmo com todos os problemas e com os pensamentos distantes dali, Antoninho percebeu que alguém se aproximava da porta de sua casa. Olhando com mais afinco, logo entendeu de quem se tratava.

— Ué! A bruxa está aqui? — pensou Antoninho, que observava o movimento de Madelene ao deixar o galeão na porta de sua casa, tocar a campainha e correr dali.

No mesmo instante, Antoninho saiu da janela e desceu para ver o que a bruxa havia deixado ali.

Antoninho, que já tinha problema de vista cansada, não conseguiu identificar aquele objeto de longe, mas ao se aproximar daquilo o espanto foi inevitável. Era o seu brinquedo de infância. Os piratas não podiam fazer mais nada contra a cidade. O controle estava novamente em suas mãos. Mas um sentimento atormentava seu coração: se ele nunca tivesse desejado que aquele galeão fosse de verdade um dia, nada daquilo teria acontecido a seu filho Noah.

Como se fosse pegar um galeão feito de cristal, Antoninho se abaixou para pegá-lo. Porém algo lhe chamou a atenção. Era a ponta de um pedaço de papel. Intrigado, puxou lentamente aquele canudo de dentro do galeão e logo percebeu que se tratava de um bilhete. Na verdade era um alerta da bruxa para que Antoninho não deixasse que aquele brinquedo voltasse para o mar.

Ao se recordar que a bruxa havia lhe alertado de que se deve ter muito cuidado com os desejos, pois eles podem se tornar realidade, Antoninho achou melhor fazer o que a bruxa aconselhou e nunca mais permitiu que aquele pequeno navio voltasse ao mar. De acordo com o bilhete, a vida de Noah dependia daquela atitude. E foi tentando proteger seu filho que Antoninho seguiu a orientação da bruxa por dez anos, até Iago chegar em Coroinha e fazer justamente o contrário. E agora, aquele galeão, escondido a sete chaves, voltava a Coroinha.

Nem mesmo a tripulação que já dormia por muito tempo poderia imaginar que um dia voltaria a navegar sobre o mar de Coroinha. A precaução que Antoninho teve por dez anos veio por água abaixo em poucos minutos. O retorno do galeão era real e nada mais podia ser feito para se evitar aquilo. Aos poucos a vida tomava conta novamente dos corpos inertes daqueles piratas. Era cerca de vinte espalhados por toda parte do navio, desde o porão até o convés.

Eles não sabiam, mas os seus corpos de madeira adormecidos transformavam-se em carne novamente. Os cabelos já balançavam com o vento. Era a vida voltando. Mas faltava um detalhe. O coração. Sem ele não havia vida.

Mas, de repente: tum, tum! Eram os corações dos piratas que voltavam a bater no mesmo momento em que eles abriam os olhos. A tripulação estava ainda sonolenta, como se estivesse saindo repentinamente de um pesadelo. Mas havia uma coisa que ainda não fazia sentido para aqueles piratas: como eles haviam voltado a viver? Quem havia quebrado o feitiço da bruxa Matilde?

Aos poucos a alegria de voltar a viver os fazia deixar de lado todos os questionamentos. Aquilo já não era mais importante. O que eles queriam era correr por todos os cantos do galeão gritando e terminando de acordar os que ainda dormiam: — Voltamos! Voltamos!

A tripulação comemorava enquanto o Capitão George fazia questão de sentir batendo no seu rosto a maresia quase esquecida. E de braços e olhos bem abertos, ele olhava para o céu com a cabeça erguida e saudava a vida dando gargalhadas.

Não demorou muito para que todos os piratas acordassem e de pé entendessem o que estava acontecendo ali. A festa era muito grande. Eles se cumprimentavam um a um, afinal foram dez anos dormindo. Charles foi o primeiro a falar com o Capitão George que lhe falou: — Agora que estamos de volta, você vai me ajudar a consertar a besteira que fez.

— Que besteira? — perguntou Charles.

— Ah! Já se esqueceu? — George debochou.

Charles não respondeu, parecia que sua memória ainda não estava totalmente restabelecida.

— A besteira de ter deixado Noah pular daquele penhasco com o pingente do meu pai.

Charles engoliu em seco e balançou a cabeça positivamente. Mas o Capitão lhe deu um tapa forte nas costas e falou: — Depois cuidaremos disso, agora é hora de comemoração.

Aliviado, Charles saiu de perto de George que ainda cumprimentava o resto da tripulação. O Capitão procurava alguém em especial, mas que não estava no convés. Ele estava ansioso demais para ficar parado ali e saiu rapidamente para o salão de festa do *Fortuna*, mas não achou quem procurava. Seguiu novamente para o convés e foi para o outro lado onde uma passagem levava a uma galeria com várias portas. Era lá que ficavam as cabines mais importantes e luxuosas do galeão. Apenas alguns piratas dormiam ali, os mais ricos, o restante dormia em um compartimento ao lado do porão, que ficava na parte inferior do navio.

Capitão George sem titubear seguiu para a sua luxuosa cabine. E ele estava certo. Deitada na sua cama, finalmente achou quem procurava: Esmeralda, sua namorada. Ela era linda, tinha uma pele muito branca e macia, não havia nenhuma marca em seu rosto, parecia uma porcelana. O cabelo era muito longo e liso como o de uma índia. Ela ainda continuava bela, como se o tempo tivesse parado. E realmente o tempo não havia passado, e não só para ela, mas para toda a tripulação: estavam todos do mesmo jeito em que se encontravam no dia em que a bruxa Matilde lançou o feitiço contra o navio. Os brinquedos nunca envelheciam. Eles apresentavam a mesma forma física durante toda a vida. Isso acontecia desde o primeiro feitiço, o que havia sido feito por Antoninho quando ainda era apenas uma criança.

Lentamente, o Capitão foi se aproximando da cama em que Esmeralda estava. Ela também já tinha voltado à vida, mas ainda dormia. O coração batia forte. A boca muito vermelha contrastava com os olhos verdes. A beleza daquela mulher era irresistível para o Capitão George que diante dela não se agüentou de saudade e a beijou bem devagar. Parecia um conto de fadas, o príncipe encantado acordando a Cinderela.

Não levou mais que alguns segundos para Esmeralda acordar. Ela estava um pouco desambientada e perguntou: — Onde estamos?

Rindo, Capitão George respondeu: — De volta!

Uma pequena pausa foi o suficiente para refrescar a memória de Esmeralda que lembrou de tudo e deu uma gargalhada que fez a sua beleza dar medo a qualquer bruxa.

Juntos, Capitão George e Esmeralda riram tão alto que conseguiram acordar o último pirata que ainda dormia no porão do galeão. Depois de dez anos dormindo, Jonas acordou irritado com o barulho. Ele colocou o travesseiro em cima da cabeça para que as gargalhadas não atrapalhassem seu sono. Mas, após alguns segundos, percebeu algo diferente. E lentamente tirou o travesseiro de cima da cabeça e olhou para o teto pensando: — Ué? Que sensação esquisita!

Ele se sentou na cama e tentou entender o que sentia. E aos poucos foi se recordando do dia em que a bruxa Matilde lançou o feitiço contra o galeão e ele foi se transformando aos poucos em um boneco de madeira.

— Mas como é possível? — Jonas correu para a escotilha aberta.

— Meu Deus! É o mar! — Jonas estava maravilhado com sua volta. O mar era a sua maior paixão.

Aproveitando o momento de felicidade, Jonas com suas pernas curtas e gordinhas subiu as escadas com a dificuldade de sempre para ver o mar de perto. Ele lembrava uma criança tentando ultrapassar os degraus. Mas ao chegar no convés deparou-se com o Capitão George que ao vê-lo lhe disse às gargalhadas: — Ora, ora, você também voltou? O velho Jonas! Pensei que eu tivesse me livrado de você.

Jonas apenas ficou olhando para o Capitão, que continuou a falar: — Ainda bem que o tempo não passou para a gente, hein? Senão hoje esses poucos fios de cabelo preto já estariam branquinhos como o restante.

A vontade de Jonas era xingar o Capitão, mas a sua submissão também havia voltado. Ele continuava inerte às agressões e aos deboches de George, já que era a única forma de se livrar de participar das pilhagens. E somente por isso, Jonas suportava, pacientemente, as piadas. Mas fora o capitão, Jonas não admitia que nenhum outro pirata da tripulação lhe desse ordens.

Percebendo que Jonas continuava obediente, Esmeralda acariciou o rosto do Capitão, deu uma volta e, parando atrás dele, comentou, zombando: — Pelo menos temos o nosso empregadinho de volta.

A utilidade da presença de Jonas no galeão era realmente imprescindível. Não havia nenhum pirata que fosse tão prendado quanto ele. E, lembrando-se dos seus dotes, o Capitão ordenou: — Vá já procurar os nossos melhores charutos e o rum para comemorarmos a nossa volta.

— Mas agora? — Jonas ficou chateado, pois queria muito ver o mar.

— Agora! — o Capitão olhou feio para ele.

— Tudo eu, tudo eu! — Jonas saiu reclamando.

— Tem outra coisa! — George falou.

— Depois você irá pescar para termos o que comer esta noite. Não temos nada a bordo além de charutos e bebidas.

Jonas não reclamou mais, pelo menos poderia se aproximar do mar. E foi o que fez naquele fim de tarde, apesar de estar no alto de seus setenta anos, aproveitou para pescar. Aos poucos foi subindo a barra de sua calça para entrar no mar até a altura de suas canelas. E, quando deu por si, o seu corpo já estava inteiro dentro do mar. E com sua roupa toda molhada, Jonas brincou como uma criança.

Enquanto estava mergulhado nas águas do mar, sua alegria parecia completa. Mas de repente algo o entristeceu: ele viu que o galeão estava atracado na Ilha Dourada. Aquele lugar não lhe trazia boas lembranças. Foi aí que o pirata caiu na real e teve a certeza de que boas coisas não aconteceriam naquela cidade. Assim, com o cesto cheio de peixes, voltou para o galeão. Era hora de voltar aos afazeres de uma vida toda, cozinhar para a tripulação que esperava faminta pelo jantar.

Os piratas, apesar de estarem sem forças e um pouco cansados com a volta repentina, aproveitaram a noite, regada com muita bebida e música, para comemorar o retorno. Enquanto isso, no continente, Estela e Antoninho temiam pelos próximos acontecimentos. Já Seu Teófilo, que observava o galeão de longe, parecia ter certeza de que aquele retorno seria bom para todos. Mas Madelene, que viu tudo da ilha, preferiu continuar escondida.

8

O saqueamento

O sol, como sempre, aparecia cedo em Coroinha, assim como os pescadores que chegavam ao Mercado antes dele, já que iam direto da pescaria para lá. Mas hoje era um dia especial, os congeladores estavam cheios de peixes, e por isso os pescadores aproveitaram para acordar com o sol e chegar um pouco mais tarde ao Mercado. Sorte dos piratas, que não foram vistos no mar. Azar dos pescadores, que não estavam preparados para o saqueamento que iriam sofrer logo pela manhã.

Ainda fora do Mercado, um pescador viu que havia algumas pessoas lá dentro. Isso porque as paredes eram de concreto até a metade, e do meio para cima eram feitas de vidros, o que permitia que do lado de fora as pessoas vissem o que acontecia lá dentro.

Destemido, mas desconfiado, o pescador entrou no mercado e ficou estarrecido diante da cena que assistia. Eram cerca de quinze piratas saqueando todas as barracas ao mesmo tempo. Nada lhes escapava: dinheiro, peixes, legumes, frutas, velas, fósforos e tudo o mais que encontrassem pela frente.

Por um instante o pescador ficou sem saber que atitude tomar diante daquela situação. Mas não demorou muito para se lembrar de Carlão e Miguel, os pescadores mais fortes de Coroinha, e correr até a pensão de Dona Milinha para avisá-los.

Na pensão, a notícia do saqueamento não foi tão mal recebida por Carlão e Miguel. De certa forma, aquilo poderia significar a primeira peça do quebra-cabeça que Noah procurava há anos. Afinal, ele estava prestes a reencontrar os piratas. Só faltava saber se aquela era a tripulação do *Fortuna.* Era tudo o que Noah precisava.

Noah e Carlão deixaram a pensão na companhia do pescador. Eles tinham pressa em chegar ao Mercado. Mas a correria não foi suficiente para conseguirem evitar o saqueamento.

— Não acredito nisso! — falou Carlão olhando para o mercado que estava completamente revirado.

Noah não conseguiu falar nada até ver um bilhete cravado com uma faca em uma das barracas: — Voltamos!

Sorrindo, Noah disse baixinho: — Vocês não imaginam o quanto esperei por esse dia!

— Do que você está rindo? — perguntou o pescador nervoso.

— Calma! — pediu Miguel.

— Fomos roubados! E você ri disso? Precisamos fazer alguma coisa! — gritou o pescador.

Nessa hora o restante dos pescadores, que começava a chegar no Mercado, escutou a conversa sobre o roubo. Pronto! A confusão estava armada. Ninguém mais se entendia. Não adiantava Carlão e Miguel pedirem calma e silêncio. Todos estavam muito nervosos com a perda que haviam sofrido. As caixas registradoras e os congeladores ficaram vazios.

Um dos pescadores, revoltado, gritou: — Sempre somos roubados nesta cidade!

— Calma! — Miguel pedia novamente.

— Como posso ter calma? Quando guardamos o nosso dinheiro em um lugar seguro, fomos roubados pelo Noah. Agora que resolvemos guardar aqui no Mercado, fomos saqueados por piratas que surgiram não sei de onde. Acho que do inferno. Só pode ser — gritava o pescador intemperadamente.

Carlão deu uma olhadinha de canto de olho para Miguel que ficou sem graça, mas não inerte, e tomou uma atitude: — Vou falar com o delegado. Aliás, é melhor não. Já tive problemas ontem com ele.

— O que vamos fazer? — perguntou o pescador.

— Eu vou à prefeitura — respondeu Miguel.

— Prefeitura? — o pescador não entendeu.

— Vou reclamar do roubo diretamente com o prefeito — Miguel não queria deixar aquilo barato.

— Todos nós sabemos que o prefeito é corrupto. De nada vai adiantar a sua reclamação — o pescador comentou.

— Só que com esses roubos o prefeito também terá prejuízo. O recolhimento de impostos diminuirá — Miguel concluiu.

— Você tem razão — concordou o pescador.

— Eu vou junto! — avisou Carlão, sem dar chance a Miguel de falar o contrário.

— Então vamos agora! — falou Miguel já saindo do Mercado e pedindo ao pescador que acalmasse os demais.

Apesar do saqueamento do Mercado, durante o caminho até a prefeitura, Noah e Carlão estavam radiantes. Eles sabiam que o retorno daqueles piratas era tudo o que precisavam para descobrir onde estava escondido o tesouro dos pescadores. Além de ser uma grande oportunidade para Noah revelar a armação feita contra o seu casamento com Estela.

Quando chegaram na prefeitura, a vontade de Noah era entrar na sala do prefeito sem avisar, mas, como já havia sido preso há dois dias, pensou bem e achou melhor manter a calma.

— Hum, hum, Bom-dia! — falou Miguel, pigarreando, à secretária do prefeito Normando.

Lixando as unhas, ela o olhou com um certo desprezo e respondeu: — Bom-dia!

— O prefeito está? — perguntou Miguel.

— Está sim! — disse a secretária sem tomar nenhuma atitude.

Miguel, perplexo diante do descaso da secretária, se controlou e falou por entre os dentes: — Por obséquio, eu posso falar com ele um minuto, por favor!

— Ah, sim! Vou ver se ele pode lhe atender — a secretária parecia ter caído em si.

Largando a lixa, ela entrou na sala do prefeito deixando os dois ansiosos na ante-sala. Não demorou muito a chamá-los para adentrarem na sala. Noah levantou a sobrancelha para Carlão, como se avisasse: Vamos enfrentar o corrupto.

— Bom-dia! — o prefeito recebia os pescadores com muita alegria e de braços abertos. Era gentileza demais.

A cena realmente traduzia a expressão de um político corrupto que tentava conquistar os seus eleitores. Mas Miguel e Carlão preferiram se fazer de besta e ir direto ao assunto.

— Estamos com um problema — Miguel contou.

— E do que se trata? — perguntou o prefeito Normando.

— Houve um saqueamento hoje cedo no Mercado dos Pescadores — complementou Carlão.

— Saqueamento? — o prefeito se assustou. Há muito tempo não ouvia aquela expressão.

— Isso mesmo. Piratas entraram no mercado e roubaram nossos peixes, mantimentos e dinheiro — Miguel relatou.

— Piratas? — o prefeito estava incrédulo.

— Piratas — afirmou Carlão já nervoso com a apatia do prefeito.

— Precisamos de segurança! — pediu Miguel. — Afinal, essa não é a primeira vez que os piratas roubam os pescadores desta cidade.

— Mas lhe garanto que será a última — o prefeito fechou a mão e a bateu com força sobre a mesa.

Miguel e Carlão, mesmo sem acreditar muito naquela promessa, se retiraram da prefeitura agradecendo ao prefeito e voltaram ao Mercado. Lá, os pescadores que esperavam ansiosamente pelo resultado da conversa na prefeitura ficaram aliviados ao ouvir de Miguel que naquele momento o prefeito seguia com o barco da prefeitura até o navio dos piratas para lhes dar um ultimato.

Independentemente dos interesses em jogo, Normando não esperou um segundo sequer após a saída de Miguel e Carlão da prefeitura para ir à procura dos piratas no mar, apenas acompanhado de um soldado. Os pescadores que viram a atitude do prefeito se sentiram seguros e vibraram dentro do Mercado aplaudindo Miguel e Carlão pelo que fizeram.

O prefeito e o soldado foram até o cais e pegaram uma embarcação que não era grande, mas o motor a gasolina facilitava a sua rapidez. Em pouco tempo já estavam rumo ao galeão. Primeiro passaram pela ilha da bruxa, que fica próxima à margem da praia de Coroinha, depois não precisaram navegar muito para avistarem mastros altíssimos que sinalizavam o lugar onde estava atracado o galeão: na Ilha Dourada.

— Ali! — o prefeito gritou animado.

Diante da euforia de Normando, o soldado deu mais velocidade à embarcação para que chegassem o mais rápido possível ao destino almejado. E esse destino estava marcado com uma bandeira *Jolly Roger* hasteada no mais alto ponto do navio, e era capaz de deixar qualquer um tonto ao tentar alcançar a sua imensidão. Era um espetáculo inimaginável, que deixava o prefeito e o soldado boquiabertos.

— Atraque o barco próximo ao galeão — o prefeito ordenou ao soldado que ainda estava zonzo com aquela visão.

Normando estava temeroso e tentava disfarçar arrumando o seu apertado terno e a sua gravata borboleta descombinante. Para ele não importavam as vestes e sim poupar dinheiro para comprar propriedades bem longe dali, já que nunca suportou morar naquela cidade. Ele a achava pequena, e por isso simples demais para uma pessoa que sonhava alto como ele. Mas o salário que recebia como prefeito não lhe permitia realizar seus desejos.

Ao se aproximar do galeão, o prefeito Normando não viu nenhum pirata. Ele chegou até mesmo a duvidar que ali tivesse alguém e resolveu bater as mãos como se estivesse na porta de uma casa de uma cidade do interior.

— Oi! Tem alguém em casa? — gritou Normando.

Sem resposta, o prefeito repetiu o gesto e gritou: — Oi! Tem alguém em casa?

— Ô palhaço, onde você acha que está? Na casa da tua mãe? — respondeu um pirata.

— Perdoe-me! — não sabia como chamá-los — o prefeito ficou sem graça.

— O que você quer aqui? — perguntou o pirata.

— Queria dar uma palavrinha com o Capitão George, se for possível — o prefeito pedia com humildade.

— Quem está aí? — Charles foi até o convés e encostou-se no parapeito do galeão para ver de quem se tratava.

Lá de cima do galeão, Charles viu o desajeitado Normando que, além de suar em bicas por causa do sol forte, ainda estava muito desconfortável com a areia que insistia em entrar nos seus sapatos. Mas, apesar de todos esses inconvenientes, transparecia humildade.

— Ora, ora, se não é Vossa Excelência, o prefeito. — Charles caiu na gargalhada.

Irritado, mas tentando disfarçar, Normando pediu mais uma vez para falar com o Capitão George.

Charles, grosseiro como todos os piratas, deu um chute em uma escada que ficava na lateral do galeão e que caía direto na areia da ilha. Assim, o prefeito poderia subir sem maiores problemas. E jogando seu charuto fora, Charles falou: — Suba! Eu vou chamar o Capitão.

Não era difícil perceber a tensão que o prefeito sentia diante daqueles piratas. E ficou ainda maior quando Charles ordenou cuspindo: — Aguarde aqui no convés.

— Sim, sim! Lógico, lógico! Claro, claro! — gaguejava o prefeito.

Charles lhe deu uma olhada desconfiada. O pirata não entendia aquela reação. Ele não conseguia decifrar se o prefeito era matuto ou estava com medo. Porém aquilo não era relevante para Charles que saiu dali para avisar o Capitão da visita que lhe aguardava no convés.

O prefeito juntou as duas mãos e passava os dedos uns por dentre os outros, enquanto aguardava pelo Capitão. Era como se tentasse sufocar todo o pavor que sentia naquele momento. Mas algo conseguiu distrai-lo. Foi quando começou a observar o serviço de Jonas no convés. O pirata tentava limpar toda aquela sujeira depois de anos sem faxina. Com dificuldade, Jonas jogava baldes e mais baldes de água até derreter aquela imundície que insistia em ficar grudada no chão do galeão. E com um rodo puxava a água suja que aos poucos dava espaço a um chão que começava a ficar cada vez mais limpo, até que: pof!

— Ai! — sussurou Jonas ao ver o estrago no seu trabalho. Era um pisão da bota suja do Capitão George, que ao ver a cara de incrédulo de Jonas perguntou: — Algum problema?

— Imagina, Capitão! Problema algum! — Jonas respondeu tentando esconder a ira ao ver o serviço destruído.

Chutando o balde de Jonas, o Capitão aproximou-se do prefeito sorrindo e disse: — Ora, ora, quanto tempo, hein?

— E você já chegou criando confusão, não é? — o prefeito comentou.

— E não poderia ser diferente. Afinal, sou um pirata! — George deu uma gargalhada que foi elegantemente acompanha por outra do prefeito, e um aperto de mão.

Com um jeito canastrão de falar, o Capitão George pediu desculpas ao prefeito pelo saqueamento da manhã. A justificativa era que infelizmente eles estavam sem guarnições no galeão, e complementou, afirmando: — Além do mais, ladrão que rouba ladrão tem cem anos de perdão!

— Eu não sou ladrão — resmungou o prefeito.

— Ha! Ha! Ha! Essa é boa! Muito boa mesmo. — George não conseguia conter o riso e continuava a falar: — Como podemos chamar uma pessoa que cobra altas taxas e impostos sobre os produtos dos pescadores de uma cidade? Não seria ladrão? — debochou George.

— Se o meu trato com você tivesse dado certo, eu já poderia ter parado com isso. E além do mais já estaria longe desta cidade pobre e desprezível.

Com um semblante misterioso, o Capitão chamou o prefeito para lhe acompanhar até a cabine que usava como escritório. Lá, eles teriam mais privacidade para conversar sobre assuntos escusos. Sentando-se em uma cadeira e oferecendo outra para Normando, George sugestionou olhando fixamente nos olhos de sua visita: — E se eu lhe disser que nós podemos manter o acordo.

— Como? Não há como fazer isso! Ou há? — o prefeito ficou intrigado.

— Você se esqueceu de que eu sou o único que conhece o segredo para entrar e sair do esconderijo da Ilha Dourada?

— Não, eu não me esqueci — falou o prefeito.

— É lá que estão as economias dos pescadores de Coroinha — George relembrou o prefeito do saqueamento de anos atrás.

— Mas você sabe muito bem que o maior tesouro é o de seu pai, o Capitão Bartolomeu — o prefeito não havia se esquecido dele.

— Eu sei muito bem disso — o Capitão respondeu já com um ar carrancudo.

— Então deve lembrar também que para abrir aquela gigantesca porta que leva ao tesouro, nós precisamos de uma chave, não é? — concluiu o prefeito Normando.

— Eu também sei disso — Capitão George começava a ficar nervoso. Aquilo o fazia recordar-se de algo que queria apagar para sempre de sua memória, mas não conseguia.

Era impossível evitar que o passado voltasse à tona. Nem mesmo os dez anos que ficou dormindo foram suficientes para apagar de sua mente a cena de seu pai, Capitão Bartolomeu, voltando esfaqueado da cidade e caindo em seus braços lhe pedindo ajuda.

— Pai! Quem fez isso com o senhor? — perguntou George assustado com o que via.

O Capitão Bartolomeu aproveitou o último fôlego para falar: — Noah!

George, enfurecido, prometeu: — Eu vingarei a sua morte, pai, e matarei aquele maldito também.

— O pingente! — Bartolomeu falava com dificuldade.

— O seu pingente em forma de leme? — perguntou George.

— Sim! — Bartolomeu respondeu com o ar já lhe faltando.

— O que tem o pingente? — George não entendia.

Bartolomeu, quase morrendo e sem conseguir falar alto, fez George encostar o ouvido em sua boca e lhe disse: — Ele é a chave do meu tesouro.

George, espantado, levantou o rosto, mas o voltou em seguida para perto do pai. Precisava ouvir o restante.

— O pingente ficou com Noah — Bartolomeu contou.

— Com Noah? — George estava incrédulo. E percebeu pelo semblante do pai que ele ainda tinha alguma coisa para falar. E aproximou-se novamente dele.

— O cetro — Bartolomeu já não conseguia falar frases inteiras.

— Que cetro? — George não conseguia entender o que o pai tentava dizer com aquilo.

— O cetro... que está no meu tesouro... nunca tire ele do lugar — e sem conseguir falar mais uma palavra sequer, a cabeça do Capitão Bartolomeu pendeu para o lado e ele morreu.

George relembrava desse dia como se estivesse hipnotizado. Mas foi interrompido abruptamente pelo chamado do prefeito: — Você está me ouvindo?

Assustado por ter voltado tão rápido ao mundo real, George respondeu: — Sim... Sim. Eu estou te escutando.

— Como conseguirá tomar posse do tesouro de seu pai? — Normando estava intrigado.

— Eu darei um jeito de encontrar a chave — respondeu Capitão George.

— Ha! Ha! Ha! — era a vez de o prefeito rir.

— Do que você está rindo? — George perguntou enfurecido.

— Eu estava no galeão no dia da morte de Noah — o prefeito contou.

— Você? — George estava estupefato.

— Sim! Eu estava escondido. Tive receio de que você fugisse sozinho com o tesouro de seu pai.

George apenas olhava o prefeito, querendo saber até onde ele chegaria com aquela conversa.

— Eu assisti a sua luta com a bruxa, e quando você a empurrou no mar — o prefeito contava com detalhes tudo o que havia presenciado naquele dia.

George ficou mudo. Ele sequer podia imaginar que o prefeito podia estar presente naquele fatídico dia.

— E daí? — George não entendia o que o prefeito queria com tudo aquilo.

— Eu ouvi quando Charles chegou ao galeão anunciando a morte de Noah ao cair do penhasco — Normando não parava de falar.

— Continuo sem entender — George já estava irritado com o ar de deboche do prefeito.

— Eu me lembro muito bem quando você agarrou, enfurecido, o pescoço de Charles e contou-lhe que a chave do tesouro de seu pai era o pingente que estava com Noah.

George emudeceu, mas Normando concluiu o seu pensamento: — O pingente caiu no mar com Noah. Você não tem como reencontrá-lo.

O capitão ficou enfurecido não só pelo prefeito saber de tudo, assim como esfregar na sua cara que seu objetivo era impossível. Foi aí que George saiu da inércia e gritou: — Não temos certeza de que Noah estava com o pingente na hora da queda.

— Eu procurei aquele pingente por todo o Mercado, por toda a cidade. Ofereci recompensa e nada, nunca mais foi encontrado — o prefeito tentava trazer o Capitão à realidade.

Só que a realidade era dura demais para George. Saber que nunca mais teria acesso ao maior tesouro de todos os piratas. Também não era para menos. A fortuna acumulada pelo Capitão Bartolomeu durante cinqüenta e um anos era algo incalculável. O produto do roubo era diverso, ia desde dinheiro até jóias preciosas. Nada escapou à ganância daquele pirata. Ele saqueou todas as regiões vizinhas. Apenas Coroinha era um pouco poupada, já que Bartolomeu tinha medo de sofrer represálias e não ter mais onde atracar o seu galeão.

Essa riqueza era o sonho do Capitão George. Com ela nas mãos, sua tranqüilidade estaria garantida para sempre. As pilhagens seriam feitas apenas por lazer. E por isso ele não conseguia controlar esse desejo, mesmo sabendo que a chave do tesouro havia desparecido com Noah.

— Eu acho que você nunca mais verá essa fortuna — disse Normando que não tinha a mesma esperança que o Capitão.

Mas George se recusava a aceitar os fatos e prometeu: — Eu lhe garanto que darei um jeito de abrir aquela porta. Eu só preciso de tempo. Mas para isso preciso de sua ajuda.

— Minha ajuda? — o prefeito não sabia no que poderia ajudar.

— Pode ser que os pescadores peçam ajuda do delegado para manter a minha tripulação afastada da cidade. Afinal, já chegamos saqueando — relembrou George.

— Manter o delegado afastado do caso é fácil! — Nomando riu.

— Como você consegue ter um delegado incorruptível em suas mãos? — George não entendia aquela relação.

— Temos um segredo — contou Normando.

— E eu posso saber qual é? — George estava muito curioso.

Normando parou, pensou um pouco e falou: — Não vejo mal algum em lhe contar.

George acomodou-se melhor na cadeira para ouvir aquela história que parecia ser longa.

E com um ar sinistro, Normando relembrou o fato que daria início àquela relação tão esquisita que havia entre ele o delegado Jota.

Tudo começou em uma noite fria há vinte anos. Na época o prefeito de Coroinha era Ivaldo, um homem sério, respeitável e de índole ilibada. Já era tarde da noite quando o delegado terminou seus afazeres do dia e saiu do trabalho sozinho. Ele tinha o costume de voltar a pé para casa, já que morava muito perto do trabalho. O trajeto não era longo, mas tinha como passagem obrigatória a prefeitura da cidade.

Nessa noite em especial havia sido reservada para o delegado uma cilada que o acompanharia pelo resto da vida. Foi algo assustador e deprimente. Enquanto ele passava em frente da prefeitura que já estava com as luzes apagadas escutou um barulho muito alto e resolveu entrar para ver o que estava acontecendo.

Temeroso, achou melhor tirar a arma da cintura para se proteger. Apesar de Coroinha ser uma cidade calma, ele não sabia o que poderia encontrar pela frente. E foi pé ante pé que o delegado adentrou na prefeitura. Ele cuidava para que a sua presença não fosse notada pelo possível intruso.

Ao entrar na ante-sala do gabinete do prefeito Ivaldo, ele podia ter uma idéia do que acontecia lá dentro, já que a porta de entrada era de vidro. A meia-luz, que vinha do gabinete, permitiu que ele visse um vulto seguindo em sua direção e apontando algo que parecia uma arma. Com medo de ser assassinado, o delegado Jota agiu antes e puxou o seu revólver acertando um tiro à queima-roupa diretamente no vulto.

Mas, para a sua infelicidade, ao entrar no gabinete e acender a luz, Jota ficou chocado. Quem estava no chão jorrando sangue era o prefeito Ivaldo. E para piorar ainda mais a situação, o suplente do prefeito chegou por trás depois de presenciar o assassinato. Era eu, que na época não passava de um jovem ganancioso de apenas vinte e cinco anos.

Diante daquela cena, Jota não teve como me explicar o que havia acontecido. O delegado temia ser preso e ainda ser desprezado pela cidade e pela família. Ele não suportaria perder o amor da filha de apenas dois anos de idade. E por isso acabou meu refém e selando um acordo de que ninguém saberia o que realmente havia ocorrido. Seria uma morte atribuída ao infortúnio de um assalto sem solução. Em contrapartida, o delegado teria que ceder às minhas chantagens e fazer tudo o que eu quisesse, caso contrário a verdade viria à tona.

— E foi isso o que aconteceu — Normando terminou de contar a história e se levantou da cadeira com um ar de felicidade no rosto.

— Que história fantástica — George estava animado.

— Entendeu agora por que tenho o delegado em minhas mãos? — Normando sorria.

— Diante disso, não teremos mais problemas — George gargalhou.

— Temos um! — Normando olhou bem nos olhos do Capitão.

— Qual? — George não entendia o que ainda poderia atrapalhar.

— O problema se chama porcentagem — Normando debochou.

— É justo — lamentou George.

— Quanto eu levarei caso você consiga recuperar o tesouro de seu pai? — perguntou Normado.

— Dez por cento — propôs o Capitão.

O prefeito gargalhou.

— Vinte por cento — o Capitão se irritava.

— É pouco! — reclamou o prefeito.

— Trinta por cento e não se fala mais no assunto.

— Certo! — aceitou o prefeito estendendo a mão ao Capitão — Com esse valor eu te deixarei livre para fazer o que for necessário para encontrar o tesouro. Mas ainda temos um problema — o prefeito advertiu George.

— Mas não é possível! — o Capitão estava nervoso diante de infindáveis problemas.

— Calma! Eu vou explicar — Normando sentou-se novamente.

George, impacientemente, apenas o olhava.

— Os pescadores já vieram hoje ao meu gabinete reclamar do saqueamento e me cobraram um posicionamento — relatou o prefeito que já pensava em alguma maneira de solucionar aquele atrito.

— Ai, ai! Como esses pescadores reclamam da vida, hein? Parecem umas mulherzinhas! — debochou o Capitão George.

— Para evitar problemas, eu lhe trarei mantimentos. Assim, você e sua tripulação não criarão mais transtornos na cidade — o prefeito dava uma solução à desavença criada pelos piratas.

— Eu concordo! — falou o Capitão. — Mas e o problema que já causamos? Não temos mais como resolvê-lo — George se lamentou.

— Eu já pensei numa forma de todos esquecerem o saqueamento de hoje — o prefeito era mestre em criar táticas.

— Como você fará isso? — George ficou curioso.

— Eu vou lhe explicar — falou o prefeito.

9

O baile

— Atenção! Atenção! — gritava o prefeito tocando o sino da praça central de Coroinha. Era o lugar onde o povo se reunia para discutir problemas da cidade.

Os pescadores não conseguiam entender o que o prefeito fazia ao lado de um pirata, mesmo assim diante da convocação não houve um só morador que não fosse até a praça.

Aos poucos foi se formando uma aglomeração. A curiosidade era muito grande, principalmente dos pescadores que foram saqueados pela manhã.

— Será que o pirata vai devolver o que nos roubou? — Carlão perguntou para Noah ao observar que havia alguns sacos de estopa ao lado do prefeito.

— Não tenho a mínima idéia! — Noah respondeu sem tirar os olhos do Capitão George.

Todos esperavam ansiosamente para saber o que seria dito. Por mais que tentassem descobrir do que se tratava, era impossível. Ninguém conseguia imaginar o que poderia sair da boca de um prefeito corrupto acompanhado de um pirata. Não demorou muito para que Normando pedisse desculpas à cidade em nome do Capitão e de sua tripulação, falando que o incidente ocorrido pela manhã não tornaria a acontecer. O problema é que os piratas sentiram muita fome na sua viagem de volta e sem mantimentos no galeão não conseguiram esperar o mercado abrir para fazer compras.

— Ha! Piratas fazendo compras — debochou Noah baixinho, mas o suficiente para Carlão ouvir e também rir da piada.

— Ah, é?!?!? — gritou um pescador que estava bastante nervoso e que ousou enfrentar a autoridade do prefeito e perguntar: — Então se eles estavam somente com fome por que levaram tudo o que havia de valor nas barracas?

No mesmo instante, o Capitão George pegou um saco feito de estopa e o virou derrubando no chão tudo o que tinha dentro. Era inacreditável, o pirata estava devolvendo o produto do roubo. Os pescadores ficaram abismados com a atitude do Capitão, mas não pensaram duas vezes em cada um correr e pegar o que era seu de direito.

A confusão e a gritaria tomaram conta da praça, até o momento em que o prefeito Normando pediu silêncio para que George pronunciasse algumas palavras.

O Capitão pigarreou e falou: — Estou aqui em nome da tripulação para pedir desculpas por esse pequeno saqueamento.

— Esse pirata deve estar louco! — Carlão comentou rindo.

— Vamos ouvir o que ele tem a dizer — pediu um dos pescadores.

Noah não conseguia disfarçar a cara de deboche. E não era só ele, todos os pescadores tinham a mesma expressão. O Capitão George percebeu, mas insistiu em explicar, mesmo diante da incredulidade de todos: — A minha tripulação é muito indisciplinada e já estava viciada em praticar saqueamentos, por isso fizeram desta vez também. Peço desculpas em nome deles e garanto que isso nunca mais acontecerá.

— Como podemos confiar na sua promessa? — perguntou um pescador descrente.

— Convido toda a cidade a vir ao baile que darei amanhã à noite no galeão — anunciou o Capitão.

— Baile? — Todos se espantaram e falaram ao mesmo tempo.

— Isso mesmo! Um baile! — alardeava o Capitão George.

— Para que um baile? — perguntou Carlão.

— Para que a minha tripulação possa conhecê-los pessoalmente e ratificar a minha promessa de que nunca mais voltarão a saquear os pescadores de Coroinha — George explicou.

Todos que estavam presentes na praça começaram a falar entre si e não se pôde mais ouvir a voz do Capitão George.

— Isso deve ser alguma armação — Carlão cochichou com Noah.

— Só descobriremos se formos ao baile — Noah falou — Mas é melhor aceitarmos. É uma chance de entrarmos no galeão — Noah ponderou.

Carlão concordou e subiu imediatamente no palco da praça central, onde estavam o prefeito e o Capitão. Ele pedia silêncio: — Pessoal! Pessoal! Calma um pouquinho!

Após alguns segundos falando um pouco mais alto, Carlão conseguiu fazer que todos olhassem para ele e escutassem a sua idéia: — Vamos dar uma chance a eles. Quem sabe assim não podemos selar uma aliança de paz e ficarmos livres das pilhagens para sempre.

George sorria de canto de boca gostando da maneira que Carlão falava à cidade. Mas o Capitão mal podia imaginar que os planos daquele pescador eram outros.

— Atenção! — pediu o Capitão George. Ele já sentia que o povo tinha gostado da idéia do baile.

Todos olharam para ele.

Vocês sabem que, apesar de sermos piratas do século XX, gostamos de manter a tradição de nossos ancestrais que viveram entre os séculos XVI e XVIII.

— O que isso quer dizer? — perguntou um pescador.

— Quer dizer que o baile será um baile de época. Todos terão de ir vestidos a caráter.

Noah riu e disse baixinho: — Que palhaçada!

— Não temos roupas para isso, muito menos dinheiro para mandar fazê-las — reclamaram os pescadores.

— Eu já pensei em tudo — respondeu Capitão George pegando outros enormes sacos de estopa.

Ninguém entendia o que o Capitão fazia, até que começou a tirar daqueles sacos roupas e mais roupas de época. E ele explicou: — São roupas masculinas dos piratas e femininas da minha namorada. Estão com um cheiro de naftalina, mas nada que água e sabão não tire.

O Capitão notava que os pescadores não compreendiam sua atitude. Então, para não complicar mais ainda, George resolveu se retirar dali rapidamente, falando: — Tenham todos uma ótima tarde. E os aguardo amanhã no galeão às vinte horas.

Apesar da ignorância dos pescadores quanto ao convite do Capitão, não houve quem não ficasse maravilhado diantes daquelas roupas belíssimas. Eram todas feitas com tecidos caros, que jamais nenhum pescador teria como pagar. Assim, todos os que estavam na praça trataram de escolher o seu traje.

A confusão era grande, mas também animada. Há muito tempo não se via em Coroinha os pescadores tão empolgados. Até mesmo Dona Joana que também estava na convocação escolheu duas vestes maravilhosas: uma para Seu Antoninho e outra para Estela.

E foi nesse clima de bastante descontração que os pescadores passaram o resto do dia: escolhendo roupas, lavando-as, passando-as e se preparando para o baile que, apesar de ser num galeão, era muito bem-vindo, já que na cidade só havia as pequenas festas na taberna. Há muitos anos não acontecia um baile de gala na cidade. Estavam todos animados.

Diferentemente do que ocorria na cidade, na casa de Antoninho a alegria de Dona Joana não foi muito bem recebida. Ela mostrava os dois trajes que havia pegado na praça enquanto contava sobre o convite do Capitão George. Mas Estela, ao ouvir sobre o baile, não gostou nada da idéia e disse que não iria. Dona Joana ficou decepcionada com a reação de Estela, até Antoninho descer as escadas vibrando com a possibilidade de ir a um baile dentro do navio de brinquedo que era seu.

O entusiasmo de Antoninho era tão grande que nada seria capaz de impedi-lo de comparecer àquele baile, nem mesmo Estela que não conseguia disfarçar a sua insatisfação. Na verdade, o que ela queria era evitar um novo encontro com Noah, mas diante da insistência do sogro não viu alternativa. Além do mais, ela temia que Seu Antoninho reconhecesse Noah e preferiu estar por perto caso isso acontecesse.

Ao contrário de Estela, estavam os moradores da cidade. A euforia havia contagiado a todos, sem exceção. A espera pelo dia seguinte trazia uma ansiedade tão forte que fazia parecer que aquela noite seria infindável. E o sol, mesmo lentamente, apareceu para a alegria de todos. Só restava agora aguardar pelo horário do baile.

Enquanto isso, no galeão, os piratas pela primeira vez não atrapalhavam a faxina de Jonas. Tudo deveria estar impecável e Jonas se esmerou para isso. Ele iniciou seu trabalho pelos lustres de cristais que receberam um tratamento tão especial que brilharam como nunca. Os lampiões foram acesos, afinal tudo deveria lembrar os piratas dos séculos passados, até as músicas. As taças das bebidas reluziam tanto que se podia ver o reflexo delas nas bandejas de prata lustradas com muita dedicação. As antigas cortinas de veludo cor de berinjela receberam vassouradas suficientes para que saísse o pó acumulado por dez anos. A fartura de comida na mesa havia sido proporcionada pelo prefeito, não com dinheiro próprio e sim dos impostos. Coitados, os moradores de Coroinha mal podiam imaginar que eram eles mesmos que bancavam o baile. Dos males o menor, a mesa estava tão farta de comida que não se conseguia enxergar o fundo. Peixe não havia, afinal era só o que os pescadores comiam, e o Capitão George queria ser diferente. Dentre as carnes mandou preparar peru, carne de porco, vitela e pernil. As iguarias eram sem fim. Isso sem falar nas cores maravilhosas que faziam parte da mesa das sobremesas, que mais lembrava um arco-íris. As bebidas eram diversas e estavam dispostas à vontade. Um verdadeiro banquete, digno de um rei.

Não era só o galeão que estava sendo preparado cuidadosamente para o baile. As esposas dos pescadores também. Elas complementaram suas vestes com jóias e bijuterias. Os penteados lembravam os de damas antigas. Estavam soberbas. Mas os homens não ficaram para trás e se valeram do gel para assentar os cabelos maltratados pela água do mar.

Entusiasmados com o baile, os convidados não atrasaram um segundo sequer, com exceção de Estela que hesitava em comparecer.

— Seu Antoninho! Seu Antoninho! — Estela o chamava descendo a escada.

Quando ele saiu da copa e foi até a sala de visitas e viu a nora descendo as escadas ficou emocionado e disse: — Bela, belíssima.

Estela ficou desconcertada diante do elogio. Mas sua beleza era indiscutível dentro de um riquíssimo vestido azul-celeste de época. O espartilho apertado, além de desenhar uma cintura ainda mais fina, a deixava elegantemente esguia para desfilar dentro daquele vestido rodado e armado. O salto alto lhe emprestava uma leveza tão grande no andar que parecia estar sobre nuvens. Como complemento do traje, Estela segurava uma máscara tão bela quanto o vestido. Sua cor predominante também era o azul-celeste, mas dava espaço a uma fita prateada em toda a sua borda. A máscara não era grande, tampouco pequena, deixando à mostra apenas a boca rosada.

— Você está tão linda como no dia em que se casou com o meu filho — comentou Antoninho.

— Pronto! — Estela ficou aborrecida.

— Desculpa, minha nora preferida — pedia Antoninho, já sendo interrompido por Iago.

— Mãe! — Iago a chamava enquanto descia a escada, e ainda lá de cima viu a beleza da mãe.

— Como estou? — perguntou Estela.

— Você é a mãe mais linda deste mundo — Iago estava encantado.

Estela sorriu e abriu os braços para Iago, que não perdeu a chance de implorar: — Mamãe! Eu queria tanto ir junto!

— Você é ainda uma criança. Não pode ir a um baile — Estela explicava.

— Eu queria tanto conhecer um pirata — Iago insistia.

— Eu prefiro que você fique longe deles e eles de você — Estela não gostava da curiosidade que Iago sentia em relação aos piratas.

— Mas se eles estão dando um baile é porque não são maus — Iago ainda tentava convencer sua mãe.

— Por via das dúvidas eu quero você aqui em casa são e salvo — Estela ordenava com uma expressão brava, sem dar mais chance para que Iago debatesse a sua ordem. Sem alternativa, ele desistiu.

Encerrada a discussão com o filho, Estela se virou para Antoninho e ainda fez uma última tentativa, perguntando: — O senhor tem certeza de que deseja ir a esse baile?

— Claro que tenho, estou louco para conhecer o galeão — falou Antoninho dando-lhe o braço.

Mas Estela sabia que seu objetivo não era só conhecer o galeão. Ele tinha esperança de que aquele navio pudesse trazer alguma notícia de Noah. E o pior... ela sabia que isso poderia acontecer. Então, percebendo que não havia outro jeito, Estela retribuiu o cavalheirismo do sogro e lhe deu o braço.

No navio, os convidados começavam a chegar. A ansiedade para participar de um baile dentro de um galeão de piratas levou os pescadores a serem pontuais. Mas houve um que não foi: Seu Teófilo. Os sentimentos que o impediram de ir até o baile eram vários, e a desconfiança era o maior de todos. Ele sabia que aqueles piratas eram diferentes dos outros. Eles não eram apenas ladrões e sanguinários, também se divertiam quando destruíam a vida sentimental e emocional das pessoas. O próprio Teófilo já tinha passado por isso ao perder a filha e o genro. Na verdade, eles tinham sumido misteriosamente, e Seu Teófilo sempre teve a certeza em seu coração de que os piratas tinham alguma relação com aquele desaparecimento. Por isso, ele preferia ficar longe da tripulação e manter sua neta Betina em segurança.

A ausência de Seu Teófilo não foi sentida pelo Capitão George que se preocupava apenas em tirar a má impressão deixada pelo saqueamento do dia anterior. Sua intenção era manter a paz e o bom convívio com os moradores da cidade, para que pudesse ter tranqüilidade e tempo suficiente para descobrir uma maneira de abrir a porta que ficava dentro do esconderijo da Ilha Dourada. Atrás dela estava o maior tesouro que qualquer pirata já havia conseguido acumular, o de seu pai, Capitão Bartolomeu.

Nessa noite, o Capitão George transformou-se em um perfeito anfitrião. Recebia os convidados com muita gentileza e fazia questão de que todos se sentissem à vontade em seu galeão.

Um dos piratas da tripulação permaneceu como uma espécie de porteiro ao lado de uma escada colocada na lateral do galeão para que os convidados pudessem adentrar. Em seguida, eram levados até a presença do Capitão George e da namorada, Esmeralda.

Todos que chegavam ao baile estavam mascarados de acordo com o pedido feito pelo próprio Capitão, que desejava um baile de época. A tripulação não reconhecia os pescadores e vice-versa, mas isso não importava, já que o interesse do Capitão definitivamente não era nas pessoas e sim nas suas reações: todos deveriam permanecer pacíficos durante o tempo em que o galeão estaria atracado na Ilha Dourada.

George estava alcançando seu objetivo, já que o fascínio dos pescadores ao entrar no galeão era inquestionável. Parecia que não se lembravam nem de longe que estavam perto de piratas. Também não era para menos. Os responsáveis pelo esquecimento eram a ostentação e o luxo ofertados incondicionalmente aos pescadores que nunca tiveram a oportunidade de participar de algo tão memorável.

Noah, apesar de não ter gostado da idéia de participar de um baile de época, sabia que aquilo tinha vindo bem a calhar. Dentro do galeão poderia conseguir alguma pista para desvendar o mistério do roubo do tesouro dos pescadores. Por isso, mesmo a contragosto, ele se preparou para o baile, mas ainda temia ser reconhecido por alguém como havia acontecido com Estela na praia. Apesar do visual diferente adquirido durante os dez anos de afastamento, Noah sabia que não era suficiente para enganar a todos, principalmente os mais íntimos.

As dúvidas e os questionamentos que surgiam na mente de Noah não foram capazes de prejudicar a sua pontualiadade na chegada ao galeão. Afinal, ele também estava ansioso, não pelo baile e sim para tentar descobrir se o Capitão George teria escondido o tesouro dos pescadores no galeão. E foi para essa aventura que Noah contou mais uma vez com a ajuda do amigo Carlão. Eles aproveitaram o início do baile em que a tripulação estava preocupada em receber os convidados para colocar o plano em prática. Esse era o momento ideal para a tão esperada busca.

Enquanto os convidados desciam as escadas que levavam até o salão de festas, Carlão e Noah pegaram o rumo oposto e seguiram para a galeria onde ficavam as cabines. Entraram uma a uma com todo o cuidado para não bagunçar nem fazer barulho e começaram a procurar o tesouro. Os dois olharam dentro dos armários, embaixo da cama e nada. Tinham certeza de que o tesouro não estaria guardado em lugares óbvios, mas era preciso procurar em cada cantinho. Como as primeiras tentativas foram frustradas, Noah e Carlão usaram facas para dar pequenos furos nos colchões para saber se não havia nada escondido dentro deles. Sem sucesso, resolveram bater o pé no chão com a esperança de o tesouro estar embaixo do assoalho, mas nada aconteceu.

— Será que o ouro está no salão de festas? — perguntou Carlão.

— Não! Ele não seria imbecil em chamar os pescadores para o mesmo lugar que escondeu o tesouro.

— Aqui deve ter um porão! — comentou Noah olhando para os lados.

— Ali! No final do corredor — Carlão apontou para uma escada que levava para baixo.

Não foi preciso falar mais uma palavra para que os dois descessem correndo para o pavimento inferior do galeão. Quando lá chegaram, encontraram uma porta trancada com um imenso cadeado, além de duas toras de madeira bem na sua frente. Mas o que chamou a atenção de Noah e Carlão foi uma caveira vermelha desenhada na porta e logo abaixo um aviso: CUIDADO! MANTENHA DISTÂNCIA!

— Achamos! — Noah vibrou.

— Como vamos abrir essa porta? — perguntou Carlão.

— Primeiro vamos fazer a parte fácil. Tirar essas duas toras de madeira daí — Noah estava empolgadíssimo.

Em apenas alguns minutos conseguiram tirar as toras sem fazer barulho. Mas Carlão olhou para Noah e perguntou: — E agora? Como vamos abrir o cadeado?

— Não vamos abrir, vamos arrebentá-lo — respondeu Noah.

— É? — Carlão já debochava — Com os dentes?

— Pára de falar besteira — Noah respondeu zangado, mas se lembrou de uma coisa e pediu: — Espere aqui!

— O quê? Vou ficar sozinho? — Carlão ficou assustado.

— É só um minuto — Noah saiu dali correndo em direção a uma cabine em que havia visto um machado escorado na parede, e com ele nas mãos voltou correndo para o pavimento inferior.

— Pronto! Este machado vai nos ajudar — Noah mostrava a solução.

Quando Noah estava pronto para arrebentar o cadeado, Carlão o impediu e alertou: — É melhor esperarmos a música aumentar um pouco para ninguém escutar o barulho.

— E até quando vamos ficar aqui? A nossa chance é agora! — Noah queria muito abrir aquela porta.

— Tudo bem! Eu vou lá em cima dar um jeito nisso — avisou Carlão.

— O quê? Vou ficar sozinho? — Agora era a vez de Noah ficar assustado.

— É só um minuto — Carlão imitou Noah.

— Uf! — Noah não sabia se ficava irritado com o amigo ou com a situação.

Carlão não deu importância para a agitação de Noah e saiu dali. No convés, tentava disfarçar a ansiedade até chegar ao salão de festas. Ele entrou procurando pelo som, mas com tantas pessoas dançando estava difícil encontrar, não impossível. Em alguns minutos ele viu um pirata encostado numa estante onde estava a aparelhagem. Carlão se preparou para o golpe e se aproximou do pirata.

— O baile está muito bom, não é? — Carlão comentou.

— É! — o pirata tentava ser simpático, mas não conseguia.

— Só tem um problema! — falou Carlão.

— Qual? — o pirata ficou indignado com a colocação de Carlão.

— O som está baixo.

— Ô, meu filho, isso aqui não é um bate-coxa não, é um baile de época. Se liga — o pirata era muito debochado.

— Se é um baile de época, cadê a orquestra que não estou vendo? — perguntou Carlão.

— Rapaz! Somos piratas do século XX. Se liga! — zombou o pirata mais uma vez.

Carlão continuou a provocar: — Piratas do século XX com um som mixo do século XXVI — era a vez de Carlão debochar do pirata que irritado abriu a porta da estante e aumentou o som no mesmo instante.

— Agora sim isso aqui virou uma festa de verdade! — Carlão estava satisfeito por ter conseguido o que queria.

Do porão do navio, Noah conseguiu ouvir o som estridente que vinha do salão de festas e não esperou mais um segundo sequer para arrebentar o cadeado com o machado. Sorte dele, pois o Capitão George não gostou nada do volume do som. Ninguém conseguia identificar a música de tão alta que estava.

— O que é isso? — Capitão George se aproximou do pirata.

Receoso, o pirata tentou atribuir a culpa de tudo aquilo a Carlão, mas ele já estava longe dali. O pirata ainda tentou procurá-lo olhando para os lados, mas não havia nem vestígio dele. Não restou outra coisa para o pirata fazer a não ser pedir desculpas e abaixar o som.

A essa altura Carlão já estava a caminho do quarto aberto por Noah. Mas não era apenas um quarto, era um depósito cheio de tranqueiras, onde os piratas guardavam as armas, as facas, as espadas, além das munições para serem usadas nos canhões do navio.

— Só pode estar aqui! — Noah via, pela primeira vez, uma luz no fim do túnel.

Carlão não demorou para chegar no depósito. Lá dentro, tentava se desvencilhar das teias de aranha ao mesmo tempo que procurava por um lugar que pudesse servir de esconderijo para o tesouro roubado pelos piratas. Quando estava atrás de uma pilha de caixas cheias de artefatos explosivos, ele viu, por uma fresta, a presença de outra pessoa no depósito. Carlão tentou com as mãos fazer um sinal para chamar a atenção de Noah que estava um pouco mais à sua frente, atrás de uma estante com armas.

Mas não era preciso, Noah também havia percebido uma presença no depósito e se abaixou a tempo de pegar uma arma e ficar à espreita. Tanto Noah quanto Carlão permaneceram quietos e tentaram evitar até mesmo a respiração para que não fossem notados. Mesmo assim, o pavor foi inevitável quando os dois viram que a pessoa que acabava de adentrar no depósito carregava na mão uma faca ensangüentada.

Noah apenas com o olhar pedia calma a Carlão, para que estrategicamente esperasse o homem andar um pouco mais para poder com um braço agarrá-lo por trás pelo pescoço e com o outro travar a mão que carregava a faca.

— Psiu! Quietinho! — ordenou Noah fazendo a faca cair no chão, quando o segurou fortemente.

Com as mãos levantadas, o homem implorava por piedade: — Por favor, não me mate!

— Não vou te matar — falou Noah apontando a arma para a testa daquele homem: — Mas tem uma condição — Noah complementou.

— Qual? — o homem perguntava com a voz trêmula.

— Onde está o ouro do povo desta cidade que foi roubado há dez anos pelo Capitão George? — Noah perguntou gritando.

— Eu não sei — o homem respondia caindo de joelhos no chão e sem desistir de pedir clemência.

Enfurecido, Noah continuava com o revólver apontado para a cabeça da vítima e insistia: — Como um pirata não sabe onde está escondido o ouro roubado?

— Eu não sou pirata! — ele respondeu aos prantos.

— O quê? Que palhaçada é essa? — Noah perguntou nervoso.

— É blefe dele! — gritou Carlão. — Dá uma porrada na cara dele que ele responde.

— Não! — gritou uma outra pessoa.

— Ele não está mentindo! Ele não é pirata! — era Jonas, o pirata bonzinho que entrava no depósito para explicar o mal-entendido.

Na dúvida, Noah tirou a arma da cabeça daquele homem que estava ajoelhado e olhou para Jonas que carregava um lampião para iluminar o depósito. Foi somente com aquela meia-luz que Noah conseguiu ver um avental amarrado na cintura do homem que ele havia rendido.

— Eu sou o cozinheiro! — o homem, ainda tremendo, tentava explicar o ocorrido para se ver livre da ira de Noah — aquele sangue é de porco que estou preparando para a festa — o homem apontou para a faca ensangüentada.

— Cozinheiro? — Noah estava desconfiado.

O homem ainda com medo da reação de Noah pediu: — Olhe para o meu pé! Eu sou um prisioneiro do Capitão George.

Uma corrente comprida que vinha do lado de fora do depósito e terminava presa no tornozelo do homem era suficiente para assegurar que aquela história era verdade. Ele estava acorrentado.

— A minha liberdade é do tamanho dessa corrente. Só posso andar na parte inferior do galeão para fazer serviços domésticos com o pirata Jonas — o homem falou olhando para Jonas.

Noah virou-se para ele com a arma empunho e perguntou: — Você é pirata?

— Sou sim! Mas, por favor, abaixe a arma — implorava Jonas.

O homem, percebendo a impaciência de Noah, ficou apavorado e suplicou: — Não faça nada contra ele. Se não fosse por ele, nós já estaríamos mortos.

— Nós? Nós quem? — perguntou Noah olhando para os lados.

Foi nesse momento que a esposa do homem rendido por Noah adentrou no depósito com uma corrente igual no tornozelo.

— Dois prisioneiros? — Noah queria a confirmação.

— Sim! É a minha esposa — respondeu o homem.

— Noah? É você? — perguntou a mulher.

Espantado, Noah perguntou: — Você me conhece?

— Não se lembra de nós? — perguntou a mulher pegando o lampião da mão de Jonas e se aproximando de Noah.

Antes que pudesse responder qualquer coisa, Noah fixou o olhar nos dois prisioneiros, deixou a sua memória vir à tona e disse: — Jeremias? Sara? São vocês?

— Sim! Somos nós! — responderam os dois.

Os três se abraçaram muito, afinal Noah pensava que os dois haviam morrido e vice-versa.

— Como vocês vieram parar aqui? — perguntou Noah encabulado.

Jeremias parou um pouquinho, pegou fôlego e contou: — Tudo começou naquele dia em que todos os pescadores pensaram que você tinha roubado as nossas economias. Infelizmente, naquela hora eu e Sara também pensamos a mesma coisa e pegamos um barco para te seguir. Mas nós paramos atrás do *Fortuna* e vimos quando você desceu na Ilha Dourada e foi perseguido por um pirata que avisava aos quatro ventos que iria te matar. Nesse momento assistimos ao resto da tripulação pegar todo o nosso ouro e jóias que estavam em vários barcos e levarem para dentro da Ilha Dourada.

— Quer dizer que o ouro não está aqui? — perguntou Noah.

— Não! — Jeremias balançou a cabeça negativamente e continuou a contar o que havia acontecido: — Quando eu e Sara percebemos que se tratava de uma armação contra você era tarde demais. O Capitão George nos viu e nos fez prisioneiros.

— Meu Deus! Esse pirata é louco — comentou Carlão.

— Sara... seu pai pensa que você e Jeremias estão mortos! — Noah falava de Seu Teófilo.

— Eu imaginei isso! Mas não tivemos como voltar — ela explicou.

— Mas vocês tentaram? — perguntou Noah.

— Quando a bruxa enfeitiçou o navio para virar um brinquedo novamente, nós estávamos presos no porão. Foi aí que viramos brinquedos também. Só agora voltamos a viver novamente.

— Ah! É por isso que vocês continuam os mesmos! O tempo não passou para vocês! — Noah comentou.

— Pelo menos uma coisa boa — Jeremias e Sara falaram rindo.

Depois da emoção do reencontro, Carlão que apenas observava, perguntou: — Você não me apresenta aos seus amigos, Noah?

— Desculpa! Sara, Jeremias, esse aqui é um grande e novo amigo que fiz aqui em Coroinha.

— Olá! — Carlão cumprimentou os dois afobadamente e alertou: — Não quero ser estraga prazeres, mas acho melhor deixar os rapapés, recordações e explicações para mais tarde e tratarmos de fazer o que interessa.

— Por um instante me esqueci do que tinha vindo fazer aqui! — Noah falou.

— Antes eu preciso saber uma coisa — Sara pediu.

— O quê? — Noah perguntou.

— A minha filha! Eu a deixei com poucos dias de vida na casa de meu pai. E não tive sequer a chance de lhe dar um nome.

— Ela se chama Betina e está cada dia mais linda. Não se preocupe, seu pai cuida muito bem dela — contou Noah.

Sara se confortou com a notícia e Noah falou: — Agora eu preciso ir até a Ilha Dourada resgatar o ouro do povo.

— Não! Não! Você não pode fazer isso! — ordenou Jonas.

— Ah! Eu sabia! Não existe pirata bom! — debochou Carlão.

— Não é isso! — reclamou Jonas. — O problema não sou eu e sim a ilha.

— Como assim? — perguntou Noah. — Qual o problema da ilha?

Jonas se sentou para contar uma história que não era nada encorajadora. Mesmo assim, achou melhor alertar Noah do que o aguardava.

No meio da Ilha Dourada havia um esconderijo. Era um quadrado que parecia um imenso salão. Suas paredes não eram feitas de concreto e sim de árvores e folhagens que subiam até formar também um teto. Era tão alto que ninguém conseguia alcançá-lo. Só havia uma maneira de entrar nesse esconderijo, através de um labirinto feito de ciprestes. O problema era a volta, ninguém conseguia achar a saída, e de nada adiantava levar barbante para demarcar o caminho, porque o labirinto não era estático. Ele se movimentava o tempo todo e ninguém conseguia decifrar o seu segredo.

— Entendeu agora? — perguntou Jonas.

Noah não respondeu, apenas olhava para o pirata que continuava sentado à sua frente, avisando: — Se você entrar no esconderijo, não encontrará a saída e morrerá lá dentro.

— E agora? O que vou fazer? — Noah ficou irado.

No momento em que Jonas terminava de contar sobre o mistério que envolvia o esconderijo da Ilha Dourada, eles ouviram passos. Era como se alguém descesse a escada correndo. E, realmente, eles estavam certos.

— Jonas! — era Esmeralda gritando.

— Meu Deus! — Jonas arregalou os olhos. Esmeralda não podia saber que o depósito tinha sido aberto. Para evitar uma confusão, ele correu para encontrá-la antes mesmo que ela se aproximasse da porta.

— O que foi? Parece assustado? — perguntou Esmeralda ao dar de cara com Jonas, repentinamente, no meio do corredor lateral do pavimento inferior do galeão.

— Eu? — Jonas deu um sorrisinho sem graça. — De jeito nenhum.

— O que está fazendo aqui fora? — ela estava intrigada.

— A cozinha estava muito quente e eu resolvi tomar ar fresco — Jonas arrumou uma desculpa bem rápido.

— Ar fresco não é privilégio para um pirata subalterno. Trate de trabalhar — ela mandou.

— Sim senhora! — a voz de Jonas tremia.

— O pernil acabou. Leve mais. Agora! — Esmeralda gritou.

— Sim, senhora!

— E pára de falar sim, senhora — ela gritou mais ainda.

— Sim, senh... Perdão!

Esmeralda, com olhar de desprezo, deu uma rabanada com seu longo vestido rodado e voltou para o salão de festas.

— Uf! Essa foi por pouco! — Jonas resmungou voltando para o depósito.

— Ela já foi? — perguntou Jeremias.

— Já! — respondeu Jonas aconselhando Noah e Carlão a voltarem para o baile imediatamente.

Depois de escapar de um sufoco como aquele, os dois não esperaram mais um segundo para subir as escadas rapidamente de volta para o salão de festas. Além do mais, a aventura não havia sido em vão, eles haviam descoberto onde estava o ouro dos pescadores de Coroinha.

Mesmo assim, não conseguiam aproveitar o baile, pois só pensavam em uma maneira de descobrir o segredo da saída do labirinto. A mente de Noah não parava de tentar encontrar uma forma, até que uma visão interrompeu seus pensamentos. Era Estela adentrando no salão de festas. Nem mesmo a máscara que ela usava era capaz de esconder sua beleza. O olhar de Noah se fixou nela. Era como se a visse pela primeira vez. Mas como ela estava acompanhada de seu pai, Antoninho, tratou de usar a sua máscara.

Carlão percebeu a mudança de comportamento de Noah, mas quando viu Estela no salão nem precisou perguntar o motivo e ficou apenas observando. Noah, que se esquecera completamente da companhia de Carlão, andou em direção a um pirata que estava no salão.

— Por favor, onde está a orquestra? — perguntou Noah.

— Rapaz! Se liga! Somos piratas do século XX — o pirata rodou um CD no dedo indicador.

Noah, incrédulo com aquela cena patética, pediu: — Será que você tem um desse aí com o conto dos Bosques de Viena?

— Conto? — gargalhou o pirata. — Rapaz! Se liga! Somos piratas do século XX e não contadores de historinhas infantis.

— Você não entendeu! — Noah tentava esclarecer.

— Rapaz! Você que não entendeu! Se liga! Somos piratas do século XX!

Noah, irritado, parou na frente do pirata que estava encostado em uma parede onde ficava a estante com o som e lhe deu um murro disfarçadamente no estômago. Ninguém viu a confusão e o pirata acabou caindo no chão, escorregando lentamente na parede. Noah olhando para os convidados explicou sem graça: — Muito rum. Ha! Ha! — Noah o ajudou a cair no chão devagar.

Remexendo nos CDs, Noah logo achou um de valsas com a música pedida por ele ao pirata irritante.

— Finalmente! — Noah pegou o CD e o colocou para tocar a valsa de seu casamento com Estela.

A primeira nota musical já foi suficiente para mexer com as emoções de Estela. Ela, que não tinha nada de boba, sabia que Noah estava por perto, já que a música anterior tinha sido interrompida repentinamente.

Estela olhava de um lado para o outro procurando Noah e não o encontrava. Mas de repente...

— Procurando alguém? — Noah perguntou à Estela sem lhe dar chance de disfarçar que o procurava.

Ela preferiu ficar calada, mas Noah não se deu por vencido e pediu: — Você me dá a honra dessa contradança?

Estela vacilou, mas Antoninho que estava ao seu lado falou: — Vá se divertir Estela, você precisa relaxar um pouco.

Com o coração aos pulos, Estela não conseguiu se conter e deixou a emoção vir à tona e aceitou o pedido de Noah. Em poucos segundos, os dois estavam rodopiando pela pista de dança do galeão.

— Você está linda! — sussurrou Noah no ouvido de Estela.

Ela sorriu, mas não falou nada, apenas dançava. Noah sentia que, apesar da mágoa, ela ainda o amava. O toque de suas mãos e o seu olhar eram os mesmos de quando eram casados e felizes. Mas infelizmente Estela interrompeu a dança bruscamente. Noah não conseguiu entender o que acontecia.

— O que foi? — ele perguntou.

— A sua amante está aqui! É por isso que você veio a este baile, não é? — Estela olhou para Esmeralda que nessa hora passou ao lado dos dois segurando a máscara na mão.

— Amante? — Noah não entendia.

— Ela! — Estela apontou com os olhos.

Noah, que soube por Seu Teófilo da armação em que havia caído, somente naquele momento conheceu a responsável pelo fim de seu casamento. Mas de nada adiantava tentar explicar qualquer coisa agora, a raiva de Estela era tão grande que deixou Noah sozinho no meio do salão e foi procurar Antoninho para ir embora do baile. Decepcionado, Noah, que a conhecia muito bem, achou melhor deixá-la ir.

Estela, irritada e perdida dentro do salão de festas, tirou a máscara para melhor procurar Seu Antoninho. Ela andava de um lado para o outro, olhava os casais na pista de dança e nada de achá-lo. Mas uma pessoa achou Estela: Esmeralda.

— Olha só quem veio ao baile! — ironizou Esmeralda ao mostrar Estela para George.

— Quem é ela? — George não se lembrava.

— A chifruda! — respondeu Esmeralda.

— Ora, ora! A viuvinha está no meu galeão! Quanta honra! — George conseguiu ser mais irônico que Esmeralda.

— Vou cumprimentá-la. Afinal, é uma convidada e deve ser bem tratada — comentou George.

Estela que já estava bastante nervosa por não achar Antoninho ficou ainda pior quando foi cercada por George: — Boa-noite!

— Boa noite — ela respondeu secamente.

— Está aproveitando o baile? — George perguntou ressabiado, pois já percebia a inquietação de Estela.

— Sim! Mas estou com um pouco de dor de cabeça. Preciso ir embora — por mais que tentasse, não conseguia ser gentil.

— É uma pena que não esteja bem. Mas posso mandar alguém da tripulação acompanhá-la até em casa — George tentou agradá-la.

— Não é preciso. Estou em companhia de meu sogro. Só preciso encontrá-lo. — Estela, que não conseguia disfarçar a agonia diante do Capitão, agradeceu a gentileza e saiu da sua presença. Mas, para seu alívio, ela viu de longe Antoninho beslicando as sobremesas e andou apressadamente em sua direção.

— Seu Antoninho! Estou te procurando há muito tempo! — ela estava aflita.

— O que foi, Estela? Aconteceu alguma coisa? — Antoninho ficou preocupado.

— Não! Não! — Estela gaguejou, afinal não podia contar sobre Noah, e prosseguiu falando: — Preciso ir embora.

— Como? Nós acabamos de chegar — Antoninho reclamou.

— Essa música está me dando dor de cabeça. Preciso voltar para casa agora! Se o senhor quiser pode ficar, eu volto sozinha — Estela saiu do salão de festas. Mas Antoninho não a deixou ir sozinha e com a boca cheia de doce, pedia: — Espera, Estela! Eu vou com você — e resmungou baixinho: — Pôxa, nem consegui experimentar o pavê de abacaxi.

Noah, desolado com a reação de Estela, resolveu ficar um pouco mais no baile, afinal ali poderia ter alguma chance de descobrir o segredo do labirinto. E foi com esse intuito que papeava com toda a tripulação, enquanto os pescadores aproveitavam para dançar.

Carlão também fazia o mesmo, mas depois de algum tempo começou a se sentir um pouco mal com aquelas roupas de época tão pesadas. Tirando um pouco do exagero, como a gravata apertada e a casaca, ele saiu do salão para tomar uma bebida no convés do navio. Já era tarde e algumas pessoas começavam a deixar o baile, até mesmo o pirata que servia de porteiro não estava mais no seu posto.

Mesmo assim, Carlão continuava no convés. Era gostoso ficar ali, tomando um pouco de rum e olhando a lua. Mas como não estava acostumado com aquela bebida, pensou ter uma visão quando viu que Madelene também estava no convés. Ela parecia envergonhada por não estar trajada adequadamente para o baile e tentava se esconder, mas de Carlão não conseguiu. Ele se aproximou por trás e falou: — Você por aqui? — estava deslumbrado com aquele reencontro inusitado.

Sem graça ela respondeu: — Eu só vim dar uma olhadinha. Não fui convidada.

— Por favor, entre e dance comigo — pediu Carlão.

— Não! — ela estava assustada. — Não quero que me vejam assim.

— Você está linda, não precisa de nenhum vestido suntuoso.

Madelene sorriu sem graça e abaixou a cabeça.

— Por que você sempre corre quando encontra comigo? — Carlão perguntou.

— Eu não corro de você — ela respondeu sorrindo.

— Então dança comigo? — Carlão insistiu.

— Tenho que ir — falou dando as costas para ele. Mas Carlão a pegou pelo braço e lhe deu um beijo apaixonante.

Era como se o tempo tivesse parado e as pessoas dali sumido. O convés era somente deles. Ela ficou sem ar, e ele ria como uma criança que havia acabado de ganhar um doce.

Sem dar mais nenhuma chance a Carlão, ela disse: — Eu preciso ir agora — e dali saiu correndo com o cabelo balançando ao vento.

No convés, Carlão ficou com cara e jeito de bobo apaixonado e falou baixinho: — Ai, meu Deus! Ela só pode ser maratonista.

E com o céu clareando, Noah que havia visto de longe o beijo entre Madelene e Carlão se aproximou por trás bem devagar e deu um susto no amigo ao falar: — Está apaixonado, hein?

— Ah! Sai fora! — Carlão estava sem graça.

Noah sorriu, mas era inevitável constatar que já estava amanhecendo. — Já é quase dia! Está na hora de irmos embora — Noah avisou.

A essa altura Carlão que aceitava tudo respondeu: — Está bem! Está bem! Vamos embora.

Os dois colocaram os braços um por cima do ombro do outro, assim como fazem os boêmios, e andaram no convés do navio em direção à saída.

Mas Carlão, que estava um pouco tonto com a bebida, esbarrou sem querer em um pirata. E Noah, com a máscara presa sobre a cabeça, se virou para pedir desculpas ao pirata. Nessa hora, ele emudeceu ao reconhecer o pirata. Era Charles, o responsável pela sua queda do penhasco. Com medo de ser reconhecido, Noah puxou sua máscara rapidamente da cabeça para o rosto. Tarde demais. Charles havia se recordado daquele semblante e daquela voz, só não sabia de onde. E isso era o suficiente para deixar o pirata encucado.

Noah, preocupado, não comentou nada com Carlão naquele momento e voltaram para a pensão. Mais uma noite deixava a cidade de Coroinha.

10
Noah desmascarado

O dia seguinte ao baile amanheceu um pouco diferente em Coroinha. Os pescadores que costumavam levantar antes mesmo que o sol aparecesse para trabalhar no Mercado e os que pescavam durante a madrugada sequer haviam se levantado esta manhã.

Os piratas não ficaram para trás, também dormiam muito. Não se deram ao trabalho nem mesmo de recolher os utensílios usados no baile. Os copos de bebida estavam esparramados não só pelo salão de festas como também no convés. Restos de comida era o que não faltavam na mesa que nem de longe lembrava o requinte do jantar oferecido.

Mas havia um pirata que ainda não havia conseguido dormir. Ele tinha uma preocupação, algo que não saía da cabeça. Era Charles que não tirava da mente a cicatriz que havia visto no rosto daquele pescador. A marca era muito parecida com a que ele havia deixado em Noah. Como poderia isso acontecer? Não havia como Noah sobreviver à queda daquele penhasco. Mas se Charles pudesse apostar, diria que aquele pescador era Noah.

Charles, inquieto com aquela incerteza e sem conseguir pregar os olhos, resolveu ele mesmo tirar aquela história a limpo. Pegou um dos pequenos barcos que estavam atracados ao lado do galeão e foi até o Mercado.

Quando lá chegou, viu apenas alguns pescadores, somente aqueles que, além de não beberem muito, haviam saído bem cedo do baile. A curiosidade de Charles o impedia de voltar para o galeão sem ter a resposta de sua dúvida e resolveu ficar por ali mesmo até que o seu suspeito aparecesse.

Os pescadores que ali estavam perceberam a presença de Charles. Mas ele já não representava mais um perigo para o povo da cidade. Todos passavam por ele e o cumprimentavam como se fosse uma pessoa bem-vinda na cidade. Charles até começou a se sentir importante, afinal na maioria das vezes era tratado com descaso e desprezo diante das atrocidades cometidas. Vida social só havia no galeão. E ali, no Mercado, ele começava a sentir algo nunca experimentado antes: a verdadeira liberdade. Charles aproveitou para saborear essa sensação, enquanto esperava para rever o pescador da noite passada.

Enquanto isso, a vida transcorria naturalmente naquele novo dia em Coroinha. Todos, ainda um pouco cansados, até mesmo de ressaca, começavam a despertar. Mas Betina parecia ter acordado com as galinhas. Precisava aproveitar que o avô ainda dormia para sair de casa sem ser notada. Ela sabia que Seu Teófilo não a deixaria fazer o que estava em sua mente. E, rapidamente, tomou o rumo da casa de Seu Antoninho. Seu objetivo era encontrar Iago o mais rápido possível. Por isso Betina, sem conseguir controlar a ansiedade, tocava a campainha repetidamente.

— Calma! — Dona Joana pedia ao abrir a porta.

— Oi, Dona Joana! O Iago está em casa? — perguntou Betina.

— Mas, menina! Você já conheceu o Iago? — Dona Joana estava espantada com a rapidez da amizade, já que Iago estava em Coroinha há apenas cinco dias.

— Já! Eu o conheci na praia — Betina contou.

— Oi! — era Iago chegando na porta de casa.

— Eu vou para a cozinha — avisou Dona Joana.

— Você não quer entrar? — perguntou Iago.

— Não. Eu preciso te mostrar uma coisa lá na praia — falou Betina.

— Não posso sair de casa agora. Minha mãe e meu avô ainda estão dormindo.

— É rapidinho! Nós voltamos antes de eles acordarem — Betina pediu.

— Tudo bem! — aceitou Iago. — Mas vamos logo — e saiu fechando a porta bem de mansinho para que Dona Joana não percebesse sua saída de casa.

— Corre! — gritava Betina seguindo para o cais que ficava próximo à casa de Iago.

— Devagar! Eu já estou sem fôlego — Iago implorou.

— Só falta um pouco — Betina estava empolgada.

— Ai! — Iago não agüentava mais correr.

— Pronto! Chegamos! — falou Betina.

Iago abaixou o tronco e, colocando as mãos nos joelhos, perguntou: — O que tem aqui? É apenas um pequeno cais.

— Não é o cais, é o barco que está atracado nele — ela abriu os braços, como alguém que mostrasse algo valioso.

— É só um barco velho! — Iago reclamou. — Corri tanto para ver isso. Pelo menos se fosse o galeão dos piratas.

Fazendo uma expressão de garota esperta, Betina explicou: — Não é o galeão, mas é um barco de pirata.

— Desde quando pirata tem barquinhos? — perguntou Iago debochando.

— Eu juro que vi um pirata saindo daí.

— Ah, é? E no ombro dele tinha um papagaio? — Iago não parava de gozar da cara dela.

— Eles usam esses barcos para virem até a cidade, enquanto o galeão fica atracado na Ilha Dourada. Entendeu? — Betina tentava explicar.

— Ah... — Iago começava a gostar daquilo.

— Essa é a nossa chance de chegarmos até o galeão — falou Betina que assim como Iago tinha sido proibida por Seu Teófilo de chegar perto dos piratas.

Charles, que estava no Mercado, mal podia imaginar que crianças rodeavam seu barco. Ele ainda gozava a sensação de ser um cidadão de boa-fé, bem tratado por todos daquela região. Mas a experiência só durou até o pescador, que ele tanto esperava, aproximar-se do mercado. Charles, que não queria ser visto por ele, achou mais seguro ficar do lado de fora do Mercado, olhando através da janela de vidro. E aproveitando-se da moeda de ouro que tinha no bolso chamou um menino que estava numa barraca próxima.

— Psiu! Ei, menino! — Charles chamou o moleque sem gritar.

O menino, desconfiado, chegou perto do pirata e perguntou: — Você está me chamando, tio?

Revirando os olhos, Charles arrumou o chapéu imundo na cabeça e pensou: — Tio? Era tudo o que eu precisava para começar o dia. De pirata eu passei a tio.

O moleque, sem entender o silêncio de Charles, passou a mão na frente de seus olhos para lhe chamar a atenção.

— Ah! Sim! É o seguinte! Você quer ganhar esta moeda de ouro? — perguntou Charles.

O menino nem respondeu e já foi metendo a mão na moeda.

— Ei! — Charles chamou a sua atenção, falando: — Em troca, você precisa me prestar um favor.

— Que favor? — o menino estava louco para ganhar a moeda.

— Você está vendo aquele pescador ali? — Charles mostrou o pescador para o menino.

— Ah! É o Miguel! — o menino respondeu todo serelepe.

— Miguel? Miguel é o nome dele?

— É sim — o menino respondia de olho na moeda.

Mesmo sabendo que o nome não era o que ele queria ouvir, Charles tinha como comprovar se aquele pescador era ou não o Noah e pediu ao menino: — Você está vendo aquela caneca de água que o Miguel acabou de colocar em cima da estante que está atrás dele?

— Sim! — o menino respondeu.

— Quero que você a derrube nele — Charles pediu.

— Pra que isso? — o garoto não entendeu a finalidade.

— Você quer ou não a moeda de ouro? — perguntou Charles sem paciência.

— Quero sim!

— Então não me faça mais perguntas, vá lá e faça o que estou lhe mandando — Charles empurrou o garoto em direção à barraca e ficou à espreita esperando o resultado.

O moleque aproximou-se sem ser notado da barraca aonde Miguel conversava com outros pescadores. E disfarçadamente empurrou a caneca em cima de Miguel. Ele fez exatamente o que Charles havia lhe pedido.

— Ei! — Miguel se assustou.

— Desculpa, tio! — pediu o moleque. — Foi sem querer.

— Tudo bem! Mas toma cuidado por onde anda, você pode acabar se machucando — Miguel alertou.

O garoto aproveitou que não levou uma bronca muito grande e correu para pegar a moeda de ouro, enquanto Charles observava por uma das janelas do Mercado o que Miguel faria.

— Isso! — Charles vibrou ao perceber que o pescador tirava a blusa.

O plano havia dado certo. Com a blusa encharcada de água, Noah a tirou no meio do Mercado e deixou seu corpo à mostra. Era tudo o que Charles precisava ver: a enorme marca de nascença que Noah tinha do lado direito da cintura.

— É ele! O safado está vivo! — Charles não sabia se ficava com raiva por vê-lo com vida ou feliz com a chance de poder reaver o pingente: a chave do tesouro do Capitão Bartolomeu.

Sem pensar duas vezes, Charles saiu correndo do Mercado. Ele só pensava em chegar rapidamente no *Fortuna* para contar o que havia descoberto ao Capitão George. Mas quando ele se aproximou de seu barco percebeu algo estranho no assoalho.

— O que é isso? Sacos de estopa? Eu não me lembro de ter deixado isso aqui. Falou Charles levantando os dois sacos.

— Crianças!!! Não acredito! — Charles gritava.

Iago estava atônito com aquela visão. Era a primeira vez que via um pirata de verdade. Era tudo o que ele sempre quis na vida: encontrar um pirata e lutar com ele. Mas, ao invés da coragem, outro sentimento tomou conta dele: o medo.

— Perdão, Senhor! Perdão! — pedia Iago.

— Nós só queríamos conhecer o galeão dos piratas — explicou Betina.

— Escute bem uma coisa, mocinha, galeão e piratas não são coisas para crianças. Entendeu? Nunca ouviram falar disso? — Charles estava muito nervoso.

— Já ouvimos. Sim, senhor! — Iago gaguejava.

— Se já ouviram, como ousaram se esconder na minha embarcação? — Charles berrou.

Iago e Betina não conseguiam mais falar, apenas tremiam de medo.

— Vou lhes falar uma coisa, pirralhos nojentos. E escutem bem... porque não vou repetir — Charles se abaixou até alcançar o tamanho dos dois, e com uma feição assutadora, falou: — Hoje é o dia de sorte de vocês. Sabiam?

— Por quê? — Betina recobrou a voz.

— O senhor vai nos levar até o galeão? — Iago estava esfuziante.

— Não! — Charles respondeu baixinho.

— Então por que hoje é o nosso dia de sorte? — Iago perguntou.

— Porque eu simplesmente não vou matar nenhum dos dois — Charles esbravejou, erguendo-se.

O medo de Iago e de Betina era tão grande que os dois não conseguiram se mexer depois de ouvir tal aberração.

Charles continuou a explicar: — Infelizmente, por imposições colocadas pelo Capitão do *Fortuna*, tenho que ser um pirata bonzinho.

Iago e Betina ficaram aliviados.

— Mas só por enquanto — Charles abaixou-se de novo e olhou bem dentro dos olhos deles.

— E tem mais! — Charles não parava de gritar enquanto as crianças voltavam a sentir pânico: — Piratas detestam crianças. — Ele falava enquanto entrava no barco e o desatracava do cais. O pirata ainda fez uma última recomendação: — Se não quiserem virar comida de tubarão, nunca mais se aproximem de uma embarcação de um pirata — e dali Charles foi embora às gargalhadas.

Alguns minutos se passaram até que Iago e Betina pudessem voltar ao normal. Os corações dos dois batiam como badaladas de um sino. Eles não conseguiam sequer conversar, apenas se entreolhavam.

Betina falou aterrorizada: — Eu nunca mais quero chegar perto de um navio, galeão, barquinho ou qualquer coisa de pirata.

— Nem eu! — Iago colocou a mão no peito e falou: — Pensei que eu seria o primeiro menino a enfartar aos dez anos de idade.

O comentário de Iago foi tão gozado que, mesmo diante de toda aquela situação, Betina não se agüentou e riu da cara dele.

Iago não ficou para trás e deu uma gargalhada. A tranqüilidade voltava a tomar conta dos dois novamente. Mesmo assim, Iago não demorou muito para alertar: — Vamos voltar para casa antes que minha mãe e seu avô acordem. Não agüento mais levar bronca.

— Nem eu — complementou Betina que deu a mão a Iago.

Com o susto eles não conseguiam mais correr, mas apressaram o passo para chegar às suas casas o mais rápido possível. Charles na pequena embarcação fazia o mesmo que as duas crianças, apressava-se para chegar até o galeão.

A ansiedade de Charles era grande demais para conversar com o Capitão George. Ele mal conseguiu atracar o barco no cais da Ilha Dourada. Dali, Charles saiu correndo para o galeão e subiu rapidamente a escada que levava ao convés. Mas, para sua decepção, logo viu que ninguém ainda havia acordado. Mesmo assim, não pensou duas vezes para descer até o porão.

— Jonas! Jonas! — chamava Charles.

— O que foi? O que está acontecendo? — Jonas estava com medo que alguém tivesse descoberto a presença de Noah e Carlão no depósito durante o baile.

— Onde está o Capitão George?

— Uf! É só isso? — Jonas estava aliviado.

— Por quê? Tem alguma coisa acontecendo que eu não esteja sabendo? — Charles sentia um cheiro de armação no ar.

— De jeito nenhum! — Jonas respondeu rapidamente para que Charles não percebesse nada. — O Capitão George ainda está dormindo — Jonas emendou uma resposta na outra para que Charles não fizesse mais perguntas.

— O maldito baile! — resmungou Charles.

Jonas deu deu de ombros e seguiu para a cozinha. Mas foi interrompido com o berro de Charles: — Eu lhe dei permissão para ir embora?

— Você não é o Capitão da tripulação. Portanto não tem autoridade para permitir ou deixar de permitir qualquer coisa aqui dentro — Jonas olhou bem nos olhos de Charles, apesar de ser muito mais baixo.

— Como é? — Charles estava indignado.

— Fala logo! — reclamou Jonas. — O que é que você quer? A cozinha está cheia de louça suja para limpar.

— Vá agora mesmo acordar o Capitão — ordenou Charles.

— O quê? — Jonas não acreditava no que ouvia.

— Isso mesmo! Vá, agora, acordar o Capitão que tenho uma notícia urgente para dar a ele — Charles mandava aos berros.

— Então vá você mesmo acordá-lo, porque eu não sou doido de correr esse risco — Jonas voltou para a cozinha.

Na verdade, Charles sabia muito bem que o humor do Capitão George logo pela manhã era terrível, ainda mais se fosse acordado por alguém. Mas o que tinha para contar não podia esperar. Charles andava pelo convés de um lado para o outro, tentando se conter. Ele conseguiu por algum tempo, mas só até o calor do sol acusar que a tarde vinha chegando. Ele não poderia esperar mais. Achou melhor arriscar a reprimenda do que perder a chance de capturar Noah. E do convés, Charles tomou o rumo da galeria e parou bem em frente da cabine do Capitão e bateu levemente na porta: toc, toc.

Alguns segundos se passaram e, como não ouviu nenhuma resposta, resolveu tentar pela segunda vez e bateu um pouquinho mais forte; de novo, nada. Charles já estava irritado, mesmo assim ainda tentou ser polido e aumentou progressivamente as batidas na porta, mas de nada adiantava. Até que... percebendo que não seria escutado, esmurrou a porta.

— Mas o que é isso? — George se levantou nervosíssimo e foi direto para a porta, como se fosse esganar quem estivesse do outro lado.

— Desculpa, Capitão, desculpa, Capitão, — Charles implorava parado na porta do quarto.

— Sabe o que eu deveria fazer com você? — George perguntava gritando.

Charles não respondeu, apenas esperou a resposta.

— Enforcá-lo. Assim como faço com todos os que me atrapalham.

Charles viu que a raiva do Capitão não iria passar e arriscou: — Tenho uma notícia maravilhosa para o senhor.

— Tem que ser muito boa mesmo, para que eu não mande executá-lo agora mesmo — respondeu George.

— Amor? — era Esmeralda na cama esperando pelo Capitão.

— Fala logo, estrupício! Não está vendo que estou ocupado — resmungou George.

— Noah está vivo! — falou Charles.

O Capitão ficou paralisado, arregalou os olhos e a voz lhe faltou, mas não por muito tempo.

— O quê? O quê você está me falando? — George estava estarrecido.

— Isso mesmo, senhor. Noah está vivo — Charles repetia.

George, que estava parado na porta do quarto ainda vestido com parte da roupa do baile, com exceção da casaca, saiu e fechou a porta bem devagar, falando para Charles: — Vamos sair daqui.

Enquanto saíam da galeria em direção ao convés, George estupefato falou que aquilo era muito sério, pois se Noah realmente estivesse vivo, ele poderia estar com o pingente de seu pai: a chave do tesouro.

— Eu tenho certeza de que é Noah! — confirmou Charles.

— Há dez anos você me garantiu que ele havia morrido quando caiu daquele penhasco — George não entendia tudo aquilo.

— Ele realmente caiu, mas foi no mar. Apesar de o penhasco ser muito alto, acho que ele se salvou — Charles também tentava achar uma solução para aquela situação estapafúrdia.

— Como você pode garantir que Noah está vivo? Pode ser apenas impressão — George imprensava Charles.

— Ontem no baile eu o vi de perto e o achei familiar, principalmente pela cicatriz no rosto — comentou Charles.

— O que tem de mais uma cicatriz? — George se irritou. — Quase todo pescador tem uma, seu imbecil — gritou o Capitão.

— Eu também pensei isso — respondeu Charles. — Mas fui eu mesmo quem cortou o rosto de Noah antes de ele cair do penhasco, e me lembro muito bem de como deixei minha marca nele.

O Capitão não falava mais nada, apenas esperava o relato.

— Também há uma outra evidência — complementou Charles. — Hoje eu fui até o Mercado dos Pescadores e vi Noah... — George interrompeu Charles.

— Então não pode ser ele. Os pescadores o odeiam por achar que foi o responsável pelo roubo de suas economias — concluiu George.

— Pois é, Capitão... Só que Noah está muito diferente fisicamente. E por isso está se fazendo passar por outra pessoa usando o nome de Miguel — Charles explicou.

— Ora, ora! Ele está disfarçado e fazendo todo mundo de besta — George deu um sorriso de canto de boca e esfregou os dedos no queixo.

— Isso mesmo! Disfarçado! Pelo visto, ninguém sabe que o Miguel é o Noah — complementou Charles.

— Como você pode afirmar que se trata da mesma pessoa? — perguntou George intrigado.

— Hoje, no Mercado dos Pescadores, eu vi Noah sem camisa — Charles continuava a explicar.

— George debochou e comentou: — Você também se lembra do desenho do tórax dele?

Irritado, Charles respondeu grosseiramente: — Eu não me lembro do tórax dele, mas lembro que tinha uma marca de nascença.

— Marca de nascença? — o Capitão não entendeu.

— Sim! Quando lutávamos no dia em que ele caiu do penhasco, rasguei a camisa dele com a minha faca e vi uma enorme marca no lado direito da cintura, a mesma que vi hoje de manhã — Charles terminou de contar.

Após alguns segundos de silêncio e com os olhos brilhando, o Capitão George vibrou: — Finalmente! Agora eu posso tomar posse do tesouro do meu pai.

Mas a alegria de George foi interrompida com um comentário de Charles: — Nós ainda temos um problema!

— Que problema? — o Capitão perguntou preocupado.

— Prometemos ao prefeito não causar mais confusão na cidade — Charles relembrou.

— E se fizermos apenas uma pequena confusão — George sugestionou.

— Nós não teremos a ajuda do prefeito. E é ele quem segura os policiais e o delegado com aquela chantagem. O senhor se esqueceu disso?

— Eu não me lembrava desse detalhe — George ficou irritado.

— Se aprontarmos qualquer coisa, os policiais virão atrás da gente e ficará muito difícil permanecermos na Ilha Dourada com uma tripulação tão pequena como a nossa — Charles clareou a situação para o Capitão.

— Ai, ai! — pensava o Capitão esfregando os dedos no queixo. — Temos que bolar um plano para atrair Noah até o galeão. Algo que o faça vir pelas próprias pernas. Mas o quê? — ele pensava.

Enquanto Charles usava a mente pensando em algo para ajudar o Capitão George, era ele quem não saía do pensamento de Iago e Betina.

O medo dos dois ainda era muito grande. Mas a pior parte havia ficado com Iago que, além disso, ainda estava decepcionado consigo mesmo por ter sido covarde e não ter ao menos tentado lutar com aquele pirata. Afinal, eram dez anos de sonhos e desejos de encontrar um pirata, um corsário ou um bucaneiro. Algo que para Iago era impossível acontecer. Mas aconteceu... e ele não fez nada... apenas correu. Era a sua derrota.

Mesmo com toda essa tristeza, Iago não tinha se esquecido da brincadeira marcada na praia após o almoço com Betina. E não havia medo nem tristeza neste mundo que fosse capaz de acabar com aquele encontro. Era a hora de colocar as energias para fora.

— Mãe! — falava Iago ainda limpando o canto da boca suja do almoço.

— Que pressa é essa? — Estela perguntou.

— Eu combinei de brincar na praia com a Betina depois do almoço — Iago respondeu.

— Você está com a barriga cheia. Não pode entrar no mar agora — Estela reclamou.

— Eu não vou entrar no mar, só vou brincar — Iago retrucou.

— Espera um pouco mais. Eu não quero ir agora — Estela ainda estava cansada da noite anterior.

— A senhora não precisa ir — Iago sugestionou.

Estela caiu na gargalhada e falou: — Ai, ai! Você pensa que é adulto, não é mesmo?

— Já sei! Só posso brincar sozinho na praia quando eu crescer, né? — Iago estava bravo.

Estela suspirou e falou: — Tudo bem! Se você prometer que não vai entrar no mar e que vai ficar aqui na frente de casa me esperando, eu deixo você ir — propôs.

— Ihuu! — Iago comemorou a sua suposta independência e correu para encontrar Betina que carregava a *pochette* de conchinhas para que o avô não a proibisse de sair de casa.

— Oi! Você demorou! — Betina, com as mãos na cintura, reclamou na porta da casa de Seu Antoninho.

— Foi minha mãe que ficou me recomendando um monte de coisa e me atrasou — explicou Iago que também resmungou. — Mas você é chatinha, hein?

— Hunf! — Betina não gostou do que ouviu e resolveu deixar aquilo de lado e perguntar: — O que vamos fazer?

— Nós vamos ficar aqui na frente de casa — falou Iago.

— Aqui? Que coisa mais sem graça — Betina reclamou.

— E o que é que tem graça? Aquilo que aconteceu com a gente hoje de manhã? — debochou Iago.

Betina aceitou rapidamente e falou: — Tudo bem! Então do que vamos brincar?

— Não sei! — respondeu Iago.
— Vamos construir um castelo de areia — falou Betina.
— Ha! Ha! Ha! — Iago gargalhou e falou: — Isso é coisa para menina.
Betina ficou com raiva e sentou-se na areia. E enquanto eles discutiam a brincadeira que iriam fazer, no galeão Charles e George terminavam de bolar um plano para atrair Noah.
— Será que isso pode dar certo? — perguntou Charles.
— Acho que sim — respondeu George. — Eu vi Estela no baile.
— Mas isso não significa nada — retrucou Charles. — Muita coisa pode ter acontecido nesses dez anos.
— Uma coisa com certeza aconteceu. Hoje, Estela tem um filho ou uma filha de dez anos — o Capitão se recordou de que na época em que eles roubaram os pescadores, Estela estava grávida de sete meses.
— Mas o filho pode não estar em Coroinha — comentou Charles.
— Por via das dúvidas você vai ficar de tocaia na casa de Seu Antoninho. E a primeira criança que você vir dessa idade, trará imediatamente para o galeão.
Charles não esperou a segunda ordem e seguiu novamente com a sua pequena embarcação em direção ao continente. Sabia que poderia passar horas a fio à espera de uma criança que supostamente estaria na casa de Seu Antoninho. Mas a esperança de poder colocar as mãos no tesouro do Capitão Bartolomeu era capaz de superar qualquer cansaço.
Ele não demorou a chegar no cais que ficava perto do lugar de sua missão. Tratou de atracar bem o barco, pois tinha receio de que as duas crianças que havia encontrado hoje pela manhã tentassem levá-lo por traquinagem.
Apesar de Charles ter saído da embarcação empolgado, raciocionou e achou melhor não andar pela praia. Ele não queria chamar a atenção de ninguém, como havia acontecido pela manhã. Preferiu ir por trás das casas e observar a praia um pouco distante. Assim, poderia ter melhor controle da situação. E, passo a passo, Charles foi tomando pé da situação e observando cuidadosamente o lugar. Após alguns poucos minutos de caminhada, já tinha se aproximado da casa de Seu Antoninho. Ele estava atrás da casa, perto da garagem, e de lá conseguiu ouvir um barulho: eram vozes de crianças que vinham da frente da casa. Foi andando pé ante pé pela lateral da casa para que ninguém notasse sua presença e se assustasse. Mas na verdade quem se assustou foi ele quando viu de quem eram as vozes que ouvia.
— Não acredito! É muito azar! — Charles bateu a mão na testa.
— Justamente essas duas pragas — ele falava sozinho.

— E agora? Qual dos dois é o filho de Noah? — a pergunta pairava no ar.

— Bom! Por via das dúvidas eu vou levar os dois — Charles continuava a falar sozinho. — Mas como? Essas duas pestes devem estar morrendo de medo de mim! E não vão aceitar entrar no barco — ele lamentava, mas não desistia.

Charles encostou-se no muro lateral da casa de Antoninho para pensar em uma maneira de levar Iago e Betina até o barco. E por mais que tentasse forçar uma idéia criativa, nada vinha a mente. E o pior: ele sabia que tinha que ser rápido, já que as crianças não ficariam ali o dia inteiro. Não podia perder essa oportunidade, principalmente porque de onde estava, perto de uma janela, ouviu a voz de Estela avisando Seu Antoninho de que ela estava indo encontrar Iago na praia. Aquilo o deixou nervoso por perceber que não tinha mais tempo para pensar e, por isso, resolveu apelar.

— Olá, crianças! — chegou Charles de mansinho.

Imediatamente Iago e Betina levantaram-se da areia e ficaram juntinhos olhando para o portão de casa como quem quisesse correr para lá. Mas Charles que não era bobo, nem nada parecido, logo percebeu o medo das crianças e falou: — Não adianta vocês tentarem voltar para casa.

— Por quê? — Iago perguntou gaguejando.

— Por isso! — Charles apontou uma arma para os dois.

Betina se abaixou e começou a chorar. Iago tentava acalmar a amiga com tapinhas na cabeça, mas não conseguia. E o pirata se aproveitando da situação, apavorava ainda mais as crianças.

— Eu avisei que piratas não gostavam de crianças. Não avisei? — Charles perguntava.

— Mas nós fomos embora. E não voltamos mais no cais — Betina balbuciava.

— Tarde demais! Já me deixaram muito nervoso — Charles continuava em sua investida.

— O que você vai fazer? — Iago perguntou trêmulo.

— Vou levar vocês para conhecer o galeão. Não era o que vocês queriam? — Charles debochou.

Iago, apesar do pavor que sentia, no fundo queria ter aquela chance. Ele sentia que era capaz de lutar com aquele pirata e vencê-lo. Mesmo assim, ficou mudo. O medo o paralisava.

— Nós já desistimos, senhor — Betina falou rapidamente.

— Desistiram nada. Agora vão conhecer o galeão de qualquer jeito — Charles já tinha perdido a paciência.

— Não! Por favor, não! — Betina implorava de joelhos.

— Não adianta implorar. Levanta, agora! Andando, os dois! E rápido! Senão eu atiro — Charles ordenou.

Sem esperar mais um segundo, os três seguiram em direção ao cais. O caminho era tortuoso para Betina, que estava apavorada. Iago tentava dominar o medo, mas a raiva que sentia do pirata era incontrolável. Dos olhos de Iago saíam faíscas de ira. Charles percebia, mas não se importava. O que uma criança poderia fazer contra um pirata?

Quando chegaram na embarcação, Charles mandou os dois entrarem e ficarem quietinhos enquanto terminava de fazer o serviço sujo.

— Que serviço sujo? — perguntou Betina.

— Ai! — Charles revirou os olhos e falou baixinho: — Odeio crianças.

— É que eu não entendi — Betina soluçava.

— Alôôôuuuu!!! Sabia que isso é um seqüestro? — Charles olhou bem nos olhos de Betina.

— Seqüestro? Mas meu avô é só um pescador! — Betina choramingava.

— É melhor ficarmos quietos — falou Iago pegando na mão de Betina para tentar acalmá-la.

Enquanto isso, Charles se distanciou um pouco do barco até chegar à casa de Antoninho.

— Olha só! — comentou Iago baixinho.

— O quê? — Betina estava desorientada.

— O pirata está longe. Vamos aproveitar e sair correndo — Iago planejou.

— Aonde pensam que vão? — era uma voz desconhecida.

Iago e Betina, assustados, levantaram-se imediatamente.

— Quem é? — perguntou Iago.

— Eu! O pirata Marlon! — a voz, apesar de esquisita, respondeu à pergunta de Iago.

— Eu não estou vendo ninguém — Betina falou segurando a mão de Iago.

— Eu também não — Iago complementou.

— Aqui embaixo! — a voz ficou alta.

Quando os dois olharam para o chão, começaram a gargalhar. Eles mal conseguiam acreditar no que viam.

— Um papagaio — comentou Iago.

Marlon era o papagaio do Capitão George. Ele gostava de se passar por pirata e agia como tal. Não havia situação que o estremecesse, ele era muito valente. Mas o interessante é que ele se achava lindo e irresistível perante as mulheres, até mesmo mais belo que o pirata Estevão.

Betina, que achava muita graça do que via, virou-se para Iago e falou:
— Vamos, Iago! Vamos correr daqui antes que o pirata de verdade volte.

Pein! Foi o som de um tiro ensurdecedor.

— O que é isso? — Iago ficou assustado.

— É um tiro, idiota — gritou o papagaio com voz estridente.

Charles que já estava em frente da casa de Antoninho ouviu o tiro, e riu do apuro que Iago e Betina passavam. Tinha certeza de que eles tentariam fugir, mas nunca poderiam imaginar encontrar pela frente um papagaio metido a pirata valente.

Crash! Outro barulho. Só que esse era de vidro quebrando.

Era Charles que acabava de arremessar um bilhete amarrado numa pedra pela janela da sala de Seu Antoninho. Não esperou para ver se o seu plano daria certo e correu em disparada de volta para a embarcação.

— Solta o barco! Solta o barco! — Charles gritava para Marlon que apesar de pequeno sabia como ninguém desempenhar as tarefas de um pirata.

— O que está acontecendo? — Betina perguntava.

— É o término do serviço sujo, menininha — falou Marlon.

— Eu não estou entendendo nada — Iago pedia explicação.

Charles, que deu um pulo para dentro da embarcação, respondeu:
— É o pedido de resgate.

— Resgate? Você está pedindo dinheiro para meu avô? — perguntou Iago.

— Dinheiro? Não... não. O que a gente quer vale um tesouro! — Charles caiu na gargalhada.

Enquanto o barco tomava o rumo da Ilha Dourada, Antoninho tentava procurar o que havia quebrado a janela de sua casa, e Estela corria para a praia preocupada com Iago. Logo no portão, ela ficou assustada ao ver alguns brinquedos de Iago jogados na areia. Estela olhava de um lado ao outro, gritava, berrava, chorava e nada. Não conseguia encontrar Iago. Desesperada, entrou em casa correndo para avisar Antoninho. Estela tentava contar o que havia acontecido para o sogro, mas ele estava paralisado, como se alguma coisa o tivesse chocado profundamente. E quando Estela olhou para as mãos dele viu uma pedra em uma delas, e na outra um bilhete. Ela pedia ajuda, mas ele parecia surdo. Até que Estela, completamente desorientada, o sacudiu fortemente e berrou: — O Iago sumiu!

Com o sacolejo, Antoninho saiu da inércia e perguntou, perplexo:
— Noah está vivo?

Diante da pergunta, Estela emudeceu. O chão parecia ter sumido debaixo de seus pés. Era muito problema de uma só vez. Ela já não sabia mais o que fazer, muito menos o que falar, a não ser colocar os joelhos no chão e chorar. Mas não era só ela que chorava. Não muito longe dali, Iago e Betina tentavam controlar o choro durante o trajeto para a Ilha Dourada no barco com Charles e Marlon.

Enquanto toda essa confusão quebrava a tranqüilidade da vida de Antoninho, no Mercado dos Pescadores, Noah, que trabalhava na companhia de Carlão, sequer podia imaginar o que estava acontecendo. E para Estela havia sobrado a pior parte, a revelação de uma dura verdade para o sogro.

— Eu vou perguntar mais uma vez. Noah está vivo? — gritou Antoninho.

Estela não conseguia controlar o choro.

— Pára de chorar e me conta agora o que está acontecendo.

Ela se levantou e enxugando as lágrimas tentou explicar: — Eu descobri há três dias.

— Onde ele está?

— Ai... — Estela temia aquela conversa.

— Continua — ordenava Antoninho.

— Aqui... em Coroinha — Estela balbuciou.

— O quê? — Aquilo parecia o fim para Antoninho.

— Ele ainda é pescador em Coroinha — Estela contou.

— Isso não pode ser possível... Não acredito nisso... Não pode ser. Eu já teria reconhecido meu próprio filho — Antoninho não entendia e andava de um lado para o outro.

— Ele está disfarçado — Estela continuava a contar a história.

— Disfarçado? — Antoninho parecia estar com raiva de tudo aquilo.

— Ninguém sabe que ele está de volta — explicava Estela.

— Quem é ele?

Estela respirou fundo, olhou bem nos olhos do sogro e tentou retardar a resposta, mas ele não permitiu. Sem saída, revelou o segredo: — Noah é o Miguel.

Antoninho ficou paralisado e não conseguiu esboçar nenhuma reação. Era como se quisesse um tempo para entender melhor o que acontecia. Ele não entendia como podia ter sido tão distraído a ponto de não perceber que o pescador Miguel era o seu filho, Noah.

— Eu fui burro, burro, muito burro! Eu sempre esperei que meu filho voltasse do mar e não olhei para os lados — lamentava.

Estela respeitava o momento de Antoninho e o deixava livre para gritar aos quatro ventos toda a sua revolta. E ele continava: — Eu me esqueci da cidade — dando uma pausa, Antoninho levou as mãos à cabeça e lembrou: — Meu Deus! Era dele que Dona Joana comprava os peixes para casa.

— Eu sei — falou Estela.

— Por que não me contou antes? — Antoninho estava revoltado.

— Eu não quis... tive medo da sua reação, do que poderia acontecer com o senhor.

— Eu sou velho, mas o meu coração é forte e ainda agüenta muita pancada desta vida — Antoninho falou enquanto saía batendo a porta de casa em direção ao Mercado.

Estela, que tanto tentou evitar o reencontro dos dois, foi atrás do sogro. Ele estava muito machucado, o seu sonho de que Noah pudesse ter sido uma vítima dos piratas acabava de ser destruído. E ela se sentia culpada por ter deixado que isso acontecesse de uma forma tão brutal. E o pior, Iago estava desaparecido e Estela não sabia o que fazer, sentia-se sozinha.

Antoninho tinha um só objetivo: chegar o mais rápido possível no Mercado dos Pescadores. E foi o que fez. Lá, seguiu direto para a barraca de Noah e nem por um segundo pestanejou. A cada passo que dava era como se um filme passasse à sua frente. A cada recordação, uma lágrima. Era insuportável a dor de saber que ele havia chorado dez anos pela morte de um filho vivo. E o pior... que estava bem próximo dele. Mas era essa mesma dor que lhe dava impulso para continuar andando em direção ao reencontro com Noah.

Quando Antoninho chegou na barraca do filho, o encontrou de costas cortando alguns peixes na bancada da pequena cozinha. Antoninho, enfurecido, não hesitou um segundo sequer e bateu com muita força a mão fechada no balcão da barraca. Noah virou-se imediatamente e o viu. E pela expressão do rosto do pai, já tinha certeza de que Antoninho sabia a verdade. Eles se entreolharam por alguns segundos. E apesar da ira de Antoninho, a emoção que era ainda maior, falou mais alto. E quase chorando, Antoninho perguntou: Por quê? Por quê?

— Eu posso explicar — Noah estava perdido nas suas emoções.

— Explicar? — Antoninho era um misto de alegria e tristeza. Chorava de emoção e ria de desprezo por qualquer explicação que pudesse vir de Noah.

— Falem baixo — pediu Estela que chegou logo atrás. — Estão todos olhando. Vão acabar descobrindo tudo.

Antoninho tentava se acalmar para que ninguém desconfiasse, pois se algum pescador descobrisse a verdade sobre Noah, ele não sairia dali com vida. Antoninho não teve dúvida e aproximou-se bem perto do rosto do filho e perguntou, chorando: — Por que se escondeu por dez anos? Isso tem alguma explicação? — Antoninho parecia odiá-lo a cada segundo.

Estela tentava acalmar o sogro e pegou em sua mão pedindo para que se controlasse. Nesse momento, ela sentiu um papel na mão dele e o pegou. Era um recado de Charles.

Enquanto Estela lia o bilhete, Noah tentava explicar sua história para o pai, mas diante de tanta pressão era impossível, principalmente porque Antoninho não lhe dava chance para isso.

— Você me faz pensar que tudo aquilo era verdade. Eu nunca acreditei, mas naquele momento vejo que estava enganado — Antoninho não conseguiu segurar aquelas duras palavras.

— Não! Isso não é verdade! Por isso estou aqui! Para provar que tudo o que aconteceu não passou de um mal-entendido — Noah tentava se explicar.

— E é dessa forma que você vai provar? Escondido? Quem se esconde é bandido! — Antoninho falava com muita raiva por entre os dentes para que ninguém o escutasse.

— Meu Deus! — Estela levou a mão à boca.

— O que está acontecendo? — perguntou Noah vendo o desespero no rosto de Estela.

Estela já não conseguia falar, apenas estendeu para Noah o bilhete onde estava escrito: SÓ DEVOLVEREI A CRIANÇA PARA NOAH! ASS.: CAPITÃO GEORGE.

— Iago foi seqüestrado! — Estela falou chorando.

— Ai, Meu Deus! — Antoninho levou as mãos à cabeça e disse: — Tudo isso por sua causa! — Antoninho acusou o filho.

Apesar de estar chateado com aquela situação, Noah tentava entender como os piratas haviam descoberto em tão pouco tempo que ele estava em Coroinha. Mas ele não tinha tempo para isso, o importante naquele momento era achar Iago.

— Eu vou até o galeão. Agora! — Noah estava determinado.

Estela temia pela vida de Noah, mas não pediu o contrário, sabia que era a única maneira de ter Iago de volta. Antoninho estava confuso em seus sentimentos e a essa altura já chorava sem saber o que lhe deixava mais triste. Mas assim como Estela, sabia que Noah era o único capaz de salvar Iago e falou: — Estela, vamos para casa. Lá, ficaremos esperando notícias de Noah.

Antoninho não parou por aí, e ordenou a Noah: — Não volte sem meu neto!

— Eu quero ir junto — Estela suplicou.

— Pare de falar tolices! — Antoninho fez Estela se calar.

— Meu pai está certo. Volte para casa. Eu darei notícias — Noah tirou o avental sujo de sangue de peixe para seguir até o galeão. E apesar da tristeza deixada pela maneira como havia reencontrado o pai, ainda restava um pouco de alegria e esperança em seu coração. Isso porque Noah sabia que aquela aventura que estava prestes a viver só poderia ter dois finais: a verdade escondida há dez anos ou a sua morte.

11

Noah e o Capitão George

Noah deixou o mercado com a roupa do corpo: só pensava em pegar seu barco e ir até a Ilha Dourada. No caminho do cais, encontrou Seu Teófilo que estava desesperado com as mãos na cabeça olhando de um lado para o outro. Era como se ele tivesse perdido alguma coisa muito importante. Para seu alívio, encontrou Noah.

Seu Teófilo que sempre soube do segredo de Noah o abraçou chorando:

— Minha neta! Minha neta sumiu!

Noah imediatamente ligou o sumiço de Betina ao de Iago. Ela também devia ter sido levada para o galeão dos piratas.

— Foram os piratas! Eu tenho certeza disso! — Seu Teófilo chorava e falava que seu velho coração não seria capaz de suportar outra perda.

— Calma! — pediu Noah. — Estou indo para o galeão. Iago também foi levado por eles.

Seu Teófilo ficou ainda mais assustado. Mas Noah não podia lhe dar atenção naquele momento. Ele tinha pressa. Deveria chegar o mais rápido possível à Ilha Dourada. Mas não deixou Seu Teófilo desamparado. De longe, Noah viu Estela e seu pai se aproximando de casa e os chamou para cuidar de Seu Teófilo que não estava nada bem.

Dali, Noah foi para o cais e dentro do barco tinha certeza de uma coisa: aquele seqüestro era um plano do Capitão George para atraí-lo até o galeão. O que Noah ainda não sabia era o que o Capitão poderia querer com ele.

George já havido roubado tudo o que ele e os pescadores tinham, além de ter destruído o seu casamento com Estela. Noah não entendia o objetivo daquele seqüestro, mas estava louco para descobrir por que George precisava tanto reencontrá-lo. Por isso dava mais velocidade ao pequeno barco de pescaria. O ódio que Noah tinha no coração o fazia puxar a corda do motor com tanta força, que as veias de seu braço saltavam. Era como se ele passasse para aquela corda toda a sua vontade de revidar o mal que George havia lhe feito suportar por todos esses anos.

Assim, Noah navegava em direção ao galeão naquela pequena embarcação que fazia as águas do mar levantarem como se fosse um veleiro. Seu cabelo era jogado para trás com a força do vento, o que deixava bem à mostra a cicatriz feita por Charles. A sede de vingança era transparente no rosto de Noah. E o desejo de reencontrar George era tão grande que ele pesava suas mãos carregadas de ódio contra a corda do motor. Enquanto isso, já no galeão, as mãos de Iago e Betina estavam amarradas para trás com pedaços de corda.

As duas crianças estavam apavoradas no convés daquele navio de piratas à espera do Capitão da tripulação. Eles estavam confusos e assustados, não sabiam o que estavam fazendo ali. Por que Charles e Marlon tinham seqüestrado os dois? Só porque piratas não gostavam de crianças? Apesar de sua pouca idade, sabiam que aquela história estava mal contada. Mas a cara de mau dos piratas não permitia que qualquer dos dois fizesse uma pergunta sequer.

Charles ordenou que ficassem ali enquanto chamaria o Capitão. E não adiantava tentar fugir; Marlon estava na cola de Iago e Betina. E ai de quem ousasse desobedecer suas ordens, pois ele tinha muita habilidade no manejo da única coisa que lhe dava a credencial para ser um pirata de verdade: a pistola. E para complementar sua malfadada fantasia, ele amarrava um lenço vermelho na cabeça com pequenos desenhos de caveiras. A cor simbolizava sangue, ele queria transmitir o terror. Mesmo assim, às vezes Iago tinha vontade de rir da cara daquele papagaio. Marlon era bizarro, mas insistia em se achar lindo e irresistível.

— Mas o que é isso? — perguntou George a Charles, enquanto se aproximava das crianças. — Você trouxe duas crianças, seu imbecil? — o Capitão se irritou.

— As duas estavam na frente da casa de Antoninho. Na dúvida, eu achei melhor trazer as duas — explicou Charles.

— Claro, claro! Seu imbecil — debochou George. — A sua incompetência em descobrir qual dos dois é filho de Noah nos fará ter problema em dobro com a cidade, não é? — o Capitão olhou fixamente nos olhos de Charles.

— Desculpa, Capitão! Eu não pensei nisso — pediu Charles.

George, vendo que a besteira já tinha sido feita e não havia como consertá-la, aproximou-se das crianças e falou: — Ora, ora! O que temos aqui? Qual o nome de vocês?

As crianças não respondiam.

Apesar de não ter paciência com crianças, George tentava não se irritar diante daqueles dois pequenos seres que significavam a sua chance de recuperar a chave do tesouro. Assim, com toda delicadeza, George perguntou: — Qual o nome do pai de vocês?

A insistência de Iago e Betina em continuarem mudos foi o suficiente para o Capitão explodir. Decididamente, paciência não era um de seus atributos. E irritado o Capitão berrou: — O que foi? Perderam a língua?

— Não, senhor! — Iago respondeu rapidamente.

— Finalmente! Quer dizer que o menininho fala — debochava George, enquanto Iago tremia.

George tentou ser paciente, afinal tratava-se de crianças. Ele odiava todas, mas precisava descobrir qual daquelas duas iria ajudá-lo a ter a chave do tesouro de volta. Então, pacientemente, ele se abaixou até ficar do tamanho de Betina e perguntou: — Qual é o nome dessa bonequinha?

Betina, amedrontada, continuou calada.

Charles revirou os olhos. E Marlon, completamente abusado, perguntou: — Quer que eu atire, Capitão?

— Eu vou atirar em você, seu papagaio idiota! Coloque-se no seu lugar! — George levantou e berrou.

Aquela gritaria apenas aumentava o temor de Betina. Mesmo assim, o Capitão abaixou-se novamente e repetiu a pergunta. Betina com medo de que a gritaria recomeçasse, preferiu responder a pergunta rapidamente: — Eu me chamo Betina.

— Lindo nome! — comentou George.

— O que nós estamos fazendo aqui? — Iago interrompeu a conversa de George com Betina.

— Apressadinho, hein! — o Capitão olhou para Iago.

— Eu só quero entender — explicou Iago.

— Charles comentou que vocês queriam conhecer o galeão. Não é verdade? — perguntou George.

— Mas não desse jeito. — resmungou Iago.

— Que jeito? — George perguntou, mas logo percebeu que as mãos das crianças ainda estavam amarradas.

— Solte as mãos dos dois, seu imbecil! — George ordenou a Charles.

Iago e Betina ficaram mais tranqüilos. O Capitão repetiu a pergunta:

— Que jeito foi esse?

— Seqüestrados de nossas casas. Ninguém sabe que estamos aqui. Devem estar todos preocupados conosco — reclamou Iago.

A resposta de Iago era tudo o que o Capitão precisava para descobrir o que queria.

— Tudo bem! Eu mando avisar os pais de vocês — George fingia tentar ajudá-los.

— Meu pai já morreu! — respondeu Betina.

O sorriso resplandeceu no rosto de George, pois achava ter descoberto a filha de Noah. Mas sua alegria durou pouco, até escutar a resposta de Iago que estava ressentido com Noah: — O meu pai também morreu.

Nessa hora, George não conseguiu segurar sua fúria enlouquecida de pirata e deixou a máscara cair ao constatar que descobrir quem era o filho de Noah seria mais difícil do que ele imaginava.

— Senhor? — Charles pedia permissão para se intrometer.

— Fala, estrupício — George falava sem mais se preocupar em fingir que era um pirata bonzinho.

— Por que não pergunta o nome da mãe deles? — sugeriu Charles.

George levantou a sobrancelha direita como quem pensasse: por que não tive essa idéia antes? Mas era tarde demais. As crianças já estavam assustadas e desconfiadas das intenções daquele pirata. Iago, apesar de seus dez anos, era muito esperto e temia pela segurança da mãe e do avô, caso falasse o nome deles. E para que Betina não cometesse o mesmo erro, apertou de leve sua mão para que ela respondesse o mesmo que ele.

— Minha mãe é pescadora. E nós moramos no centro da cidade. O nome dela é Ruth — respondeu Iago tão rápido que quase não respirou.

Betina percebendo que Iago mentia, fez o mesmo: — Eu sou vizinha dele e minha mãe se chama Isabel.

George ficou enfurecido e gritou: — Seu idiota! Nenhum dos dois é o filho de Noah.

Ao ouvir aquilo, Iago tentou disfarçar o seu temor, o que não foi difícil. Ele sentia algo maior: curiosidade. Por que aquele pirata queria encontrá-lo, já que todos sabiam que seu pai estava morto? O que um pirata poderia querer de uma criança? Iago não entendia as intenções de George, mas estava aliviado por ter mentido. Mesmo que o pirata o tivesse capturado, não conhecia a sua verdadeira identidade. Iago pensou: — Ainda bem que não falei a verdade.

— Leve os dois para o porão, agora! — gritou Capitão George que não parava de berrar. — Se alguém da cidade descobrir que seqüestramos duas crianças eu mato você, Charles.

Marlon tentava se esconder atrás de um mastro, mas o capitão o viu e falou: — E quanto a você, mando depená-lo e depois o comerei no jantar. — George resmungou, ainda gritando, e deixou o convés em direção à galeria das cabines, falando: — Agora preciso traçar outro plano para atrair aquele maldito Noah.

Iago escutou o que o Capitão disse, mas não entendeu nada. Só conseguia lembrar que o pai estava morto. Por que o pirata pensava que Noah estava vivo? Iago mal podia imaginar a verdade sobre o pai, muito menos que nesse momento ele encostava seu barco à margem da Ilha Dourada.

— Vamos! — gritou Charles empurrando as crianças para descerem a escada que levava ao porão.

— Para onde nós estamos indo? — perguntou Betina.

— Não te interessa. Segue andando e cala a boca — ordenou Charles.

Iago segurava a mão de Betina para que ela não tivesse tanto medo. Mas logo foi obrigado a soltá-la quando Charles os empurrou para dentro da cozinha.

— Jonas! — Charles chamou o pirata.

O pirata bonzinho, que estava cozinhando de costas para a porta, virou e perguntou: — O que foi?

— Coloque essas duas crianças no depósito de rum. E não deixe que elas fujam.

— O quê? Agora eu virei babá? — Jonas reclamou, mas logo percebeu algo estranho e perguntou: — Quem são essas crianças?

— Eu seqüestrei essas duas pragas hoje — respondeu Charles empurrando Iago e Betina para perto de Jonas.

— Agora, além de ladrão, você é seqüestrador? — Jonas ficou com raiva ao ver duas crianças assustadas.

— Não faça mais perguntas. E cuide para que elas não fujam daqui, senão quem vai para dentro da panela é você. Ordens do Capitão! — concluiu Charles saindo da cozinha. Mas debochado como sempre, ele deu um passo atrás e falou: — Se quiser, pode oferecer um pouco de rum para essas duas pestes — e saiu dali gargalhando.

Jonas ficou com pena daquelas crianças, mas teve medo de ir para a panela, pois o Capitão era realmente capaz de fazer isso. E por medo, Jonas avisou: — Eu vou ter que amarrá-los.

— Ai! — reclamou Betina.

— De novo! — resmungou Iago.

— É melhor vocês não reclamarem perto dos piratas. Eles não gostam de crianças, muito menos das manhosas — Jonas alertou.

Iago e Betina entenderam o recado e calaram a boca.

— Por favor, não reclamem e me dêem as mãos para que eu possa amarrá-las — pediu Jonas.

Era de fazer pena ver aqueles braços tão pequenos serem atados. Eles ainda estavam vermelhos pela primeira amarração feita por Charles. Jonas viu a marca da corda deixada nos braços dos dois e falou: — Eu não vou apertar os pulsos de vocês. Só o suficiente para vocês não fugirem e eu não ir para a panela. Jonas tentava descontrair as crianças e conseguiu.

— O senhor é bom? — perguntou Betina.

Jonas sorriu e respondeu: — Sou sim!

— E por que é pirata? — perguntou Iago.

— O destino acabou me levando para essa vida. Por isso virei o empregado do navio, para não ter mais que agir como um pirata.

— Por que não deixa a gente ir embora? — Betina pedia com um jeito tão meigo que a vontade de Jonas era soltá-los imediatamente. Mas ele tinha medo de morrer pelas mãos do Capitão George.

— Eu prometo que vou cuidar bem de vocês — Jonas falou levando os dois amarrados para o depósito de rum.

Sara e Jeremias, que estavam na cozinha assistindo toda aquela cena, só não ficaram com mais pena das crianças porque sabiam que Jonas cuidaria muito bem delas. Mas eles mal podiam imaginar que Iago era filho de Noah, muito menos que Betina era a filha deles. Se soubessem, não os deixaria naquela situação.

Mas todo aquele sofrimento não duraria muito tempo, principalmente no que dependesse de Noah, que acabava de entrar sorrateiramente no galeão para salvar as crianças. Ele tinha certeza de que Betina tinha sido levada com Iago pelos piratas, o que ele não podia imaginar é que Seu Teófilo, com o desaparecimento de sua neta, passava muito mal no continente. Mas ele não estava desamparado, Estela o havia levado para a casa de Seu Antoninho. Lá, apesar de seu estado crítico, estava sendo bem cuidado por todos. Parecia ser o coração, ele já não suportava tanta emoção. E Dona Joana, vendo sua fraqueza, tratou de chamar o médico da cidade.

Enquanto Seu Teófilo tentava controlar a emoção, Noah não conseguia conter as fortes batidas do coração. Era o ódio que sentia pelos piratas. Depois de tudo o que lhe fizeram, ainda seqüestraram seu filho. Era demais para ele, não podia mais suportar aquelas afrontas. Noah sabia que tinha chegado a hora da vingança e não importava se para isso tivesse que morrer.

Foi tomado por essa ira que Noah parou seu barco atrás do gigante galeão. Não queria ser visto, muito menos anunciado para o Capitão George. Sabia que o filho estava servindo de isca e corria perigo nas mãos dos piratas. Por isso, Noah pensava primeiro em salvar Iago e Betina, para somente depois enfrentar o Capitão.

Mesmo sem ainda ter um plano em mente, Noah tinha pressa, mas foi cauteloso e esperou que nenhum pirata estivesse por perto quando lançasse no parapeito do galeão uma corda improvisada por ele. Era por ela que subiria e entraria escondido pela parte de trás do navio. Afinal, ele sabia que os piratas o esperavam na frente, onde havia uma escada fincada nas areias da Ilha Dourada. Mas seria fácil demais para aquele destemido aventureiro, que queria chegar de surpresa.

Noah subiu no pavimento superior, a parte mais alta do galeão. Lá, ele ficou na lateral do navio que mais lembrava um corredor se não fosse pela ausência de um teto. E com as mãos deslizando pelo parapeito, Noah seguiu em frente bem devagar, mas apesar de todo o cuidado tomado foi visto por um pirata. George não era besta e ordenava que a tripulação se espalhasse pelo navio a fim de evitar um ataque repentino. Mesmo assim, o coitado do pirata não teve sequer a chance de pegar a espada. O murro de Noah o jogou contra um dos mastros do navio e foi o suficiente para deixá-lo desacordado.

Passando por cima do pirata desmaiado, Noah continuou cuidadosamente sua empreitada. De onde estava, olhou para o pavimento logo abaixo através das grades que formavam uma enorme varanda na parte superior do navio. Aproveitando a ausência de piratas por perto, Noah desceu rapidamente pela escada que levava até o próximo pavimento, o convés. Era ali que estava a maioria dos piratas. Noah se escondeu atrás da escada, mas logo percebeu que não poderia lutar com todos sem chamar atenção. Assim, esperou o momento mais oportuno e correu para a lateral do pavimento em que estava.

Lá, Noah estava protegido pelas altas paredes de madeira que formavam um grande quadrado onde ficavam as cabines do galeão. Essa parte do galeão era bem grande e com uma galeria no meio, onde havia cabines tanto de um lado como do outro.

Ainda de fora, Noah viu uma janela de uma das cabines aberta e, sem pensar duas vezes, deu um pulo para dentro. Ele não sabia onde estava, mas uma coisa era certa: tratava-se de um quarto de piratas, pois, além de ter dois beliches, a bagunça era enorme. Como a porta dessa cabine estava aberta, Noah se enfiou rapidamente embaixo de um dos beliches. Ele temia ser visto por alguém. Mas quem viu alguma coisa foi o próprio Noah quando percebeu que a cabine da frente era a do Capitão George. Ele ouviu, nitidamente, os gritos de George contando a besteira que Charles havia feito ao seqüestrar as crianças erradas.

Noah aproximou-se um pouco, mas ainda não conseguia ouvir muito bem aquela conversa e resolveu sair do quarto em que estava e dar a volta pelo lado de fora do compartimento das cabines. Assim, chegaria do outro lado até a janela da cabine do Capitão de onde poderia ouvir melhor. E foi o que Noah fez rapidamente. Quando ele chegou na janela certa, George não falava onde estavam as crianças, apenas que precisava atrair Noah para o galeão.

Enquanto Noah, escondido, tentava descobrir onde estavam Iago e Betina, eles já tinham sido presos no depósito de rum e estavam completamente apavorados. Mas os dois foram tranqüilizados pela presença de Sara, que os tinha visto na cozinha sendo amarrados por Jonas. Diante daquela cena deprimente, Sara ficou com pena e resolveu levar um prato de comida para os dois. Ela se aproximou com calma das crianças, pois sabia que eles estavam com medo. E de mansinho, Sara falou: — Estou aqui para ajudá-los.

— A senhora vai nos soltar? — Iago perguntou animadíssimo.

Sara tinha vontade de soltá-los, pois achava aquilo uma covardia. Mas o medo de enfrentar o Capitão era mais forte do que o desejo de libertar aquelas crianças. Sem coragem, Sara calou-se e tratou de fazer a única coisa que podia: alimentar aquelas crianças.

Enquanto servia a comida na boca, já que os dois estavam com os braços amarrados, Sara perguntou: — Qual o nome de vocês?

Iago respondeu primeiro. E Betina, apesar de estar quieta, não demorou a falar com a voz cansada: — Betina.

Sara se assustou ao lembrar que Noah havia lhe dito que aquele era o nome dado à sua filha. Uma sensação de felicidade tomou conta dela naquele instante. Era como se nunca tivesse se afastado da filha. Ao olhar para aqueles pequenos olhos asssustados, ela se recordou de sua própria infância. Betina tinha o mesmo olhar de Sara, que não demorou muito para reconhecê-lo. Mesmo assim, Sara preferiu confirmar as suas suspeitas e perguntar: — Você é a neta do Seu Teófilo?

— A senhora conhece o meu avô? — pela primeira vez os olhos de Betina brilharam como os de Sara.

Tentando controlar a emoção para que Betina não desconfiasse, Sara se manteve firme e respondeu: — Eu conheço muito bem o Seu Teófilo.

— De onde? — Betina queria saber.

Mas Sara não respondeu. Aquele não era o melhor momento para revelar a verdade. Além do mais, Betina e Iago estavam presos dentro do depósito de rum do galeão do Capitão George. Sara precisava ser racional. E foi dessa forma que ela agiu, colocando o prato de comida no chão para soltar os braços dos dois.

— A senhora está nos soltando? — Iago não acreditava no que via.

Nessa hora, Jeremias entrou no porão e falou: — Mulher! Você está doida? Está soltando os prisioneiros? — ele se aproximou dela e falou bem baixinho para não assustar as crianças: — Nós podemos morrer por isso.

— Depois te explico o que está acontecendo. Agora preciso mostrar o caminho para os dois saírem do galeão — Sara pedia um tempo para Jeremias.

Os rostos de Iago e Betina, que estavam pálidos, pareciam ganhar vida novamente. Estavam loucos para fugir dali. Sara não demorou a explicar a saída menos perigosa do galeão e os conduziu até a escada que levava à galeria das cabines. Sara alertou: — Vocês devem subir essa escada... mas cuidado... observem se não há nenhum pirata no corredor ou nas cabines.

Betina e Iago prestavam bastante atenção nas orientações que Sara lhes dava, que não eram poucas: — Quando vocês ultrapassarem o corredor e chegarem ao final dele verão uma porta que dá acesso ao convés, mas não saiam direto. Vocês devem olhar se não há ninguém por perto. Depois de se certificarem disso, corram até a lateral do galeão que está paralela à ilha. Lá tem uma pequena porta onde há uma escada que vai dar nas areias da ilha. Ela os levará para fora daqui.

— Está bem! — Iago e Betina responderam juntos.

— Mas prestem atenção — pediu Sara. — Quando vocês descerem na Ilha Dourada devem seguir para o lado direito, nunca o esquerdo. Entenderam?

— Sim. Lado direito. Lado direito — Iago repetiu.

— Agora, vão! Rápido! Não percam mais tempo — Sara pedia já juntando as palmas das mãos para rezar por eles.

Jeremias, que esperou a mulher terminar de orientar as crianças, reclamou: — Por que você está nos arriscando desse jeito?

Com os olhos marejados, Sara explicou: — Porque aquela menina é a nossa Betina.

Diante daquela supreendente revelação, Jeremias também assumiu o risco de morrer para salvar a vida da filha. E olhando para as crianças que corriam em direção à liberdade, Jeremias se juntou em oração com a esposa.

Iago e Betina subiam rapidamente a escada, mas antes mesmo que pudessem chegar ao corredor escutaram algumas vozes e seguiram o conselho de Sara; tentaram não ser vistos por nenhum pirata. Por isso se aproximaram bem devagar do corredor e logo observaram que havia uma porta de uma cabine entreaberta. Iago e Betina estavam com medo, mas tinham que arriscar aquela ultrapassagem. E pensaram que se andassem pé ante pé e sem fazer barulho, os piratas não conseguiriam vê-los e assim alcançariam a porta principal que dava para o convés.

Eles não pensaram muito, pois sabiam que podiam desistir daquela perigosa aventura. Mas o desejo de sair o mais rápido possível daquele galeão era tão grande que os fez começarem a andar vagarosamente pelo corredor. E quando faltava pouco, muito pouco, Iago que estava de mãos dadas com Betina olhou pela fresta do quarto. Lá estava o Capitão George conversando ansiosamente com Esmeralda: — Tenho que encontrar uma maneira de atrair Noah para o galeão.

— Estou aqui! — falou Noah pulando a janela para dentro do quarto.

— Ora, ora! Olha quem está aqui! — George ficou radiante.

Diante daquela cena, Iago quase caiu para trás. Ele estava chocado com o que acabava de ouvir, mas ainda não conseguia entender muito bem aquela conversa. Mesmo assim, foi inevitável que seus olhos se arregalassem como se estivessem vendo um fantasma. E realmente era o que Noah significava para ele: um fantasma. Não podia ser seu pai, pensava Iago. Aquele homem que pulou para dentro da cabine do Capitão era Miguel, o pescador que ele havia conhecido no mercado.

— Parabéns, Noah! Você conseguiu se disfarçar muito bem — eu não seria capaz de reconhecê-lo.

— Agora que estou aqui, vamos direto ao ponto. O que você quer de mim? — perguntou Noah, que parecia querer esmurrar o Capitão.

Iago, que havia sido pego de surpresa com aquela revelação, mal acreditava no que via. Miguel era Noah e por conseqüência seu pai. Ele estava, além de desorientado, com muita raiva. E não demorou para Iago perceber que estava com ódio do pai.

— Por que você parou aqui? — Betina perguntou cochichando.

— Espera um pouco — pediu Iago baixinho.

— Temos que fugir — Betina implorava. — Por que você foi parar justamente atrás da porta do quarto de um pirata?

Iago não respondia, apenas pedia silêncio colocando o dedo na boca. Betina entendeu, mas já estava ficando irritada com a situação.

Enquanto Iago tentava ouvir a conversa do capitão com seu pai, os piratas espalhados pelo galeão ainda esperavam pela chegada de Noah.

Principalmente Charles, que era o mais ansioso. Para não ser surpreendido, ele resolveu subir até a parte superior do navio para lá de cima observar a aproximação ou não de algum barco. Para sua surpresa, enquanto ainda subia as escadas, Charles viu um pirata desacordado no chão. Era o pirata que havia apanhado de Noah. Isso foi o suficiente para que ele tivesse certeza de que Noah já estava no galeão. E como sempre fazia, correu para dar a notícia ao Capitão George. Ao entrar na galeria das cabines, viu Iago e Betina de costas prestando atenção na conversa que vinha da cabine do capitão.

— Olha só o que temos aqui! Dois bisbilhoteiros! — Charles os pegou pela nuca e os empurrou para dentro da cabine do Capitão George.

Betina esperneou e brigou com Iago: — Eu não falei para gente ir embora logo?

Iago não parecia estar preocupado com o flagrante, outra coisa mais importante o impotunava naquele momento: seu pai.

— O que vocês estão fazendo aqui? — gritou o Capitão George com as crianças.

Dentro da cabine, Iago só conseguia olhar para Noah. Mas o seu olhar não era dos melhores. A raiva era evidente. E foi com esse sentimento que Iago perguntou: — Você não deveria estar morto?

— O pirralho me enganou! — George resmungou. — Ele é o filho de Noah!

— Eu posso lhe explicar — Noah falou para Iago.

Você também pode me explicar por que roubou todos os pescadores da cidade? — Iago gritou.

Noah percebeu que nesse momento Iago tinha caído no plano de George e já acreditava na história bolada pelos piratas.

Betina não entendia nada, apenas tremia de medo daquela situação.

Diferente acontecia com o Capitão George e Esmeralda que se divertiam ao ver a ira de Iago contra o pai. Só que não por muito tempo, a alegria foi interrompida pelo murro que Noah havia guardado no punho há dez anos para o Capitão. A pancadaria começava dentro da cabine e George levava a pior e apanhava muito de Noah. Esmeralda não ajudava em nada, apenas gritava, enquanto Charles tentava segurar Noah.

Durante toda aquela confusão, Iago e Betina aproveitaram para fugir dali, mas Esmeralda viu a fuga das crianças e foi atrás. Primeiro ela alcançou Betina e tentou impedi-la de sair da cabine, agarrando o seu braço e acabou levando uma mordida na mão. Iago, que estava correndo mais à frente de Betina, voltou para ajudá-la e deu um chute no joelho de Esmeralda, que caiu imediatamente no chão sentindo muita dor.

— Corre, corre! — gritava Iago para Betina já no convés. Os gritos chamaram a atenção da tripulação que estava espalhada pelo galeão. E em poucos segundos todos os piratas corriam atrás de Betina e Iago para tentar capturá-los. Mas era tarde demais, as crianças já tinham alcançado a escada que levava à Ilha Dourada. Betina descia na frente, e Iago logo atrás. Tudo estava certo, se não fosse por um detalhe: o medo de serem pegos pelos piratas, fez que os dois esquecessem da recomendação de Sara de nunca tomarem o lado esquerdo da ilha. E foi justamente o que fizeram durante toda aquela tensão.

Os piratas corriam para alcançar e descer a escada que levava para fora do galeão. Ainda do alto do convés, eles pararam e observaram para onde Iago e Betina corriam. E logo começaram a rir da besteira que os dois haviam feito. Eles acabavam de entrar sem saber no esconderijo da Ilha Dourada.

— O que é isso? — perguntou Iago para Betina.

— Que lugar esquisito! — comentou Betina temerosa.

— Meu Deus! — falou Iago levando a mão à boca.

— O que foi? Você está me assustando — gritou Betina.

— Nós estamos num labirinto feito de ciprestes — concluiu Iago.

— Labirinto? — Betina não acreditava.

Os dois olharam para os lados e só conseguiram ver entradas e saídas. Correram de um lado para o outro. Tentaram achar a saída. Mas era em vão, estavam perdidos dentro de um imenso labirinto e já tinham perdido completamente o rumo.

Tentando controlar o desespero, Iago pensava em algo para conseguirem sair daquela cilada. Sem saída pelos lados, Iago olhou para cima e viu que as paredes não eram muito altas e tentou escalá-las para tentar lá de cima ter uma visão ampla e achar a saída. Quando chegou perto do alto do cipreste e colocou a mão para puxar o seu corpo para cima, foi picado por um inseto. Não foi uma simples picada, foi algo que avermelhou e ardeu o seu dedo no mesmo instante.

— Ai! O que é isso? — Iago olhou para o dedo já inchado.

Com as mãos presas na lateral do cipreste, Iago pediu para que Betina colocasse seus ombros embaixo de seus pés, para que ele pudesse ver o que havia ali em cima sem colocar as mãos.

Quando Iago olhou a parte superior do labirinto ficou atônito. Mesmo assim, ele não tinha como subir para ver a saída, pois em cima do labirinto havia milhares e milhares de diferentes insetos. Alguns deles Iago nunca tinha visto em toda a sua curta existência, outros eram tão feios que o fizeram cair dos ombros de Betina, que não foram suficientes para segurar o susto de Iago.

Atordoado com aquela visão, Iago, que não teve forças sequer para se levantar do chão, falou para Betina: — Estamos presos neste labirinto.

Não era só Iago e Betina que estavam sem saída. No galeão, Noah tinha sido rendido pelos piratas. Apesar de sua sede de vingança, ele era apenas um e não conseguiu vencer aquela tripulação, que mesmo não sendo numerosa, era composta por cerca de vinte piratas.

Charles voltou à cabine de George e lhe contou que Betina e Iago haviam acabado de entrar no esconderijo da Ilha Dourada. O Capitão deu uma gargalhada e falou para Noah: — Não precisa mais se preocupar! Seu filho e a amiguinha dele estão em um lugar tão seguro, mas tão seguro, que nunca mais conseguirão sair de lá. Ha! Ha! Ha!

Noah ficou muito nervoso ao ouvir aquilo, mas nada podia fazer, já que, além de dois piratas o segurarem, Marlon lhe apontava uma pistola. Ele não ficou calado e perguntou para George: — O que você quer de mim?

— Eu quero o pingente do meu pai, o Capitão Bartolomeu. — Respondeu George olhando bem nos olhos de Noah.

— O quê? Você seqüestrou meu filho para que eu lhe devolvesse um pequeno pingente de ouro? — Noah estava estupefato.

— Exatamente. Eu quero o pingente — respondeu George.

— Você tem quilos e quilos de ouro. Qual a importância desse pingente? — Noah não conseguia entender por que toda aquela mobilização para recuperar um pingente com apenas alguns gramas de ouro.

— Aquele pingente é a chave do tesouro do meu pai. Entendeu agora, seu pescadorzinho? — George olhou bem dentro dos olhos de Noah.

Ao descobrir que esteve por tantos anos com a chave do tesouro do Capitão Bartolomeu sem saber, Noah ficou inerte. E o pior: tinha dado o pingente para Iago. Temendo ainda mais pela vida do filho, Noah tentava pensar em algo para despistar aquele pirata, porém a pressão era grande demais. Agora só lhe restava esperar que a sorte lhe sorrisse e George acreditasse na mentira que contaria.

— O pingente não está comigo — Noah afirmou.

— Mentira! Meu pai me contou tudo antes de morrer.

— Tudo o quê? — Noah não entendia o que George sabia sobre o pingente.

— Sobre a luta e o pingente caído no seu braço — retrucou George.

— Mas eu não fiquei com ele. Eu o deixei ali mesmo no chão do Mercado — Noah tentava ludibriá-lo.

— Outra mentira! — George não aceitava as desculpas de Noah. — Eu fui pessoalmente no Mercado naquela madrugada e não achei nada, apesar de ter revirado todo aquele Mercado nojento.

— Tudo bem, tudo bem! Eu assumo. Eu fiquei com esse pingente por anos, mas ele só me trazia péssimas recordações e o joguei no mar — Noah tentava ser convincente.

— Ha, ha, ha! — gargalhou o Capitão. — Você não me engana com uma mentira ridícula dessas. Nem criança consegue acreditar que por anos você ficou com o pingente e depois o jogou fora — concluiu George.

— Essa é a verdade! Eu juro! — gritou Noah.

— Dá um murro nele — ordenou Marlon.

Charles, que odiava Noah, obedeceu e deu um violento murro em Noah.

— O que é isso? — gritou George para Marlon. — Quem é o capitão dessa tripulação?

— Desculpa, senhor! Mas foi mais forte do que eu! Não me controlei — respondeu Marlon.

George se abaixou e gritou na cara de Marlon: — Então é melhor você tomar um calmante para não acabar virando canja verde.

— Ok! — Marlon foi curto em sua resposta para não piorar a situação.

— Charles! — falou o Capitão. — Amarre Noah e jogue-o no porão.

— Sim, senhor! — Charles obedeceu.

George aproximou-se de Noah e lhe deu um ultimato: — Você tem até amanhã para pensar muito bem no que está fazendo e me contar onde escondeu o pingente.

— E se eu não falar? — perguntou Noah.

— Na tarde de amanhã você será enforcado — George avisou sem mais delongas.

— Enforcado? — a voz de Noah quase não saiu.

— Isso mesmo, meu caro! E será na frente de todos os pescadores que tanto te odeiam.

Noah não falou mais nada, mas George sim: — Tenho certeza de que eles me ajudarão a enforcá-lo.

Cansado e descrente de que poderia ter êxito no seu plano de provar para toda a cidade sobre a verdade do roubo das economias do povo, Noah foi levado por Charles para um dos depósitos do galeão. Lá, ele teve os pés e as mãos atados enquanto esperava pelo dia seguinte, quando seria enforcado em praça pública.

12

O mistério da Ilha Dourada

Já era fim de tarde e o sol já começava a se pôr quando Noah foi rendido pelo Capitão do *Fortuna*. A tensão era sua companheira, mesmo assim ele não conseguia afastar um único pensamento da mente: onde estaria Iago naquele momento? Noah temia pela vida do filho que carregava consigo a única maneira de George realizar seu sonho. Ele sabia que o Capitão seria capaz de qualquer coisa para reaver aquele maldito pingente.

Enquanto isso, Iago que ainda estava preso no labirinto com Betina, mal podia imaginar que aquele pequeno objeto esquecido no bolso da bermuda era a chave de um tesouro de piratas. Mesmo que lhe contassem, ele não acreditaria. Era muita fantasia.

Dentro do labirinto, Iago e Betina não paravam de andar. Eles não desistiam de tentar encontrar a saída e continuavam a caminhar para todos os lados. Mas, após algum tempo, a fome começou a falar mais alto do que qualquer vontade de sair dali.

— Estou cansada e com fome — Betina sentou no chão.

— Não desista! Já está escurecendo! Se não continuarmos a andar vamos acabar passando a noite aqui — alertou Iago.

— Mas eu estou com muita fome. A minha barriga está doendo — reclamou Betina sem conseguir se levantar do chão.

Iago abriu o zíper de sua bermuda para ver se tinha algum chocolate, mas apenas achou o pingente dado pelo pai. Ele se lembrou de toda a cena no Mercado e arremessou o pingente no chão com muita raiva.

— O que é isso? — Betina olhou para o chão.

— Nada! É besteira — resmungou Iago.

— É lindo! — falou Betina.

— Pode ficar com ele, se quiser — Iago desdenhava.

— Sério? — perguntou Betina espantada com o presente.

— É! Pode sim! — respondeu Iago.

Betina, imediatamente, colocou no pescoço o cordão com o pequeno objeto pendurado. Mas como estava muito comprido para o seu pequeno tamanho, ela o colocou para dentro da blusa.

— Olha o que eu achei! Eu sabia que tinha um chocolate — Iago ficou radiante com o achado e o entregou para Betina.

— Chocolate? — ela reclamou.

— Não quer? — perguntou Iago.

— Estou com fome de comida — Betina se lamentava.

— Então eu vou comer o chocolate — Iago falou abrindo a barrinha.

— Você me dá a metade? — Betina já se arrependia.

— Tudo bem! — Iago sorriu.

Enquanto os dois saboreavam o chocolate, o silêncio foi inevitável e Iago acabou escutando alguns ruídos. Não demorou muito para que percebesse que o barulho se tratava de vozes. Iago logo se alegrou e ficou alerta, sabia que poderia ser uma chance de sair daquele labirinto que já começava a ficar muito frio. Ele tentava descobrir de onde vinham as vozes. O som estava muito baixinho, mas se fizessem silêncio absoluto conseguiria chegar até elas.

— Silêncio! — Iago pediu a Betina.

Nem era preciso pedir silêncio à Betina que mantinha toda a sua atenção para o chocolate. Iago começou a andar por um corredor onde as vozes começavam a ficar mais fortes. A empolgação tomava conta dele. Sabia que estava achando a saída. A cada passo, o som ficava mais nítido. Ele passava pelas paredes de ciprestes, e Betina o seguia enquanto comia. Uma luz começava a iluminar o chão que pisavam. Era a saída, Iago tinha certeza. Betina lambia o papel do chocolate e acompanhava o amigo sem entender o que ele fazia. Iago já conseguia entender algumas palavras ditas por aquelas vozes. E quando ele estava quase alcançando o seu objetivo, Betina acabou o chocolate e gritou: — Iago! Onde você está indo?

As vozes sumiram. A luz se apagou. Iago se irritou.

— Você estragou tudo! — ele resmungou baixinho.

— O que eu fiz? — Betina ainda falava alto.

— Fala baixo — Iago pegou nos braços de Betina com força.

— Está bem! — ela obedeceu.

Apesar de as vozes terem se calado, Iago não desistiu. Ele sabia que estava perto da saída. E não ficou parado, resolveu arriscar e continuar andando. O máximo que poderia acontecer era ele se perder novamente dentro daquele labirinto.

A passos lentos, Iago e Betina continuaram a caminhada. Mas a jornada foi curta. Não demorou mais que alguns segundos para chegarem em um lugar que, apesar de não conseguirem enxergar muito bem, sabiam que tinham saído do labirinto. Podia-se perceber um vão. O lugar era grande, muito grande, mas também escuro, muito escuro.

— Olá! Tem alguém aí? — perguntou Iago bem baixinho.

— Oiê!!! TEM ALGUÉM AÍ? — gritou Betina, que recebeu como resposta um flecha que passou de raspão pelo seu braço.

Iago, espantado, procurou o que quase havia acertado Betina.

— O que é isso? — perguntou Betina.

— Uma flecha! — respondeu Iago.

— Selvagens! Selvagens! — gritava Betina.

Iago tampou a boca de Betina e mandou: — Não fala mais nada que você só está fazendo besteira.

Ela aceitou, respondendo positivamente e rapidamente com a cabeça. Coitadinha, estava assustada, enquanto Iago, destemido, com a flecha na mão, tentava enxergar alguém naquele lugar escuro. Mas tudo estava tão parado que ele não conseguia entender de onde havia surgido aquela flecha, muito menos o porquê. Quem eram os habitantes daquele local? Iago tentava descobrir.

Para isso resolveu se aventurar e começou a andar vagarosamente dentro daquele lugar esquisito. Logo de início, tropeçou em algo no chão, que o fez cair no mesmo instante. Na escuridão parecia um galho de árvore. Curioso, Iago se aproximou para ver de perto do que se tratava.

— Meu Deus! — Iago tremeu.

— O que foi? — Betina perguntou.

— Caveiras! O chão está repleto de caveiras — Iago respondeu.

Com a visão já conseguindo distinguir algumas coisas naquela penumbra, Iago e Betina se abraçaram e se encostaram em uma parede de cipreste.

— Nós vamos morrer! — chorava Betina.

— Calma! — pedia Iago, apesar de estar mais apavorado do que ela.

— Esse lugar está cheio de selvagens que comem pessoas e depois deixam seus esqueletos jogados no chão — Betina já não se controlava mais.

— Aposto que não são piores que os piratas que nós enfrentamos! — relembrava Iago, tentando controlar a amiga.

Mas a tentativa foi em vão. Nesse momento, Iago percebeu que alguma coisa bem grande vinha na direção dos dois. E o pior, estava rugindo.

— Ai! — Betina fechou os olhos.

Iago estava com medo, mesmo assim permaneceu com os olhos bem abertos. Ele precisava saber quem eram os selvagens daquele lugar. E não demorou para descobrir. Para sua supresa, Iago viu um imenso urso parar bem na sua frente e com a boca aberta. A cena era assustadora, principalmente quando ele levantou os braços fazendo menção de que iria pegá-los.

— O nosso fim chegou! — concluiu Iago.

Aquele rugido acompanhado de ossos no chão os levavam ao pavor rapidamente. Mas e a flecha? Aquele ataque não fazia sentido. Urso e flecha não combinavam.

— Pare já com isso! — era uma voz feminina.

O urso silenciou na mesma hora.

— Você não viu que são apenas criança? — a voz continuava a brigar com o urso.

— Desculpa! — pediu o urso todo sem graça.

— O que é isso? Um urso falante? — Iago perguntou estupefato.

— Acendam as luzes — a voz feminina era de comando.

No mesmo instante, lampiões que estavam dispostos lado a lado nas paredes daquele lugar começaram a ser iluminados por alguns seres esquisitos. Iago tentava decifrá-los, mas a penumbra ainda não permitia. Assim, para Iago e Betina só restava uma coisa: esperar pela revelação da identidade daquelas pessoas. E para isso acontecer não levou mais que alguns segundos.

— Ha, ha, ha! — Iago gargalhava.

— Você está louco? — perguntou Betina. — Do que está rindo?

Iago apontou para o urso e disse: — Um urso rosa. Eu nunca vi um desses antes, só em quartos de meninas.

— Também não precisa humilhar — reclamou o urso.

— Boa-noite! — era a voz feminina.

Iago já conseguia enxergar a sua dona. Era uma linda bailarina. Devia ter mais ou menos uns trinta anos. Ela tinha voz suave, mas muito segura. E parecia mandar naquele lugar.

— É você quem manda neste lugar? — perguntou Iago já curioso com a sua persuasão.

— Manda sim! Mas não sozinha! Eu mando junto! — era uma outra voz feminina que se aproximava.

— Apresento a vocês o nosso projeto de fada, Lucinha — a bailarina apontou para a outra moça que se aproximava da conversa.

— Projeto de fada? Nunca ouvi falar nisso! — comentou Betina.

— Ela tem asas e não voa, tem varinha de condão, mas não faz mágica. Mesmo assim é uma fada — explicou a bailarina Sofia.

— Um dia isso ainda vai mudar — prometeu Lucinha com a rebeldia de seus quinze anos.

Zip! Passou outra flecha voando, só que desta vez perto de Iago.

— Já mandei parar com a confusão. Eles não são piratas — a bailarina ordenou bravamente.

— Quem é esse doido que adora atirar flechas? — perguntou Iago já nervoso.

— É um índio de péssima pontaria — explicou o urso já debochando.

— O índio tem nome: Samu. E além do mais tenho apenas dezoito anos e toda a minha longa vida para aprender a atirar — o índio reclamou.

— Samu não é nome de japonês? — Betina cochichou com Iago.

— Fica quieta. Quer piorar a discussão? — Iago alertou.

E realmente a discussão começava a esquentar. — É melhor ser ruim de mira do que ter o teu tamanho e ser pau-mandado de um coelho — retrucou Samu.

— Alto lá! Coelho não! Salvatore! — um pequeno coelho surgiu no meio da contenda. Era uma figura bizarra, que tentava se parecer com um mafioso. Para isso se valia de um chapéu que tampava um dos olhos e de um ridículo charuto apagado em uma das mãos.

— Mas o que é isso? — Betina riu dele.

— Eu vou lhe explicar — Salvatore falou. — Estamos nos preparando para voltar ao seio da sociedade civil. E eu? — Salvatore deu um sorrisinho de canto de boca e completou: — Eu sou o chefe dessa organização. O cabeça dessa turma. O responsável pelos planos.

— Que planos? — Iago perguntou.

— Planos para descobrir o segredo da saída deste labirinto — Salvatore concluiu.

— Já estamos aqui há dez anos e você não conseguiu descobrir nada — era uma voz masculina que se aproximava e debochava da explanação de Salvatore.

— Deixe-me apresentar. Sou Arthur, o soldado de madeira. E esse aqui ao meu lado é o meu cavalo e companheiro Nicolas.

— Um cavalo e um soldado de madeira — Betina exclamou empolgadíssima.

— Isso mesmo! E tenho muito orgulho da minha cara de pau — respondeu o balzaquiano Arthur, dando duas pancadinhas no rosto.

— E você! Não fala nada? — perguntou Iago para o cavalo Nicolas.

— Ele é um pouco tímido — Arthur respondeu por Nicolas. — Mas com o tempo ele toma tanta liberdade que você não irá suportá-lo.

O comentário foi suficiente para que Arthur levasse um coice de Nicolas que sorriu sem graça para os novos amigos.

Todos riram da situação, menos uma pessoa: Betina. Nem mesmo as desastrosas e divertidas apresentações foram suficientes para distraí-la e evitar que cochichasse com Iago: — Estou preocupada.

O baixo tom da voz de Betina não conseguiu evitar que todos tomassem conhecimento de seu temor. Uma roda se fez ao seu redor. Era como se eles esperassem que Betina lhes contasse o motivo de sua preocupação.

— Vocês estão aqui há dez anos e ainda não acharam a saída! Quem me garante que a encontrarão? — ela estava realmente com muito medo de morrer ali dentro.

— Estamos esperando o plano do Salvatore. Mas até agora NADA! — surgia uma outra pessoa naquele lugar.

— E você? Quem é? — perguntou Iago.

— Não reconhece um toureiro? — perguntou Enrico abrindo os braços para mostrar a elegância de sua roupa preta e vermelha, bordada com paetês. O traje era brilhoso e reluzia ainda mais sob a luz dos lampiões.

— Nossa! Como você é elegante! — comentou Betina.

— Eu sou muito mais! — retrucou Larissa, a espanhola.

— Chegou a metida! — Enrico criticou.

Eles viviam brigando para saber quem era o mais belo. E nem mesmo a maturidade dos vinte anos de idade de cada um deles era suficiente para acabar com aquela eterna discussão ridícula.

Na verdade, Enrico tinha inveja de Larissa, pois, por mais que seu traje fosse belíssimo, a roupa da espanhola que também não ficava para trás no quesito beleza, durante a dança sobressaía muito mais do que a dele. A saia vermelha, rodada, volumosa e cintilante por causa das lantejoulas já apagava um pouco do brilho de Enrico. O sapato preto de salto alto envernizado a deixava com uma suavidade de causar inveja até mesmo à delicadeza da bailarina Sofia. E o toque final ficava para o coque preso com prendedores dourados que combinavam com o corpo do vestido. Ela era linda e estava sempre pronta para dançar e fazer o que mais gostava: o passo doble.

— E O PLANO? — gritou Betina nervosa.

— Ai! — o urso se assustou com o alto tom da voz de Betina e correu para trás do coelho.

— Calma, Leopoldo! — pediu Salvatore. — Pelo amor de Deus, não me faça passar vergonha.

— O urso ficou com medo do grito de uma menina? — perguntou Iago incrédulo.

— É, rapaz! Você estava certo quando disse que ele lembrava um urso de enfeitar quarto de meninas — respondeu Salvatore.

— Como assim? — quanto mais Iago perguntava, menos entendia.

— Era justamente isso que o urso Leopoldo era: um enfeite de quarto de uma menina. Ele fica bem em cima da cama dela.

— Que quarto? Que menina? Do que vocês estão falando? — Betina queria saber.

Sofia, a mais sensata de todos que ali estavam, aproximou-se para explicar a história deles. Mesmo com a severidade de comandante daquela turma, ela teve a delicadeza e a calma para contar a Iago e a Betina que na verdade eles não passavam de antigos brinquedos de uma menina chamada Madelene: uma pequena menina, filha adotiva de uma bruxa que morava na ilha ao lado.

— Vocês são brinquedos? — Iago estava em êxtase com aquela revelação.

— Isso mesmo! — Sofia confirmou a pergunta de Iago e continuou a explicar a história deles. — Quando Madelene ainda era uma criança, ela pegou o cajado da mãe e nos deu vida.

— Ela fez isso com um cajado? — Iago estava impressionado.

— Não era um cajado qualquer! — explicava Sofia. — Era um cajado mágico.

— Mágico? — Iago perguntou.

— Sim! Ele era capaz de transformar sonhos em realidade. E como Madelene não tinha outra criança para brincar, resolveu lançar esse encantamento sobre a gente e nos dar vida. Assim, ela nunca mais brincaria sozinha.

— E cadê essa criança? — perguntou Betina.

— Hoje ela já não é mais uma criança. Ela tem vinte e dois anos — respondeu Lucinha, a fada.

— Ela ficou sozinha na ilha da bruxa — continuou Sofia.

— E por que vocês se separaram? — Iago queria saber mais.

A espanhola Larissa respirou fundo e se preparou para continuar a contar o triste destino guardado para os brinquedos e falou: — Tudo começou no dia em que o Capitão George, um pirata muito malvado, havia preparado uma armadilha não só para nos roubar de Madelene como para acabar com a vida de Noah.

— Noah? Foi esse o nome que você falou? — perguntou Iago.

— Isso mesmo! Noah! Um pescador da cidade que teve a vida destruída pelo pirata George — revelou Larissa.

Iago ficou atônito com aquele comentário e suplicou: — Eu preciso saber de toda essa história.

E sem maiores questionamentos, todos os brinquedos que ali estavam começaram a se revezar para contar a história que se iniciou no dia em que Noah havia sido injustamente acusado de ter roubado todas as economias do povo de Coroinha. Foi na madrugada desse mesmo dia que o Capitão George com uma espada em punho conseguiu sequestrá-los da ilha onde viviam com Madelene e a bruxa Matilde.

Como as duas dormiam profundamente, não perceberam o que acontecia com os brinquedos. Dali, George os conduziu até aquele esconderijo, onde só ele sabia o segredo da saída.

E assim, a confusão na cidade de Coroinha apenas se iniciava, Salvatore concluiu.

— O que aconteceu depois? — Iago precisava saber mais. E os brinquedos não se fizeram de rogados e continuaram a narrar a história de anos atrás.

A bruxa Matilde acordou cedo e notou que os piratas faziam alguma coisa, ela só não entendia o que era. Por isso, ficou à espreita e de longe observando a movimentação da tripulação entre o continente e o galeão. O tempo passava e ela continuava na ignorância dos acontecimentos, mas os gestos e os semblantes dos piratas os delatavam lentamente. E não foi preciso muito tempo para que Matilde entendesse o plano armado contra Noah. Ela só não sabia de uma coisa: que os brinquedos estavam presos no esconderijo.

Revoltada com a situação, Matilde pegou o cajado mágico e foi até o galeão para evitar que Noah caísse na armadilha preparada pelo Capitão. Mas era tarde demais. Ela não sabia que Noah estava na Ilha Dourada lutando com Charles.

Ao chegar no convés do *Fortuna,* George lhe contou, às gargalhadas, que Noah não estava ali. Matilde percebeu que já não podia fazer mais nada para ajudar Noah, principalmente quando do galeão avistou pescadores enraivecidos saindo do continente de Coroinha e se aproximando da Ilha Dourada para matar Noah.

Para piorar ainda mais a situação, Charles voltou ao galeão anunciando em alto e bom som a queda de Noah do penhasco.

Nessa hora, a bruxa não conteve a ira e revelou o segredo do cajado ao Capitão, que até então desconhecia suas origens. Pela primeira vez na vida, ele estava de frente com o responsável por lhe dar a vida: um cajado mágico. O Capitão ficou assustado e tentou evitar outro encantamento contra ele, mas foi em vão.

Olhando fixamente para os olhos do pirata, Matilde avisou: — Transformarei esse navio e todos os piratas novamente em brinquedos.

Foi somente nessa hora que Matilde descobriu que nós estávamos aqui. Larissa relembrou de quando George tentou usar o seqüestro como forma de evitar que a bruxa lançasse aquela magia contra ele. Ele revelou para Matilde o imenso desejo que tinha de ser dono dos brinquedos. Isso o deixaria ainda mais rico. Qualquer pessoa pagaria para ver brinquedos que tinham vida própria.

E com muita maldade no coração, ele avisou à bruxa que tinha nos roubado e nos deixado presos no esconderijo da Ilha Dourada com um grande labirinto na frente, Lucinha recordou.

A notícia do seqüestro dos brinquedos pegou Matilde de surpresa e a deixou sem ação. George se aproveitou da distração da bruxa e agarrou uma das pontas do cajado. Mesmo assim, ela ainda teve o reflexo suficiente para conseguir segurar a outra ponta e ficar em condições de lutar por ele.

Enquanto fazia força para puxar o cajado de volta, Matilde enfrentava o Capitão e avisou que mesmo que levasse anos descobriria o segredo do labirinto e livraria os brinquedos daquele seqüestro. Enlouquecido de raiva, o Capitão, que segurava uma das pontas do cajado, lançou, dali mesmo, um encantamento sobre o labirinto, falando: — Ele se moverá o tempo todo, as paredes não serão fixas. De nada adiantará tentar traçar um caminho com barbantes ou qualquer coisa parecida, porque não demorará para as paredes se moverem e o caminho mudar completamente. E somente eu saberei o segredo do labirinto.

— Vamos morrer! — gritou Betina, interrompendo a narração da história pelos brinquedos.

Iago, apesar de também estar assustado com a revelação, pediu silêncio a Betina. Ele precisava saber o que o pirata George tinha feito contra seu pai e pediu a Sofia: — Por favor, continue.

Logo após George lançar o encantamento sobre o labirinto, ele e a bruxa ainda travavam uma guerra de força para ver quem conseguia ficar com o cajado. Mas o Capitão tinha um curinga: uma espada. Ele a puxou da cintura com a outra mão e a apontou para o pescoço da bruxa, enquanto que com o pé empurrava uma portinhola que levava à prancha onde as vítimas da tripulação caminhavam para a morte. E foi nela que Matilde foi obrigada a andar.

Sem forças, a bruxa sabia que não sairia vencedora daquela dispusta e, tomada pela ira, conseguiu, ainda segurando a outra ponta do cajado, lançar o feitiço contra o galeão e transformá-lo novamente em brinquedo, antes que caísse no mar de mãos vazias.

Foi assim que o cajado acabou ficando dentro do galeão com o Capitão. E sem ele nunca mais conseguimos destruir o encantamento do labirinto para sairmos daqui, Enrico terminou de contar a história.

— Como vocês conseguiram saber de tudo isso? — perguntou Iago.

— Nós assistimos tudo por entre as frestas das folhagens que cercam o esconderijo — explicou Sofia.

— Tudo aconteceu bem perto daqui. O galeão estava atracado no mesmo lugar que está agora — contou Lucinha.

— Não dá para fugir pelas frestas? — perguntou Betina.

— Elas são cheias de insetos venenosos. Isso também faz parte do encantamento — complementou Larissa.

— Meu Deus! — Iago olhou para o dedo. — Será que o inseto que me picou é venenoso?

— Não são todos venenosos — explicou Enrico.

— Mas e se o que me picou for? — Iago estava apavorado.

— Você já estaria morto, ô imbecil? — Salvatore respondeu sem paciência, mas levou um tapa de Sofia na cabeça, que acabou enterrando o seu chapéu na cabeça.

— Socorro! Socorro! Apagaram as luzes! — gritava Salvatore.

— Deixa de ser ridículo! Está parecendo o Leopoldo, com medo de tudo — Arthur puxou o chapéu da cabeça de Salvatore, que acabou se acalmando.

— Silêncio, por favor! — pedia Sofia, que parecia estar controlando a confusão dentro do esconderijo.

Os brinquedos não falavam mais ao mesmo tempo. Iago e Betina já sabiam do encantamento do labirinto e do seqüestro dos brinquedos. Mas ainda faltava um detalhe: o plano contra Noah.

— Eu preciso entender uma coisa que vocês ainda não explicaram — pediu Iago.

— O quê? — perguntou Sofia.

— Vocês falaram que Noah foi acusado injustamente por ter roubado as economias do povo de Coroinha. Isso é verdade? — Iago estava ansioso pela verdade.

— Por que você quer saber essa história? É ainda uma criança. Certamente nem chegou a conhecer o pescador Noah — comentou Sofia.

Iago engoliu em seco e após alguns segundos, revelou: — Noah é meu pai.

Um silêncio se fez entre todos, mas ainda se pôde escutar um comentário: — Gente! Que babado fortíssimo — comentou a fada Lucinha.

— Quieta! — ordenou Sofia sem sucesso. Os brinquedos já haviam voltado a falar ao mesmo tempo. Mas só até Samu puxar uma flecha e apontar para todos.

Essa era a única forma de fazer que os brinquedos calassem a boca, pois nunca ninguém sabia onde Samu iria acertar a flecha, nem ele mesmo.

— Por favor! — pedia Iago à Sofia. — Conte-me tudo. É muito importante para mim.

Imediatamente, Sofia recomeçou a contar a história da armação contra Noah. Iago adorava escutar tudo aquilo, era como se os seus sonhos fossem devolvidos aos poucos. O seu castelo que havia sido derrubado estava sendo reconstruído. O pai não era o responsável pelo saqueamento feito contra os pescadores. Mas uma coisa ainda incomodava Iago: a infidelidade de seu pai com a mãe. Só que para isso a bailarina Sofia não tinha resposta. Era uma pena, porque Iago estava quase acreditando na inocência do pai, mas ainda faltava uma parte da verdade.

— Eu não sei a resposta para todas as suas dúvidas — lamentou Sofia. — Mas uma coisa eu posso lhe afirmar.

— O quê? — a curiosidade de Iago era imensa.

— Posso lhe provar que seu pai não roubou nada dos pescadores de Coroinha — Sofia garantiu.

— Como? — perguntou Iago curioso.

— Tudo o que foi roubado do povo está bem aqui, neste esconderijo — contou Sofia com o aval imediato dos outros brinquedos.

Enquanto Iago permanecia inerte diante daquela maravilhosa e surpreendente revelação, Sofia se aproximou de Salvatore que sempre carregava isqueiros com ele. A bailarina pediu para que o coelho e os demais brinquedos acendessem todos os lampiões do esconderijo. E sob o comando delicado de Sofia, não demorou para aquele gigantesco lugar, que ainda estava sob a meia-luz de alguns lampiões, começasse a ganhar vida com o amarelo reluzente do ouro dos pescadores roubado pelo Capitão George.

Os olhos de Iago brilharam como duas pepitas diante daquele cenário. Ele estava maravilhado, não só com a descoberta de que seu pai não era ladrão, assim como com a beleza daquele lugar escondido. Era um grande quadrado, que mais lembrava um salão. Era formado por árvores e folhagens. Nas suas laterais, centenas de lampiões acesos traziam a sensação de se estar dentro de uma grande arca repleta de ouro. Parecia um filme encantado. Betina e Iago estavam fascinados com aquele lugar, que ainda ganhava um toque a mais com a presença de todos aqueles brinquedos vivendo como seres humanos normais. Era um lugar mágico.

O ouro estava por todo lugar. No chão, nas paredes e no teto formado por plantas e cúpulas de árvores que os impediam de sair dali. Havia também correntes de pedras preciosas penduradas por toda parte. O tesouro ainda ficava mais reluzente com o reflexo provocado pela luz dos lampiões.

Mas algo em especial chamou a atenção de Iago. Era um objeto familiar, mas ele não conseguia se lembrar. Resolveu, então, aproximar-se para forçar a sua memória a recordar. A jóia estava em cima de um dos vários baús que lá havia. Dentre correntes, anéis, colares, tiaras e pedras preciosas, Iago queria tocar uma em particular. Com cuidado, ele a tomou em suas pequenas mãos e se recordou do momento em que escutou a conversa entre a mãe e o avô sobre a suposta verdade de seu pai.

Estela, falava a Antoninho que até mesmo a coroa que ela tinha ganhado da mãe para o dia de seu casamento Noah não havia poupado do roubo. Toda aquela cena voltou como um *flash* à mente de Iago. E a coroa, que estava nas suas mãos, era a mesma jóia que ele havia visto na cabeça de Estela em uma foto que estava no porta-retrato sobre um aparador no corredor da casa de Seu Antoninho. Não restava mais dúvidas, seu pai havia sido vítima de um plano de piratas inescrupulosos.

A sensação de alívio que Iago sentia no coração era indescritível, mas uma coisa ainda o impedia de sentir-se completamente feliz: não poder contar aos pescadores a descoberta que havia feito. Além de ele não saber a saída daquele lugar, não havia como ultrapassar as paredes de ciprestes. As poucas frestas que havia entre as folhagens estavam repletas de insetos venenosos. Pelo teto, era impossível, pois, além de muito alto, os insetos também estavam por lá. E na frente, onde o labiritno não tinha teto, a quantidade de insetos em cima dos ciprestes era gigantesca. E para piorar ainda mais a situação, aquelas malditas paredes de ciprestes que compunham o labirinto não ficavam paradas no mesmo lugar nem por um minuto sequer. E o pior era que ninguém parecia estar nem perto de desvendar o mistério daquele labirinto.

Ao menos uma coisa os consolava, estavam presos em um lugar de beleza incansável. Mas se eles nada podiam fazer com todo aquele ouro, do que adiantava tudo aquilo? Era o que martelava na cabeça de Iago que não se segurou e perguntou: — O que vocês fazem aqui com todo esse ouro?

— Festa! Muita festa! — gritou Enrico.

13

A eterna festa do esconderijo

A primeira reação de Betina e Iago foi de espanto. O que aqueles brinquedos entendiam por festa? E não demorou para que toda a alegria e a diversão daquele esconderijo se mostrassem aos novos visitantes que ainda estavam incrédulos, mas só até ouvir a espanhola Larissa anunciar: — Chamem a orquestra!

— Orquestra? Vocês têm uma orquestra aqui? — Betina se sentiu no céu.

— Lógico! São outros amigos, também criados por Madelene — contou Sofia.

— E comida? Vocês têm? — perguntou Betina faminta.

— Não precisamos de comida para viver! Somos apenas brinquedos.

— Não precisam comer? — Iago não entendeu.

— Nós teremos eternamente essa aparência. Não comemos, não envelhecemos e não morremos — explicou Samu. — A única coisa capaz de nos matar são esses insetos venenosos que o Capitão George criou com a magia do labirinto.

— Inacreditável! — Iago arregalou os olhos. — Isso é bom demais!

— O que é bom demais? — perguntou Samu para Iago.

— Ser imortal, ué!

Samu abaixou a cabeça como se Iago acabasse de ter falado uma grande besteira.

— Mas tem um problema — Samu continuou.

— Que problema pode trazer a imortalidade? — Iago sorriu diante do desânimo de Samu.

Não levou mais que um segundo para o índio explicar: — É que os piratas também são brinquedos.

Iago silenciou por instante e concluiu: — Eles também são imortais.

— Isso mesmo. E vão nos manter aqui para sempre — explicou Sofia.

— Mas eu não entendi uma coisa. — Iago estava intrigado.

— O quê? — Sofia estava disposta a tirar todas as dúvidas de Iago.

— Há alguns dias, os piratas saquearam o Mercado dos Pescadores. Lá, eles roubaram tudo, inclusive comida — contou Iago.

— Eles comem porque são insaciáveis, mas se a comida lhes faltar eles não morrem — explicou Sofia.

— Nada pode matá-los? — Iago insistia.

— Só há uma coisa capaz de acabar com a vida daqueles piratas — Sofia falou.

— O quê? — Iago precisava saber.

— Eles morrem quando têm o coração perfurado — Nicolas revelou.

— E vocês? — Betina perguntou.

— Se alguém nos acertar no coração também morremos. O único brinquedo que corre um perigo a mais é a Serena, a sereia. Ela não pode ficar fora da água por mais que trinta minutos. Caso contrário, ela morre por sufocamento — Arthur complementou.

— Isso quer dizer que vocês ficarão aqui para sempre? — perguntou Iago assustado.

— Creio que sim — Sofia estava resignada.

— E eu e Betina morreremos de fome! — Iago concluiu.

O silêncio imperou por alguns segundos na ilha, mas só prevaleceu até Larissa interrompê-lo para contar: — Aquelas caveiras que estão na entrada do esconderijo são de pessoas que sabiam da lenda do tesouro e entraram aqui para roubá-lo. Mas nós não as matamos. Quem as matou foi a fome.

— Ai! — Betina quase desmaiou com aquele trágico comentário.

— Calma! — pediu Salvatore. — Leopoldo achou algo especial para vocês e preparou uma surpresa que tenho certeza de que irão adorar! — Salvatore falou apontando para uma mesa cheia de frutas.

— Uau! — Iago e Betina correram para a mesa.

Diante daquela fartura de frutas, os dois pareciam ter esquecido que estavam fadados a ficar presos ali para sempre e perguntaram: — Cadê a orquestra?

— É para já, senhor! — respondeu Arthur fazendo sinal de continência.

Iago e Betina não desgrudavam os olhos de Arthur que caminhava em direção a uma arca de madeira muito antiga. Larissa e Enrico acompanhavam o soldado e olhavam para as crianças dando duas batidas na tampa da caixa... toc, toc... e perguntaram: Tem alguém aí?

Vup! Algo levantou a tampa da arca rapidamente e falou: — Ué? Por que vocês demoraram tanto desta vez?

— Temos convidados — respondeu Larissa.

— O quê? Eles ainda estão aqui? Vocês estão loucos? — uma voz saía de dentro da caixa.

— Eles estão amarrados? — perguntava uma outra voz de dentro da caixa que parecia estar muito preocupada.

— Calma! São amigos. Eles não vieram nos roubar — explicou Sofia.

— Ué? — algo esquisito saiu de dentro da caixa falando: — Então eles não são piratas!

— Exatamente, ô medroso! — confirmou Enrico.

— Saia daí e venha se apresentar aos nossos novos amigos — ordenou Sofia.

Nessa hora, Betina e Iago estavam maravilhados. De dentro da caixa saíam vários instrumentos musicais. Era realmente uma orquestra, pequena, mas uma orquestra. Nela tinham instrumentos de corda, de sopro e de percussão. Eram suficientes para se fazer uma boa festa. Os primeiros a saírem da caixa foram a viola e o seu amigo violão. Logo em seguida vieram o trompete, a tuba, o trombone e a trompa. E para finalizar os percussionistas chocalho, cuíca, pandeiro, tambor, repinique e tamborim. Eles se revezavam e tocavam vários ritmos, era salsa, merengue, música cigana ou qualquer outra que pudessem imaginar. E como eram instrumentos mágicos e com vida própria, podiam tocar o que lhe desse na cabeça. Mas duas coisas não poderiam faltar: um ritmo quente e a música flamenca para Enrico e Larissa.

A noite prometia para Iago e Betina que agora participariam de uma festa no esconderijo. Mas para Noah, que continuava amarrado no porão do galeão, a angústia dentro do peito aumentava a cada segundo. Não sabia mais o que pensar, muito menos o que fazer. Também não sabia onde estava Iago e muito menos como fazer para se livrar da forca. Seus planos falharam. Mas ainda tinha uma esperança: Carlão. O amigo que sabia de toda a verdade poderia lhe ajudar a sair da forca quando chegasse o momento. Mas até que a hora certa chegasse, Noah achou melhor descansar do jeito que podia: amarrado dentro daquele porão sujo.

Na Ilha Dourada, Iago se esqueceu por um momento de que estava preso dentro daquele lugar e resolveu aproveitar um pouco do que ele tinha a lhe oferecer. Sorte dele que não sabia o que estava prestes a acontecer com o pai.

— E agora! Com vocês, o casal Enrico e Larissa! — Sofia anunciou o início de uma festa que duraria a noite inteira.

Rapidamente a orquestra se postou a tocar, e eles pareciam os mais animados. Era uma música flamenca que fazia o toureiro e a espanhola dançarem naquele chão cheio de folhas, como se estivessem em um palco. As roupas bordadas com paetês ajudavam no espetáculo. Eles batiam palmas e a platéia também. Era como se fosse um grande coro. Os pés acompanhavam as batidas da percussão. Os sapatos de Larissa traziam um som especial quando ela subia em cima de um enorme baú para fazer o passo doble. Enrico rodava e ajoelhava-se no chão e reverenciava sua dama. Era lindo de se ver.

A dança deixava os outros brinquedos fascinados. Era como se estivessem em casa, na ilha da bruxa. E realmente era quase isso, já que a vida lhes tinha sido dada justamente para trazer alegria e descontração. Madelene que era apenas uma menina quando fez esse encantamento, o fez para trazer diversão à ilha que morava com sua mãe, a bruxa Matilde. Lá, tinha festa todo dia. Não era difícil entender o motivo. Madelene, que tinha sido adotada por Matilde, era filha de um casal de ciganos. E por não mais agüentar acompanhar os pais nas suas eternas viagens acabou fugindo.

A primeira vez que Madelene viu Matilde foi em um pequeno vilarejo perto de Coroinha. Lá, Matilde não era conhecida e podia passear livremente pela cidade, sem ser apontada como uma bruxa. E foi sentada no chão desse vilarejo que Matilde viu a menina chorando. Madelene se encantou no primeiro momento em que viu Matilde. Sem pensar duas vezes correu para os braços de Matilde e pediu com a ingenuidade que toda criança tem:

— A senhora não quer me adotar?

— O que é isso menina? — perguntou Carmem, a mãe de Madelene.

Madelene só chorava e pedia para ficar um pouco quieta sem sair peregrinando pelo país afora.

Matilde, que era solitária, falou para Carmem que poderia tomar conta de Madelene até quando fosse preciso.

— De jeito nenhum! — respondeu Carmem, que pegou Madelene pelo braço e falou: — Trate de pegar suas coisas! Nós já estamos indo embora deste lugar.

Era uma turma de ciganos. Eles, realmente, estavam levantando acampamento e colocando os poucos pertences que tinham em quatro carroças. Enquanto os homens montavam nos cavalos, as mulheres se acomodavam dentro das carroças. Matilde observava aquela mudança e imaginava que aquilo deveria ser realmente muito difícil para uma criança. Mas não havia nada que ela pudesse fazer. Tudo já estava em seus devidos lugares, e em poucos segundos os ciganos começaram a partir. As carroças se movimentavam lentamente, e Matilde apenas observava o lento deslocamento daqueles ciganos. De repente, algo a assustou. Alguma coisa caía da parte de trás da última carroça. Era Madelene fugindo. A pequena menina correu para os braços de Matilde e suplicou: — Fica comigo, por favor! Fica comigo.

Foi assim que Madelene fugiu de seu povo, mas não de sua origem cigana. Por isso fez o encantamento com os instrumentos, para que pudesse dançar o que havia aprendido com a mãe, Carmem, quando era apenas uma criança. Madelene se transformava quando dançava, era pura alegria e satisfação. A dança fazia parte de sua alma e sem ela não conseguia viver feliz.

Após o roubo dos brinquedos e da morte da bruxa, Madelene era o retrato da tristeza. Só que resignação era uma palavra que não fazia parte de seu vocabulário. Ela jurou que um dia teria seus brinquedos e o cajado de Matilde de volta. Somente o cajado poderia quebrar o feitiço do labirinto e salvar seus brinquedos daquela prisão. Ela já havia tentado por diversas vezes entrar na ilha para acabar com aquele sofrimento, mas a sereia Serena não permitia que ela cometesse essa loucura, pois nunca mais conseguiria sair de lá com vida.

Mesmo longe de sua dona, os brinquedos não haviam parado de tocar as músicas preferidas de Madelene. Era uma forma de se sentirem próximos a ela. Além do mais, eles também tinham a esperança de um dia reencontrá-la.

E era fazendo muita festa com as músicas ciganas que os brinquedos não deixavam que a vida presa naquele esconderijo se tornasse enfadonha.

Mas essa noite era especial, eles tinham convidados: Betina e Iago.

— Vamos aproveitar! — gritou Enrico entusiasmadíssimo.

E não foi preciso falar duas vezes para todos dançarem a noite toda ao som da orquestra viva. Mas Iago não só dançava como passeava por entre o ouro esparramado pelo esconderijo. Ele estava muito feliz por ter achado tudo aquilo e poder devolver a seu pai a vida que havia lhe sido roubada. Iago não se cansava de perambular pelo esconderijo. Ele queria conhecer cada cantinho e admirar a beleza do ouro e das pedras preciosas.

Betina não o acompanhava. Ela só queria saber de comer e dançar. Assim, Iago caminhava cada vez mais para o final do esconderijo e se distanciava da festa. De repente, algo lhe chamou a atenção, era uma área ainda não explorada por ele nem apresentada pelos brinquedos. Curioso, Iago seguiu em frente sozinho para desbravar aquele lugar que parecia sinistro. Ele sentia algo esquisito ali e não conseguia identificar o que era, mas tinha certeza de que descobriria. Afinal, aquele era um dia marcado por revelações.

Com apenas mais alguns segundos, Iago chegou no seu destino: o fundo do esconderijo. Lá, já não era mais iluminado. Era assustador. Nem mesmo os brinquedos se aproximavam dali. Mas Iago não desistiu e continuou na sua missão. A escuridão daquele lugar não conseguiu tapear a visão de Iago. Ele logo percebeu que havia alguma coisa sendo encoberta por plantas. Iago não conseguia entender do que se tratava e resolveu se aproximar ainda mais. A dificuldade criada pelas plantas não o impediu de perceber que atrás delas havia algo plano e de cor alaranjada. Ele tinha receio de tocar naquilo, mas a curiosidade era ainda maior e insuficiente para controlar suas mãos, que mesmo vagorasamente se aproximaram para puxar os ramos, as folhas e as raízes que insistiam em esconder aquele mistério.

A essa altura, o medo já tinha abandonado Iago que bravamente arrancava tudo o que estava na sua frente. A surpresa foi inevitável ao se deparar com uma enorme porta. Ela era tão grande e tão larga que era dividida ao meio, como aquelas portas de palácio, onde cada uma de suas partes abre para um lado. Parecia ser muito grossa. Era madeira pura. Mas havia uma coisa muito esquisita e que para a qual Iago não entendia a resposta. Qual seria a serventia de uma porta daquele porte no final daquele esconderijo? Iago ficou parado, por algum tempo, tentando desvendar aquele mistério. O tempo passou e ele nem se deu conta de que havia abandonado a festa preparada pelos brinquedos.

Enquanto isso, Betina que já tinha saciado sua fome começou a procurar por Iago e não o achava. Ela chamava seu nome e não tinha resposta. Foi somente com a reação de Betina que os brinquedos e a orquestra perceberam que Iago realmente não estava por ali. Preocupados com o novo amigo, Arthur montou no cavalo Nicolas e saíram em busca dele pelo esconderijo. Troteando, procuravam Iago, mas nada de achá-lo. De uma coisa eles já tinham certeza: Iago não estava por perto. Pressentindo o perigo, Nicolas perguntou a Arthur: — Será que ele foi para o lugar proibido?

— Eu não sei. Mas é melhor checarmos logo isso — respondeu Arthur.

Na intenção de encontrar Iago o mais rápido possível, Nicolas deixou de trotear e passou a correr velozmente, e Arthur segurou fortemente as rédeas para acompanhar o ritmo do companheiro. Eles temiam pela vida de Iago. Mas por sorte, ou por azar, eles já não sabiam mais, conseguiram encontrar Iago no lugar proibido.

— O que faz aqui, garoto? — perguntou Arthur nervoso.

— Nada de mais! Só queria conhecer o lugar — respondeu Iago preocupado com a reação de Arthur.

— Você foi longe demais — comentou Nicolas.

— Longe demais? — Iago não entendia.

— Ninguém nunca se atreve a se aproximar deste lugar, muito menos dessa porta — explicou Arthur.

— Por quê? — Iago estava muito assustado.

— Este lugar é mal-assombrado — comentou Nicolas tremendo de medo.

— Mal-assombrado? — Iago deu um sorrisinho de canto de boca como se não acreditasse no que lhe contavam.

— É verdade! — falou Nicolas.

— Nós já escutamos ruídos vindo detrás dessa porta! — contou Arthur.

— Ruídos? De quê? — Iago queria saber.

— Não sei o que é, mas dizem que são fantasmas. Por isso prefiro ficar longe deste lugar — comentou Arthur.

— Fantasmas? — Iago começava a ficar apavorado.

— Dizem que é aí dentro que está guardado o maior de todos os tesouros já conquistados por um pirata — contou Nicolas.

— Outro tesouro? — Iago ficou espantado.

— Isso mesmo! Mais um tesouro! — respondeu Nicolas.

— Mas tesouros não fazem barulho — comentou Iago.

— São os piratas! — explicou Arthur.

— Que piratas? — perguntou Iago.

— Os piratas mortos que estão aí dentro cuidando de todo o ouro que roubaram — concluiu Arthur.

— Por isso tenho medo deste lugar — complementou Nicolas.

Iago chegou perto da porta e encostou o ouvido para escutar alguma coisa. Nada ouviu. Ele sorriu para Arthur e Nicolas, como se debochasse dos dois. Mas estes que não eram bestas nem nada preferiram ficar de longe observando Iago.

— Não tem barulho nenhum aqui! — Iago riu de Arthur e Nicolas que já estavam com as pernas tremendo.

Iago mal fechou a boca, e algo bateu com muita força do lado de dentro da porta. Completamente apavorado, ele se afastou correndo.

Arthur e Nicolas zombaram ao mesmo tempo de Iago: — Ué? Você não é tão corajoso? Por que correu? — os dois não paravam de rir da cara pálida e assustada de Iago.

Apesar do susto, o desejo de Iago em entrar naquele lugar misterioso ficou tão intenso que seu medo começava a passar. Porém um comentário de Arthur foi capaz de desanimá-lo: — Nós já tentamos entrar para ver o que tem aí dentro. Mas as portas não se abrem sem uma chave.

— Chave? Para que precisamos de chave? Vamos arrombá-la — Iago correu para a porta entusiasmado.

— Não adianta! — explicou Arthur. — Você não está vendo essas toras na frente da porta?

Iago aproximou-se da porta e viu as toras que se confundiam com a cor da porta. Com muito otimismo ele tentou empurrar uma das toras para o lado, mas foi em vão. Seus pés escorregaram na terra e a tora sequer se moveu.

Iago sugestionou afobado: — E se nós empurrarmos essas toras de madeira todos juntos? Vamos chamar o resto do pessoal.

— Nós já tentamos — respondeu Nicolas.

— E aí? O que aconteceu? — perguntou Iago.

— Fomos jogados para longe — relembrou Arthur passando a mão atrás da cabeça, que dói até hoje por causa da queda.

— Só há um jeito de abrirmos esse tesouro. Com a chave — concluiu Nicolas.

— Que chave é essa? — perguntou Iago.

Arthur andou em direção ao centro da porta e chamou Iago: — Olha esse desenho bem aqui no meio da porta.

Iago aproximou-se da fechadura e lá estava o desenho da chave. Naquele momento Iago ficou estático em frente da porta e uma estranha expressão tomou conta de seu rosto.

— O que foi? — perguntou Arthur.

Iago não respondia, apenas continuava inerte. Para tirá-lo daquele estado, Arthur passou uma das mãos na frente de seu rosto e imediatamente Iago voltou a si. Era como se tivesse dado uma pausa para que algo de importante voltasse à sua mente. Ele conhecia aquele desenho. E mesmo espantado diante da possibilidade de se tratar do que ele pensava, não restava mais dúvida. O segredo da fechadura era igual ao do pingente que lhe havia sido dado pelo pai. Era um pequeno leme. Iago sabia que não acreditarião nele, mesmo assim resolveu arriscar e falar: — Eu tenho essa chave.

Arthur e Nicolas ficaram sem palavras e apenas olharam espantados para Iago.

— Impossível! Nunca ninguém achou essa chave — Nicolas estava incrédulo.

— Não tenha tanta certeza assim! — Iago falava com convicção.

— Então nos mostre a chave! — Arthur desafiou.

— Ela está com Betina — respondeu Iago.

— O que estamos esperando? Vamos até ela — ordenou Nicolas.

— É o que mais quero neste momento! — respondeu Iago rapidamente.

E sem esperar mais um segundo, os três voltaram para encontrar o resto do pessoal. Iago sentia que a noite ainda seria de muitas aventuras. Aquele lugar, apesar de ser uma prisão, era capaz de lhe trazer muitas sensações e desafios inimagináveis. Parecia estar vivendo uma aventura de contos infantis que nunca havia lhe passado pela cabeça que um dia poderia fazer parte de uma delas. Era tão mágico o que sentia que até conseguia esquecer que nesse momento seus pais e seu avô deviam estar preocupadíssimos com ele.

E realmente, Estela e Antoninho não conseguiam vencer aquela noite de tribulações. O sono vinha, mas a calma e a paz para deitar e dormir estavam longe de chegar. Além do mais, Seu Teófilo, que estava na casa dos amigos, não passava nada bem de saúde. Diferente não acontecia com Noah que, além de não ter notícias de Iago, ainda sabia que o Capitão George já tinha designado a tarde do dia seguinte para a sua execução.

Já no esconderijo, Betina e Iago pareciam não lembrar de mais ninguém. Betina se divertia como nunca havia se divertido na vida, enquanto Iago só pensava em descobrir toda a verdade sobre os piratas, ainda mais agora que sabia que seu pai estava vivo e bem próximo dele. Era a sua chance ter o seu herói e a sua família de volta e, para isso, não mediria esforços e lutaria bravamente para trazer a verdade à tona. Esse era o sonho de Iago que nem mesmo o cajado mágico seria capaz de realizá-lo, apenas a sua garra.

A festa na Ilha Dourada continuava e o alto som da música flamenca abafava a voz de Iago que gritava por Betina. Ele vinha de longe chamando pela amiga, mas ela nem sequer ouvia, estava maravilhada com as frutas, os brinquedos e a dança de Larissa e Enrico. Mas, de repente, Betina sentiu um puxão em seu braço.

— Ai! — Betina ficou assustada. E quando viu que era Iago, reclamou: — Você me machucou.

— Desculpa! — Iago estava ofegante.

— O que você tem? — ela não conseguia entender tamanha ansiedade dentro daquele esconderijo, do qual não se tinha como fugir.

— Deixe-me ver o pingente que lhe dei — Iago pediu ainda ofegante.

— Ah! Agora você quer de volta? De jeito nenhum! Presente é presente! — Betina reclamou.

— Eu quero agora! — Iago berrou.

O grito foi tão alto que conseguiu vencer o som da música e chamar a atenção de todos que estavam ali. Os brinquedos, assustados, pararam e olharam para Iago. Ninguém entendeu aquela reação.

— Calma, pessoal, calma! — pediu Nicolas sem graça.

— Nós podemos explicar o nervosismo do nosso amigo — falou Arthur que deu uma bronca em Iago: — Precisava ser tão grosseiro?

Iago abaixou a cabeça. Mas Betina, espantada com a reação do amigo, tirou o pingente do pescoço e lhe entregou.

Arthur e Nicolas correram para ver se era realmente a chave.

— Meu Deus! — Nicolas exclamou.

— Não é que você tinha razão — falou Arthur.

Sofia estava muito brava e mandou: — Vocês querem fazer o favor de me explicar, agora, o que está acontecendo aqui.

— A chave! — falou Nicolas.

— Que chave? — Sofia não entendia meias palavras.

— A chave do tesouro. Está bem aqui — concluiu Arthur.

Sofia, apesar de incrédula, aproximou-se bem devagar de Iago para ver o que havia em sua mão. E realmente era a chave.

— Como você conseguiu isso? — Sofia estava supreendida.

— Foi um presente do meu pai — Iago respondeu.

— Do Noah? — perguntou Larissa completamente pasma.

— Isso mesmo! — Iago confirmou.

— Como ele poderia ter essa chave? — divagou Lucinha.

— Isso não importa agora — falou Arthur.

— É isso aí! — concordou Nicolas.

— Vamos até a porta e ver o que há lá dentro — Iago estava entusiasmado.

— E se nós soltarmos os fantasmas? — perguntou Leopoldo morrendo de medo.

— Aí a gente te prende no lugar deles. Está bom assim? — debochou Salvatore.

— Chega de discussão e vamos logo — Sofia ordenou.

E assim todos seguiram para a porta que escondia o tesouro. Alguns estavam ansiosos, outros com medo, mas nenhum ficou para trás. Os fantasmas não eram o suficiente para fazer que aquela turma desistisse de seu objetivo. Mas, sem dúvida, Iago era o mais interessado em abrir aquela porta. Todos andavam muito rápido, tão rápido que os pés pareciam não acompanhar o corpo. Nem mesmo os instrumentos musicais deixaram de participar dessa aventura. Afinal, eles estavam prestes a descobrir, após dez anos presos naquele esconderijo, o que eram aqueles barulhos esquisitos que vinham detrás daquela porta. A ansiedade os empurrava para a frente, mas a correria que era grande cessou quando se aproximaram da porta. Parecia que nesse momento a curiosidade dava lugar a um medo terrível. Mas não para Iago, que não pestanejou um segundo sequer e seguiu em direção à porta.

— Pronto! Chegamos! — avisou Iago olhando para a porta e segurando firmemente o pingente em uma das mãos.

Todos silenciaram, menos Leopoldo que perguntou com a voz trêmula:

— Você tem certeza do que quer fazer?

— Fica quieto! — Sofia determinou.

Iago olhava para Leopoldo que tremia e suava frio. Mesmo assim, Iago não se conteve e começou a agir. Lentamente, ele abriu a mão, olhou para o pingente e, como se pegasse uma peça rara, o tirou da palma de sua mão. Todo cuidado era pouco naquela hora. O pingente era do tamanho de um anel e se caísse no chão poderia se perder no meio das raízes e das folhas daquele lugar esquecido. Em poucos segundos, Iago já aproximava o pingente da fechadura. De longe parecia que se encaixaria perfeitamente, e de perto Iago já tinha certeza de que realmente se tratava da chave daquela porta. Quando o pingente estava bem próximo da fechadura, Iago levou um susto, a porta atraiu o pingente como se fosse um ímã. E um forte barulho se fez naquele ermo.

Nessa hora, todos, amedrontados, deram um passo para trás, até mesmo Iago que parecia corajoso. Mas Leopoldo foi o pior de todos, suas pernas trêmulas não suportaram seu peso e ele caiu no chão instantaneamente.

Em seguida, as toras de madeira começaram a se movimentar, uma a uma. Eles não precisaram fazer o mínimo esforço para retirá-las da frente da porta. Era como se estivessem assistindo a um espetáculo produzido por aquelas toras que saíam, em sincronia, de seu lugar. Cada uma a seu tempo, uma atrás da outra. Enquanto a primeira de cima se afastava para a esquerda, a próxima ia para a direita e assim sucessivamente, até chegar na última que estava encostada no chão da Ilha Dourada. Com essa última tora, que se arrastava sobre as folhas caídas, lenvantou-se uma terra avermelhada. Tudo isso atrapalhava um pouco a visão de Iago e seus amigos, mas não por muito tempo. Após alguns segundos, eles puderam admirar a porta de madeira completamente desobstruída. Não havia mais uma tora sequer na sua frente.

Todos continuavam um pouco afastados daquele espetáculo, mas Iago que estava determinado voltou para perto da porta. Leopoldo tampou os olhos com as mãos, mas deixou uma frestinha para ver o que acontecia. Betina e Sofia pediam para que Iago tivesse cuidado. O resto da turma se mantinha em silêncio, até mesmo os instrumentos musicais tomavam o máximo de cuidado para não soltar uma nota musical sequer.

Iago parou bem no centro da porta e deu uma olhada para seus amigos. Ele não conseguia identificar quem tinha a expressão mais amedrontada, por isso preferiu se manter virado para a porta e fazer o que achava certo. Com cuidado levantou as duas mãos até o centro da porta e, colocando cada uma delas em uma das partes da porta, as empurrou para trás. Não demorou para que, lentamente, elas se abrissem. O rangido foi inevitável, assim como o medo de todos. Parecia um filme de terror. Estava tudo muito escuro, mas foi só por um instante; até centenas de morcegos saírem lá de dentro batendo as asas e fazendo um barulho muito esquisito. Eles voavam como se não tivesse ninguém na frente. Atropelavam todos, sem dó nem piedade. Os morcegos pareciam estar assustados, mesmo assim alcançaram, rapidamente, o teto do esconderijo e se infiltraram por entre as pequenas frestas das folhagens. Alguns conseguiram fugir, outros morreram picados pelos insetos venenosos. Foi somente após essa tenebrosa cena que o barulho, que insistia em assustar os brinquedos por dez anos, acabou.

— Olha lá! — falou Salvatore brincando. — Os fantasmas foram embora.

— Não acredito que durante todo esse tempo os nossos fantasmas eram apenas morcegos — reclamou Leopoldo.

Todos riram da cara de Leopoldo que estava indignado com aquela revelação.

Mas ele não deixou por menos e disse: — Até parece que eu era o único que tinha medo dos fantasmas, né?

Sem graça, ninguém ousou a falar mais nada. Eles sabiam que Leopoldo estava certo e por isso continuava a reclamar, mas só até uma forte luz tomar conta do lugar. Nesse momento, ele voltou a ser um urso medroso e foi para trás de Salvatore.

— O que é isso? — perguntou Larissa.

Iago, que estava em frente da porta, olhou para dentro e mal acreditou no que via. Havia realmente um tesouro escondido atrás daquela porta. A visão de todos foi ofuscada pelo brilho do ouro, dos brilhantes, dos diamantes, das esmeraldas e de todos os outros tipos de pedras preciosas que existiam naquele lugar. O tesouro reluzia tão intensamente, que não havia necessidade de luz para se enxergar ali dentro. E uma coisa era indiscutível: esse tesouro era infinitamente maior do que o dos pescadores que estava na entrada do esconderijo da Ilha Dourada.

Eles estavam de frente para o tesouro do Capitão Bartolomeu, mas disso eles não sabiam. Também aquilo não era importante para eles, principalmente para Iago que só pensava em juntar os dois tesouros e levar para os pescadores de Coroinha. Seria, agora, uma cidade de riquezas, onde ninguém mais passaria dificuldades. E com o ouro devolvido seu pai poderia retornar para a cidade.

Enquanto Iago sonhava, os outros aproveitavam a noite para brincar com todas aquelas pedras preciosas. As meninas usaram a imaginação e se valeram das coroas, dos anéis e dos colares para recordarem antigas histórias de princesas e belas adormecidas. Os rapazes preferiram os chapéus e as espadas de piratas que também eram cravejadas de brilhantes e pedras das mais variadas cores. Diante daquela festa inusitada, não restou alternativa aos instrumentos musicais, a não ser começar a tocar ali mesmo em volta de todo aquele tesouro.

E foi nesse clima de aventura e alegria que todos aproveitaram o resto da noite. Enquanto se divertiam na festa, desbravavam aquele lugar. Mas ele era tão grande que ninguém conseguiu ver tudo que tinha ali. Já era madrugada e o sono venceu a euforia de todos. Em pouco tempo adormeceram dentro daquele imenso quarto que guardava o tesouro do Capitão Bartolomeu.

14

A liberdade

O dia mal amanhecia e Madelene já corria para a margem do mar. Era como se precisasse fazer algo urgente. E realmente era. Ela precisava falar com a sereia. Para isso colocou as duas mãos no mar. Bastava isso para que Serena, de onde estivesse, sentisse o sinal de Madelene pela vibração das águas.

Serena, que nadava para a outra direção da ilha onde vivia Madelene, levou um susto com um chamado tão cedo. Preocupada, a sereia não pensou duas vezes em fazer meia-volta e ir ao encontro da amiga para saber o que estava acontecendo. Mas de uma coisa Serena já sabia, era algo importante. A vibração da água não era boa.

E balançando a cauda, Serena nadava o mais rápido que podia para chegar até Madelene que não conseguia esconder sua aflição nem mesmo das águas.

— O que foi? — perguntou Serena ao chegar à margem da ilha da bruxa.

— Eu preciso do cajado de minha mãe de volta! — respondeu Madelene.

— Como? — Serena não entendeu.

— O cajado ficou dentro daquele maldito galeão quando mamãe o transformou novamente em brinquedo. Você não se lembra da história? — perguntou Madelene.

— Claro que me lembro — falou Serena ainda sem acreditar que a amiga poderia estar pensando em entrar naquele navio de piratas.

— Eu preciso ir até lá — Madelene olhou para o galeão.

— Você não pode fazer isso — pediu Serena.

— Por que não?

— Pode ser muito perigoso. Você sabe muito bem o que esses piratas são capazes de fazer! — Serena ficou nervosa.

— O que eles podem fazer contra mim? Eles já me tiraram tudo! — desabafou Madelene.

— O que você quer fazer? — Serena resignou-se.

— Quero entrar no galeão para encontrar o cajado. Só com ele posso quebrar o feitiço do labirinto da Ilha Dourada e trazer de volta os meus brinquedos — esclareceu Madelene.

— Tudo bem! O que você quer que eu faça? — perguntou Serena.

— Quero que você me ajude a a chegar no galeão, nadando. Se eu for de barco eles podem notar a minha presença. Aí ficará muito difícil procurar o cajado — explicou Madelene.

— Está bem! — Serena aceitou.

— Então vamos! — falou Madelene.

— Agora? — Serena se assustou.

— Lógico! Eu não sei até quando eles ficarão aqui — concluiu Madelene.

Notando que sua amiga não desistiria daquela aventura, Serena pediu para que Madelene tirasse o capão, pois ele ficaria muito pesado na água. Mas Madelene não atendeu ao pedido da sereia, já que aquela era a única forma de se disfarçar.

A missão de Serena se tornava cada vez mais difícil, mesmo assim não desistiu e deu a mão para Madelene. E rapidamente elas saíram da ilha da bruxa em direção ao galeão. As duas nadavam bem devagar para não chamar a atenção dos piratas que a essa hora deveriam estar no convés do navio. Apesar de preguiçosos, havia alguns que acordavam cedo.

E por falar em acordar, era isso que acontecia no quarto do tesouro do Capitão Bartolomeu. Não só Iago e Betina despertavam após uma divertida noite, mas também os brinquedos. Eles ainda tinham sono, mas o sol insistia em entrar por entre as frestas das folhagens do teto da ilha e não permitiu que continuassem a dormir.

Sabendo que não teriam como sair dali, cada um foi procurar algo diferente para fazer. Eles tinham que arrumar uma forma de o dia passar rapidamente, senão acabariam ficando loucos. Os instrumentos musicais, que eram pequenos e tinham o seu próprio baú, pularam para dentro dele e continuaram a dormir. Enrico e Larissa foram ensaiar alguns passos de dança auxiliados pela bailarina Sofia. O soldado Arthur aproveitava para treinar alguns golpes com uma espada cheia de brilhantes que havia encontrado no tesouro. Nicolas, seu fiel cavalo, apenas o observava. Lucinha e Betina aproveitaram para olhar tudo o que havia no tesouro. Elas reviravam tanto aquele lugar que Betina acabou achando o que tanto quis um dia: uma pérola negra ainda dentro de uma concha. Ela não pensou duas vezes em pegá-la e colocá-la dentro de sua *pochette*.

Iago, que estava aliviado e tranqüilo com a descoberta da verdadeira história sobre o pai, chamou Samu, o índio, para ajudá-lo com o arco e a flecha. E foi desenhando um alvo em uma árvore que os dois passaram a manhã treinando tiro ao alvo. A empolgação logo tomou conta de Samu quando começou a acertar em cheio o desenho feito por Iago. Foi aí que ele resolveu partir para as frutas. Mas a fúria de Betina o impediu de continuar o treino.

— As frutas não — Betina reclamou.

— Ela é um saco sem fundo — Iago riu e Samu concordou.

Enquanto isso, Madelene e Serena chegavam sorrateiramente por trás do galeão. Ainda era cedo e não havia nenhum pirata de tocaia observando quem se aproximava. Serena temia pela vida de Madelene e sabia que era muito arriscado o que ela pretendia fazer. Mas também sabia que não havia como dissuadir a amiga de tentar resgatar o cajado. Não lhe restava alternativa, a não ser desejar boa sorte à Madelene e avisar: — Eu ficarei aqui atrás do galeão esperando você voltar.

Madelene balançou a cabeça fazendo um sinal positivo.

— Não arredarei daqui enquanto você não voltar. Entendeu? — insistiu Serena.

— Entendi. Prometo que não vou demorar — respondeu Madelene entrando escondida no galeão.

Madelene aproveitou a mesma corda que Noah havia usado para entrar no galeão. Mas ela não teve forças para alcançar o pavimento superior como ele havia conseguido. Precisava ter muita força nos braços. Mas ela não desistiu e procurou pela primeira brecha que a levasse para dentro do navio. E foi na parte inferior que encontrou um espaço aberto destinado a um canhão. Como Madelene era esguia, conseguiu entrar por ali mesmo.

Serena, que apesar de ter ajudado a amiga a chegar no galeão, não gostava daquela idéia. A aflição que ela sentia ao saber que Madelene poderia ser descoberta a qualquer momento pelos piratas a deixava muito nervosa. E não era para menos: Madelene corria um grande risco dentro do galeão, pois se os piratas a vissem poderia sofrer uma retaliação por eles terem sido transformados em brinquedos há dez anos por sua mãe, a bruxa Matilde.

Destemida como sempre, Madelene não perdeu nenhum segundo sequer e entrou no galeão disposta a recuperar o cajado. Precisava dele não só para libertar os brinquedos do esconderijo, como para transformar aquele maldito galeão novamente em um brinquedo. Seria a vingança pela morte de sua mãe.

Assim que Madelene entrou no navio, percebeu que estava na plataforma do convés e logo viu alguns piratas. Ficou à espreita, ao lado do parapeito que rodeava o galeão. Enquanto isso, Serena permanecia no mar, bem ao lado do galeão. E, lá debaixo, conseguia ver Madelene encostada no parapeito, até ela sair dali e correr para se esconder atrás de uma escada que ficava perto do compartimento das cabines. Madelene sabia que não havia como ficar no convés, pois logo seria descoberta por algum pirata. De onde estava conseguia ver no fundo do corredor das cabines uma outra escada e correu até ela. Por sorte, não foi vista. George e Esmeralda ainda dormiam.

Madelene tinha que ser rápida e não tinha tempo para raciocinar. E o pior de tudo é que ela não conhecia o galeão. Por isso, preferiu descer rapidamente a escada e procurar o cajado na parte inferior do navio: o porão. Era lá que ficavam os depósitos, os alojamentos e a cozinha.

Logo que chegou no pavimento inferior do navio sentiu um forte cheiro de comida e deduziu que devia estar próxima da cozinha. Cuidadosa, passou pé ante pé e despercebida por Jonas, Sara e Jeremias que estavam distraídos com seus afazeres.

Logo após a cozinha, viu uma porta entreaberta. Era um dos depósitos do galeão onde Noah tinha sido deixado pelos piratas para aguardar a hora do enforcamento. Noah, apesar de estar preocupado, tinha conseguido tirar um cochilo depois de ter passado a noite em claro.

Madelene abriu a porta bem devagar e viu aquele homem amarrado e dormindo. Ela não entendeu nada, mas aproveitou que ele dormia para procurar o cajado. Aquele lugar estava cheio de objetos antigos, e ela teve esperança de encontrar o que tanto queria ali dentro.

Sorte de Madelene ter entrado no depósito justamente naquela hora, pois Charles acabava de passar para a cozinha à procura de Jonas.

— Já tem café preto? — perguntou Charles impacientemente a Jonas.

— Há muito tempo — respondeu Jonas enchendo uma caneca de café e colocando sobre a mesa.

— Olha como fala comigo, hein, cozinheiro! Ou quer ir parar dentro de suas panelas? — saiu Charles com a caneca de café para Noah. Afinal, ele queria o prisioneiro bem acordado para a hora do enforcamento.

Charles seguiu em direção ao depósito, enquanto Noah dormia e Madelene procurava o cajado. Ela não conseguia conter a ansiedade que de tão grande não a deixava parar de remexer cuidadosamente nos entulhos que lá havia. Infelizmente, ela não contava com a presença de um pirata no depósito justamente naquela hora.

— O que é isso? — gritou Charles ao ver Madelene ali.

Noah acordou assustado e viu aquela pessoa com um capão preto tampando o corpo e o rosto.

— É você? Bruxa velha e maldita! Como conseguiu ainda viver por todos esses longos dez anos? — Charles estava enfurecido.

Madelene não falou nada, ela sabia que Charles a confundia com sua mãe, Matilde. Ela não teve reação e preferiu deixar o pirata pensar que ela era realmente a bruxa. Só não esperava uma coisa: a vingança do pirata.

— Se você não morreu, morrerá agora! — Charles avisou caindo na gargalhada.

Com um pedaço de corda que estava jogado no chão, Charles amarrou o braço de Madelene e a jogou ao lado de Noah. Um de costas para o outro.

— Prontinho! Já está preparada para sua morte — Charles ria muito, mas ainda se virou para Noah e avisou: — E você, pescador? Terás companhia no seu enforcamento.

Charles saiu dali gargalhando, como se tivesse saciado a sede de vingança guardada há dez anos. Mataria de uma só vez Noah e a bruxa. Nada poderia ser melhor para aquele pirata sanguinário.

No depósito Noah e Madelene ficaram presos e assustados com o destino reservado para os dois, mesmo assim, após a saída de Charles do recinto, Noah ainda tentou conversar com Madelene, mas em vão. Ela sabia que ele era o amigo de seu grande amor, Carlão. E quando todos descobrissem que ela era quem vivia na ilha da bruxa, seria repugnada como a mãe havia sido um dia. Assim, Noah continuou na ignorância, sem saber que quem estava ao seu lado era Madelene e não a bruxa.

Charles, que parecia estar saciando a sede de vingança, gritava pelo convés do navio: — Hoje à tarde enforcaremos não só um pescador, mas também uma bruxa!

Para a tripulação aquela notícia era uma festa. Eles não precisavam de mais nada para se divertir. Afinal, há anos não enforcavam ninguém e agora eles tinham dois prisioneiros para torturar de uma só vez.

O entusiasmo dos piratas era tão grande que permitiu a Serena ouvir lá de baixo sobre o enforcamento. Ela ficou em pânico. No mar, olhava de um lado para o outro e se viu completamente sozinha. Serena não sabia o que fazer nem a quem pedir ajuda. O que ela tanto temia acabou acontecendo: a amiga havia sido capturada pelos piratas. E o pior... Madelene seria enforcada ainda hoje. Tinha de correr contra o tempo se quisesse livrá-la da forca.

Serena sabia que sozinha não poderia fazer nada, ainda mais porque estava tão aflita que nada vinha à sua cabeça. Uma coisa era certa, precisava de ajuda. E mesmo sabendo que só poderia ficar fora do mar por meia hora, resolveu se arriscar e sair. Só assim criaria pernas como um ser humano e poderia andar e respirar livremente como qualquer pessoa. Era a única maneira de ajudar Madelene.

Serena estava disposta a buscar ajuda junto aos outros brinquedos que estavam dentro do esconderijo. Tinha certeza de que morreria nessa aventura, já que ninguém sabia o segredo da saída do labirinto. Mas ela precisava arriscar. Era tudo ou nada. Alguém precisava impedir as maldades daqueles piratas. E assim não pensou duas vezes ao sair do mar e correr para o esconderijo da Ilha Dourada.

Em disparada ela entrou no labirinto e começou a gritar alto, muito alto o nome de todos os brinquedos. Ela não sabia o caminho para chegar até onde eles estavam presos. E berrando tinha a esperança de que eles a ouvissem, assim ficaria mais fácil encontrá-los. E o plano de Serena deu certo, em poucos minutos todos os brinquedos ouviram sua voz e a reconheceram no mesmo instante.

— Não acredito! É a voz da Serena — falou Sofia, incrédula.

— Onde vocês estão? — Serena gritava.

— Aqui! Aqui! — os brinquedos se juntaram e fizeram um coro para que a sereia pudesse se orientar pelas vozes.

Serena aguçava a audição para seguir ao encontro daquelas vozes. Apesar da ansiedade, conseguia raciocinar e ir passando por entre as paredes de ciprestes à procura daqueles sons. A cada passo que dava, o tom das vozes dos brinquedos chamando seu nome ia ficando cada vez mais nítido. Serena começava a respirar aliviada. Ela sabia que eles a ajudariam a salvar Madelene. E com apenas mais alguns segundos, já estava dentro do esconderijo, se juntando aos amigos.

— Você está louca? — reclamou Sofia.

Serena, ainda ofegante, não conseguia falar nada.

— Você conhece sobre o mistério da saída do labirinto, não conhece? — Lucinha deu uma bronca na sereia.

— Eu sei — Serena já começava a recuperar a voz.

— Eu não acredito que você fez isso! — Salvatore reclamou.

— É por uma boa causa — explicou Serena.

— Mas você vai morrer em meia hora — Arthur sentou desolado no chão.

Leopoldo não conseguia falar nada, apenas sentou ao lado de Arthur para acompanhá-lo no choro.

— Por favor, me escutem um pouco — Serena suplicava com uma feição preocupada.

Sofia sabia que Serena não faria aquilo se não estivesse acontecendo alguma coisa muito séria e por isso ordenou: — Quietos! Vamos escutar o que ela tem a dizer.

— É Madelene! — falou Serena.

Todos se assustaram com aquele comentário e não houve quem se atrevesse a abrir a boca para interrompê-la.

— Se eu não arriscasse minha vida vindo até aqui, quem vai morrer é Madelene — avisou Serena.

— Madelene vai morrer! Ai! — gritou Leopoldo.

— Calma! Calma! — pedia Serena sem sucesso.

Todos gritavam e choravam ao mesmo tempo, até que o soldado Arthur usou o seu apito ensurdecedor e fez todo mundo calar a boca.

— Vamos ouvir o que a Serena tem a falar — Arthur pediu.

Serena, que estava cansada de tanto correr, sentou-se no chão e começou a relatar tudo o que havia acontecido pela manhã. Apesar de a notícia não ser boa, não podia ter cuidado ao contá-la, pois eles deveriam agir rápido. E apesar dos sustos, gritos, choros e desmaios, Serena não poupou ninguém que estava ali e avisou rapidamente sobre o enforcamento que aconteceria naquela tarde.

— Ai, meu Deus! — Leopoldo levou as mãos à cabeça.

Em seguida, cada um dos brinquedos começou a falar algo diferente. Era o desespero tomando conta dos habitantes daquele esconderijo.

— Parem de gritar — pediu Samu. — De nada vai adiantar o desespero de vocês.

Sofia, que tentava se controlar, complementou o que o índio havio falado: — Temos que descobrir o segredo deste labirinto agora! Do contrário, não só Madelene morrerá mas também Serena.

Iago e Betina assistiam toda aquela cena com pena dos brinquedos. Eles sabiam que ninguém conseguiria planejar nada com os nervos tão à flor da pele. Iago, sem avisar nada aos brinquedos, começou a tomar providências. Primeiro pegou a coroa de Estela que os piratas haviam roubado e depois foi até o final do esconderijo para pegar o pingente que ainda estava na fechadura. Foi só Iago o retirar da porta para ela se fechar no mesmo instante.

Enquanto isso, os brinquedos e Betina circulavam pelo esconderijo. Todos tentavam pensar em uma maneira de sair dali. Mas nada surtia efeito. Iago resolveu pensar sozinho. Ele saiu de perto de todos e se aproximou do labirinto para tentar descobrir o que poderia fazer aquelas paredes feitas de folhagens se moverem sem parar. Aquilo era muito misterioso, e Iago não tinha esperança. A cada minuto que passava notava que a aflição dos brinquedos se tornava ainda maior. Mas não havia como sair dali, ainda mais em tão pouco tempo. Por mais que pensasse não desvendaria rapidamente aquele mistério. Mesmo assim, Iago preferiu ficar por ali, longe da afobação dos brinquedos.

O tempo não parava, e quanto mais todos rezavam para que ele passasse lentamente, o contrário acontecia. E não era difícil perceber que o tempo se esvaía. Serena começava a ficar fraca, parecia não mais conseguir respirar. Isso aumentava a angústia de todos ali dentro. Se os brinquedos não conseguiam planejar nada antes, agora vendo Serena daquele jeito a situação ficava ainda pior. Todos já choravam sua morte e por mais que tentassem não conseguiam pensar em outra coisa. Estavam todos muito nervosos.

Betina saiu de perto deles e foi até Iago pedindo, atormentada: — Por favor, pense em alguma coisa! O tempo está passando e a sereia está morrendo.

— Estou tentando, estou tentando — reclamou Iago. — Mas nada vem à minha mente.

Betina voltou para perto dos brinquedos. Iago se desesperou, passou as mãos no cabelo e olhou para o alto como quem pedisse ajuda a Deus. E, enquanto rezava, olhava para o céu incansavelmente. Os segundos pareciam passar em consonância com as batidas de seu coração. Assim como as nuvens, que se movimentavam de acordo com o vento que se lançava contra elas. Era devagar, tão devagar, que Iago percebeu uma semelhança com o labirinto. As nuvens se movimentavam no mesmo ritmo que as paredes. E não era só o ritmo que era igual, o desenho traçado no céu pelas nuvens era o mesmo que as paredes formavam no labirinto.

— Uau! — falou baixinho ainda observando a sua provável descoberta.

Iago mal acreditava que acabava de desvendar o segredo da saída do labirinto. Bastava seguir a movimentação das nuvens, porque as paredes se moviam de acordo com o desenho feito por elas no céu.

— Uau! Descobri! Descobri!

Iago já tinha certeza e por isso não parava de gritar.

— O quê? — perguntou Betina, incrédula.

— O segredo do labirinto. Vamos embora daqui — Iago chamou todos.

Mas os brinquedos não se movimentavam.

— O que está acontecendo? — Iago se aproximou de todos e repetiu: — Vamos embora daqui!

— Tarde demais! Serena morreu — Sofia falou chorando.

Nem bem Sofia havia acabado de dar a má notícia para Serena dar um suspiro.

— Ela está viva! — gritou Lucinha.

— Vamos logo! Ainda há chance! — Larissa estava empolgadíssima.

Uma onda de alegria invadia aquele esconderijo. Mesmo assim, eles não tinham tempo para comemorações, precisavam ser rápidos. Por isso, os homens trataram de carregar Serena no colo, enquanto as mulheres corriam para pegar o baú com os instrumentos musicais. Iago caminhava na frente de todos olhando o céu, fixamente, para seguir o caminho desenhado pelas nuvens. Os brinquedos o acompanhavam chorando, mas já não era mais de tristeza e sim de alegria, muita alegria.

A saída do labirinto não era longa, mas também não era curta. Porém um problema surgia: Serena já sentia muita dificuldade para respirar. A luta contra o tempo estava travada. E por mais que Iago apressasse o passo, não era o suficiente para acalmar os brinquedos que gritavam todos ao mesmo tempo: — Corre! Corre!

Iago obedecia e disparava na frente. Mas parecia que aquele labirinto não tinha mais fim. Até que de repente, enquanto Iago olhava para o céu, ele sentiu uma forte brisa no rosto. Era a liberdade.

— Não acredito! — pulava Iago.

— Saímos! — Betina também pulou de felicidade.

Iago e Betina festejavam a saída do labirinto, mas os brinquedos não tiveram a oportunidade de fazer o mesmo. Eles não podiam perder tempo comemorando aquela vitória. Havia algo mais importante a fazer: salvar a vida de Serena que estava por um fio. A meta dos brinquedos era alcançar a margem da praia o mais rápido possível. A sereia, além de estar muito pesada, parecia já não mais respirar.

O pranto começava a se fazer presente. Sofia, Larissa e Lucinha não conseguiam mais segurar as lágrimas. Serena estava pálida, como se a vida a tivesse deixando para trás. Mesmo assim, Enrico e Samu não desistiram e a levaram para dentro do mar. Eles a colocaram aos poucos na água, à espera de algum sinal. Mas ela não se movia, não respirava e sua cauda não se mexia mais. Serena estava inerte. Era o retrato da morte.

— Ela está morta? — perguntou Betina bem baixinho.

Nenhum dos brinquedos respondeu. Eles apenas olhavam a sereia afundar naquele imenso mar azul. Era triste observar aquele belo rosto branco contrastante com a boca rosada sumir, vagorasamente, dentro da água. Em segundos, Serena não passava de um vulto. Os brinquedos abaixaram a cabeça. Não havia mais nada a ser feito.

Aos poucos Enrico e Samu foram saindo de dentro do mar e se juntaram aos outros. Ninguém falava nada, apenas se entreolhavam. O silêncio era insuportável naquele momento, mas ninguém ousava interrompê-lo, e ele se manteve absoluto até ser quebrado por um inesperado barulho. Era a cauda rosada e cintilante da sereia batendo nas águas do mar. Serena anunciava com toda a sua força que não tinha ido embora.

— Quem morreu? — ela voltava brincando.

Os brinquedos não se agüentaram de felicidade e se jogaram no mar para abraçar Serena, com exceção de Nicolas e Arthur que eram feitos de madeira. Mas isso não os impediu de comemorar fora da água com Iago e Betina.

A festa daquela turma parecia não ter fim, mas algo os interrompeu abruptamente. Era a realidade voltando à tona. O enforcamento em praça pública estava para acontecer.

Enquanto ainda brincavam dentro do mar, Serena viu que na outra ponta da Ilha Dourada o Capitão George acompanhado de seis piratas entrava em uma pequena embarcação. Não estavam sozinhos. Madelene e Noah com os pulsos amarrados também estavam no barco sob a mira das espadas afiadíssimas de Charles e Estevão. Não havia como fugir dali.

— Meu pai vai ser enforcado com a Madelene? — Iago perguntou assustado.

— Você é filho de Noah? — perguntou Serena.

— Sou! — respondeu Iago rapidamente.

— Desculpa! Eu não sabia quem era você — Serena se sentiu culpada por não ter preparado Iago para aquela notícia.

Realmente, não era a melhor maneira para Iago descobrir que o pai seria executado. Ainda assim, conteve as lágrimas e falou olhando para a embarcação que levava Noah e Madelene: — Vamos atrás deles, agora!

Diante do destemor de Iago, não teve quem falasse o contrário. Além do mais, desde o dia anterior todos já estavam acostumados a viver grandes aventuras. O problema agora era encontrar alguma embarcação que os levasse até a cidade. Mas a sorte era uma coisa que não faltava para aquela turma. Como o esconderijo ficava na mesma ilha onde estava atracado o galeão, não foi difícil arrumar um barco. Os piratas utilizavam pequenas embarcações quando queriam se locomover até a cidade, assim como para fazer pequenos saqueamentos nos vilarejos ao lado.

De longe, os brinquedos viram alguns desses barcos atracados ao lado do galeão. E sob o comando de Iago, todos correram até lá pela margem da ilha, com exceção de Serena que havia sido proibida de sair do mar novamente.

— Você já tem um plano? — Arthur perguntou para Iago durante o caminho.

— Ainda não, mas com certeza logo terei um — respondeu Iago com uma expressão de quem queria se vingar daqueles piratas.

— Eu posso lhe ajudar no plano — comentou Salvatore.

— Estamos perdidos — debochou Leopoldo.

— Fiquem quietos — ordenou Sofia já entrando na embarcação que eles furtavam dos piratas.

O barco não era grande, mas tinha espaço suficiente para todos. Rapidamente eles se acomodavam do jeito que dava. Cada minuto que passava era precioso, principalmente porque de onde estavam viam mais à frente a outra embarcação com os dois prisioneiros. A distância já era um pouco grande e Iago temia não conseguir chegar a tempo. Mas isso não o fazia desistir, muito pelo contrário.

Com alguns pedaços de pau jogados no assoalho do barco, todos começaram a remar. E quem não tinha com o que empurrar a embarcação, usava as mãos para isso. O que não podia era alguém ficar parado, dentro do barco, olhando o tempo passar. A luta contra o tempo estava declarada.

Mas de um detalhe aquela turma não sabia: o Capitão George já havia mandado avisar o prefeito sobre seus planos no dia anterior. E, por isso, a praça já estava pronta para o grande espetáculo do dia: o enforcamento. Os habitantes de Coroinha só não sabiam quem eram os condenados à morte. Eles esperavam por bandidos sanguinolentos, já que eles nunca haviam presenciado algo tão brutal como a pena de morte. A cidade estava uma balbúrdia e as pessoas atordoadas com aquele palco montado especialmente para aniquilar duas vidas. A cena era apavorante, e o tumulto inevitável.

Nem mesmo os policiais conseguiam manter a ordem na cidade. O delegado Jota cumpria as ordens do prefeito Normando, mas estava receoso. O prefeito não queria lhe falar quem eram os prisioneiros. O delegado insistia, mas não conseguia arrancar a verdade de Normando e isso só o deixava mais angustiado e com uma dúvida em sua mente: por mais quantos anos ele ainda suportaria ficar nas mãos daquele prefeito inescrupuloso.

Na praça, o mistério acerca da identidade dos condenados à forca parecia estar chegando ao fim. A embarcação que trazia Madelene, Noah e os piratas já tinha atracado no cais de Coroinha. Mas os prisioneiros desceram do barco, encapuzados. George preferiu manter o sigilo para que nada atrapalhasse seus planos. Essa era a cartada final. Se Noah não lhe contasse sobre o paradeiro do pingente diante da forca é porque realmente não sabia nada. Mesmo assim, não escaparia da morte, pois o Capitão estava disposto a vingar a morte de seu pai, Bartolomeu.

Enquanto os protagonistas daquela cena horripilante se aproximavam do palco, Iago e os amigos chegavam ao cais. Lá, eles deixavam o barco ao lado da embarcação dos piratas e se preparavam para correr em direção ao centro da cidade. Mas algo chamou a atenção de Lucinha, ainda na praia. Ela avistou outro barco ao longe e ficou por uns instantes parada, só observando, como quem precisasse descobrir quem estava naquela embarcação.

— Meu Deus! Será que são mais piratas? — Lucinha indagou.

— Esse galeão deve estar dando cria de piratas — brincou Salvatore.

— Não é hora para brincadeiras — Sofia alertou.

— É hora de correr — Iago chamou a atenção de todos enquanto já corria.

A discussão teve fim e todos seguiram Iago, apesar de Lucinha ainda tentar identificar quem poderia estar naquele barco. Mas ela nunca conseguiria, de tão longe, alcançar qualquer fisionomia, por isso correu e não mais olhou para trás.

E nem precisava. Lucinha mal podia imaginar que não havia com o que se preocupar. Dentro daquela embarcação, também roubada dos piratas, estavam fugindo do galeão Sara e Jeremias, os pais de Betina. Era a primeira grande oportunidade que eles tiveram de voltar para Coroinha. A tripulação estava ainda menor, com a ida de seis piratas e de George para a cidade. Por isso, eles conseguiram pegar um barco sem sequer serem notados. A única coisa chata foi a despedida de Jonas. Por mais que eles o tivessem chamado para fugir junto, não aceitou.

— Por que você não quer ir conosco? — perguntou Jeremias.

— Eu sou um pirata e não seria o mesmo longe de um galeão. Não há pirata que sobreviva fora do mar — Jonas explicou com um ar melancólico.

Jeremias e Jonas não precisaram dizer mais nada um ao outro. E Sara acenou com gentileza para aquele grande amigo que estava sendo deixado para trás, depois de ajudá-los a arrebentar com um machado as enormes correntes presas aos pés.

15

O enforcamento

Na vila central de Coroinha tudo já estava preparado para o enforcamento de Noah e Madelene. O prefeito e o Capitão esperavam aquele momento com ansiedade. Eles tinham certeza de que, diante da morte, Noah devolveria a chave do tesouro.

A praça havia sido preparada para um grande espetáculo. Era um palco onde tinha sido colocada uma barra de madeira suspensa e presa em suas laterais por duas torres fortíssimas de madeira. Na barra havia duas cordas penduradas com um pequeno banco de madeira embaixo de cada uma delas. E entre as cordas e o banco só faltavam os prisioneiros.

O clima de tensão na cidade era muito forte, até apontar o primeiro pirata na praça de Coroinha. Era o Capitão George que vinha na frente. Logo atrás vinham os prisioneiros escoltados por Estevão e Charles. Nos lados mais quatro piratas faziam a guarda. Dois do lado esquerdo e outros dois, do outro lado. Nada podia dar errado.

Os piratas se aproximavam lentamente da praça com Noah e a bruxa. O povo da cidade se mantinha calado. Ninguém conseguia ver muito bem quem eram os condenados à forca. George preferiu manter Noah com um capuz para evitar confusão antes da hora. Mas o capão da bruxa não demorou muito a denunciá-la. Logo todos já sabiam que um dos enforcados seria a bruxa. Não havia quem se importasse com aquilo. Afinal, ela havia sido temida por toda a sua existência.

E o outro prisioneiro? Quem poderia ser? A situação era preocupante. Ninguém suportava mais aquele suspense. Os preparativos não paravam.

Aquilo parecia mais uma coroação do que uma condenação. Os piratas arrumaram tudo com muito cuidado. E depois colocaram cada um dos condenados em frente dos seus bancos. Agora não faltava mais nada, apenas a ordem do capitão para que eles seguissem em frente com a praxe da forca.

O mistério sobre a identidade do prisioneiro não se estendeu por muito tempo, afinal George era o maior interessado em que tudo chegasse ao fim o mais rápido possível. E sem mais rapapés, o Capitão subiu ao palco como um lorde para mostrar ao povo da cidade quem eram os condenados. E para a abertura do grotesco espetáculo, ele escolheu mostrar o rosto de Noah. Mesmo não sendo a delicadeza um dos atributos de George, nesse momento ele fez questão de tirar o capuz da cabeça de Noah com muita suavidade. O capitão queria chocar as pessoas da cidade e realmente conseguiu alcançar o seu objetivo no instante em que todos descobriram que um dos condenados era Miguel.

Um prenúncio de confusão se instaurou na praça central de Coroinha, mas não por muito tempo. Diante daquela situação, o prefeito resolveu tomar a frente do problema e subir ao palco, falando: — Senhoras e senhores! Um minuto de sua atenção, por favor! — ele pediu insistentemente até conseguir.

Todos silenciaram com descrença no que ouviriam do prefeito. Mas preferiram lhe dar um voto de confiança antes de partirem para cima daquele palco e tirar Noah dali, que para eles ainda era o pescador Miguel.

Noah estava angustiado. Era chegada a hora da verdade. E ele não sabia como as pessoas enfrentariam aquela notícia. Mas não era só Noah que estava receoso. O prefeito também temia a reação do povo contra ele, afinal um pescador seria enforcado diante de toda a cidade. E para evitar qualquer tipo de retaliação, Normando resolveu puxar Noah rapidamente pelo braço e levá-lo até a frente do palco e perguntar bem alto para o povo: — Vocês sabem quem é este homem?

George e a tripulação sorriam debochadamente. Eles sabiam que com aquela revelação não haveria escapatória para Noah. Se ele não morresse enforcado, morreria pelas mãos dos pescadores. Mas uma coisa era certa: a sua morte.

Carlão, que assistia a tudo com outros pescadores, abaixou a cabeça. Ele sabia que a revolta daquelas pessoas era imensa. E ele não tinha como livrar Noah daquela armação. Estava sozinho e nenhum pescador o ajudaria, muito pelo contrário. Ninguém salvaria Noah da corda que o esperava.

Estela também estava ali, mas assim como Carlão não sabia o que fazer para defender Noah. Ela só tinha certeza de uma coisa: os pescadores não o perdoariam pela traição de dez anos atrás, ainda mais agora que descobririam que ele se fez passar por amigo por tanto tempo. O povo de Coroinha tinha sido traído duas vezes por Noah. A revolta seria ainda maior.

A sorte de Noah era a ausência do pai na praça para assistir aquela cena deprimente. Antoninho estava em casa cuidando de Seu Teófilo, que ainda estava com o coração muito fraco desde o desaparecimento de Betina. A enfermidade do amigo não permitia a Antoninho sequer imaginar o que estava acontecendo na cidade. Apesar da gritaria do povo, a casa de Seu Antoninho ficava na praia, longe do centro de Coroinha. Ele nada ouvia.

Na praça, o prefeito não poupava a aflição daquelas pessoas e não se fazia de rogado ao perguntar novamente em alto e bom som: — Vocês sabem quem é este homem?

— O que você pretende com isso? — gritou um pescador.

— Solte o nosso amigo agora! — a confusão estava armada.

— Ele não é amigo de vocês! — gritou o prefeito com um ar de deboche.

Todos ficaram quietos e desorientados esperando a próxima tramóia do prefeito. Eles precisavam entender o que estava acontecendo e por isso permitiram que Normando continuasse a falar: — Amigo não trai amigo. Amigo não rouba amigo.

— Do que você está falando? — perguntou uma senhora.

— Este homem aqui! — falou o prefeito rodeando Noah até chegar ao seu lado direito. E com uma pausa de poucos segundos, Normando continuou o espetáculo, levantando e apontando o dedo para o rosto de Noah, enquanto falava bem alto para o povo: — O nome dele não é Miguel. Esse daqui... é o Noah.

A cidade parou diante daquela revelação, era como se ninguém acreditasse no que o prefeito havia terminado de contar. Todos ficaram inertes e olharam para o palco como se esperassem de Miguel alguma explicação que contrariasse o que o prefeito havia acabado de falar. Ninguém gostava daquela verdade indigesta. Mas Miguel não esboçava nenhuma reação. Ele apenas abaixou a cabeça e se manteve em silêncio.

O povo também se calou. O choque foi muito violento e com ele vieram sentimentos ruins. A ira tomou conta da expressão do rosto de cada habitante daquela pequena cidade, com exceção de Estela e Carlão que não conseguiram segurar as lágrimas que vinham incontrolavelmente.

A humilhação não parava por ali. O prefeito queria que a cidade odiasse Noah, já que ele precisava de motivos que justificassem a sua execução. E para isso não se cansava de despertar a revolta do povo: — Vocês pensaram que ele estivesse morto? Ha, ha, ha! — Normando gargalhava e continuava: — Ele enganou a todos!

Os pescadores permaneciam quietos apenas escutando o que o prefeito, debochadamente, relatava.

— Ele traiu vocês roubando tudo o que tinham há dez anos. E agora? — perguntou o Normando olhando bem nos olhos de Noah. — O que você pretende roubar desta vez?

Noah que durante todo o discurso do prefeito havia segurado sua explosão não agüentou aquela zombaria e cuspiu na cara dele.

O silêncio que até então era ensurdecedor na praça foi quebrado pela gritaria do povo, que começava a pedir a cabeça de Noah.

O prefeito, com sutileza, puxou seu lenço branco e limpou a cuspida que levou de Noah, e com a outra mão fez um sinal pedindo silêncio às pessoas.

— Não é só isso, meu povo! — Normando continuava a provocar a ira de Noah.

Enquanto as pessoas ficavam a cada segundo mais revoltadas com aquela revelação, os piratas se deliciavam com tudo aquilo, principalmente o Capitão George, que se aproximou bem devagar por trás de Noah e perguntou: — Tem certeza de que não vai me contar onde está a chave do tesouro?

— Eu já lhe disse que não sei onde ela está — respondeu Noah muito nervoso e suando em bicas. Suas veias pareciam querer saltar do pescoço.

— Prefere morrer? É um imbecil mesmo — comentou Capitão George saindo dali.

O prefeito não parou com a encenação. E para despertar ainda mais raiva naquelas pessoas continuou com o seu plano: — Desta vez ele tinha uma comparsa com ele no galeão.

— Ah! Será que era isso que você queria desta vez? Roubar os piratas? — ironizou o prefeito.

— Por que não me mata logo? — era a primeira reação de Noah depois de ter sido colocado no palco diante de todos os pescadores da cidade. Ele estava nitidamente descontrolado de raiva.

O prefeito ignorou a explosão de Noah e continuou com aquela cena ridícula: — Já sei! Deve ser porque ladrão que rouba ladrão tem cem anos de perdão.

— Não agüento mais isso! — Noah abaixou a cabeça.

— Agora, meu povo... Vamos finalmente conhecer o rosto da bruxa, a amiga do ladrão de Coroinha — anunciou o prefeito ao povo, andando em direção a Madelene.

A reação que o prefeito desejava do povo foi imediata. Todos pediam para que ele arrancasse o capão da bruxa. A cena que se via na praça era indescritível, onde a maioria dos moradores gritava e levantava os braços como sinal de concordância com o devaneio do prefeito. Eles precisavam conhecer o rosto da bruxa que se escondia por tantos anos. Ainda mais agora que todos pensavam que ela ajudava Noah em seus golpes. Não havia quem não a quisesse longe de Coroinha.

E sem esperar mais um segundo sequer e sob a pressão dos gritos do povo, o prefeito tocou no capuz de Madelene. Era por ali que puxaria o capão e a desvendaria para toda a cidade. Estavam todos temerosos pelo que poderiam ver, mas não o suficiente para desistir. Qual poderia ser a feição de uma bruxa? Ainda mais aquela que vivia há tantos anos na ilha. A curiosidade daquelas pessoas começava a ser saciada. O capuz que sempre se manteve jogado para a frente intencionalmente seria agora arrancado de uma só vez. Era chegada a hora de mais uma revelação inesperada para o povo que mal acreditava no que via. O capuz puxado abruptamente levava ao vento longos cabelos pretos e encaracolados. E ao caírem novamente no rosto de sua dona não foram suficientes para esconder sua bela face. Era tarde demais. A identidade de Madelene havia sido descoberta por todos.

Carlão ficou paralisado diante daquela visão. O choque foi inevitável ao descobrir que sua amada era a bruxa da ilha. Mas isso era o que menos importava para ele naquele momento. Era o seu amor que estava prestes a ser enforcado. Ele já não sabia mais o que pensar, muito menos o que fazer para salvar o melhor amigo e o amor de sua vida. Carlão estava completamente desnorteado e diante daquela inesperada situação só conseguia levar as mãos à cabeça.

Em volta do palco, os policiais se mantinham dispostos lado a lado por determinação do prefeito ao delegado. Seria muito difícil alguém conseguir ultrapassar aquela barreira humana. Mas o prefeito não contava com uma coisa. De longe, o delegado que não agüentava mais ser chantageado pelo prefeito conversava com o perito Vasconcelos.

— Essa cena é surreal — o delegado Jota se lamentava com o amigo Vasconcelos.

— Por que não acaba logo com tudo isso? Você é o único que pode acabar com esse despropósito — reclamou o perito que também não suportava aquele espetáculo de mau gosto.

O delegado que preferiu se manter a vida todo calado sobre o incidente na prefeitura apenas desabafou: — aquele tiro que deram no prefeito Ivaldo devia ter sido para mim.

— Tiro? — Vasconcelos achou esquisito o comentário.

— Isso mesmo! O tiro que tirou a vida do prefeito Ivaldo há vinte anos — Jota complementou o pensamento.

— Mas ele não morreu com um tiro — Vasconcelos sorriu ao perceber que o amigo até hoje não sabia da verdade.

— Como assim? Não morreu com um tiro? — o semblante de Jota mudava completamente. Era um misto de raiva e alívio.

— Ele foi esfaqueado — contou Vasconcelos.

— Esfaqueado? Você tem certeza disso? — Jota perguntou insistemente.

— Lógico que tenho! Eu fui o perito que fez a necrópsia do prefeito Ivaldo.

— Eu não acredito! Eu não acredito! — Jota apertava os dentes uns contra os outros. Ele parecia querer berrar mas...

— O que está acontecendo com você? — perguntou Vasconcelos muito preocupado.

— Eu fui enganado por anos — Jota ria e chorava ao mesmo tempo. Mas não havia tempo para comemorar o peso que tirava de dentro do coração. Nessa hora ele deveria ser rápido se quisesse salvar a vida de Noah.

Enquanto Jota pensava em como acabar com a balbúrdia armada pelos piratas, Iago, Betina e os brinquedos chegavam na praça de Coroinha. De longe eles viam que Madelene e Noah já estavam no palco preparado para o enforcamento. Iago estava nervoso, mas sabia que agora ele deveria manter a serenidade se quisesse salvá-los.

Vendo a disposição das forcas no palco, Iago começava a planejar rapidamente alguma coisa. Diante do perigo que Noah corria, nem mesmo o pânico de Iago atrapalhou sua mente a bolar uma estratégia em poucos segundos. Para a execução de tal tarefa, Iago chamou três brinquedos para lhe ajudar. Com o plano traçado, agora só restava esperar o momento certo para atacar. Enquanto isso não acontecia, eles continuavam atrás de um coreto na praça. Além de ser o tamanho ideal para esconder toda aquela turma, ainda ficava ao lado do palco armado para o enforcamento, aproximadamente vinte metros.

Enquanto eles se preparavam para salvar a vida de Noah e Madelene, o Capitão George só conseguia pensar em si mesmo. George temia que aquela armação pudesse não dar certo. Astuto como sempre, resolveu chamar Estevão e ordenar que ele voltasse para a Ilha Dourada e entrasse no esconderijo para resgatar pelo menos o dinheiro que havia roubado do povo daquela cidade. Assim, George contaria com aquele tesouro, caso não conseguisse ter em suas mãos a chave do tesouro de seu pai, Capitão Bartolomeu.

Ganancioso como sempre, George não pensou duas vezes em contar o segredo do labirinto da Ilha Dourada a Estevão, para que lá pudesse entrar e retirar todo o ouro roubado dos pescadores. Ele deveria levar tudo para o galeão dos piratas. George planejava uma fuga de Coroinha. Ele já conseguia prever que, com a fúria daquele povo, o mínimo que poderia se esperar era uma rebelião. E como ele não sabia se levaria a melhor, achou mais prudente se preparar para o pior.

Tendo tomado as providências necessárias, George não deixou a praça antes de presenciar o fim de Noah, o responsável pela morte de seu pai. Não perderia por nada aquele momento, que, aliás, para ele estava demorando muito. E para a tarefa do enforcamento, George deu poderes de algoz ao pirata Charles, que não achou nem um pouquinho ruim.

Dentro do coração de Iago, que via tudo do coreto, a raiva que ele sentia de Charles aumentava cada vez mais. Em seus piores pesadelos, nunca havia conhecido um pirata tão malvado. Iago, que tinha vontade de matar Charles, tentava fugir daquele sentimento horrível, mas era em vão, ele parecia aumentar a cada instante.

— Preparar! — anunciou Charles.

Noah não tinha mais esperança. Madelene fechou os olhos. E Charles ordenou aos prisioneiros: — Subam nos bancos.

Madelene sabia que não tinha escapatória, mas ficou paralisada. Charles lhe pegou pelos longos cabelos e lhe perguntou colocando uma espada em seu pescoço: — Quer morrer enforcada ou quer que lhe corte a cabeça?

O terror fez que em poucos segundos os dois prisioneiros já tivessem subido em seus respectivos bancos. Em seguida, Charles colocou em volta do pescoço de cada um a corda preparada. Pronto! Não faltava mais nada para a condenação máxima, apenas o pé de Charles para empurrar os bancos que serviam de apoio para Noah e Madelene.

Charles, que queria se deliciar um pouco mais com a angústia de Noah, preferiu primeiro colocar o pé sobre o banco de Madelene. Ela engoliu em seco e esperou pela morte.

Mas, de longe, os brinquedos já estavam instruídos sobre o plano de Iago e sabiam muito bem o que fazer. Nada poderia dar errado. Era a vida de duas pessoas que estava em suas mãos.

Samu, que tinha treinado a pontaria durante toda a manhã com Iago no esconderijo na Ilha Dourada, estava mais do que preparado para cumprir o plano traçado. O índio não deixou que a tensão tomasse conta de sua mente, sabia que não podia falhar. A vida de Madelene dependia de sua flecha.

Enquanto no palco Charles colocava lentamente o pé sobre o banco de Madelene, do coreto Samu pegava uma flecha, a beijava e a encaixava em seu arco. Esticou os braços firmemente para a frente, fechou um dos olhos, mirou o palco, preparou a pontaria e esperou o momento certo.

Puf! O banco de Madelene foi empurrado.

Zip! A flecha de Samu foi certeira e arrebentou a corda no mesmo instante.

— O que é isso? — gritou Capitão George enfurecido, procurando ver quem estava na direção de onde veio a flecha.

O ódio tomou conta do Capitão no mesmo instante, mas não por muito tempo. Quando ele olhou para o coreto, algo reluziu com o sol. Era o pingente no pescoço de Iago. George viu de longe a chave do tesouro e Noah, que observava toda a cena do palco, fez menção de correr dali, mas Charles não lhe deu chance e empurrou o seu banco.

Naquele instante, o pingente falava mais alto para George do que a morte de Noah. A ganância do Capitão era tão grande que ele se esqueceu imediatamente de vingar a morte do pai e saiu em disparada para o coreto. Mas Iago estava alerta e percebeu que o pirata vinha em sua direção e ele sabia muito bem o que ele queria: a chave do tesouro. Iago correu o máximo que pôde para despistar George, mas foi em vão. O pirata não desistia e tinha fôlego suficiente para alcançar Iago aonde quer que ele fosse, rápido ou devagar. Mesmo assim, Iago não desistiu de tentar fugir do Capitão e correu em direção à praia.

A confusão já estava armada na praça, e o delegado Jota tratou de tirar seus policiais da frente do palco. Diante da revelação que lhe havia sido feita por Vasconcelos, não pensou duas vezes em desobedecer às ordens do prefeito. Ele já sabia muito bem do que Normando era capaz e não estava disposto a compactuar para a desgraça de um outro inocente. Sim...porque a essa altura o delegado já tinha certeza de que Noah devia ser mais uma vítima do prefeito.

— Que bagunça é essa? — o prefeito perguntava nervoso e sem entender por que os policiais haviam largado o posto.

Mesmo com toda aquela confusão, Madelene que estava no chão do palco, não tinha coragem para sair dali diante do olhar raivoso do povo. Arthur montou em seu cavalo Nicolas e seguiram em direção ao palco para salvar Madelene. Nicolas correu como um verdadeiro puro-sangue e levantou poeira do chão. Arthur segurou firmemente as rédeas com uma das mãos, enquanto a outra ele mantinha livre para puxar Madelene do chão. Ela rapidamente pegou na mão do soldado de madeira e montou com ele no cavalo e saíram dali como um relâmpago, para alívio de Carlão que assistia a tudo de longe sem conseguir se aproximar do palco por causa da confusão armada pelo povo.

Samu, que ficou transtornado com toda aquela situação, não conseguia acertar mais uma flecha sequer para salvar Noah que já estava pendurado na corda. E o pior... ele já estava ficando roxo. Não havia mais tempo, e as flechas de Samu acabaram. O urso Leopoldo vendo a agonia de Samu resolveu pela primeira vez na vida tomar uma postura de urso e se colocou em frente do palco sem dar chance a ninguém de se aproximar de Noah. Ele ficou em pé e levantou as patas, uivando. Para seu espanto, conseguiu afastar do palco não só o povo como os piratas. Charles ao ver aquele urso gigante perdeu toda a petulância de pirata e saiu dali correndo rumo à praia. Agora o caminho já estava livre para que alguém tirasse a corda do pescoço de Noah.

E foi o pequeno Salvatore que pela primeira vez acendeu o seu charuto para salvar Noah. Enquanto Leopoldo continuava em pé na frente do palco com as patas levantadas e mantendo o povo distante, Salvatore subiu ligeiramente na barra de madeira onde estava pendurada a corda que enforcava Noah e a queimou com o charuto.

— Uff! Eu já não estava mais agüentando — falou Noah massageando o pescoço e levantando-se rapidamente.

— Calma, meu rapaz! — pediu Salvatore. — Você precisa recuperar o fôlego.

— Não há tempo! O Capitão George está atrás de Iago — contou Noah.

— O quê? — Salvatore preocupou-se e falou: — Não perca tempo! Vá atrás deles enquanto eu e Leopoldo seguramos essa confusão.

A alegria era completa entre os brinquedos, mas o povo de Coroinha estava revoltado com o salvamento de Noah. As pessoas gritavam e pediam justiça. Ninguém aceitava o fato de Noah se livrar depois de tudo o que supostamente havia feito contra a cidade. Mas ninguém podia fazer nada diante de Leopoldo que continuava amedrontando a cidade para evitar que o pior acontecesse.

Por mais que tivessem conseguido controlar um ataque contra Noah, os brinquedos viam a decepção no rosto daquelas pessoas que haviam sido ludibriadas pela falsa história contada pelo prefeito e pelo Capitão George.

Sofia não podia se enganar e fingir que nada acontecia diante daqueles rostos impregnados de desilusão. Assim, resolveu aplacar a fúria da cidade ao ver que Betina guardava a coroa da mãe de Iago.

— Preciso dessa coroa — pediu Sofia à Betina.

— Para quê? Essa coroa é muito importante para Iago. Eu estou guardando para ele — explicou Betina.

— Eu sei disso. Mas eu preciso dessa coroa para ajudar ainda mais o Iago e o Noah — pedia Sofia delicadamente. Ela precisava aproveitar que Leopoldo ainda conseguia conter a revolta do povo.

Betina sabia que Sofia cuidaria bem da coroa e por isso lhe entregou, avisando: — O Iago me pediu para cuidar bem dela.

— Pode deixar — Sofia acalmou Betina.

Leopoldo continuava em frente do palco. As pessoas permaneciam inertes e desoladas olhando para ele. Aquilo era tudo o que Sofia precisava, um momento de silêncio. E foi segurando a coroa atrás de seu corpo que ela subiu ao palco. Mas a suavidade de sua voz não lhe permitiu chamar a atenção do povo. Para isso, teve a ajuda de Leopoldo que falou: — Por favor!

Todos se espantaram diante de um urso educado e gentil. O medo começava a dar lugar à calma e à tranqüilidade. Assim, todos pararam para prestar atenção no que seria dito naquele momento.

— Por favor, escutem o que essa linda bailarina irá lhes contar — pediu Leopoldo.

O povo não entendia de onde havia surgido tantos brinquedos falantes, mas a essa altura não mais importava da onde sairiam as respostas para tantas dúvidas. O importante era desvendá-las.

Sofia, que já estava no palco, começou a falar: — Eu sei que é muito difícil não acreditar nas evidências apontadas pelo prefeito e pelo Capitão George. Mas a verdade sobre Noah não é essa que foi contada a vocês.

O povo resmungou, mas Sofia não desistia e continuava a falar: — Noah caiu em uma armação dos piratas que queriam o tesouro de vocês, pescadores. Os responsáveis pelo roubo foram os piratas e não Noah. Eles usaram Noah como bode expiatório. Para isso, bolaram um plano para que vocês acreditassem que Noah havia sido o único e o verdadeiro responsável pelo roubo. Mas isso não é verdade.

— Foi isso mesmo o que aconteceu — Carlão pulou no palco para ajudar Sofia a contar a história.

— Você sabia que o Miguel era o Noah? — reclamaram os pescadores.

— Calma, gente! Eu só fiquei sabendo há alguns dias. E eu acredito na inocência dele. Se vocês pararem para escutar a história, tenho certeza de que entenderão que Noah foi uma vítima disso tudo e não um bandido.

A permissão para que Carlão contasse o que sabia veio com o silêncio do povo. E como tinha pressa, não se demorou a contar que George odiava Noah por ter matado seu pai, o Capitão Bartolomeu. E como a chave do tesouro do Capitão Bartolomeu havia ficado com Noah por acaso do destino, o Capitão George o perseguiu para conseguir colocar as mãos na maior de todas as riquezas que qualquer pirata já tinha conseguido acumular. Mas George queria mais, ele queria se vingar pela morte do pai, e por isso roubou o ouro dos pescadores e bolou um plano para que todos pensassem que o responsável pelo saqueamento havia sido o Noah. Assim, George teria acabado com a vida dele, sem precisar matá-lo. E Noah ficaria vivo para assistir sua própria desgraça.

— Tudo isso é muito bonito. Mas vocês têm alguma prova do que estão falando? — gritou um pescador.

— Eu tenho — falou Sofia. — Eu fiquei por dez anos presa um esconderijo com todo o ouro de vocês.

A cidade exclamou em um só coro e pensou em conjunto: "Será que a bailarina falava a verdade?" No fundo eles queriam acreditar nela, mas precisavam de algo concreto que provasse a inocência de Noah.

— Aqui está a prova — Sofia estendeu a coroa da mãe de Estela e mostrou ao povo, dizendo: — Esta é uma das jóias que vocês pensaram que Noah havia roubado. Só que ela não foi roubada, muito pelo contrário, estava presa comigo em um maldito esconderijo, por longos dez anos. Lá, além do ouro de vocês, estava o tesouro do Capitão Bartolomeu e nós, os brinquedos que têm vida própria. Para George, ele tinha três grandes tesouros e para garanti-los lançou um feitiço sobre o esconderijo e nos impediu de achar a saída e contarmos toda a verdade para a cidade.

Estela se emocionou ao ver a coroa da mãe bem na sua frente. E com as pernas tremendo, subiu no palco ao lado de Sofia e Carlão. Ela queria confirmar o que os dois haviam acabado de contar para a cidade e pediu a palavra: — Essa coroa era da minha mãe... — Estela tentava segurar as lágrimas e a emoção para poder continuar falando ao povo: — E por dez anos eu condenei Noah por tê-la roubado de mim.

Estela não precisava falar mais nada, seu arrependimento era capaz de traduzir tudo o que sentia naquele momento. E o povo... ah! o povo havia descoberto a verdade.

Enquanto a revelação vinha à tona na praça central da cidade, Noah corria atrás do filho. Mas, quando chegou à praia, viu que Iago já estava em alto-mar, dentro de um barco, enquanto George estava um pouco mais atrás, em outro barco, tentando alcançá-lo. Noah deveria ser rápido se quisesse evitar que o pirata fizesse qualquer mal ao filho. Afinal, Iago estava de posse da chave mais procurada e desejada pelo Capitão George.

Para a sorte de Noah, os pescadores sempre deixavam seus barcos no cais. E rapidamente ele entrou no primeiro que encontrou em condições de navegar e seguiu para o mar. Noah colocava toda a força que podia no barco para conseguir alcançar o pirata. A perseguição já durava alguns minutos quando percebeu algo de estranho na embarcação de Iago. Ela estava perdendo velocidade e começava a parar.

— Droga! — reclamou Iago.

— A gasolina acabou! — Iago tentava puxar a corda do motor mas não adiantava, o barco não seguia mais um milímetro sequer.

Nesse entremeio, George logo alcançou Iago que ficou muito assustado ao ver aquele pirata muito alto entrar no seu barco. Ficou sem voz e temia ser morto naquele instante.

— Ha! Ha! Ficou sem gasolina, moleque insolente — debochou George.

Iago estava preocupado com o que o Capitão poderia fazer contra ele, mas para seu alívio o pirata apenas puxou o pingente de seu pescoço e voltou para o barco. George não queria mais saber de vingança, só queria o tesouro do Capitão Bartolomeu.

— Uff!! Ainda bem que ele não me matou — Iago suspirou.

Noah, que vinha logo atrás, não demorou muito para alcançar o barco do filho e ordenou: — Volte para o continente agora, que eu vou atrás de George.

— Não! — Iago gritou.

— Não seja teimoso! E me obedeça — Noah reclamou.

— Você não está entendendo. Eu tenho que ir junto — avisou Iago.

— Por quê? — perguntou Noah.

— Eu sei o segredo do labirinto, para onde o Capitão foi. Se você entrar lá sozinho não conseguirá sair — Iago explicou.

Após uma pequena pausa para pensar, Noah mesmo sem gostar da idéia falou: — Tudo bem! Já que não tem outro jeito.

Noah pegou Iago, o colocou dentro de seu barco e seguiram para a Ilha Dourada atrás do Capitão George.

Nesse meio tempo, a confusão reinava em Coroinha. Ninguém conseguia mais controlar a correria e a gritaria do povo. Enquanto os brinquedos e Betina estavam preocupados com o sumiço de Iago, os pescadores só pensavam em se vingar dos piratas. Já Estela que não tinha visto Iago correr dali, tentava achá-lo, sem sucesso.

Todos estavam desnorteados na cidade, inclusive Carlão que havia presenciado o salvamento de Madelene e a procurava pela cidade. Ele não podia perdê-la de vista, tinha certeza de que estava envergonhada. Por isso ela fugia dele o tempo todo. Ele não desistia de achar seu amor e seguiu na mesma direção em que ela havia sido levada por Nicolas e Arthur. Entrou em todos os becos de Coroinha. Procurou em cada esquina e nada, mas ele era persistente e seguia adiante. Sabia que Madelene e os amigos haviam tomado aquela direção e não deveriam estar longe. E se mantendo firme em seu propósito, não demorou muito para Carlão encontrá-los.

— Finalmente! — Carlão estava aliviado.

Madelene não falou nada, apenas o olhou desconfiada.

— Eu te achei — falava Carlão radiante.

— Você! — ela ainda estava muito assustada.

— Por que você não me contou a verdade? — perguntou Carlão.

— Você não me amaria se soubesse que era eu quem vivia na ilha — Madelene respondeu.

Carlão sorriu e falou: — Você não tem cara de bruxa.

Madelene sorriu depois de perceber que aquilo não tinha sido capaz de modificar o que ele sentia por ela e falou: — Eu não sou a bruxa. Ela era minha mãe adotiva e morreu logo em seguida ao desaparecimento de Noah.

— Agora você vai parar de correr de mim? — Carlão perguntou sorrindo.

Madelene também sorriu, mas respondeu: — Ainda não!

— Como? — Carlão ficou espantado com a resposta.

— Tenho que procurar o cajado que está dentro do galeão — ela explicou.

— Você está louca? Pretende voltar aquele navio? — perguntou Carlão.

— Vou fazer isso agora mesmo! — Madelene saiu correndo sem dar chance para que Carlão pedisse o contrário, muito menos de ir junto.

Nicolas e Arthur deram de ombros e falaram sem graça: — Você tem que aprender a lidar com isso. Ela é muito impulsiva.

— Já percebi isso — Carlão falou enquanto olhava Madelene correr em direção à praia.

A ânsia de Madelene em alcançar o mar o mais rápido possível fazia parecer que ele se distanciava mais a cada segundo. Mesmo assim, isso não foi capaz de fazer que aquela guerreira desistisse da promessa que havia feito à mãe. Por isso, Madelene continuou a correr muito até se aproximar da praia. Assim, após alguns minutos e quase sem fôlego, ela já estava com os pés à margem do mar. Tomando coragem para a aventura que estava por vir, Madelene respirou fundo e colocou as mãos na água pedindo novamente a ajuda da sereia.

Serena que nadava perto dali, preocupada com o que acontecia na cidade, não demorou a perceber e a atender o chamado de Madelene. Como um raio, seguiu em direção da vibração das mãos da amiga. E em poucos minutos Serena já tinha chegado até a presença de Madelene. Mas ao descobrir que a amiga pedia sua ajuda para voltar ao galeão, ela titubeou.

— Não! Eu não vou te ajudar de novo nessa loucura! — avisou Serena.

— Você sabe muito bem que essa é a única maneira de acabar com os piratas! — Madelene reclamava gritando.

— Mas para acabar com os piratas, eu não vou ajudar você a acabar com a sua vida — a Sereia estava decidida.

— Você está sendo intransigente! — Madelene reclamou.

— Intran...? O quê? Não entendi nada, mas também não importa. Eu não vou te ajudar e ponto final — Serena já havia resolvido a questão.

Mesmo sabendo que a cidade estava uma verdadeira balbúrdia por causa dos piratas e que o cajado era o único capaz de dar um fim neles, a sereia não quis arriscar novamente a vida de Madelene.

Enquanto isso, Estela estava presa na confusão da cidade à procura de Iago. Ela não o via desde o seqüestro. A angústia era muito grande, afinal há dois dias não tinha notícias dele. E o pior era que ela não sabia que Iago estava prestes a viver uma grande aventura contra os piratas. Mesmo assim o seu coração de mãe não a enganava e ela tinha certeza de que algo estava acontecendo com seu filho, mas nada podia fazer. Essa sensação de impotência só durou até Estela ver Sofia de longe. A bailarina ainda estava com a coroa na mão.

— Ei! Você aí! Bailarina! — Estela a chamava correndo em direção a ela.

— Está falando comigo? — perguntou Sofia.

— Sim! — respondeu Estela ofegante. — Eu sou a mãe de Iago, preciso achá-lo. Por favor, me ajude.

Sofia não respondeu, ficou muda, estava receosa em dar a notícia para Estela. Qual poderia ser a reação de uma mãe ao saber que seu filho estava sendo perseguido por um pirata? Mas a expressão de preocupação no rosto da bailarina não a ajudou a esconder a verdade e acabou por delatá-la.

— Onde ele está? O que está acontecendo com ele? — perguntou Estela segurando fortemente os braços de Sofia que não viu alternativa a não ser lhe contar tudo.

— Ele foi para a praia. O Capitão George está atrás dele — Sofia contou.

— Não... não pode ser — Estela parecia perder a respiração.

— Por favor, acalme-se! Eu vi quando Noah foi atrás dos dois — Sofia tentava tranqüilizá-la.

— Só que desta vez não vou ficar aqui parada esperando. Eu vou atrás — Estela esbravejou já saindo dali e seguindo para a praia.

— Ai, meu Deus! — Sofia levou as mãos à cabeça. — Calma! Espera um pouco. Você não pode ir sozinha até o galeão.

Mas era em vão, Estela já caminhava sozinha e não dava atenção aos apelos da bailarina. Não adiantava tentar impedir, Estela estava decidida. Assim, a bailarina não viu outro jeito a não ser gritar: — Eu irei junto.

Lucinha, Larissa e Enrico que estavam ao lado de Sofia ficaram preocupados com a reação da bailarina e avisaram: — Se você for para o galeão, nós iremos junto.

— É muita gente! — retrucou Estela que de longe ainda assistiu a toda confusão dos brinquedos.

— Você vai precisar de ajuda — garantiu Sofia.

— Tudo bem! Então vamos logo! — Estela já mandava naquela turminha.

— Ei! Aonde vocês vão? — perguntaram Samu, Leopoldo e Salvatore que continuavam no meio da balbúrdia do povo. Mesmo assim ainda conseguiram ver quando os outros brinquedos começaram a sair dali.

— Vamos até o galeão! — falou Sofia.

— Vocês ficaram loucos? — Leopoldo ficou apavorado.

— Nós vamos também. — Salvatore avisou.

— O quê? — gritou Leopoldo.

— Deixa de ser mole — Samu reclamou da reação de Leopoldo. — Quanto mais gente melhor.

— Não é hora para discussão — disse Sofia caminhando atrás de Estela, que já tinha tomado novamente o rumo da praia.

Sem tempo para raciocinar, os brinquedos seguiram Sofia e Estela sem reclamar. Mas uma presença passava desapercebida naquele momento: era Betina. Ela queria ir com eles até o galeão para salvar Iago, mas ela sabia que Estela não permitiria. Por isso, sem pedir permissão, Betina resolveu segui-los escondida. E foi mantendo-se sempre um pouco atrás, que ela conseguia acompanhar os largos passos dos adultos. Quando eles se distanciavam, bastava que Betina desse uma corridinha para alcançá-los. Assim, ela percorreu todo o trajeto. Seu plano funcionava perfeitamente até Estela dar sinais de que já desconfiava da presença de mais uma pessoa entre eles, só que escondida. Sem saber quem era e preocupada com aquela situação, Estela resolveu esperar o momento certo para virar para trás de repente e desmascarar o intruso. Para a surpresa não só de Estela como de todos os brinquedos que ali estavam, ela pegou Betina no flagra, que não teve sequer a chance de se esconder.

— O que faz aqui, Betina? — perguntou Estela se aproximando da pequena menina.

— Quero ir com vocês até o galeão! — ela pediu.

— Não! — respondeu uma voz que não era de Estela nem de nenhum dos brinquedos que estavam ali. Era uma outra voz. E não demorou para sua dona aparecer. Era Sara. Ela havia ficado na praia com Jeremias quando presenciaram a confusão na praça. Tudo o que eles queriam naquele momento era ficar longe de qualquer pirata.

— Vocês não são os cozinheiros do galeão? — perguntou Betina.

O tom da conversa era alto, e ninguém se deu conta de que estavam embaixo da janela da casa de Seu Antoninho. As vozes entravam na casa sem convite e conseguiram chamar a atenção de Antoninho, que ouvia tudo do quarto onde cuidava de Seu Teófilo. Preocupado e sem entender muito bem aquela discussão que ocorria em frente da sua casa, Antoninho correu para a janela.

— O que está acontecendo aqui? — era Antoninho muito bravo falando da janela.

Estela abaixou a cabeça e viu que não tinha mais como esconder a confusão dele. Além do mais era melhor que soubesse logo, pois com certeza não demoraria muito para a balbúrdia sair do centro de Coroinha e vir parar na praia. E nem que quisesse Estela conseguiria esconder por muito mais tempo tudo o que ocorria na cidade de Seu Antoninho. Ele sabia que alguma coisa muito séria estava acontecendo ali e, para não ser enganado, saiu de casa para ficar frente a frente com Estela à espera da verdade.

Como o tempo estava se esvaindo, Estela não podia se prolongar na explicação e tratou de resumir o que estava acontecendo com Noah e Iago. A preocupação de Seu Antoninho foi imediata e inevitável, mas ele não tinha o que fazer naquele momento, apenas continuar esperando como já fazia há dois dias e rezar para que tudo acabasse bem. Além do mais, ele ainda tinha uma árdua tarefa pela frente: contar a Betina e aos seus pais sobre o estado de saúde de Seu Teófilo, que não era nada animador.

Antoninho estava muito tenso, mas se vendo de mãos e pés atados aproximou-se de Estela e falou: — Eu confio em você. Vá! E traga de volta meu filho e meu neto.

Estela pegou nas mãos do sogro e abaixou a cabeça, como quem pedisse força. E seu Antoninho entendendo a reação da nora disse: — Eu sei que você é valente. Iago puxou a você.

Ela sorriu, e Antoninho complementou: — Ele também puxou ao Noah. É uma família valente — ele falou soltando as mãos de Estela e ordenando: — Vá! Agora! Não perca mais um segundo!

Enquanto Estela e os brinquedos se distanciavam da casa de Seu Antoninho em direção ao mar para cumprir a missão, ele sabia que era chegada a hora de ele cumprir a sua. E olhando para Betina, ao lado de Sara e Jeremias, falou sorrindo: — Seu avô está aqui em casa.

Betina, radiante de felicidade, quase entrou correndo na casa de Seu Antoninho, mas rapidamente lembrou que era falta de educação entrar sem ser convidada e perguntou: — Posso entrar para vê-lo?

— Claro, querida! A casa é sua — Antoninho sorriu.

Enquanto Betina entrava em disparada pela casa, Antoninho olhou para Sara e Jeremias e falou: — Eu não me esqueci de vocês. Não mudaram nada.

Eles sorriram. Sabiam que já tinham um aliado para contar sobre sua volta para Betina e Seu Teófilo.

— Seu pai não se esqueceu de você, Sara, nem por um dia sequer. Ele sempre teve esperança de rever vocês dois — Antoninho contou.

Ela não conseguia falar nada, a emoção a impedia. Então, Seu Antoninho falou o que ela queria ouvir: — Vamos reencontrá-lo.

Era tudo o que Sara queria: reencontrar o pai. E com um nó na garganta ela concordou: — Vamos!

Betina, peralta como sempre, entrou pela casa gritando o nome do avô. Ela não sabia da gravidade de seu estado. E com o barulho, Seu Teófilo, que dormia, abriu os olhos de sobressalto. Não era só o susto, mas também a emoção de saber que a neta estava viva. Além disso, era alegria demais poder revê-la antes de partir desta vida. Ele tinha certeza de que estava prestes a morrer, a fraqueza do seu corpo aumentava a cada minuto. O coração parecia um velho relógio que perdia a corda.

— Estou aqui! — Seu Teófilo respondeu bem baixinho. Ele já não tinha mais forças. Mesmo assim, a audição aguçada de Betina conseguiu alcançar aquela voz tão conhecida.

— Vovô! — Betina era pura alegria ao encontrá-lo e correu para abraçá-lo.

Mas aquele momento de felicidade não foi o suficiente para lhe impedir de perceber algo esquisito. O que o avô fazia deitado àquela hora? E que semblante era aquele que ela nunca havia visto antes?

— O que está acontecendo com o senhor, vovô? — Betina ficou preocupada e pensou: "Será que isso é a morte?" A sua idade não permitia identificá-la, mas já era capaz de deixá-la triste.

Seu Teófilo tentou disfarçar falando que era apenas um mal-estar passageiro. Mas os olhos de Betina mostravam sua descrença no que o avô lhe contava. Mesmo assim, não se permitiu pensar naquilo. Era triste demais. Ela só queria matar as saudades de seu avô.

Era um momento especial entre avô e neta, que foi interrompido quando Seu Teófilo percebeu a presença de outras pessoas em seu quarto. Por uns instantes ficou inerte, sua visão estava embaçada, mas não o enganou. Ele não tinha dúvidas do que via.

— Sara! — as lágrimas foram inevitáveis.

Seu Teófilo sempre teve certeza de que a filha e o genro estavam vivos, mas não tinha nenhuma esperança de revê-los um dia. E naquela surpresa tão mágica não cabiam palavras. Ele estava aliviado e já não mais se preocupava com a morte: estava preparado. Sua família estava completa diante de seus olhos.

Sara chegou perto de seu pai e lhe deu um forte e emocionado abraço, que guardava em si a saudade de dez anos. Jeremias também queria participar daquela alegria e se juntou aos três. Finalmente, depois de tantos anos, todos estavam reunidos novamente.

— Tive medo de morrer sem vê-los de novo — falou Seu Teófilo.

— Não é hora para falar de morte, papai — pediu Sara.

— Papai? — Betina olhou assustada para Sara e pensou: — "Será que ela é a minha mãe?"

Os olhos cheios de esperança esperavam ansiosamente pela explicação. E, no coração, rezava para que fosse o que ela queria.

— Eles são seus pais, querida! — contou Seu Teófilo.

Betina sentiu algo inexplicável, um misto de alegria, carinho, saudade e conforto. Ela nunca pensou que um dia ainda pudesse ter a sensação de ter uma mãe e um pai. Mas aquela realidade estava diante dela. E era tudo o que ela mais queria.

Mas uma coisa ainda a deixava triste: Seu Teófilo. A fraqueza era evidente, mesmo para uma criança de dez anos. Ela precisava fazer algo para ajudá-lo. Betina pensou que se o animasse um pouco poderia recuperar as forças e voltar a ser como antes. E foi assim que ela se lembrou de algo muito importante.

— Vovô! — falou Betina já enxugando as lágrimas de tanto medo que sentia nessa hora.

Seu Teófilo não tinha mais forças para falar, apenas sorria.

— Eu cumpri a minha promessa — Betina contava abrindo a *pochette*.

O avô aguardava para ver o que poderia sair dali de dentro. Suas pequeninas mãos tremiam muito ao procurar por algo que insistia em se esconder dentro daquela *pochette*.

— Está aqui em algum lugar! — ela estava nervosa. — Eu tenho certeza de que está aqui. Ah! achei.

Ele a olhou e esperou.

— A pérola negra — Betina falou estendendo sua pequena mão com a pérola. Ela tremia e pensava que se quisesse salvá-lo deveria agir rápido.

— Você conseguiu? — Seu Teófilo sorriu.

— É para o senhor — Betina colocou a concha com a pérola em uma das mãos do avô e a fechou. Ela tinha certeza de que aquilo lhe daria força.

— Eu nunca vou me esquecer disso... Eu te amo — a voz de Seu Teófilo estava muito fraca e por mais que tentasse falar mais alguma coisa, não conseguia. Ele segurou firme a mão de Betina, sorriu e silenciou para sempre.

Os olhos de Betina se arregalaram, ela não podia acreditar no que via. Seu avô não podia ter morrido... não agora. Era cedo demais. Seus pais acabavam de voltar. Eles estavam prontos para ser uma família feliz. Mas sem a sua presença nada seria igual. E em vão, Betina chorou e tentou chamá-lo de volta. Mas por pouco tempo. Com apenas dez anos, Betina descobria a dor da perda, irreparável. Mas a mão de Sara sobre sua cabeça já era o suficiente para ela saber que não estava sozinha.

16

Capitão George e o tesouro

Enquanto a morte de Teófilo trazia silêncio para a casa de Antoninho, de lá se podia perceber que a agitação começava a sair da praça central de Coroinha e invadir a praia. Antoninho da janela do andar superior de sua casa tentava desvendar o que acontecia na Ilha Dourada, mas era impossível. Nem com binóculos conseguiria tal façanha. Achou melhor entrar e esperar dentro de casa, não queria ver mais nada que pudesse aumentar a sua angústia, que já era enorme por não saber onde estavam Iago e Noah.

O que Antoninho não podia imaginar era que os dois estavam em alto-mar dando impulso no barco que começava a alcançar a margem da ilha. Eles tinham pressa em chegar ao esconderijo. Depois de Iago ter contado ao pai que o tesouro dos pescadores estava lá dentro, Noah ficou ansioso para reaver tudo. Afinal, era a revelação de uma verdade escondida por anos.

Ao encostarem o barco na margem da ilha, Iago que sabia o segredo do labirinto foi na frente abrindo caminho para o pai. Eles corriam contra o tempo e não demoraram a chegar lá dentro. Mas, ao invés da alegria, veio a tristeza. O lugar estava completamente vazio. A decepção foi inevitável. Havia se perdido a única oportunidade de se desvendar para o povo da cidade o mistério que envolvia a vida de Noah. As provas haviam sido roubadas novamente.

O pirata Estevão havia cumprido fielmente a ordem do Capitão George: retirou todo o tesouro dos pescadores de dentro do esconderijo. O pirata tomou o cuidado de não deixar nada para trás. Dentro do esconderijo restou apenas a sensação de que por lá havia passado um furacão. E como testemunhas das aventuras ali vividas belos brinquedos de Madelene, restaram apenas os lampiões.

Enquanto Noah e Iago estavam estupefatos com aquela visão desanimadora, o Capitão George que já tinha passado por ali estava aliviado com o que havia visto. Aquele vazio era a certeza de que Estevão havia feito conforme ordenado. O cenário era tranqüilizador para George e lhe dava condições de partir em busca do tesouro do pai, já que a essa altura tudo o que era dos pescadores deveria estar dentro do galeão. Ele tinha certeza de que começava a enriquecer. Na sua mente um só pensamento reinava: pegar o tesouro do Capitão Bartolomeu para deixar o continente o mais rápido possível.

Próximo ao galeão, Estevão carregava o último baú com as economias do povo de Coroinha, mas fazia um itinerário diferente do ordenado pelo Capitão George. Em vez de levar todo o dinheiro para o galeão, ele estava colocando tudo na parte inferior de um dos barcos que os piratas tinham. Ele acomodava todo o tesouro embaixo do assoalho.

Estevão só não contava com uma coisa: Jonas observava do alto do galeão todo o trabalho que ele fazia e achando tudo aquilo esquisito, o cozinheiro resolveu perguntar: — O que é isso que você está guardando aí?

— São as economias do povo de Coroinha — respondeu Estevão com raiva.

— Por que você está escondendo tudo isso aí nesse barco? — Jonas não entendia aquilo.

— Ordens do Capitão!

— Ah! — Jonas aceitou a resposta desconfiado, mas preferiu não se meter. Sabia que era o produto do roubo cometido contra os pescadores, o que ele nunca havia aceitado.

— É melhor você ir para a cozinha, que o Capitão deve voltar faminto! — resmungou Estevão.

Jonas, apesar de não suportar receber ordens de ninguém que não fosse o Capitão, fez o que Estevão mandou: foi para a cozinha.

George, que estava tranqüilo pensando que Estevão cumpria suas ordens, agora só pensava em prosseguir sua caminhada até a porta que guardava o tesouro do pai. E como conhecia muito bem os caminhos do esconderijo, George não demorou muito a chegar lá.

A sensação do Capitão era indescritível. Afinal, estava prestes a realizar o grande sonho de sua vida: tomar posse do maior tesouro que qualquer pirata já havia conseguido acumular. E só de imaginar que dentro de poucos minutos aquela fortuna seria apenas sua, já lhe dava um brilho no olhar.

Seu trajeto até a porta foi acompanhado de muita ansiedade. Ele seguia com passos fortes e destemidos até ficar frente a frente com a porta que por anos o havia separado de toda aquela fortuna. Era como se estivesse em uma solenidade; o Capitão pegou com cuidado o pingente que estava pendurado no pescoço e o aproximou lentamente da porta. Era um momento muito esperado, mas que ao mesmo tempo deixou George assustado quando percebeu que a fechadura da porta parecia um ímã ao ficar próxima à chave. Ela a atraiu violentamente.

Pow! O barulho da chave encaixando na fechadura foi muito alto e acabou chamando a atenção de Iago e Noah. Eles ainda estavam no início do esconderijo se lamentando pela perda do tesouro dos pescadores.

— Que barulho foi esse? — perguntou Noah.

— Eu conheço esse barulho! — respondeu Iago.

— O que é? — perguntou Noah.

— A porta do tesouro está sendo aberta — Iago avisou.

— Vamos lá agora! — Noah ordenou sem esperar mais um segundo.

Mas já era tarde. A porta que se abria ao meio começou aos poucos a mostrar para o Capitão George a beleza daquele lugar por entre uma fresta. E para completar o espetáculo, cada uma das partes da porta se encostou à parede para dar espaço àquele cenário repleto de riquezas. Os olhos de George se arregalaram. O brilho de todo aquele ouro e jóias preciosas quase ofuscou sua visão, mas não o suficiente para impedir sua entrada naquele lugar. Começou a andar devagar por ali, observando cada pedra, cada moeda, como se estivesse hipnotizado. E por mais que tentasse gravar cada uma delas não conseguia. Eram milhares de pedras. George andava sobre o ouro. E vendo que aquela fortuna superava a sua expectativa, sua feição começou a se transformar. Era como se ele saísse de um estado de inércia para a loucura. E foi como um louco que se jogou em cima do tesouro. Parecia querer nadar por entre todos aqueles metais preciosos e pedras das mais variadas cores. George brincava com elas como se fossem confetes e as jogava para cima como uma criança. Bastava aquilo para trazer uma felicidade sem fim àquele homem vil.

Mas a alegria de George não durou muito. Só até a chegada de Iago e Noah. Ele não podia imaginar que havia sido seguido. Em poucos segundos foi tomado pela ira.

— Não acredito! — reclamou George, que ainda estava deitado sobre o tesouro.

— Vejo que minha presença não lhe agrada, não é mesmo? — perguntou Noah afastando seu filho para fora daquele lugar.

— Você devia ter aproveitado para fugir da cidade, já que não foi enforcado — comentou George.

— Não sem antes saber onde está o tesouro dos pescadores — Noah estava nervoso.

— Ha! Ha! Ha! — gargalhou George. — Isso você nunca saberá!

— Vamos ver! — Noah respondeu puxando uma espada de ouro que estava no tesouro.

— Olha só! — sorriu George. — O pescador quer lutar? — comentou o Capitão que também se garantia com uma espada.

Mas Noah não ficava para trás e falou: — Vamos ver se você é tão rápido para lutar como é para roubar.

— Nossa! Uma espada de ouro! — observou George. — Eu prefiro esta aqui! — comentou George, que puxou uma espada que estava enterrada no tesouro, deixando à mostra apenas a empunhadura cravejada de brilhantes.

Iniciava-se uma luta que não terminaria tão cedo. Noah precisava saber onde estava o dinheiro do povo e George não estava nenhum pouco disposto a lhe contar. Mas Noah seria capaz de lutar até morrer para resgatar o tesouro dos pescadores. Não era só o dinheiro do povo que estava em jogo, mas também o resgate de sua vida. E para isso Noah não mediria esforços nem resultados.

Para a sorte de Noah, não foi preciso ir tão longe. No meio da luta, uma presença inesperada se aproximou do tesouro do Capitão Bartolomeu. Era o prefeito que sorrateiramente havia seguido Noah e Iago. Normando temia que George lhe passasse a perna e não lhe desse a porcentagem acordada sobre o tesouro do velho Bartolomeu.

— O que você faz aqui? — reclamou o Capitão.

— Ele não é seu amigo? — Noah debochou enquanto lutava.

Nem mesmo aquela intromissão foi capaz de cessar a luta já travada entre o Capitão e Noah. O combate não dava chance para qualquer discussão entre o pirata e o prefeito. Qualquer distração poderia ser mortal para George. O duelo era feroz. O encontro das espadas ao alto era marcado não só por faíscas como por pedras preciosas que delas saltavam a cada embate.

O prefeito, percebendo que George não tinha como se safar da espada afiada de Noah, aproveitou para saquear o tesouro. Normando apenas se preocupava em encher o máximo que podia os bolsos de diamantes e pedras preciosas. Sua ganância estava sendo saciada e ele estava prestes a realizar o seu maior desejo: ficar rico sem esforço. Mas o seu sucesso esbarrou em uma armadilha terrível: um cetro revestido de diamantes que estava bem no meio do tesouro. Sua beleza era tão grande que chamou a atenção do prefeito. Também era impossível ficar indiferente a uma peça daquelas. Sua riqueza era capaz de proporcionar uma vida tranqüila a qualquer pessoa.

Mesmo com os bolsos abarrotados de pedras das mais variadas cores e tamanhos possíveis, a atração de Normando pelo cetro foi incontrolável. Era como se não existisse mais nada em sua frente, apenas aquele objeto reluzente.

George, ainda lutando, percebeu o que Normando iria fazer e imediatamente se recordou da recomendação que seu pai havia feito antes de morrer: nunca tirar o cetro do lugar. Apesar de não saber o que poderia acontecer, George ficou com medo. E para evitar qualquer coisa que pudesse resultar na perda daquele imenso tesouro, continuou a lutar com Noah, mas andava para trás até alcançar a posição do prefeito.

No mesmo momento, o prefeito, com passos firmes, andou em direção ao cetro. E sem pensar duas vezes o puxou violentamente para si. E o inesperado aconteceu, ele não conseguiu tirar o cetro do lugar, mas em compensação um alçapão se abriu imediatamente embaixo de seus pés. O prefeito não teve chance alguma de escapar daquela armadilha e caiu num gigantesco e infindável buraco, que de tão profundo não se pôde ouvir o barulho da sua queda.

Apesar de também estar em cima do alçapão, a má sorte não foi capaz de alcançar George. Ele ainda teve a chance de se segurar na beirada do buraco, mas não conseguia sair dele sozinho. Suas forças estavam por um triz. E o suor em sua testa delatava a Noah que ele precisava de socorro.

— Precisa de ajuda? — Noah perguntou debochando.

— Vamos logo, seu infeliz! Não me deixe cair.

Noah não se movimentou, apenas o encarou.

— Você não é tão ruim assim. — reclamou George.

— Depende — retrucou Noah.

— Tudo bem! Tudo bem! O dinheiro e o ouro dos malditos pescadores estão no galeão — George viu que não tinha outra saída a não ser contar onde tinha escondido tudo o que ele havia roubado.

Com essa revelação, Noah se compadeceu do Capitão e o puxou do buraco.

— Não sabia que você era tão piedoso a ponto de me ajudar a sair dessa emboscada — criticou George ainda sentado no chão, como se Noah fosse ingênuo.

— Quem disse que eu te salvei? — Noah riu.

George o olhou tentando compreender o que ele queria dizer.

— Você morrerá aqui com este maldito tesouro — Noah contou dando-lhe dois murros na cara e correndo dali, enquanto o pirata ficava tonto jogado no chão.

Quando Noah chegou na porta, ele tentava tirar o pingente da fechadura, mas não conseguia. A chave do tesouro parecia estar colada naquela porta para sempre. E isso deu tempo suficiente para que o Capitão mesmo zonzo percebesse o que Noah planejava fazer: deixá-lo preso ali para sempre.

Mas George não se deu por vencido e mesmo cambaleando se levantou. E aos poucos foi se aproximando da porta. Noah não gostava do que via e começou a ficar nervoso. Ele precisava puxar o pingente dali o mais rápido possível, mas não sabia como fazer.

— Como eu tiro essa chave daqui? — reclamou Noah.

Iago, que estava um pouco longe da porta, ouviu o pai falar alto, correu para perto dele e explicou: — Para tirar o pingente daí tem que rodar o leme: — explicou Iago.

— Por que não falou antes? — Noah brigou com o filho enquanto rodava a chave.

Noah retirou o pingente e as partes da porta que estavam encostadas na parede começaram a se movimentar, mas era muito lento. Seu ritmo não alcançava a pressa de Noah. Sorte de George, já que tempo era tudo o que ele precisava para chegar até a porta.

E contrariando as expectativas de Noah, o pirata teve tempo para sair por entre a fresta da porta ainda entreaberta. Mas uma coisa George não conseguiu: alcançar Noah e Iago que saíram correndo dali. O Capitão estava enfurecido por Noah estar com o pingente novamente. Mas ele conseguiu se manter calmo diante da certeza de que Noah estava indo para o galeão recuperar o dinheiro dos pescadores e de lá ele não sairia vivo e muito menos com a chave do tesouro de seu pai.

E realmente o pensamento do pirata não estava errado. Noah e Iago saíram do esconderijo direto para o galeão, e não somente eles. Estela também estava no navio há algum tempo à procura de Iago. Ela conseguiu chegar até o galeão com a ajuda de Larissa, Lucinha, Sofia, Enrico, Salvatore e Leopoldo, que tiveram a sorte de não serem vistos pelos piratas.

A tripulação se preocupava em preparar o galeão para deixar o continente por ordem de Charles, que já sabia dos planos de fuga do Capitão. Enquanto isso, Estevão terminava de esconder o tesouro dos pescadores em outra embarcação. Jonas continuava na cozinha, tudo o que ele mais queria agora era ficar longe de confusão. Assim, o caminho ficou livre para Estela que mesmo temerosa e afoita por entrar naquele galeão logo se encorajou ao pensar que aquela era a única maneira de salvar Iago. Ela não ficaria novamente de braços cruzados esperando pela volta do filho.

Estela sabia que aquilo poderia ser perigoso, afinal aqueles piratas eram inescrupulosos e capazes não só de roubar como de acabar com a vida de qualquer pessoa que pudesse lhes atrapalhar. Diante do inevitável risco, não permitiu que Larissa, Lucinha, Sofia, Enrico, Samu, Salvatore e Leopoldo entrassem no galeão e preferiu seguir sozinha para aquela aventura. Seria mais seguro se eles ficassem no barco usado para chegar até o galeão.

Eles estavam na lateral esquerda do galeão que tinha o lado direito totalmente encostado na margem da ilha. E por ser o galeão muito alto, ninguém perceberia a presença de uma pequena embarcação ao seu lado, se todos se mantivessem quietos.

Aquele era o lugar ideal para encostar o barco, na lateral do galeão, um pouco atrás, mais exatamente na popa onde ainda havia a corda deixada por Noah quando adentrou no navio pela primeira vez. Mesmo diante daquela possibilidade de entrarem no galeão, os brinquedos atenderam ao pedido de Estela e ficaram do lado de fora. Além do mais, eles sabiam que se entrassem em maior número seriam mais facilmente encontrados pelos piratas. Assim, não lhes restou alternativa a não ser ajudar Estela a subir pela corda. Ela não tinha muita força, mas Leopoldo a ajudou a alcançar uma pequena escotilha que estava aberta. Era a chance de Estela. E ela não pensou duas vezes em agarrá-la.

Enquanto Larissa, Lucinha, Sofia, Enrico, Samu, Salvatore e Leopoldo se acomodavam no barco à espera do final da aventura de Estela, eles viram quando Iago e Noah saíram correndo do esconderijo em direção ao galeão pela margem da ilha.

— Iago! — Sofia tentou chamá-lo baixinho para que os piratas não percebessem a presença daquela embarcação ao lado do galeão.

Mas Iago e Noah não conseguiam ouvi-los e continuaram a correr. Os brinquedos começaram a lançar pequenas pedras que tinham no barco em direção aos dois. E mesmo não os alcançando, as pedras caíam na água. Isso foi o suficiente para chamar a atenção de Iago e fazê-lo olhar para o lado e ver os amigos.

Aquela presença inesperada dos brinquedos trouxe alívio para Noah, que não precisou levar Iago com ele para o navio dos piratas.

— Agora você não vai comigo. Vai ficar aqui com seus amigos — ordenou Noah.

Iago fez menção de querer ir junto, mas Noah nem lhe deu chance de falar uma palavra sequer. Sem opção, ele nadou pela margem do mar que ainda estava rasa, até chegar ao barco dos brinquedos. Sofia o abraçou como uma mãe e fez um sinal para Noah não se preocupar. A partir daquele momento seu filho estava em boas mãos, não havia mais com o que se preocupar, a não ser com os piratas.

Já dentro do galeão Estela procurava Iago sem ao menos imaginar que ele não estava ali. Mas, para sua sorte, Noah acabava de entrar escondido no galeão. Ele usou a escada que estava fincada na areia da ilha para chegar até o galeão. Ao subir, viu que havia apenas três piratas no convés. Com a raiva que Noah estava, não foi preciso muito esforço para acabar com os três em poucos minutos. A luta começava a fazer parte da rotina de Noah.

Nessa hora Estela andava pelo corredor das cabines com esperança de encontrar Iago por ali. E pé ante pé, para não chamar a atenção de ninguém, ela tomava cuidado ao pisar no chão que rangia. Isso a fazia andar bem devagar, já que o barulho naquele momento seria o seu maior inimigo. Olhava todas as cabines que estavam com as portas abertas. Mas uma cabine em especial lhe chamou a atenção, estava com a porta entreaberta, e detrás dela algumas vozes se sobressaíam. Disposta a qualquer coisa para achar seu filho, Estela se aproximou com a esperança de que aquela conversa pudesse lhe trazer alguma pista sobre o paradeiro de Iago.

— Rápido, meu amor! — era uma voz masculina.

Estela achou aquilo estranho e chegou mais perto.

— Calma, eu estou guardando os meus vestidos! — havia uma outra pessoa no quarto; era uma mulher.

— Você não precisa levar tudo. Agora temos dinheiro para comprar quantos vestidos você quiser — Estevão falou deixando-se mostrar pela fresta da porta.

Estela não sabia quem era aquele pirata, mas continuou parada ali. Ela precisava escutar tudo o que qualquer pirata falasse. Era a sua chance de salvar o filho.

— Nem acredito que estamos ricos e não precisamos mais das esmolas do Capitão — comentou a voz feminina que parecia eufórica.

— Estamos livres! — bradou Estevão com os braços abertos esperando por sua amada, que correu em sua direção lhe dando um beijo ardente.

Estela se afastou assustada da porta e encostou-se na parede do corredor.

— Meu Deus! — Estela comentava sozinha e baixinho. — É ela. A amante de Noah.

Por alguns instantes, Estela ficou inerte e se pôs a pensar se toda aquela história de que Noah tinha uma amante também não seria mentira. Ela ficou atônita ao imaginar que poderia ter sido mais uma vez enganada pelos piratas.

O ódio que sentia pelos piratas começava a se tornar cada vez maior. Eles mudaram sua história de vida somente em cima de mentiras. E ela chorou. Não por muito tempo, Noah apareceu no corredor onde ela estava e preocupado perguntou: — O que está acontecenco?

Ela apontou para a cabine e disse: — Veja com seus próprios olhos.

Noah, tomando cuidado para não ser visto, aproximou-se da fresta e viu Estevão e Esmeralda. Eles eram amantes e se preparavam para dar um golpe no Capitão George e fugir dali.

Enquanto Noah observava aquela cena, boquiaberto, uma voz surgiu ao fundo.

— Nos encontramos de novo, não é mesmo? — era George que vinha do convés para o corredor.

Noah preferiu ficar quieto e deixar que o Capitão se aproximasse de onde ele estava. Queria presenciar a decepção que George estava prestes a sofrer.

E George, debochando de Noah, caminhava em sua direção.

— Ora, ora! Você acha que eu seria imbecil de esconder o tesouro dos pescadores na minha cabine? — sorria o Capitão que continuava com o seu monólogo, enquanto Noah o esperava tranqüilamente na porta de sua cabine.

— Não precisava ficar parado aí, meu caro Noah. Eu lhe convido para entrar e procurar o dinheiro dos pescadores — falou George empurrando abruptamente a porta e pegando Estevão e Esmeralda aos beijos.

Ao ver aquela cena, o Capitão perdeu a voz. Aquela inesperada traição era forte demais para os seus brios. George ficou paralisado olhando para os dois. Era como se estivesse tendo um pesadelo acordado, mas que foi interrompido quando Esmeralda correu em sua direção e falou: — Ele me agarrou à força.

George permitiu que ela o abraçasse, mas não por entendê-la e sim porque ainda não conseguia reagir. Ele não movia um dedo sequer para retribuir o abraço de Esmeralda. Com apenas alguns segundos a mais George parecia começar a recobrar o juízo. Foi aí que ele a olhou com ira.

Era a primeira vez que Esmeralda experimentava o gosto amargo daquele olhar. Aquilo a deixou bastante assustada. Ela bem sabia do que George era capaz de fazer quando se transformava daquele jeito. Sem ter outra saída, Esmeralda se ajoelhou e suplicou: — Perdoe-me! Perdoe-me! — Mas era em vão. O olhar do Capitão não mudou diante daquela cena patética. Ele apenas gritou, como nunca havia gritado antes: — TRIPULAÇÃO!!!!!!!!!!

O grito de George foi tão alto que bastou um para que os piratas que estavam no convés preparando o galeão para zarpar o ouvissem nitidamente. Preocupados, largaram tudo o que faziam e correram até as cabines, lugar de onde vinha o chamado. Charles foi um dos primeiros a chegar, mas não conseguia entender muito bem o que acontecia. E assim como ele, foi acontecendo com cada um dos piratas que ali chegava. Ninguém entendia aquela cena na cabine. Foi somente com o anúncio de George sobre a traição que toda a tripulação descobriu. Eles nunca esperaram que Esmeralda pudesse dar tamanha punhalada em George. Todos ficaram sem voz e sem ação. Mas George sabia muito bem o que fazer. Com a força de um touro, levantou Esmeralda do chão apenas com uma das mãos. E olhando bem dentro dos olhos dela, falou: — Preparem a prancha!

— O quê? — Esmeralda ficou apavorada.

— Não sabe para que serve a prancha, querida? — debochou George.

— Você não vai me fazer andar nela, vai? — ela tremia.

— Não! — respondeu George.

Esmeralda respirou aliviada, mas não por muito tempo.

— Sozinha não! Você vai andar com seu amante — comunicou George.

Estevão pensou em fugir, mas não havia como diante da lâmina afiada da espada do Capitão. O pobre pirata só conseguiu terminar amarrado com a amante esperando o momento de andar na prancha.

— Amarrem-nos — George ordenou à tripulação.

Sádicos como sempre, a tripulação amou executar a ordem do Capitão. E o melhor ainda estava por vir, quando George falou: — Amarrem esses dois também — apontando para Noah e Estela.

— Você não pensou que fosse escapar ileso dessa, não é? — perguntou o Capitão encarando Noah.

Injuriado com a traição, George saiu da cabine deixando que a tripulação amarrasse os prisioneiros, mas não se esqueceu da chave do tesouro que estava com Noah.

— A chave! Onde ela está? — perguntou George.

Noah ficou mudo, sabia que não havia como mentir.

— Você quer morrer agora? — o Capitão colocou uma faca no pescoço de Noah.

Sem alternativa, Noah tirou o pingente do bolso e o entregou a George.

— Isto aqui é meu! — George avisou saindo da cabine.

Depois de ter amarrado os quatro prisioneiros com a ajuda dos piratas e com a situação devidamente controlada, Charles saiu dali para preparar a prancha no convés. Ele era pura animação. O bem-estar que sentia ao causar sofrimento nos outros era enorme. Mas ao se aproximar do parapeito do galeão para abrir a pequena porta lateral que levava à prancha, Charles viu uma cena que o assustou. Os pescadores vinham do continente para atacar o galeão. Queriam vingança. O desejo deles era matar cada um dos piratas que os roubaram e os enganaram por dez anos.

Com aquela visão, houve apenas tempo para que Charles abrisse a portinhola que dava acesso ao lugar da prancha, mas ela não foi colocada lá. Ele desistiu e se afastou dali preocupado com a guerra que se aproximava. Sorte dos brinquedos que estavam na embarcação do mesmo lado do galeão para onde o pirata tinha ido. Era ali que ficava a prancha. Na lateral esquerda do navio.

Os brinquedos tremiam de medo do que estava por acontecer. De um lado pescadores raivosos e do outro, piratas armados. Estavam entre um fogo cruzado. E o pior. Não sabiam se tinham sido vistos por Charles. Conseguiram se acalmar quando o ouviram conversando com George, que chegava no convés para monitorar a preparação da prancha.

— Capitão! Capitão! — Charles o chamou desesperado.

— O que foi, infeliz? Por que ainda não preparou a prancha? — perguntou George.

Charles apontou para o lado do continente e avisou: — Vamos ser atacados.

George, preocupado, gritou aos piratas: — Desancorar!

A pequena tripulação obedecia aos comandos de seu Capitão, que não eram poucos. A pressa era inegável. E depois de cumprida a primeira determinação veio a segunda: — Aprontar canhões!

— Canhões! — cochicharam os brinquedos que continuavam no barco ao lado do galeão. Eles não tinham mais como controlar o nervosismo. Sabiam que estavam no meio de uma guerra.

— Meu Deus! O que vai acontecer? — Sofia estava assustada.

— Do que adiante ter asas e não conseguir voar? — Lucinha estava revoltada.

— Não é hora para pensar em asas — reclamou Larissa.

Enquanto os brinquedos discutiam entre si, algo bateu na embarcação em que estavam. Bum!!!

— Ai! Já começou a guerra? — Leopoldo gritou. — Eu morri?

— Que morreu o quê! — debochou Larissa.

— Mas e esse barulho? Não foi uma bala de canhão? — perguntou Leopoldo.

— Não! Somos nós — responderam Serena e Madelene que estavam no mar e alcançaram o barco dos brinquedos.

— Você não estava com Arthur e Nicolas? — Sofia perguntou à Madelene.

— Eu os deixei na cidade. Eles não podem entrar na água — respondeu Madelene.

Sofia permaneceu calada e apenas olhou para Madelene como quem esperava por uma explicação.

— Você se esqueceu de que eles são de madeira? Não podem entrar na água — Madelene tentava driblar a pergunta de Sofia.

— Não é isso que eu quero saber — Sofia estava brava.

— Ela quer saber o que vocês estão fazendo aqui. — Enrico se intrometeu, furioso, no diálogo das duas.

— A culpa é da Madelene. Ela não desiste de resgatar o cajado — reclamou Serena.

— E por que você está ajudando essa doida de novo? — reclamou Lucinha.

— Não teve jeito. Ela disse que viria sozinha se eu não a ajudasse — resmungou Serena.

— Você não pode entrar no galeão! Vai começar uma guerra! Pode ser perigoso! — advertiu Sofia.

— O cajado é o único que pode acabar com essa guerra — esclareceu Madelene, que não esperou mais um segundo para subir novamente pela corda que estava pendurada do lado de fora do galeão. Ela fez o mesmo trajeto da primeira vez em que entrou no navio. Subiu até o pavimento mais próximo do mar e para sua sorte algum pirata havia esquecido uma escotilha aberta. Foi mais fácil do que ela imaginava. Assim, não demorou mais que alguns minutos para Madelene entrar no galeão pelo mesmo lugar que Estela. Lá dentro tomou um rumo diferente.

— Cuidado! — pediu Enrico.

— Fiquem aqui! Posso precisar do barco quando pegar o cajado de volta — pediu Madelene pela escotilha já do lado de dentro do galeão.

E, escondida, entrou no convés. Os piratas não a viram. Eles se preparavam para o ataque contra os pescadores. O barulho do posicionamento dos canhões contra o continente era enorme, e Madelene podia passar por ali sem ser notada. Mesmo com todo aquele aparato de guerra, ela não se intimidou e seguiu em frente com seu objetivo. Aproveitou a oportunidade de já ter entrado no galeão e percorreu o mesmo caminho da primeira vez. Correu pelas escadas e desceu ao pavimento inferior para chegar no depósito. Mas desta vez não teve o mesmo cuidado ao passar pela cozinha. A pressa não permitiu. E o barulho de sua passada chamou a atenção de Jonas, que estava cozinhando.

— Ei? Quem é você? — perguntou Jonas.

Madelene ficou assustada. Ela sabia reconhecer um pirata e Jonas era um deles.

— Não precisa ficar com medo de mim — pediu Jonas. — Sou um pirata sim. Mas não faço mal a ninguém. Só estou aqui para cozinhar.

Ela se acalmou, mas continuou muda.

— Não vai falar nada, minha filha? — Jonas tentava um diálogo com ela, mas sem sucesso.

— Tudo bem! — Jonas percebeu que continuaria a falar sozinho. — Eu vou acender o fogo para esquentar uma sopa para a tripulação. Se você quiser ficar parada aí, eu te dou um pouco. Posso lhe garantir que minha sopa é excelente — comentou Jonas em frente de um daqueles caldeirões de bruxa. Também, para aquela tripulação, somente cozinhando em uma grande panela, principalmente agora que Sara e Jeremias já não estavam mais ali para ajudá-lo.

Bum! Era o barulho das balas dos canhões que estavam sendo lançadas contra os pescadores. A guerra começava.

— Canhões? — perguntou Jonas, assustado.

— Não sabia da guerra? — Madelene perguntou.

— Eu não sabia que você tinha língua — Jonas debochou.

— Você é muito engraçadinho.

Bum! Bum! Eram as balas dos canhões sendo lançadas contra o povo. Só que desta vez o tiro foi forte demais e balançou o galeão. Tudo começou a se revirar lá dentro, inclusive o caldeirão da sopa. Jonas tentou segurar para evitar a bagunça que ele mesmo teria que limpar, mas não conseguiu. O caldeirão virou e derramou toda a sopa.

— Ai! Não acredito! — reclamou Jonas diante da sujeira no chão da cozinha.

— Eu também não acredito! — sorria Madelene.

— Do que você ri? — perguntou Jonas irado. — Por acaso vai me ajudar a limpar essa sujeira?

— O cajado! — Madelene estava radiante.

— Cajado? Que cajado? — perguntou Jonas olhando para os lados.

— Este daqui! — respondeu Madelene pegando o cajado do chão.

— Minha filha! Isso aí não é cajado, não! É minha colher de pau! — explicou Jonas.

— De pau aqui só tem a sua cara — debochou Madelene.

— Você é sem educação, hein, filhinha? — reclamou Jonas.

— É com este cajado que eu vou transformar este navio e toda a sua tripulação de novo em um brinquedo — esclareceu Madelene.

— Meu Deus! De novo? — Jonas desesperou-se. — Brinquedo não!

— Calma! — pediu Madelene.

— Clemência! Por favor, clemência! Não me transforme novamente em um brinquedo de madeira — pedia Jonas de joelhos e aos prantos.

Madelene não reconhecia a maldade naquele pirata e falou: — Se você não quiser virar madeira de novo, é melhor vir comigo.

— Como quiser. Como quiser — repetia Jonas andando de mansinho atrás de sua salvadora.

Eles subiram as escadas e passaram pelo corredor das cabines que estava completamente vazio. A tripulação estava no convés atirando contra o continente. Ela escondeu o cajado atrás do corpo para que ninguém o visse. Nem precisava, os piratas apenas miravam os pescadores que se preparavam para ir até o galeão. Não havia lucidez para que eles notassem que Madelene e Jonas passavam pelo convés para chegar até o pavimento superior, de onde poderiam ver tudo o que acontecia no navio. Era o lugar perfeito para que Madelene lançasse o encantamento. Lá, eles ficariam escondidos atrás de um balcão que parecia uma grande sacada.

Enquanto isso, a tripulação continuava a preparar a artilharia pesada. Era de alto nível. Os vinte canhões do galeão foram municiados. As cargas variavam entre uma e oito libras. Uma quantidade suficiente para vencer qualquer batalha. Mesmo destemidos, os pescadores não tinham como enfrentar inimigos tão fortes. Mas ousaram e entraram em suas pequenas embarcações para prestar contas com os piratas.

Para o Capitão aquela petulância não podia continuar e determinou: — Fogo! Fogo! — sua fúria ao gritar era tão grande que as veias pareciam saltar de seu pescoço.

Logo nos primeiros tiros, os homens que já estavam navegando não tiveram escolha a não ser retornar. Era o único modo de salvarem suas vidas. Mesmo assim, ainda houve quem quisesse insistir. Foi aí que a artilharia aumentou e George ordenou que a tripulação colocasse todos os canhões para cuspir fogo contra os pescadores. A ordem foi cumprida à risca.

A cena era aterrorizante. Todos saíram correndo do mar. O desespero imperava na praia de Coroinha. E Antoninho do alto de sua janela assistia àquela cena temendo nunca mais ver sua família.

Não era só Antoninho que se assustava com aquela guerra, mas também os brinquedos. E o pior veio com a ordem de George em desancorar o galeão. Os brinquedos tiveram que se agarrar na corda que estava pendurada pelo lado de fora do galeão, para que seu barco fosse arrastado com o galeão para alto-mar. Era a única forma de continuarem escondidos. Eles deviam ficar junto ao galeão.

Apesar de estarem vivendo momentos terríveis, a sorte ainda ajudava aqueles brinquedos: o fogo era atirado para alcançar a praia de Coroinha e não contra eles, que ainda não tinham sido descobertos. Mas presenciar aquela violência, tão de perto, era pavoroso. O barulho dos canhões e da munição batendo na água era ensurdecedor.

Sofia era nitidamente a mais preocupada com aquela guerra, e não havia quem conseguisse acalmá-la.

— Aqui fora pelo menos estamos a salvo dos piratas. Mas o que será de Estela e Madelene que entraram no galeão? — Sofia indagava.

— O quê? Minha mãe está no galeão? — Iago havia sido pego de surpresa.

Sofia percebeu que havia falado besteira, mas era tarde demais para tentar consertar o estrago.

— Eu não acredito! — Iago levou as mãos à cabeça.

— Calma! — pediu Enrico.

— Eu não consigo ficar calmo sabendo que minha mãe está no galeão. — Iago estava nitidamente transtornado.

— É melhor se acalmar! Você não pode fazer nada — comentou Lucinha.

— Posso sim! Eu vou entrar nesse galeão agora mesmo! — Iago avisou.

— Você só fala besteira, né? — Larissa criticou Lucinha.

Uma discussão foi travada entre os brinquedos, mas Iago não se preocupou com aquilo e pegou a corda para subir no galeão. E mesmo que todos pedissem para que ele desistisse, não adiantava. E o pior, Iago avisou que se eles tentassem impedi-lo gritaria para chamar a atenção dos piratas. A chantagem foi forte demais para aqueles brinquedos que estavam tão apavorados.

Enquanto Iago escalava o galeão pelo lado de fora para enfrentar o perigo de perto, os pescadores da praia de Coroinha não tiveram coragem suficiente para isso e fugiram diante da forte artilharia preparada pelos piratas.

— Ha! Ha! Ha! — gargalhava Capitão George. — Não tiveram peito para me enfrentar. Cambada de frouxos!

Não só o Capitão debochava dos pescadores, como toda a tripulação. Aquela cena era um colírio para os seus olhos. Mas apesar do imenso bem-estar que George sentia ao ver o pânico daquelas pessoas, não podia se deliciar com aquilo por muito tempo. Agora, com o galeão em alto-mar, ele tinha algo mais importante a fazer. Era chegado o momento de Esmeralda e Estevão andarem na prancha.

— Charles! — gritou George.

— Sim, Senhor! — Charles se aproximou ainda feliz com a vitória sobre os pescadores.

— Traga os prisioneiros, que eu mesmo vou arrumar a prancha — George ordenou.

Charles deixou o convés rapidamente e foi para a cabine pegar Esmeralda e Estevão, que estavam amarrados.

Jonas que estava no pavimento superior em companhia de Madelene não sabia que havia mais prisioneiros no galeão além de Sara e Jeremias e ficou preocupado.

— Meu Deus! Será que havia mais inocentes presos aqui sem eu saber? — Jonas estava chocado com o que acabara de ouvir.

Madelene, do alto, apenas observava o tumulto no convés. Ela esperava o momento certo para transformar aquele galeão em brinquedo novamente. Mas diante da notícia da existência de mais prisioneiros, precisava aguardar um pouco mais. Afinal, precisava ter certeza de que apenas a tripulação estaria no galeão no momento do encantamento, pois do contrário qualquer pessoa que ali ficasse seria transformada em madeira assim como os piratas.

A ansiedade de Madelene em descobrir quem eram os prisioneiros era muito grande, afinal aquele era o momento ideal para o encantamento. Mas o mistério não demorou muito a ser desvendado por Madelene e Jonas. De dentro do corredor das cabines, Charles saía com a espada em punho apontada para as costas de Estevão e Madelene, que seguiam andando em frente.

— O que é isso? — Jonas não entendia aquela penalidade contra os dois.

— Quem são eles? — Madelene precisava saber.

— Ela é a namorada de George, e Estevão é um dos piratas da tripulação — Jonas explicou.

— Então não preciso esperar mais nada — Madelene apontou o cajado para o casco do galeão.

— Calma! Eu preciso saber o que está acontecendo aqui. — pediu Jonas.

— Eu não posso esperar mais — Madelene falou e avisou que se ele não quisesse virar um brinquedo de novo que a acompanhasse, pois ela iria lançar o encantamento naquele exato momento.

Dali, ela sairia correndo e pularia no mar para chegar até o barco dos brinquedos. Jonas entendeu o plano e aguardou o momento certo para correr dali com a sua salvadora.

Mas, de repente, eles escutaram a voz do Capitão ordenar à tripulação:
— Tragam os outros prisioneiros!

— Não acredito! — Jonas estava espantado, pensando na possibilidade de serem mais piratas traidores.

— Será que isso não vai acabar nunca? — reclamou Madelene.

— Agora temos que esperar — comentou Jonas.

Madelene continuou à espreita observando quem poderia sair de dentro daquele corredor das cabines.

Enquanto esperava ansiosa, Jonas descobria o motivo da punição de Esmeralda e Estevão.

— Você não quer dar um último beijo em seu amante? — George puxava Esmeralda pelos cabelos e a colocava em frente de Estevão.

— Af! Que babado! — comentou Jonas baixinho. — Da minha cozinha não dava para ver nada do que acontecia neste galeão. Aqui em cima é bem melhor — concluiu.

— Psiuu! — Madelene pediu para Jonas fazer silêncio.

Nenhum barulho poderia tirar a atenção de Madelene naquele momento. Bastava ela saber quem eram os outros prisioneiros para acabar com os piratas. A vontade de dar um fim em tudo aquilo era tão grande que tinha que segurar fortemente o cajado para que não se precipitasse no seu plano.

O desejo de vingança de Madelene foi interrompido ao ver Noah e Estela sendo trazidos brutalmente ao convés por dois piratas sanguinários.

— Ai! — Madelene lamentou e abaixou o cajado. Ela sabia que já não podia fazer mais nada.

Jonas não comentou nada. Afinal nem precisava diante da decepção estampada no rosto de sua mais nova amiga. E sem poder ir avante com o plano, Madelene e Jonas permaneceram no pavimento superior observando o que acontecia no convés. Ela sabia que com o cajado em mãos poderia ao menos salvar a vida de Noah e Estela. Mas uma presença inesperada que surgiu por trás a deixou bastante preocupada.

— Iago! O que faz aqui, menino? — Madelene estava aflita.

— Vim salvar minha mãe! — Iago estava determinado.

— Volte já para o barco dos brinquedos — Madelene ordenou.

Iago fingiu não ouvi-la e não arredou o pé dali. Diante daquela insistência, Madelene não teve escolha a não ser pedir para que ele não se afastasse dela. Ela temia por sua vida dentro daquele navio de piratas.

Enquanto isso, George continuava a colocar em prática seus planos. E por mais que quisesse ver Noah morto, tinha uma sede de vingança muito grande contra Esmeralda. E foi por ela que o Capitão começou a tortura.

— Prancha! — George não desistia de suas intenções.

Charles, que estava adorando aquela situação, abriu uma pequena porta na lateral do navio e mostrou: — Aqui está a prancha, Capitão.

O clima era de grande tensão no convés, mesmo para os que se divertiam. Era chegado o momento da punição de dois integrantes da tripulação. Não foi fácil para George, mesmo assim ele seguiu em frente e caminhou em direção à Esmeralda e Estevão e falou: — Vocês pagarão com suas vidas por terem me traído.

Esmeralda abaixou o rosto coberto por lágrimas, enquanto Estevão tentava, disfarçadamente, mas sem sucesso, tirar a corda que apertava seus pulsos.

Enquanto isso, não havia nada nem ninguém que fizesse o Capitão parar de falar e muito menos de desistir de seu objetivo: — Como ousou ser amante da minha namorada?

O Capitão George pegou Estevão pelo braço e mandou: — Vamos! Suba logo nessa prancha!

Estevão, que ainda tinha esperança de se safar daquela situação, falou: — Primeiro as damas!

— O quê? É assim que me ama? Seu maldito! — Esmeralda gritou.

— Ele está certo, minha querida — o cinismo de George era evidente em seu rosto. — Primeiro as damas! — o capitão falou já empurrando Esmeralda para cima da prancha.

E com uma espada afiadíssima, George encurralou Esmeralda entre a ponta da prancha e a ponta de sua espada. Mas ele não contava com uma coisa.

— Você acha que isso aqui é uma historinha infantil? — Esmeralda ria da cara do Capitão.

Ele não conseguia entender aquela zombaria, mas ela explicou.

— Não tem nenhum crocodilo me esperando lá embaixo — ela gargalhava.

George ficou enfurecido ao lembrar que Esmeralda era uma exímia nadadora.

— O máximo que vai acontecer é que eu vou nadar de volta à ilha — Esmeralda concluiu.

— Se for por falta de crocodilo, aí vai um só para você — era Madelene que da sacada onde estava apontou o cajado para o mar e imediatamente surgiu um crocodilo que parecia não comer há meses.

Esmeralda suou frio e gritou: — Maldita seja você!

— O cajado! — exclamou George que mesmo tremendo de medo ao vê-lo nas mãos de Madelene não havia como negar que ele havia adorado o crocodilo. E não pensou duas vezes em colocar a espada no pescoço de Esmeralda. Ela relutou, mas não teve escapatória, caiu no mar direto para a boca daquele lagarto gigante.

— Agora é sua vez! — falou George, olhando para Estevão e sem esperar mais um segundo sequer.

— Capitão, o crocodilo foi embora — ele tentava impedir o trágico fim traçado para ele.

Madelene, da sacada, não falou nada, apenas apontou o cajado para o mar e imediatamente outro crocodilo surgiu, e bem mais feroz que o primeiro.

— Desgraçada! — Estevão olhou bem nos olhos de Madelene.

Mas o Capitão George não lhe deu chance de falar mais nada. Estevão andou. Ele tentava retardar sua chegada na ponta da prancha, mas a tortura que George fazia era pior. Ele batia fortemente o pé na prancha para fazê-la balançar. Assim, não foi preciso sequer a espada no pescoço do traidor: ele caiu antes mesmo que pudesse chegar ao final da prancha.

A tripulação inteira comemorava o fim dos dois traidores. Mas, agora, vinha o prato principal: Noah.

17

O combate final

No convés a festa era grande; todos queriam ver o fim de Noah. O desejo do Capitão em vê-lo morto era tão grande que o fez esquecer que Madelene estava com o cajado. E foi só George se aproximar de Noah para fazê-lo andar na prancha, que Madelene apontou o cajado para seus pulsos, fazendo que as cordas caíssem imediatamente no chão. Noah estava livre para lutar com George, que começou levando a pior: um soco de direita. E em seguida foi imobilizado por Noah que puxou uma faca da cintura de um dos piratas e a colocou contra o pescoço de George, enquanto segurava os braços do Capitão por trás.

Estela aproveitou a confusão e saiu dali de mansinho. Madelene também aproveitou a situação e desceu as escadas correndo com Jonas e Iago. Precisava alcançar Estela e pedir para que ela saísse dali com Iago, pois a situação estava ficando muito perigosa no galeão. E ela não podia fazer o encantamento enquanto ainda houvesse pessoas, fora a tripulação, ali dentro.

Seguindo o conselho de Madelene, Estela segurou a mão de Iago e eles correram pela lateral do navio. Precisavam chegar à popa e por isso apressaram o passo. Mas quando estavam quase chegando no exato local onde havia a corda pendurada do lado de fora do galeão, Charles os viu. O tumulto no galeão não foi suficiente para impedir que ele visse aquela pretensa fuga e corresse atrás dos dois. Charles sabia que Estela e Iago poderiam ser um trunfo contra Noah.

— Ai! — Estela gritou ao ter seu braço apertado por Charles.

— Aonde a mocinha pensa que vai? — Charles perguntou rindo.

— Larga minha mãe, seu maldito! — Iago gritou.

— Cala a boca, pirralho — Charles empurrou Iago contra o casco do galeão.

Estela esmurrou o peito do pirata, mas ele era mais forte que ela e Iago juntos e os pegou pelos braços.

— O que você vai fazer com a gente? — Estela perguntou assustada.

— Por enquanto, nada! — Charles respondeu levando-os para o depósito.

— Para onde estamos indo? — Estela tentava se desvencilhar daquele pirata, mas não conseguia.

— É melhor parar de dar chilique! — Charles avisou sacolejando Estela pelo braço.

Iago, que já não gostava de Charles por tê-lo seqüestrado na praia com Betina, começava a odiá-lo ainda mais. Ele via aquele pirata maltratar sua mãe e nada podia fazer. A impotência fez Iago chorar, apesar de ele tentar se segurar para que Estela não percebesse.

Uma coisa era clara e evidente: Charles não estava para brincadeira. E não restando outra coisa a fazer, Iago e Estela acharam melhor obedecer o pirata e seguir para onde ele mandava. O destino não estava distante. Era um dos depósitos localizados no pavimento inferior do navio. Lá, Charles deixou Estela e Iago presos, com braços e pés amarrados.

No convés a balbúrdia dava lugar à tensão. A tripulação ficou inerte depois que Noah conseguiu render George com uma faca no pescoço. Madelene e Jonas, que já haviam descido para o convés, tentavam se esconder atrás do compartimento das cabines. De lá, eles conseguiam ver que Noah levava a melhor até agora. Só que, por mais que a tripulação não fosse numerosa, Noah era um só.

Diante daquela situação alarmante, Madelene não teve outra opção a não ser correr para a lateral do navio e pedir a ajuda dos brinquedos. Começaria uma guerra no convés do galeão, e Noah precisava de aliados. E não seria o medo dos brinquedos que os impediria de lutar. Por isso, eles se encheram de coragem e subiram no galeão pela corda. Sabiam que eram tão imortais quanto os piratas. Só precisavam se preocupar para não serem acertados no coração, pois aí seria a morte.

Agora, o mais importante era ajudar Noah, e para isso todos entraram no convés de peito aberto. Não havia quem estivesse com medo. Enrico, Larissa, Lucinha, Leopoldo, Salvatore, Samu e Sofia estavam dispostos a enfrentar aquele combate e procuravam no chão do convés qualquer coisa que pudesse servir como arma. Quem não conseguiu teve a ajuda de Leopoldo, que se aproveitava do seu tamanho e do seu uivo aterrorizante para furtar algumas espadas da cintura dos piratas e passá-las aos brinquedos.

Devidamente preparados para a guerra, os brinquedos partiram para o ataque. E com escudos improvisados tentavam se resguardar de golpes fatais. Mas parecia que os piratas não se lembravam de que uma punhalada no coração poderia ser mortal e seguiram para a luta contra os brinquedos sem nenhuma proteção.

A coragem e a fúria eram aliadas dos brinquedos que destemidos enfrentavam os piratas. O duelo poderia até durar alguns minutos, mas o fim deveria ser sempre o mesmo: acertar o coração dos piratas. E com essa determinação, os brinquedos foram acertando um a um. E quando não atingiam o alvo, o pirata ficava tão machucado que não conseguia se levantar. Leopoldo era o maior contribuinte para que os brinquedos ganhassem, principalmente quando na luta estava presente uma das mulheres. Leopoldo corria para ajudá-las e bastava um uivo para o pirata ficar assustado e perder o prumo para ser derrubado pela faceira dama.

No convés não parecia que aquela batalha teria um fim tão cedo. A tripulação era praticamente o dobro dos brinquedos. Mesmo assim, o número maior de desafiantes não era suficiente para desanimar nenhum daqueles audaciosos brinquedos, que lutavam como quem já tinha certeza de que venceria a guerra, mesmo que dela saíssem muito machucados.

Mas um duelo em especial chamava a atenção no convés do galeão. Era a luta que acabava de ser travada entre George e Noah. Não havia espadas, a briga era corpo a corpo. Dezenas de murros, pancadas, pontapés e socos eram distribuídos simultaneamente. Os dois pareciam incansáveis. Enquanto George queria se vingar pela morte do pai, Noah precisava arrancar a verdade daquele pirata sobre o destino dado ao tesouro dos pescadores. A força predominava naquela luta, e não privilegiava nenhum dos lados. Ambos tinham energia suficiente para derrubar o outro, mas somente até algo ofuscar a visão de Noah. Era o pingente. A chave do tesouro estava novamente na sua frente, pendurado no pescoço de George. Noah sabia que se pegasse aquele pingente o Capitão não teria escolha, a não ser contar onde estava escondido o tesouro dos pescadores. E sem pensar duas vezes, Noah puxou o pingente do pescoço de George com muita violência e perguntou:
— Quer o seu pingente de volta?

— Não brinque com essa chave! Eu levei dez anos para recuperá-la — George implorava.

— Onde está o dinheiro dos pescadores? — Noah não desistia.

— AAAAHHHHHHHHH!!!! — George parecia ter enlouquecido e avançou em Noah para recuperar a chave.

Noah foi pego de surpresa diante daquela reação de George e acabou sendo jogado contra o parapeito do navio. Lá, a luta parecia ter virado uma queda-de-braço, só que não apoiada em uma mesa, mas no ar.

A força que George colocava contra o braço de Noah era tão grande que fez que essa briga não houvesse vencedores: o pingente acabou caindo por entre os dedos de Noah direto para o mar.

No mesmo instante, George largou seu adversário e se debruçou sobre o parapeito do galeão para procurar o pingente. Mas sua visão só conseguiu alcançar o desenho deixado na água no momento da queda do pingente.

— Não acredito! — George olhava para o mar. — O meu tesouro! — o Capitão parecia uma criança chorando. — Maldito! — a ira do pirata aumentava aos poucos, enquanto ainda olhava para o mar. E quando finalmente estava tomado pela raiva e pronto para acabar com Noah, era tarde demais, ele já não estava ao seu lado.

No convés, os brinquedos haviam derrotado quase toda a tripulação. Quem não estava morto, estava machucado demais. Mesmo assim, os sobreviventes, que ainda tinham alguma força, tentavam alcançar Madelene que continuava de posse do cajado. Eles queriam impedir que ela fizesse o encantamento.

Noah, que tentava escapar da vista de George, gritou para os brinquedos: — Corram! Corram! Voltem para o barco, agora!

Enquanto a ordem de Noah era cumprida pelos brinquedos, Madelene já sabia que era chegada a hora de finalmente lançar o feitiço. Eles só não desconfiavam de uma coisa: Iago e Estela não estavam no barco ao lado do galeão como eles pensavam. Continuavam ali no galeão, presos no depósito.

Mas aquelas cordas em seus pés e pulsos não os fizeram desistir nem se abater por um minuto sequer. Iago mesmo amarrado conseguiu de costas se aproximar de Estela e soltar a corda dos pulsos dela. Daí para a frente ficou fácil. Estela terminou o serviço, e após alguns minutos os dois estavam livres. Agora era só arrebentar a porta trancada, o que não foi nada difícil dentro daquele depósito cheio de quinquilharias. Com um machado, Estela arrebentou a fechadura.

No convés, os brinquedos e Jonas seguiam para a lateral do navio para alcançar a popa. Era a chance que eles tinham de pular fora do galeão, enquanto Madelene que vinha logo atrás teria a oportunidade de apontar o cajado para o navio e fazer a magia contra os piratas. Todos se entendiam apenas com os olhares, até mesmo Noah que vinha por último. Ele era sem dúvida o que mais corria perigo. George estava muito próximo dele.

Não demorou muito para os brinquedos, um a um, começarem a descer pela corda. Os mais apressados se jogavam no mar sem esperar a corda, mesmo ainda havendo tempo para fugir. O medo de serem pegos por um pirata era grande demais e tornava a pressa incontrolável.

Madelene preferiu descer pela corda. Ela temia que seu cajado quebrasse com a queda no mar. Noah, que estava ainda um pouco distante deles, percebeu que não teria tempo para chegar até a popa, por isso subiu no parapeito do galeão e se jogou no mar ainda na metade do caminho.

Assim como Noah e os brinquedos, os piratas que haviam conseguido se salvar falaram para George: — Vamos pular também!

— Pular? Vocês estão loucos? — perguntou George esbravejando.

— Ela vai transformar o galeão em um brinquedo — explicou um dos piratas. — Precisamos sair daqui antes de virarmos novamente madeira.

— E vamos viver do quê, seu imbecil? — George berrou. — Como um pirata pode viver sem o seu galeão? Vamos viver no continente? Imbecil!

— Mas.... — os piratas insistiam.

— Um pirata não vive sem o mar — George continuava a gritar muito nervoso.

— O que vamos fazer, senhor? — perguntou um dos piratas.

— Eu vou impedir o feitiço — George avisou seguindo em direção à popa do navio.

De cima, ele viu Madelene ainda no meio da descida pela corda. Ela olhava para baixo preocupada em chegar no barco dos brinquedos, sã e salva. Mal podia imaginar que George apareceria justo naquele momento.

Os brinquedos, que já estavam dentro do barco, gritaram: — Cuidado!

Madelene sentiu que algo havia segurado o cajado. Ela se assustou ao levantar a cabeça e ver que George estava no parapeito do galeão fazendo força para tomar o cajado de sua mão. Nessa hora, ela percebeu que não poderia esperar mais nenhum segundo para fazer o encantamento. O problema era que Madelene já não tinha mais força para se segurar na corda. Ela tentava fazer que George soltasse o cajado, mas não conseguia, e acabou colocando muita força no braço, enquanto George fazia o mesmo do outro lado. Isso foi o suficiente para partir o cajado ao meio. O Capitão gargalhou e Madelene ficou inerte, ela não sabia o que fazer diante daquele incidente. E George, rindo muito da cara dela, jogou no mar a parte do cajado que havia ficado em sua mão.

— E agora? — George deu uma pausa das gargalhadas e perguntou para Madelene: — Como irá transformar esse galeão novamente em um brinquedo? — George não conseguia parar de zombar dela, e para isso o restante da tripulação lhe ajudava.

Os piratas começavam a fazer a maior festa na lateral do galeão e gritavam de alegria. Agora só faltava cuidar da tripulação que havia ficado machucada e voltar para a vida normal de saqueamento. Apesar de George ter perdido a chave do tesouro do pai, ainda lhe restava o dos pescadores.

Mas aquela euforia não durou muito tempo, foi só até Madelene descer no barco dos brinquedos e olhar para Lucinha: — Meu Deus! Como sou tonta!

— O que foi? — Lucinha perguntou.

— Eu havia me esquecido. Há tantos anos.... — Madelene parecia radiante de felicidade.

— Eu não estou entendendo nada — Lucinha reclamou.

— Eu preciso da sua varinha de condão — Madelene pediu.

— Para quê? — Lucinha não entendia.

— Para fazer o feitiço contra o galeão — Madelene explicou.

— Você está louca. A minha varinha não funciona. É de brinquedo — Lucinha contou.

Madelene ficou nervosa com o que ouviu e retrucou com o dedo levantado: — Aprenda uma coisa: uma varinha de condão é sempre mágica. Você é que não sabe usá-la.

Os brinquedos que estavam no barco olharam feio para Lucinha, que parecia não acreditar naquilo, mesmo assim ela entregou a varinha de condão. No fundo, ela torcia para que aquilo não funcionasse; caso contrário, a reação dos brinquedos não seria muito boa. Afinal, eles teriam ficado presos por dez anos à toa.

Madelene aproveitou que os piratas ainda faziam festa e se preparou com cuidado para fazer o encantamento. A tripulação não se dava conta do que estava para acontecer.

Apontando a varinha para o galeão, Madelene estava pronta acabar com aquela festa. Foi somente nessa hora que George viu o que ela fazia e perguntou rindo: — Vai brincar de fada madrinha?

— Toda fada é uma bruxa — Madelene respondeu dando um sorriso de canto de boca.

George se preocupou, mas já era tarde demais. E Madelene gritou: — Seja novamente um brinquedo. Apenas um BRINQUEDO!!!!!

O silêncio tomou conta daquele instante. Nem mesmo o mar fazia barulho. Todos esperavam ansiosamente pelo êxito do feitiço. Mas os segundos se passavam e nada acontecia. Aquilo parecia uma eternidade. Eram os segundos mais longos que qualquer um já tinha conhecido. E não demoraram a completar um minuto. Era o tempo suficiente para George ter certeza de que estava livre da maldição.

Todos os piratas riam de Madelene, porque nada acontecia. Só que, de repente, George parou de rir e se assustou.

— O que está acontecendo? Minha boca está travando? — George não entendeu o fato de não conseguir mais rir.

— Você está virando madeira — era a vez de Madelene rir.

— Maldita! — George gritava, mas já não mais com tanta intensidade. Ele começava a ficar duro e a perder os movimentos.

O tempo fechou. O sol radiante deu lugar as nuvens cinzentas, a raios e trovões. A chuva violenta caiu de repente. Era o sinal de que o pesadelo começava a acabar. O encantamento se iniciava. E Antoninho, de sua casa, já sabia que tudo havia acabado bem. A tranqüilidade tomava conta dele, assim como de Betina, Sara e Jeremias.

Mas o mar estava revolto. As ondas ficavam cada vez mais altas, parecia que o mar não daria trégua. Era preciso sair dali o mais rápido possível. Os brinquedos estavam assustados. As mulheres e Leopoldo tentavam controlar a histeria, enquanto Jonas, Enrico, Samu e Salvatore falavam que estava tudo bem. Mas não se podia esconder que eles estavam passando por uma tempestade em alto-mar.

— Liga o motor do barco — Samu mandou.

— Não está ligando! — respondeu Enrico.

— Não é hora para brincadeiras! — reclamou Sofia.

— E quem disse que estou brincando? — perguntou Enrico, bravo.

Todos ficaram quietos por um instante. A tormenta não dava trégua e eles já começavam a ser revirados pelas águas do mar.

— O que vamos fazer? — perguntou Larissa para Sofia.

Todos ficaram sem ação diante dos acontecimentos, mas ao menos Jonas conseguiu fazer alguma coisa. Da onde ele estava, conseguiu ver atrás do galeão a ponta da embarcação que Estevão preparava para fugir com Esmeralda e falou: — Vamos trazer aquele barco até aqui!

Enrico e Samu pularam imediatamente no mar e, fazendo força contra a água, conseguiram alcançar a outra embarcação e voltaram para pegar os brinquedos, Madelene e Jonas. Todos pularam desesperadamente para o outro barco.

O destino daquela embarcação era a Ilha Dourada. Lá, eles ficariam até que aquela tempestade passasse, e eles sabiam que não demoraria muito, só até o galeão virar novamente um brinquedo.

Apesar da tormenta que assombrava todos os brinquedos, eles se sentiam aliviados por saber que tudo havia acabado bem. Mas Noah, que ainda estava no mar nadando contra a chuva para alcançar o barco dos brinquedos, não estava tranqüilo. Para ter paz, precisava reencontrar Estela e Iago. Só que para o seu desespero, isso não foi o que aconteceu quando conseguiu entrar na embarcação. Ele andava de um lado para o outro como quem procura alguma coisa. Mas era em vão.

Sofia percebeu a aflição de Noah e se aproximou para tentar acalmá-lo.

— Está tudo bem? — Sofia perguntou colocando a mão sobre o ombro dele.

— Onde eles estão? — Noah perguntou gritando. Percebia-se, claramente, a angústia em seu rosto.

— O que foi? — perguntou Madelene.

— Iago e Estela! Eles não estão aqui! — Noah anunciou.

O silêncio imperou naquele instante. Todos se entreolharam e perceberam que durante o tumulto da fuga ninguém havia se dado conta da ausência de Iago e Estela.

— O que vamos fazer agora? — perguntou Madelene para Noah.

— Vocês vão para a Ilha Dourada, enquanto eu volto para o galeão — Noah respondeu.

— Você não pode fazer isso. O navio já está virando um brinquedo. — Madelene avisou.

— Eu não vou deixar Iago e Estela irem embora com o galeão — Noah gritou.

— É tarde demais! — Madelene implorava para que ele desistisse, mas Noah não lhe dava ouvidos.

E não era para menos. Ele só pensava em achar um outro meio de voltar o mais rápido possível para o galeão. Não podia dar a meia volta naquela embarcação cheia de gente. Todos os brinquedos precisavam desembarcar para que ele retornasse ao galeão. Mas, naquele momento, a sorte parecia estar a favor de Noah. Enquanto esperava se aproximar da margem da ilha, avistou um pequeno barco à deriva, perto de onde estava. Aquilo foi um colírio para seus olhos, e sem esperar mais saltou de dentro da embarcação dos brinquedos e nadou em direção ao barco.

O barco era muito pequeno e frágil para aquela tempestade em alto-mar, mas Noah não se importava com o perigo. Ele seria capaz de qualquer coisa para salvar sua família.

Madelene percebeu que seria inútil tentar despersuadir Noah daquela idéia e apenas lhe alertou que restava pouco tempo para que o galeão virasse brinquedo. Ele deveria se apressar. Qualquer segundo perdido poderia significar a morte de Iago e Estela e até mesmo a dele.

Enquanto Noah voltava para o galeão, Madelene, Jonas e os brinquedos conseguiram chegar à Ilha Dourada. Eles atracaram a embarcação e correram para se proteger da chuva. Não restava mais nada a fazer, a não ser rezar para que Noah chegasse a tempo de evitar o pior.

Mas o que eles não imaginavam é que Iago e Estela já tentavam fazer isso. Com os pés e os pulsos desamarrados, andavam pelo porão do galeão. Eles procuravam se aproximar do convés sem que fossem vistos por nenhum dos piratas. Mas a fuga ficou muito difícil diante daquela tempestade. O galeão começava a se revirar muito. A cada passo que davam para a frente em busca da libertação, davam três para trás. E o pior eles ainda não sabiam, que o encantamento já havia sido lançado contra o galeão. Estavam prestes a virar brinquedo e mal podiam imaginar. Em parte isso era bom, era um problema a menos. Eles não tinham idéia de que o tempo corria contra eles.

Mesmo assim, uma preocupação era real para os dois: como fugiriam daquele galeão que parecia ter sido domado por uma terrível tempestade? Eles não conseguiam entender o que acontecia, mas não desistiam e seguiam em frente. Mesmo diante das dificuldades ocasionadas por aquela tormenta, conseguiram chegar até o corredor das cabines.

A liberdade dos dois começava a apontar quando viram a porta no fundo do corredor que levava até o convés do navio. Iago e Estela correram eufóricos até a porta, mas quando se aproximaram o galeão virou e uma avalanche de água passou por cima deles, levando-os de volta ao corredor.

No meio da confusão, os dois se separaram. Iago acabou sendo levado para dentro de uma cabine pela força da água sem que Estela o visse. Apavorada, ela começou a gritar o nome de Iago. E de tão alto que gritava, Charles conseguiu ouvi-la.

Ele estava no convés do navio atônito com os piratas que já haviam começado a virar brinquedo. Tentava amenizar a dor de George que não se conformava com o feitiço. Mas quando ouviu a voz de Estela, ele parecia ter recuperado a personalidade maléfica de pirata e deixou a ira passar por cima do desespero.

— Ora, ora! Eu havia me esquecido dos meus queridos prisioneiros. — Charles falou baixinho, partindo à procura dos dois. Ele já tinha em quem descontar toda aquela tragédia que acontecia no galeão.

Ao entrar no corredor, Charles imediatamente viu Estela transtornada. Ela procurava por Iago, mas não o achava. Ele estava ainda desacordado dentro da cabine, depois de bater a cabeça na parede.

— Procurando por alguém? — perguntou Charles sadicamente.

Estela se assustou ao reencontrar aquele pirata novamente. Era tudo o que ela menos precisava naquele momento: mais problemas.

— O gato comeu a sua língua? — Charles insistia em provocá-la.

Ela se mantinha calada.

— Vamos procurar o moleque juntos! — falou Charles puxando Estela fortemente pelo braço.

— Larga meu braço, seu maldito! — Estela gritava.

Iago acordou com os gritos da mãe e se levantou rapidamente. Saiu direto para o corredor e ainda houve tempo para que a visse sendo levada por Charles para o convés. Seu medo não foi capaz de lhe tirar a agilidade. Iago sabia que não poderia perder tempo. Os piratas não davam trégua. Principalmente Charles, por quem Iago parecia nutrir um ódio especial.

Iago não era o único que se preocupava com a mãe. Em alto-mar, Noah tentava se aproximar do galeão. Só que a tormenta não permitia tamanha façanha. Por mais que tentasse, Noah não conseguia atingir seu objetivo. As ondas do mar não colaboravam. Mas ele não desistia.

Enquanto isso, Iago seguia Charles e a mãe dentro do galeão sem ser visto. Estela estava sendo obrigada a procurar Iago pelo galeão na companhia de Charles. O pirata, que já sabia que no convés ele não estava, subiu para o pavimento superior. Achava que lá poderia encontrar Iago. E realmente encontrou, mas não como ele pensava. Iago chegou por trás e armado com uma espada.

— Solta a minha mãe! — Iago ordenou.

Charles permaneceu de costas. Estela tentava olhar para trás, mas era impedida pela brutalidade que era segurada pelo pirata.

— Eu disse, solta a minha mãe, agora! — Iago insistiu.

Quando Charles se virou para olhar de perto a petulância do garoto, caiu na gargalhada e falou: — Ora, ora! O pirralho resolveu lutar comigo?

Iago não falava nada, apenas olhava para Charles enquanto seu suor de medo se misturava com a água da chuva, que parecia estar diminuindo.

— Iago! O que você está fazendo com essa espada? — Estela estava apavorada diante daquela cena. Seu filho, apenas uma criança, estava prestes a lutar com um pirata de verdade.

Charles respondeu por Iago que continuava mudo: — Ele vai lutar comigo e, se ganhar, te leva como prêmio. Caso contrário, eu lhe darei o meu troféu: o corpo dele — falou Charles jogando Estela para um canto.

— Iago! Não faça isso! — Estela implorava.

A luta que Iago havia ensaiado por toda a sua vida se iniciava. Nem mesmo ele acreditava no que iria fazer. Mas não havia outro jeito de salvar sua mãe das mãos daquele pirata inescrupuloso.

O combate começou. E logo de início, Iago levou a pior, também não era para menos. Estava muito nervoso diante da primeira luta contra um pirata. Sua espada caiu. Charles riu e lhe deu mais uma chance.

— Vamos, Pirralho! Pegue essa espada antes que eu acabe com você sem ter feito nenhum esforço — Charles debochava.

Iago tremia, mas continuou. Abaixou-se e pegou novamente a espada. Mas uma coisa o incomodava: a gargalhada de Charles. Ele já não suportava mais ouvir suas risadas. Por outro lado, aquilo era bom. Toda aquela zombaria lhe servia como uma injeção de ânimo. E isso era a única coisa que lhe faltava para pegar novamente o jeito com a espada. Afinal, tantos anos de luta dentro do quarto com um boneco de pano começavam a servir para alguma coisa.

Quando Iago percebeu que realmente sabia lutar, deixou seu ódio por Charles vir à tona. Foi aí que o combate ficou mais emocionante. As faíscas das espadas saíam como raios. Charles se assustava. Estela perdia o medo. Seu filho ganhava a luta e deixava o pirata encurralado contra o parapeito do galeão. Nessa hora, Noah lá debaixo viu que o filho lutava com um pirata. Ficou apavorado e tentou alcançar o navio.

Mas Iago era muito esperto. Nem mesmo Charles conseguiu lhe deixar sem saída. No único momento em que Iago ficou entre a ponta da espada do pirata e a cerca que dava acesso ao convés no pavimento inferior, ele se aproveitou do fato de estar próximo de uma das velas abertas do galeão, subiu na cerca e... pronto! Iago cravou a espada na vela e desceu pendurado na espada até chegar ao final da vela.

Estela mal acreditava no que via. Mas ela sabia que não podia perder um segundo sequer ali. O momento era ideal para a fuga, já que Charles se mantinha pasmo e incrédulo diante das peripécias de Iago. Sem dar tempo ao pirata para que percebesse sua ausência, Estela desceu pela escada ao encontro de Iago.

Nessa hora, Noah conseguiu aproximar seu barco do galeão. Ele já via Estela e Iago perto do parapeito e gritou por eles.

— É o papai! — avisou Iago.

— Vamos pular! — falou Estela.

Mas um grito lhes chamou a atenção. Era Charles que do pavimento superior tentava fazer a mesma coisa que Iago. O pirata ainda tentava impedir a fuga dos dois. Só que Charles não conseguiu o mesmo. Quando foi espetar a espada na vela, seus braços já eram de madeira e ele não teve flexibilidade o suficiente para esticá-los e acabou caindo duro no convés.

Estela e Iago se apavoraram, pensando que seriam pegos. Mas quando o viram no chão, perceberam que algo não ia bem.

— O que é isso? — perguntou Estela.

— Madeira! Eles viraram brinquedos novamente — falou Iago.

— Por isso a tempestade — Estela já começava a entender o que acontecia ali.

— Temos que correr, mãe! Senão nós viraremos brinquedos também. — avisou Iago.

— O galeão está diminuindo! — Estela gritou.

Eles correram para o parapeito, onde o barco de Noah estava próximo. As ondas do mar ainda não o permitiam encostar no galeão. Mas Noah esperava Iago e Estela com bóias.

— Pulem! Pulem, agora! — Noah mandava.

Mas as pernas de Iago já começavam a virar madeira. Ele não conseguia levantar o pé até o parapeito. Estela o ajudou com as mãos e o empurrou para o mar.

Noah, que os esperava, jogou uma bóia para o filho e ficou à espera de Estela. Mas ela também já não tinha mais flexibilidade, estava dura como um brinquedo. E ao contrário de Iago, não tinha ninguém para ajudá-la a alcançar o parapeito do galeão.

Noah e Iago entraram em desespero. Eles não tinham o que fazer. No meio da tempestade, Noah só tinha força para segurar a corda da bóia de Iago. Não havia como subir no galeão e salvar Estela ao mesmo tempo. Noah precisava escolher entre a vida da esposa e do filho.

Estela já sofria os efeitos do encantamento. Ela se desesperava ao ver seu corpo quase todo coberto de madeira. Mas, por sorte, durante a transformação do galeão, o parapeito diminuiu e ficou do tamanho de um brinquedo. Estela aproveitou justamente esse momento em que não havia mais nada à sua frente e se jogou no mar. Ela caiu dura como uma tora, mas ainda conseguia respirar. O feitiço não havia se completado contra ela.

Noah jogou a outra bóia para Estela, que ainda um pouco sem ar conseguiu alcançá-la. Era um momento de alívio não só para os três, como para o mar. A calmaria se iniciava e permitia que Noah puxasse Iago e Estela aos poucos para dentro do barco. Enquanto isso, a chuva ia embora, as águas se acalmavam e as nuvens cinzentas davam espaço ao sol. Tudo estava tranqüilo novamente. E do lado da embarcação restava apenas o pequeno galeão de brinquedo.

— Aqui está ele — Noah o pegou com as duas mãos.

— Por favor, nunca mais deixe esse brinquedo voltar para o mar! — pedia Estela sentando-se no assoalho da embarcação.

— Pai! Você viu? Eu lutei com um pirata! — Iago era pura empolgação.

— Lógico que vi! Você salvando sua mãe das mãos daquele maldito! — Noah cooperava com a empolgação de Iago.

Diante daquela cena, Estela não conseguia mais frear os sonhos de Iago. Afinal, tudo havia se tornado realidade, até mesmo o que para ela parecia impossível: a sua família estava reunida. Mas o cansaço de Estela falou mais alto do que a emoção, e ela pediu: — Vamos para casa!

— Temos que passar antes na Ilha Dourada — avisou Noah.

— Ilha Dourada? — Iago não acreditou no que ouvia. Tudo o que ele mais queria era ficar longe daquele lugar.

— Os brinquedos, Madelene e Jonas estão lá — Noah explicou.

— Legal! — Iago ficou entusiasmadíssimo com a notícia.

A tranqüilidade do mar permitiu que eles não demorassem muito a atracar na ilha que era pura alegria diante da vitória contra os piratas. E, para o alívio de todos, Noah levava em suas mãos o troféu: o galeão de brinquedo. Madelene respirou aliviada ao ver que todo aquele pesadelo havia terminado bem. Os brinquedos formaram uma roda e pulavam como crianças. Mas, sem dúvida, o mais feliz era Jonas, que tinha escapado daquele terrível fim. Ele nunca mais seria de madeira.

Da Ilha Dourada todos conseguiam ver que a praia estava lotada de gente aguardando por eles. Não era difícil perceber a festa que os esperava.

— Vamos para a praia! — gritou Noah.

— Vamos! — gritaram todos juntos e em uma só voz.

Entraram na embarcação que haviam usado para fugir do galeão e seguiram para o continente. O cansaço não conseguia atrapalhar a algazarra que eles faziam ali dentro. Parecia que aquela alegria não teria fim.

Na praia, Antoninho, Betina, Jeremias e Sara os esperavam. E não eram só eles. Arthur, Nicolas e Carlão também aguardavam o fim daquela guerra. A comemoração era inevitável.

Mas uma coisa impedia a alegria total de todos. Ainda no trajeto para a praia, os brinquedos começaram a discutir entre si. Apesar de não parecer algo tão grave, Noah percebeu que os ânimos estavam exaltados entre eles.

— O que está acontecendo? — perguntou Iago.

— É a Lucinha! — respondeu Salvatore todo abusado.

— O que ela fez? — Estela não entendia aquela discussão.

— Ela tinha uma varinha de condão durante todos esses anos e nunca soube usar — todos reclamavam do fato de terem ficado dez anos presos desnecessariamente.

Lucinha, vendo que as coisas não estavam muito boas para o seu lado, desconfiou que aquele seria o momento ideal para saber se as suas asas também funcionavam. Afinal, ainda faltava um pouquinho para chegarem à praia.

— Uau! — Lucinha comemou. Ela também conseguia voar.

— Eu não acredito! Ela podia voar? — reclamou Sofia.

Lá do alto, Lucinha ria de todos e voava como uma borboleta. Não parava um segundo de rodopiar no ar. Voava de um lado para o outro. Pulava nas cúpulas das árvores. Ela queria aproveitar tudo o que aquelas asas pudessem lhe dar. Era uma experiência sem igual.

Lucinha queria acenar para seus amigos do alto de uma árvore. Mas como nada é tão perfeito assim, quando ela chegou no galho de uma das árvores já havia alguém lá. Era Marlon, o papagaio dos piratas. Ele estava muito machucado depois de ter fugido do encantamento debaixo daquela tempestade. Mas continuava se achando irresistível. E pela primeira vez após o seu retorno de brinquedo, Marlon teve a oportunidade de mostrar seu lado galanteador e perguntou: — A gatinha está sozinha?

— Arghhh! — Lucinha voou de volta ao encontro dos amigos.

— Já desistiu de voar? — perguntou Larissa.

— Descobri que voar pode ser muito perigoso — reclamou Lucinha.

Todos riram muito dela. Mas agora havia um outro motivo para sorrisos. A embarcação acabava de se aproximar da margem da praia. Todos esperavam ansiosamente por aquela turma que havia conseguido derrotar os piratas.

O mais ansioso era Carlão. Pela primeira vez ele teria em seus braços o amor de sua vida, sem que dali ela tivesse que sair correndo.

Antoninho só queria ter a oportunidade de abraçar sua família, que pela primeira vez estava completa. Mas os pescadores também queriam fazer parte daquela alegria. Afinal, por dez anos haviam sido levados a fazer mal juízo de Noah.

Tudo parecia ter acabado bem, se não fosse por uma ruga na testa de Noah.

— Ainda tem alguma coisa te incomodando, não é mesmo? — perguntou Estela.

— Você me conhece bem! — Noah sorriu.

— O que é? — Estela insistiu.

— A minha alegria estaria completa se eu tivesse conseguido recuperar as economias dos pescadores — Noah lamentou.

Jonas, que estava ao lado de Noah comemorando o reencontro com Sara e Jeremias, não pôde deixar de escutar o seu murmúrio. Parou por um segundo de abraçar os amigos e pensou.

— O que aconteceu? — perguntou Sara.

— Estou tentando me recordar de uma coisa — Jonas falou olhando para a embarcação que eles tinham usado para fugir do galeão.

— Desse jeito você está me deixando preocupado — Jeremias reclamou.

— Não... sim... não... — Jonas não sabia usar as palavras certas, mas puxou o braço de Noah.

— O que foi, Jonas? — Noah também estava preocupado com sua reação. Será que alguma coisa havia dado errado.

— Eu sei onde está o tesouro dos pescadores! — Jonas contou.

— Não brinque com isso! — Noah reclamou.

— Eu não estou brincando — Jonas andou em direção à embarcação e apontou: — O dinheiro e o ouro dos pescadores estão aqui! — Jonas gritava de alegria.

Noah estava assustado com aquela revelação e alertou Jonas: — Não brinque! Isso é muito sério.

— Eu estou falando sério! — Jonas não conseguia parar de rir de tanta alegria.

Apesar da boa notícia, todos temiam em acreditar no que Jonas falava. Aquilo seria um milagre. Mas diante da festa incontrolável do pirata que, mesmo gordinho, pulava e cantava como criança, Noah perguntou: — Onde está o dinheiro?

— Embaixo do assoalho desta embarcação — Jonas apontava para o chão, ainda pulando de alegria.

Noah, mesmo desconfiado, resolveu conferir. E atrás dele foram os pescadores que também estavam na praia e precisavam saber se aquilo era verdade. Enquanto Noah arrancava o assoalho da embarcação, os olhos dos pescadores pareciam não acreditar no que viam: era ouro. O ouro que eles haviam guardado por muito tempo. Estava todo ali.

— Eu falei! Eu falei! — Jonas gargalhava, enquanto Sara e Jeremias o abraçavam.

— Obrigado, meu Deus! — Noah agradecia. — Eu não preciso de mais nada para ser feliz — falou Noah abraçado com Estela, Iago e Antoninho.

A praia estava tomada por sensações inimagináveis: estava de volta o dinheiro dos pescadores, a vida de Noah, a verdade sobre os piratas, a esperança perdida e a vontade de viver. Coroinha, uma cidade tão pequena, mas reconfortante, que por tanto tempo havia se tornado fria e triste, voltava a ser povoada por bons sentimentos.

— Ei! — era uma voz que vinha do mar.

— É Serena! — falou Madelene, que estava abraçada com Carlão.

— Olha só o anel bonito que eu achei no fundo do mar! — Serena mostrou o anel colocado no dedo anular.

O que Serena não esperava era que aquele anel fosse capaz de trazer tanta euforia para todos que estavam ali.

— Nossa! Esse anel deve ser realmente maravilhoso! — falou Serena para si mesma olhando para o dedo.

Mas Serena não sabia de um detalhe: não era um anel, era o pingente.

E a festa que todos faziam na praia não durou somente aquele dia, ela se estendeu por toda uma vida. Coroinha já não era mais uma cidade marcada pela tragédia provocada pelos piratas, agora era um lugar calmo e cheio de alegria e amor, de onde ninguém mais deseja sair.